现代生态经济型养猪实用新技术

郭庆宝　主编

中国农业大学出版社
·北京·

内 容 简 介

本书主要概述现代生态经济型养猪技术内涵,介绍猪的品种与杂交利用,猪饲料营养与饲料卫生,猪场的规划与设计、猪舍建设与设备、设施,猪的环境卫生,猪的饲养与管理,猪的疾病防治等内容,共编写八章,共八十节,其中猪的饲养实用技术 11 节,猪的疾病防治技术 47 节。

图书在版编目(CIP)数据

现代生态经济型养猪实用新技术/郭庆宝主编.—北京:中国农业大学出版社,2018.6
(2020.6 重印))

ISBN 978-7-5655-2013-6

Ⅰ.①现… Ⅱ.①郭… Ⅲ.①养猪学 Ⅳ.①S828

中国版本图书馆 CIP 数据核字(2018)第 078868 号

书 名	现代生态经济型养猪实用新技术		
作 者	郭庆宝 主编		

策划编辑	王笃利	责任编辑	洪重光
封面设计	郑 川		
出版发行	中国农业大学出版社		
社 址	北京市海淀区圆明园西路 2 号	邮政编码	100193
电 话	发行部 010-62818525,8625	读者服务部	010-62732336
	编辑部 010-62732617,2618	出 版 部	010-62733440
网 址	http://www.caupress.cn	E-mail	cbsszs@cau.edu.cn
经 销	新华书店		
印 刷	三河市兴国印务有限公司		
版 次	2018 年 6 月第 1 版 2020 年 6 月第 2 次印刷		
规 格	787×1 092 16 开本 18.5 印张 460 千字		
定 价	49.00 元		

图书如有质量问题本社发行部负责调换

编　委　会

前　言

我国是猪资源最丰富的国家之一,也是世界上第一养猪大国。近几年,虽然我国养猪业发展非常快,逐年向规模化、工厂化、现代化养殖方向推进,但不可回避的是中小型养猪场规模还占有很大比重,随之而来的引种频率高、交易次数多、易传染疾病问题;农户房前屋后及村落边缘养猪,粪尿污染周边环境问题。农户养猪观念落后,饲养规模小,饲养成本高,养猪防疫差,患病乱用药等现象时有发生,这给我们基层畜牧及兽医工作者提出了新课题。

为了解决上述问题,我们从理论与本地区生产实际结合出发,编写了《现代生态经济型养猪实用新技术》,本书主要概述现代生态经济型养猪技术内涵,介绍猪的品种与杂交利用,猪饲料营养与饲料卫生,猪场的规划与设计、猪舍建设与设备、设施,猪的环境卫生,猪的饲养与管理,猪的疾病防治等内容,共编写八章,共八十节,其中猪的饲养实用技术 11 节,猪的疾病防治技术 47 节。

在编写过程中,收集大量有关现代养猪方面的最新资料,借鉴国内外先进经验,结合我国近年来的研究新成果,特别是在猪的饲养科学管理、生态经济型养猪、环境保护与安全生产,以及应用中草药防治疾病等无公害养猪方面做了很多工作。本书内容翔实、实用,通俗易懂,适合广大养猪专业户、家庭农场及各种类型的养猪场专业技术人员、管理人员、饲养员和基层畜牧与兽医工作者阅读,也可作为大专院校专业学生的参考书籍。

本书在编写过程中,沈阳农业大学畜牧兽医学院研究员高佩民任主审,沈阳农业大学畜牧兽医学院边连全教授为本书提供大量珍贵资料,沈阳瑞祥农牧科技有限公司、辽宁扬翔农牧有限公司、新民市烁阳养殖专业合作社、新民市盛达家庭农场给予大力的支持,在此一并表示衷心的感谢!

由于我们编写时间紧,加之水平有限,书中有误在所难免,敬请同行、读者谅解。

编　者

2017 年 12 月

目　　录

第一章　生态经济型养猪概论 ································· 1
　第一节　区域性生态养猪的概念及形成背景 ··············· 1
　第二节　国内外生态养猪发展现状及养猪的模式 ··········· 2
　第三节　生态经济型养猪 ······························· 2
　第四节　现代家庭循环式生态养猪农场 ··················· 3
　第五节　现代工厂化生态循环养猪模式 ··················· 3
　第六节　猪的健康安全体系及安全生产防范措施 ··········· 5
第二章　猪的品种与利用 ································· 7
　第一节　猪的经济类型 ································· 7
　第二节　猪的品种 ····································· 9
　第三节　猪的经济杂交与利用 ··························· 18
第三章　猪的营养与饲料 ································· 25
　第一节　猪的营养作用与需要 ··························· 25
　第二节　猪的饲养标准 ································· 52
　第三节　猪的常用饲料与饲料资源开发 ··················· 73
　第四节　猪的日粮配制 ································· 89
　第五节　猪饲料卫生与饲料安全 ························· 96
第四章　猪场建设与设备 ································· 104
　第一节　猪场场址选择与规划布局 ······················· 104
　第二节　猪舍的设计与建筑 ····························· 107
　第三节　猪场的设备配置 ······························· 111
第五章　猪的饲养实用技术 ······························· 119
　第一节　种公猪的饲养管理技术 ························· 119
　第二节　后备母猪与空怀母猪的饲养管理技术 ············· 127
　第三节　妊娠母猪的饲养管理技术 ······················· 132
　第四节　分娩、哺乳母猪的饲养管理技术 ················· 136
　第五节　仔猪的饲养管理技术 ··························· 140
　第六节　商品肉猪的饲养管理技术 ······················· 146
　第七节　新型发酵床养猪技术 ··························· 151
　第八节　节约经济型生猪饲养技术 ······················· 155
　第九节　阳光猪舍建造技术 ····························· 158
　第十节　猪场环境智能化管理技术 ······················· 161

第十一节　生态良性循环式养猪技术······166

第六章　猪场粪污无害化处理及利用······171
第一节　猪场粪污无公害处理······171
第二节　厌氧沼气发酵治理粪污······172

第七章　猪病的综合性预防措施······178
第一节　制定卫生防疫消毒制度······178
第二节　预防免疫接种······180
第三节　定期驱虫······182

第八章　猪的常见疾病及防治技术······184
第一节　猪瘟······184
第二节　猪传染性胃肠炎······188
第三节　口蹄疫······190
第四节　猪伪狂犬病······192
第五节　猪呼吸繁殖障碍综合征······195
第六节　猪轮状病毒病······197
第七节　猪细小病毒······199
第八节　猪副嗜血杆菌病······201
第九节　猪水疱病······203
第十节　猪链球菌病······205
第十一节　仔猪黄痢······207
第十二节　仔猪白痢······209
第十三节　猪水肿病······210
第十四节　仔猪副伤寒······212
第十五节　仔猪红痢······214
第十六节　猪衣原体病······216
第十七节　猪丹毒······218
第十八节　猪肺疫······220
第十九节　猪气喘病······223
第二十节　猪破伤风······225
第二十一节　猪钩端螺旋体病······227
第二十二节　猪传染性萎缩性鼻炎······229
第二十三节　猪传染性胸膜炎······232
第二十四节　猪支气管肺炎······234
第二十五节　猪布鲁氏菌病······236
第二十六节　猪李氏杆菌病······238
第二十七节　新生仔猪溶血症······241
第二十八节　猪乳房炎······242
第二十九节　母猪不孕症······243
第三十节　母猪胎衣不下病······244

第三十一节　母猪子宫内膜炎 …………………………………………………… 245

第三十二节　猪附红细胞体病 …………………………………………………… 247

第三十三节　猪弓形虫病 ………………………………………………………… 249

第三十四节　猪肺线虫病 ………………………………………………………… 252

第三十五节　猪蛔虫病 …………………………………………………………… 254

第三十六节　猪囊尾蚴病 ………………………………………………………… 256

第三十七节　猪疥癣病 …………………………………………………………… 258

第三十八节　猪亚硝酸盐中毒 …………………………………………………… 261

第三十九节　猪有机磷农药中毒 ………………………………………………… 263

第四十节　猪黄曲霉毒素中毒 …………………………………………………… 265

第四十一节　猪灭鼠药中毒 ……………………………………………………… 267

第四十二节　仔猪营养性贫血症 ………………………………………………… 269

第四十三节　猪硒缺乏症 ………………………………………………………… 271

第四十四节　猪钙磷缺乏症 ……………………………………………………… 273

第四十五节　猪维生素 A 缺乏症 ………………………………………………… 274

第四十六节　猪锌缺乏症 ………………………………………………………… 276

第四十七节　猪铜缺乏症 ………………………………………………………… 277

附录 ………………………………………………………………………………… 279

附表 1　猪常用饲料营养成分(一) …………………………………………… 279

附表 2　猪常用饲料营养成分(二) …………………………………………… 281

附表 3　部分青绿多汁饲料养分含量 …………………………………………… 283

附表 4　饲料原样折合绝干物及风干物查对表 ………………………………… 284

参考文献 …………………………………………………………………………… 285

后记 ………………………………………………………………………………… 286

第一章　生态经济型养猪概论

生态经济型养猪,相对于常规养猪而言,是指运用生态学原理,遵循牧业生态系统物质循环与能量流动的基本原则,以猪为牧业生态系统中的动物要素,用农业生态工程方法协调环境、生物等关系,有机地组织生猪生产体系,实现经济、社会、生态综合效益和养猪业的可持续发展;是利用自然资源中的作物饲料资源、微生物资源、可饲用的废弃物能量或非能量资源、水资源、太阳能资源和人力、物力等,通过物能的多次循环利用、增值而获取最大的生物量;是研究猪与生存环境间在不同层次上的相互关系及其规律的科学与生产实践,从而达到符合生态文明,动物生产与生存环境互相改善的低成本生产、高效益产出为目的区域生态环境工程。

第一节　区域性生态养猪的概念及形成背景

一、区域性生态养猪的概念

区域性生态养猪是一种跨学科行业,涉及养猪学、动物营养学、环境卫生学、生态学、生物学、农作物栽培学、农机工程学与土壤肥料学等学科。它是以养猪业为主体的良性循环的区域性生态养猪系统工程,对猪粪进行科学处理,实行农牧结合,做到合理利用资源,互相促进,低投入,高产出,少污染。

二、现代生态养猪的形成背景

随着畜牧业的飞速发展,生产的规模化、集约化已成为当前国内、外发展养猪生产的主要趋势,但伴随而来的环境污染问题也日益突出。一个年产万头规模的养猪场,年排污量至少在3万 t 以上,如果不加以处理地任意堆弃和排放,势必对大气土壤水环境和作物造成严重的污染,成为畜禽传染病、寄生虫病和人畜共患病的传染源。养猪的粪污公害已经成为妨碍集约化、规模化、工厂化养猪发展的重要因素之一。由于与种植业分离,城镇周围发展起来的猪场,粪污对河流、地下水源、土壤、空气造成污染,严重威胁人们的生活环境。虽然国家投入了大量人力、物力、财力、科技力量对猪场粪尿污水进行无害化处理,实际效果不甚理想。这些问题影响着养猪业的可持续发展,迫使涌现出"养猪→粪尿污水→生物肥生产(沼气生产)→饲料玉米地(作物)→肥猪生产"的生态良性循环养猪模式,促进农牧业生态良性循环和可持续发展。

生态养猪利用生态学原理组织生产各环节,使生猪生产系统结构达到最优程度,并能充分发挥生物生产潜力,最大限度利用自然生产过程,减少人工化学物质和矿物质投入。在猪场地址选择、饲料组织上因地制宜,充分利用土地、水面、各种饲料资源,使以猪为核心的农牧业生产系统实现良性循环,从而大大地提高自然资源的利用率。生态养猪所产生的粪尿污水,通过生物处理、加工成有机肥,成为玉米等多种饲料作物的有机肥料,改良土壤,增加地力,提高饲料用玉米产量,从而促进养猪业的发展,形成相互依存、相互促进的良好生态循环经济。

为向社会提供天然、无污染、高品质的绿色食品,满足国家和国际市场的需求,所有猪场都应走生态良性循环养猪之路。在生态循环养猪生产中,饲料基地完全应用农家肥、生物肥,作物应用生物制剂防治病虫害,动物疾病防治应用中草药;禁用人工合成的强毒农药、除草剂,限制应用肥料、生长调节剂、化学合成的兽药、饲料添加剂和基因工程的原材料。使生态猪肉达到现代养猪生产中最高层次的绿色肉食品标准。生态循环养猪是一种符合生态文明原则的养猪技术。现代化猪场的生态农业良性循环,更是养猪业可持续发展的需要。

第二节　国内外生态养猪发展现状及养猪的模式

一、国外生态养猪发展现状及养猪模式

在国外有各种生态类型的农场,在欧美生态农场的建设都走向社会化,一种比较普遍的模式是农牧结合,土地和畜牧生产有一定的比例关系,为此还制定专门的法规,畜牧业所产的粪肥都作为农场的肥料而被消耗掉,农场生产的粮食一部分作为饲料,一部分上市作为商品,农场内宜林则林,宜果则果。产品一般都通过协会或者合作社等组织统一加工出售,然后各场按比例分成。农牧业生产一般都采用现代技术。欧美国家农村人口比例要比中国少得多,农场以家庭经营为主,养猪的规模不太大,一般不超过千头,农区的生态环境保护得比较好。

菲律宾的生态农业发展比较好,有专门的大专院校及科研所开展生态农业的研究,同时在实践中探索生态农业的建设,如菲律宾玛雅农场是一个很好的典型。首先以自产的麦麸开始养猪为主,并以沼气生产为纽带,形成了农、林、牧、副、渔综合发展的联合企业,农场通过有效利用有机废物,不仅农业实现了多样化,畜牧业也采取多样化发展,畜粪进行沼气发酵产生沼气作为能源,取得生态、经济、社会三方面效益全面丰收的效果。

二、国内生态养猪发展现状及养猪模式

近年来,中国养猪业发展迅速,很多地方在发展养猪业的同时,探索了不少类型的生态养猪模式。如深圳市农牧实业有限公司的种猪→生产猪→沼气→果→渔→林→肉类加工→市场的完整生态养猪系统,是一个比较成功的范例;在江西省赣州地区发展的养猪→果树→沼气以及玉山县的猪、渔、沼生态农业,也是一种近代生态农业的模式;沈阳市康平县、新民市、法库县等推广资源性发酵床生态生猪养殖模式,均收到很好的效果。

第三节　生态经济型养猪

一、发酵床养猪

发酵床养猪,具有能够充分利用生物处理粪便而净化环境,发酵物能释放热能,冬季养猪不需供暖而节省能源,发挥猪拱地的生物习性,增强体质,从发酵物中摄取营养物质而节省饲料,增强猪体抗病能力和免疫力,提高猪肉品质等诸多好处,成为新型的养猪模式,收到很好的

养猪效果。发酵床养猪模式有两个缺点:一是发酵床常规主要原料为木屑,市场锯末短缺,价格上扬,制作养猪发酵床,成本高,一般养猪户无力制作;二是发酵床养猪费工、费时,若管理不当,发酵床垫料发霉变质,浪费资源,浪费资金,前功尽弃,为此须慎重考虑应用。

二、生态经济型养猪

生态经济型养猪主要应用本地区的花生秧(壳)、豆秸、啤酒糟、酒糟(渣)、糠、麸、柞树叶、榆树叶、槐树叶、无锯末培养食用菌废料等进行干燥后粉碎和鲜鸡粪混在一起,按一定比例进行发酵处理转化为饲料原料,并按一定比例添加在不同的猪饲料中,降低饲料成本,提高经济效益。这种既生态、环保,又经济的养猪模式,实践证明,很受养猪生产者的欢迎。

第四节　现代家庭循环式生态养猪农场

现代家庭循环式生态养猪农场是多种多样的,它受到自然环境条件、社会生产习惯和方式的影响而形成了多种形式。但是生态养猪是属于生态农业的分支系统,也是生态农业的一个组分,因此基本不会脱离生态农业的范畴。现代家庭农场式生态循环养猪的核心是养猪—沼气—农业(大农业)。根据不同地区的特点逐渐扩展循环,增加更多的生态单位,形成一个完整的半封闭的生态循环系统。

一、家庭循环式生态养殖农场规划

家庭循环式生态养殖农场的规划设计是以生态学理论作为指导思想,采用生态学原理、环境技术、生物技术和现代管理机制,使整个生态区域形成一个良性循环的大农业生态系统。经过科学规划的生态区主要以生态养殖的设计实现其生态效益;以养猪为核心与作物等有机结合,应用科技实现循环生态区的功能经济效益;进而实现经济、生态、社会效益三者共同提高,实现农牧业可持续发展。

二、现代家庭循环式生态养猪农场模式

现代家庭循环式生态养猪农场的核心内容有以下几种。
(1)养猪→沼气→蔬菜;养猪→沼气→果树。
(2)养猪→沼气→鱼塘→果树→观光。
(3)养猪→沼气→鱼塘→果树→观光→餐饮。
(4)养猪→沼气→鱼塘→果树→花草→观光(采摘、垂钓)→餐饮→住宿。
上述现代家庭循环式生态养猪农场模式,以养猪为核心,利用猪的排泄物生产沼气,供采暖、洗浴、照明、燃烧做饭;利用沼渣、沼液生产生物肥料,供果树、蔬菜等作物施用,以消除养猪粪便污染环境为重点,最终获得经济效益、生态效益、社会效益为目的生态循环经济模式。

第五节　现代工厂化生态循环养猪模式

现代工厂化生态循环养猪模式的特点为种猪繁育、肥猪生产有较为完善的生产经营体系。建立经营及服务者知识化、饲养规模化、饲养管理科学化、饲料标准化、疾病防治制度化、设备

技术现代化、饲养环境生态化、粪便污水肥料及沼气化、生产饲料玉米无害化等生态循环养猪模式,以及生猪屠宰、食品加工、冷藏、市场销售为一体的产业化、工厂化企业。

区域生态养猪模式如图1-1所示。

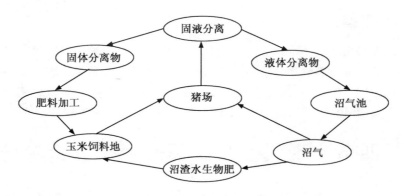

图1-1　区域生态养猪模式

一、舍内生态环境自动化调节及场区公园化

为营造猪生存、生产最佳环境,舍内定期自动雾化消毒,舍的温度、湿度自控调节在适宜猪生产需求范围,猪的粪便自动冲洗,漏于地下排污暗道,排出养殖区至饲料玉米生产基地,地下专门设有地下管道及离子化处理臭味或抽排设备,通过管道将舍内臭味抽排出养殖区域,净化舍内及养殖区的空气,形成了舍内区域空气自控流通、净化,无异味、无鼠、无蚊蝇等。

场区外围绿树成荫,场区内种植草坪及花草树木,建议栽植低矮的果树,春天赏花,夏天看绿,秋天观赏果实、品尝果实;除种植草坪外,建议种植连翘、金银花、丁香花、菊花、红花、蒲公英等具有药用价值的中草药,施用猪粪生物有机肥,净化环境,使场区整体规划为生态式公园环境。

二、粪便污水生物处理及生态循环

1. 粪便污水生物处理加工有机肥

猪的粪便污水通过管道直排玉米地化粪池,经过生物作用和干湿分离器分为固体有机肥、液体生物肥,将其施入饲料玉米基地,生产出有机饲料玉米原料,为生产绿色肉食品奠定基础。除此之外,节约种植饲料玉米肥料资金,消除猪的粪便及污水污染环境,变废为宝,促进生态循环经济发展。

2. 粪便污水生物处理生产沼气

猪的粪便污水通过管道直排场区外化粪池,或经过干湿分离器将部分固体进行分离,经过生物作用和干燥处理为有机肥,其他固体部分和液体通入化粪池、沼气池,所生产的沼气能源供职工烧饭、洗浴、取暖之用或供村庄农户照明;沼渣和沼液通过生物再处理,生产有机肥料,供饲料玉米基地肥料所用,形成了种猪繁育→肥猪生产→粪尿污水→沼气→有机肥料→饲料玉米等生态良性循环链条,以及种猪繁育→肥猪生产→屠宰→肉食品加工等一条龙产业链条,成为中国特色的生态循环养猪产业经济。

3.粪便污水生产沼气发电

猪的粪便污水经厌氧发酵处理产生的沼气,驱动沼气发电机组发电,并可充分将发电机组的余热供给沼气生产,并产生微循环。沼气发电技术本身是清洁能源,不仅消耗大量废弃物、保护环境、减少异味气体的排放,还变废为宝,产生大量的热能和电能,符合能源再循环利用的环保理念,同时也产生巨大的经济效益。

第六节　猪的健康安全体系及安全生产防范措施

在养猪过程中,猪的健康和安全生产非常重要,它直接影响猪的质量和经济效益及社会效益、生态效益。主要内容为畜牧与兽医及经营管理服务体系建设、种猪繁育体系建设、环境卫生安全制度体系建设,以及饲料、饲料添加剂、兽药的使用,传染病和普通疾病的防范及措施。

一、猪的健康安全体系建设

1.畜牧、兽医及经营管理服务体系

在养猪行业中,畜牧和兽医科技工作至关重要,建立一支高素质、高水平的畜牧和兽医专业队伍,可将地区的畜牧业经营者定期培训,提高经济管理、生产管理、技术管理、生态环境管理、循环经济管理技术水平,完善畜牧、兽医及经营管理服务体系建设,促进现代工厂化生态养猪快速健康发展。

2.猪的繁育与杂交体系

猪的繁育与杂交体系至关重要,它直接影响到生猪的生长速度和猪的类型(脂肪型、瘦肉型)、猪皮薄厚、肉质颜色等终端产品的优劣。因此,种猪繁育与杂交体系建设是加强配套系的培育和地方猪种保护与开发利用的基础,也是猪肉产品占有市场率安全系数的关键。

3.环境卫生与安全制度体系

环境卫生和安全制度体系建设,能否保证猪体健康和安全生产,养猪是否成功的关键。因此,建立环境卫生管理制度、安全生产管理制度、安全生产责任制度、定期消毒制度、疫病防控制度、定期职工技术学习班制度等各种规章制度,严格按规章制度办事,确保猪场安全生产,提高生态养猪经济效益。

二、猪的健康安全生产

1.饲料与饲料添加剂应用安全防范

饲料应用安全防范主要是饲料卫生,饲料原料中含有羽毛、碎绳索(丝)、农药残留,特别是玉米等饲料原料出现发霉变质现象,导致猪中毒疾病发生。饲料添加剂安全隐患更为严重,促生长剂配比不合理,某些元素超标而导致中毒现象;瘾性剂猪食用后,未等在猪体内充分生物转化而屠宰,导致人食用其肉而产生不良后果;慢性麻醉神经剂猪食入后而昏睡;瘦肉精添加剂造成隐患更为严重,直接危害人的身体健康。因此,为了人类身体健康,保障食品安全,现代化生态养猪安全生产尤为重要。

2.兽药应用安全防范

在现代化养猪场,特别是生产、屠宰、食品加工、市场销售一条龙产业化经营企业,必须重视肉食品安全问题。应用激素类、磺胺类、抗生素类等药物在猪体内残留,对猪肉的质量产生重大影响,要防范假兽药,禁止滥用兽药;建议应用中草药防治各种疾病。

3.传染性疾病的防范

猪的品种、饲料标准、饲养管理、疾病防治、市场行情五大要素是养猪成功之命脉,缺一不可。疫病是养猪业头号大敌,要坚持以防为主的方针,加强饲养管理。特别是猪瘟、传染性胃肠炎、仔猪副伤寒等传染性疾病,按照防疫免疫程序,注射疫苗加以防范。必须遵循卫生消毒制度、疾病防疫制度等各种规章制度,严把防疫关,猪场达到疾病净化区,促进现代化生态养猪可持续发展。

第二章 猪的品种与利用

第一节 猪的经济类型

我国地大物博,养猪历史悠久,在劳动人民精心培育下,现已形成了 48 个优良地方品种,按自然地理区域和生长特点,以及经济用途等进行如下划分。

一、按区域分类

根据猪种的外貌特征,分布情况,自然和经济条件关系,以及相互间的亲缘程度,可将我国的地方猪种大致划分为华北型、华南型、华中型、西南型、江海型和高原型六个类型。

1. 华北型

主要分布在内蒙古、新疆、东北、华北、黄河流域和淮河流域。该地区正常气候寒冷,干燥少雨,农作物一熟或两熟,因此饲料条件不如华中和华南。这种条件下可促使猪的体质健壮,骨骼发达,体躯高大,背狭而长,四肢粗壮,嘴长耳大,额间皱纹纵行,皮厚多皱褶,毛黑色粗密,鬃毛发达。母猪繁殖力强,普通每胎产仔 10～12 头。依照个体大小和成熟的早晚可分大、中、小型,分布在不同地区。一般山区和边远地区为大型,城市近郊为小型,乡村饲养中型。主要猪种有东北民猪、河南八眉猪、河北深县猪、陕西南山猪、江苏淮猪等。

2. 华南型

主要分布在云南的西南和南部边缘,广西、广东南部。福建东南部、海南省和台湾省。该地区为亚热带地区,四季如春,草木茂盛,一年三熟,青绿饲料极多,养猪条件最好,可培养出早熟易肥、皮薄肉嫩的精良猪种。华南猪品种背腰广阔、凹陷,肋曲折,胸较深,腹部蓬松下垂拖地,后躯饱满,大腿肥厚,四肢短小,骨骼过细,卧系。头短而宽,嘴短,耳小,额部皱纹多横行,皮薄毛稀,毛色多为黑白花。性成熟早,母猪生后 3～4 月龄开始发情,母性好,护仔性强,每窝产仔猪 8～9 头。主要猪种有云南德宏小耳猪、广西陆川猪、海南文昌猪和广东大斑白猪等。

3. 华中型

主要分布在我国中部各省(自治区),它的北缘与华北型的南缘相接,南缘与华南型北缘相接,地区辽阔,是粮、棉主要产区,饲料条件充分,青绿饲料丰硕。华中型猪体型呈圆桶型,中等大小、背较宽、背腰下陷。耳稍大下垂,毛色多为黑白花,也有少量黑猪。性较早熟,母猪每胎产仔猪 10～12 头。主要猪种有湖北监利猪、湖南宁乡猪、浙江金华猪和江西萍乡猪等。

4. 西南型

分布在湖北西南部、湖南西北部、四川、贵州北部、云南的大部地区,属于云贵高原和四川盆地。因为地处高原和盆地,地域、气候及农作物差别较大,所以猪种在形状和生产性能方面也有明显差异。盆地的猪饲料条件丰富,可形成体型丰满、早熟的肉脂兼用型猪。生长发育较快,母猪产仔猪 10 头左右。而生长在高原的猪,则形成体质硬朗的腌肉型猪,母猪一般产仔猪 8～9 头。主要猪种有:四川荣昌猪和内江猪,云南保山大耳猪等。

5.江海型

分布在华北和华中两类型接壤的汉水和长江中下游地区。该地区土地肥饶,人口众多,交通方便,工农业发达,人们对猪种和培育方面进行了良多工作,受华北型和华中型猪的影响,江海型猪种较杂,可分为两类:一类是受华北型影响较大的中小型黑猪,耳大下垂,背腰凹陷,四肢粗壮,皮厚多皱褶。主要品种有江苏大伦庄猪,江浙和上海一带的太湖猪等。另一类是受华中型影响较大,毛色向黑白花过渡的猪种。主要品种有湖北阳新猪等。

6.高原型

主要散布在西藏、青海、甘肃的南部、四川的阿坝州与甘孜地域。气象严寒,农作物成长期短。猪种表现背狭而微凹,腹小臀斜,四肢硬朗有力,头狭窄,嘴直长,耳小竖立,皮厚鬃毛粗密,全身被毛为淡黑色、黑灰色或黑白花,少数个体为棕色,毛梢为泛色,皮肤为浅黑色;母猪繁殖力低,产仔猪 5～6 头,生长迟缓,饲养一年体重 20～25 kg,养 2～3 年体重 35～40 kg,是体型小的晚熟种类。

二、按经济类型分类

根据消费者对瘦肉和脂肪要求不同以及地区供给饲料的差异,经过长期选育而形成脂肪型、瘦肉型和兼用型三个类型的猪种。各型猪种在体质外形、生产性能、肉脂品质、生活习性和对环境条件的要求等方面都各具其特点。

1.脂肪型猪

脂肪型猪的特点,胴体脂肪多,瘦肉少,脂肪占胴体比例为 40%～50%。外形特点是体躯宽、深、短、矮,头颈较重而多肉。体长、胸围相等或相差 2～3 cm。6～7 肋骨背膘厚 5～6 cm 及以上。脂肪类型的猪脂肪含量多,脂肪生长耗能多,因此生长慢,料肉比高。英国老巴克夏品种,我国的两广小花猪、海南猪等均属于此类型品种。

2.瘦肉型猪

瘦肉型猪的特点,胴体瘦肉多,瘦肉占胴体比例在 55% 以上。外形特点是中躯长,四肢高,前后肢间距宽,头颈较轻,腿臀丰满。体长大于胸围 15 cm。6～7 肋骨背膘厚为 1.5～3.0 cm。瘦肉型猪能有效地将饲料蛋白转化为瘦肉,且蛋白生长耗能比脂肪低,所以长得快,饲料报酬高。一般 180 日龄体重可达到或超过 90 kg,料肉比 3∶1 左右。长白猪和大约克夏猪以及我国近年培育的三江白猪、湖北白猪等都属于瘦肉型品种。

3.兼用型猪

兼用型猪的特点,肉脂比例介于脂肪型与瘦肉型之间,各占 50% 左右。外形特点也介于两者之间,体长一般大于胸围 5 cm,背膘厚 3～4 cm。哈尔滨白猪、苏联大白猪、中约克夏猪属于此种类型。

三、按猪种培育方式和品种来源分类

一般可划分为我国地方品种,从国外引进猪种和新培育猪种、配套系猪种等类型。

第二节　猪 的 品 种

据世界粮农组织(FAO)2005 年 10 月公布资料显示,全世界共有 130 个国家养猪,其猪品种资源共 1 271 个。其中非洲有 128 个猪品种,亚洲有 307 个猪品种,大洋洲有 120 个猪品种,欧洲有 503 个猪品种,美洲有 213 个猪品种。我国是世界上猪品种资源最丰富的国家之一,现有地方优良品猪种 48 个,培育优良品种 12 个,从外国引进后经长期驯化适宜环境的猪种有 6 个品种。

一、我国地方优良品种

1. 东北民猪

在世界地方猪品种中排列第四位,是东北地区一个古老的地方猪种,分大(大民猪)、中(二民猪)、小(荷包猪)三种类型。除少数边远地区农村有少量大型和小型民猪外,农民主要饲养中型民猪。该品种具有产仔多、肉质好、抗寒、耐粗饲、杂交效果显著的特点。

(1)体型外貌:全身的毛为黑色。体质强健,头中等大。面直长,耳大下垂。背腰较平、单脊,乳头 7 对以上。四肢粗壮,后躯斜窄,猪鬃良好,冬季密生棕红色绒毛。8 月龄公猪体重 79.5 kg,体长 105 cm,母猪体重 90.3 kg,体长 112 cm。

(2)育肥性能:240 日龄体重为 98～101.2 kg,日增重 495 g,每增重 1 kg 消耗混合精料 4.23 kg。体重 99.25 kg 屠宰,屠宰率 75.6%。近年来经过选育和改进日粮结构后饲养的民猪,233 日龄体重可达 90 kg,瘦肉率为 48.5%,料肉比为 4.18∶1。

(3)繁殖性能:3～4 月龄即有发情表现。母猪发情周期为 18～24 天,持续期 3～7 天。在农村,公母猪 6～8 月龄,体重 50～60 kg 即开始配种,成年母猪受胎率一般为 98%,妊娠期为 114～115 天,窝产仔数 14.7 头,活产仔 13.19 头,双月成活 11～12 头。

(4)杂交利用:用杜洛克公猪作父本与东北民猪为母本进行杂交,其杂交一代商品猪 205 日龄体重达 90 kg,料肉比为 3.81∶1,瘦肉率为 56.19%;用长白猪作父本与东北民猪为母本进行杂交,其杂交一代饲养 127.4 天体重可达 90 kg,料肉比为 3.22∶1,瘦肉率 53.47%;用汉普夏公猪作父本与东北民猪为母本进行杂交,其杂交一代商品猪 179 日龄体重可达 90 kg,料肉比为 3.78∶1,瘦肉率为 56.65%。

2. 太湖猪

太湖猪主要以二花脸、枫泾、梅山、嘉兴黑猪等为主要类群。主要分布于长江下游,江苏、浙江省和上海市交界的太湖流域,西至茅山山脉,东临东海,南过杭州湾,北及长江北岸高沙土地区的南缘。

(1)体型外貌:太湖猪体型为中等,各类群间有差异,以梅山猪较大,骨骼较粗壮,米猪的骨骼较细,二花脸猪、枫泾猪、横泾猪和嘉兴黑猪则介于二者之间;沙乌头猪含有少量灶猪血统,体质较紧凑。

头大额宽、额部皱褶多、深,耳特大,软而下垂,耳尖齐或超过嘴角,形似大蒲扇。全身被毛黑色或青灰色,毛稀疏,毛丛密,毛丛间距离大,腹部皮肤多呈紫红色,鼻白色或尾尖白色,梅山猪的四肢末端为白色,俗称"四白脚"。乳头数多为 8～9 对,最多 12.5 对。

(2)生长发育:据二花脸种猪场统计,6月龄公猪(77头)体重(47.56±0.75)kg,体长(94.75±0.64)cm,胸围(80.79±0.61)cm,体高(51.12±0.31)cm;6月龄后备母猪:体重(49.00±0.39)kg,体长(95.08±0.29)cm,胸围(81.89±0.32)cm,体高(30±0.15)cm。各类群之间,以梅山猪较大,其他类群均接近或略小于二花脸猪。

(3)繁殖性能:据主产区种猪场统计,母猪头胎产仔数(12.14±0.09)头,二胎(14.48±0.11)头,三胎及三胎以上(15.83±0.09)头。

(4)肥育性能:据上海市对8头梅山猪测定,在体重25~90 kg,日增重439 g,每千克增重耗精料4 kg,青料3.99 kg;据浙江省对20头嘉兴黑猪进行测定,在25~75 kg阶段,日增重444 g,每千克增重耗精料3.82 kg、青料0.21 kg。

太湖猪屠宰率65%~70%,胴体瘦肉率不高,皮、骨和花板油的比例较大,瘦肉中的脂肪含量较高。各类群之间略有差异,枫泾和梅山猪的皮所占比例较高,二花脸和梅山猪的脂肪较多。据上海市测定,枫泾猪(20头)屠宰前体重75 kg,胴体瘦肉占39.92%,脂肪占28.39%,皮占18.08%,骨骼占11.69%。据浙江省测定,嘉兴黑猪(14头)屠宰前体重74.43 kg,屠宰率69.44%,胴体长71.36 cm,眼肌面积15.48 cm^2,瘦肉率45.08%。

(5)杂交利用:太湖猪与外来品种公猪杂交,繁殖力略有变化。据浙江嘉兴市双桥农场统计,嘉兴黑母猪与大约克夏猪杂交后,77窝产仔数为(14.29±3.50)头,比母本纯种繁育时减少0.96头,但成活率和哺育率以及初生窝重和断乳重均有所提高,综合指标的断乳窝重,比纯种繁育率提高18.5%。

据上海试验,苏×枫杂交一代商品猪,体重111 kg,屠宰率74.23%,胴体长89 cm,眼肌面积22.53 cm^2,胴体瘦肉率43.02%,长×枫杂交一代商品猪屠宰前体重96.7 kg,屠宰率为68.6%,胴体长87.25 cm,眼肌面积28.79 cm^2,胴体瘦肉率46.67%。

3. 内江猪

内江猪原产于四川盆地中部的内江市、内江县等地。2000年,中国国家农业部将其列入《国家畜禽品种资源保护名录》,是国家重点保护的地方品种资源之一。全国各省(自治区、直辖市)均有饲养。

(1)体型外貌:内江猪被毛全黑,鬃毛粗长,头较短,额宽、额面有较深皱褶,耳中等大、下垂;体格大,体躯宽深,背腰微凹,腹大下垂,臀部宽稍后倾,四肢粗壮,皮厚,成年公猪体侧后躯有皱褶,俗称瓦沟。农民习惯将嘴特短、额面皱褶特深、眼窝深陷、躯干四脚短者称为"狮子头"。将嘴稍长、额面皱褶较浅,四肢较细长,躯干较长,皮较薄者称为"二方头"。

(2)繁殖性能:内江猪公猪性成熟平均为105天,母猪平均为118.77天,乳头6~7对;公猪初配平均在182日龄,母猪平均在229.0日龄。发情周期为19.35天,标准差1.11天;妊娠期共114.08天,标准差1.93天;平均窝产仔11.22头,标准差1.93头;平均窝产活仔10.1头,标准差1.73头;一般断奶日龄为35~45天;初生窝重9.09 kg,标准差2.058 kg;仔猪平均初生重为912 g;仔猪断奶重平均为7.81 kg,标准差1.34 kg,断奶日龄平均为39.83天;断奶仔猪成活数平均为8.88头,标准差1.61头;仔猪成活率平均为88.12%。

(3)育肥性能:农村传统习惯采用"吊架子"方式饲养肥育猪,皆喜养大猪。出栏肥育猪体重多在150 kg左右,若有200 kg以上者,肥育时间长达1.5~2年。据对农村12头肥育猪调查,仔猪体重从10.27 kg增至79.54 kg,需309天,日增重224 g,屠宰率68.18%,花板油比例

6.31％,肉、脂、皮和骨分别占胴体重的47.19％、27.4％、15.75％和9.65％。

肥育猪适宜屠宰体重随营养水平和饲养方式不同而有区别,大致以90～100 kg为宜。据试验,在较好营养水平下,体重达90 kg时,日增重562 g,每千克增重耗混合料3.4 kg,胴体中肌肉和脂肪比例分别为38.2％和38.7％。90 kg以后日增重速度仍然较高,体重达120 kg时日增重为587 g,每千克增重耗混合料3.7 kg,胴体中肌肉和脂肪的比例分别为32.8％和46.9％。随着屠宰体重的增加,体脂肪的沉积和每单位增重耗料亦有所增加。

内江猪体重平均达90 kg,需要饲养190天;平均屠宰率为71.5％;平均瘦肉率为41.14％;平均背膘厚度为3.14 cm,6～7肋间平均厚3.46 cm;眼肌面积为16.84 cm²;饲料转化率为4.12:1;平均皮厚0.574 cm;饲养体重20～90 kg时,日增重:公猪为544.01 g,母猪为521.87 g。

(4)杂交利用:用内江猪与北京黑猪杂交,日增重优势率内江组为3.3％,北×内组为7.4％,肥育效果较好。2011年,据内江市种猪场进行杂交组合试验,选择内江猪为母本,加系大约克公猪为父本,其杂交一代,屠宰前体重100 kg,瘦肉率68.5％,背膘厚9.5 mm,日增重950 g,料肉比为2.45:1;杜洛克公猪为父本,内江猪为母本进行杂交,其杂交一代,屠宰前体重100 kg,瘦肉率66％,背膘厚12 mm,日增重1 kg,料肉比为2.3:1,杂交效果良好。

4. 金华猪

金华猪原产于浙江省金华地区东阳县的划水、湖溪,义乌县的上溪、东河、下沿,金华县的孝顺、曹宅、里浦等地。主要分布于东阳、浦江、义乌、金华、永康、武义等县。

(1)体型外貌:体型分大、小、中型,总体中等偏小。耳中等大,下垂不超过口角,额有皱纹。颈粗短。背微凹,腹大、下垂,臀略倾斜。四肢细短,蹄坚实呈玉色。皮薄、毛疏、骨细。毛色以中间白、两头黑为特征,即头颈和臀尾部为黑皮黑毛,体躯中间为白皮白毛,在黑白交界处有黑皮白毛的"晕带"。因此又称"两头乌"。或"金华两头乌猪",也常有少数猪在背部有黑斑者。

(2)生长发育:据对农村调查,6月龄公猪(213头)体重(30.98±0.35) kg;母猪(934头)(34.15±0.20) kg。

(3)繁殖性能:乳头多为7.5～8.5对。据东阳县良种场测定,小公猪的睾丸最早在64日龄、体重11 kg时出现精子,101日龄时已能采得精液,其质量已近似成年公猪。母猪的卵巢在60～75日龄时已有发育良好的卵泡,110日龄体重达到28 kg时,已有红体,证明性成熟早。早在农村饲养过程中,公、母猪一般在5月龄左右、体重25～30 kg时初配。近年来,随着科技的发展初配时间有所推迟。

据统计,三胎及三胎以上母猪平均产仔数13.78头,成活率97.17％,初生窝重8.93 kg,初生体重0.65 kg,20日龄窝重32.49 kg,60日龄断乳时每窝育成11.68头,哺育率87.23％,断乳窝重116.34 kg,断乳体重9.96 kg。

(4)肥育性能:据屠宰8头肥猪测定,平均体重63.5 kg,屠宰率68.11％,板油重3.13 kg,占胴体重的7.24％,膘厚3.87 cm,皮厚0.33 cm,结果表明皮薄,板油较多,皮下脂肪较少。

(5)杂交利用:据浙江省畜牧兽医研究所多次试验,长×金、杜×金、汉×金三组各8头,从20～90 kg,平均日增重为(589±27) g,90 kg时胴体瘦肉率均为51.62％,杂交效果显著。

5. 荣昌猪

荣昌猪原产于重庆荣昌和四川的隆昌,分布在重庆的永川、大足、铜梁及四川的泸县、合江、纳溪等县区。

(1)体型外貌:荣昌猪体型较大,结构匀称,毛稀,鬃毛洁白、粗长、刚韧。头大小适中,面微凹,额面有皱纹,耳中等大小而下垂,体躯较长,发育匀称,背腰微凹,腹大而深,臀部稍倾斜,四肢细致、坚实,大部分全身毛色除两眼四周或头部有大小不等的黑斑外,均为白色,少数在尾根及体躯有黑斑。

(2)生长发育:荣昌猪成年公猪体重(170.6±22.4)kg,体长(148.4±9.1)cm,体高(76.0±3.1)cm,胸围(130.3±8.5)cm,成年母猪体重(160.7±13.8)kg,体长(148.4±6.6)cm,体高(70.6±4.0)cm,胸围(134.0±8.0)cm。

(3)繁殖性能:乳头6~7对,母猪泌乳性能好,护仔能力强。母猪发情周期21天左右,发情持续期4.4天,初配公、母猪月龄均在6月龄以后,使用年限公猪2~5年、母猪5~7年,第一胎产仔数(8.56±2.3)头,三胎以上窝产仔数(11.7±0.23)头,初生体重0.86 kg左右。

(4)肥育性能:生长20~90 kg时,日增重为(542±29)g,饲料转化为(3.48±0.21)kg。屠宰体重(87.7±3.8)kg时,屠宰率为(73.8±2.2)%,眼肌面积为(19.83±1.35)cm²,左半胴体瘦肉率为(41.98±1.23)%;肉色评分为(3.8±0.2)分,pH为6.23±0.14,剪切力为(3.52±0.71)kg,肌内脂肪含量为(3.12±0.54)%,滴水损失为(2.54±0.15)%。

(5)杂交利用:本品种适应性强,遗传性能稳定,瘦肉率较高,肉质优良,杂交配合力优良,重点保种。

6. 香猪

香猪是小体型的地方品种,饲养历史悠久。早在20世纪30年代《宜北县志》中就有记载。主要分布在黔、桂接壤的榕江、荔波、融水等县北部,以及雷山、丹寨县等地,全国部分地区均有过饲养。

(1)体型外貌:体躯矮小,头较直,额部皱纹浅而少,耳较小而薄、略向两侧平伸或稍下垂。背腰宽而微凹,腹大丰圆触地,后躯较丰满。四肢短细,后肢多卧系。皮薄肉细。毛色多全黑,但亦有"六白"或不完全"六白"的特征。据产区调查,香猪的体型外貌可分为大、小两个类型。7月龄母猪的体重分别为(32.04±3.03)kg和(25.26±4.12)kg。

(2)生长发育:1~3岁公猪(5头)平均体重37.37 kg,体长81.5 cm,胸围78.1 cm,体高47.4 cm。广西畜牧研究所和贵州农学院对香猪饲养观察表明,公猪生长发育较慢,公猪(8头)4月龄时体重(7.874±1.46)kg,6月龄体重(16.024±2.01)kg,8月龄体重(26.334±5.89)kg。4月龄母猪(41头)体重(11.084±0.61)kg,6月龄(26.29±1.14)kg,8月龄(40.394±1.29)kg。

(3)繁殖性能:公猪性成熟早,65~75日龄时出现爬跨行为,75~85日龄时睾丸初次出现精液。在170日龄,体重8.5~17 kg时采精,一次射精量25 mL,每毫升精液含精子(2.6±3.8)亿;母猪乳头一般5~6对,初次发情期在(120±3.23)日龄,发情周期(18.90±3.12)天,持续期(4.76±2.25)天。母猪的产仔数不多,平均产仔数4.5头,二胎(178窝)5.0头,三胎及三胎以上5.7头。

(4)肥育性能:在较好的饲料条件下,从90日龄体重3.72 kg开始,饲养180日龄时,体重达22.61 kg,日增重210 g,饲养至240日龄时,体重达38.8 kg,日增重有所提高。

香猪体型小,经济、早熟,胴体瘦肉较高,肉嫩味鲜,皮薄骨细,早期即可宰食,断乳仔猪和乳猪无腥味,加工烤猪、腊肉别有风味。

(5)杂交利用:小香猪为国家级重点保护品种。

二、国外引进品种

1. 长白猪

原产丹麦,由当地猪与大约克夏猪杂交育成。经过世界各地长期培育,分为丹系、美系、英系、法系,遍布世界各地。1963 年将长白猪品种引入我国,经过 54 年的驯化饲养,适应性得到提高,遍及全国。

(1)外貌特征:全身被毛白色。体躯呈楔形,前轻后重,头小鼻梁长,两耳大多向前平伸,胸宽深适度,背腰特长,背线微呈弓形,腹线平直,后躯发达,大腿丰满,四肢高,胸腰椎有 22 个以上,肋骨 16 对,成年公猪体重 250～350 kg,母猪约 250 kg。

(2)繁殖性能:母猪乳头 7～8 对,性成熟比较晚,公猪一般在 6 月龄时性成熟,公母均在 8 月龄,体重 100～120 kg 时配种。母猪发情周期 21～23 天,发情持续期 2～3 天,妊娠期为 115 天。母猪产仔数,初产 9～10 头,经产 11.2 头;21 日龄初产窝重 40 kg,经产窝重 45 kg 以上。

(3)肥育性能:达 100 kg 体重日龄 180 天以下,肥育期日增重 820 g,料肉比 2.76∶1,100 kg 体重屠宰时,屠宰率 74%,瘦肉率 64%,后腿比例 33%,背膘厚 1.5 cm 以下,眼肌面积 32 cm²。

(4)杂交利用:长白猪具有生长快、饲料利用率高、瘦肉率高等特点,而且母猪产仔较多,奶水较足,断奶窝重较高。在我国猪杂交繁育体系中,多用于培育瘦肉型品种(系)和生产商品瘦肉猪的杂交父本。在较好的饲料条件下,长白猪与我国地方猪杂交效果显著,在提高我国商品猪瘦肉率方面,长白猪将成为一个重要的父本品种;也常用长白猪作父本,大白猪作母本生产长×大二元杂种母猪,其效果显著。

2. 大白猪(约克夏猪)

(1)外貌特征:大约克夏猪全身皮毛白色,允许偶有少量暗黑斑点,头大小适中,鼻面直或微凹,耳竖立,背腰平直。肢蹄健壮、前胛宽、背阔、后躯丰满,呈长方形体型等特点。成年公猪体重 250～300 kg,成年母猪体重 230～250 kg。

(2)生长发育:具有产仔多、生长速度快、饲料利用率高、胴体瘦肉率高、肉色好、适应性强的优良特点。后备公猪 6 月龄体重可达 90～100 kg,母猪可达 85～95 kg。生长猪体重 30～100 kg 阶段,日增重 750～850 g。

(3)繁殖性能:母猪乳头 6～7 对,性成熟比较晚,5 月龄的母猪出现第一次发情,发情周期 18～22 天,发情持续期 3～4 天。配种适宜年龄 7～8 月龄,体重 100～120 kg。母猪产仔数,初产 9 头以上,经产 11～12.5 头;21 日龄窝重,初产 40 kg 以上,经产 45 kg 以上。

(4)肥育性能:生猪饲养 150～165 日龄体重 100 kg 屠宰时,屠宰率 72%～74%,腿臀比例 30.5%～32%,背膘厚 1.8 cm,眼肌面积平均 32～35 cm²,瘦肉率 63%～65%,肉质优良。达 100 kg 体重日龄一般不超过 180 天,饲料转化率 2.8∶1 以下,饲养 100 kg 体重时,活体背膘厚 1.5 cm 以下。

(5)杂交利用:大白猪是世界上著名的肉用型品种之一。在我国分布较广,有较好的适应性,具有生长快、饲料利用率高、瘦肉率高、产仔较多等特点。大约克猪种在杂交利用上主要用作母本,长白猪作父本生产长×大或大×长二元杂交母猪,作为规模化猪场的基础母本。也可用大白猪作父本与本地母猪进行二元、三元或多元杂交,杂种在日增重、饲料利用率等方面杂种优势明显,在繁殖性能上也呈现一定的优势。所以,大白猪在我国作为杂交亲本,有良好的利用价值。

3. 杜洛克猪

杜洛克猪原产于美国,是优良的瘦肉型猪品种。我国各地均有饲养该猪种。

(1)体型外貌:猪头较小而清秀,大小适中,颜面稍凹、嘴筒短直,耳中等大小,向前倾,耳尖稍弯曲,胸宽深,背腰略呈拱形,腹线平直,四肢强健。公猪包皮较小,睾丸匀称突出、附睾较明显。母猪外阴部大小适中、乳头一般为 6 对。

(2)生长发育:杜洛克生长发育快,瘦肉率高,饲料转化率高,抗逆性强。饲养 25～90 kg 阶段,日增重为 700～800 g。成年公猪体重为 340～450 kg,母猪 300～390 kg。

(3)繁殖性能:性成熟比较晚,母猪一般 6～7 月龄,体重 90～110 kg 出现第一次发情,发情周期 21 天,发情持续期 2～3 天,妊娠期 115 天左右。适宜配种日龄 220～240 天,体重 120 kg。母猪平均产仔数 10.2 头,仔猪初生重平均 1.8 kg,21 日龄断奶重 7.84 kg。

(4)育肥性能:饲养优良的情况下 148 天体重可达到 100 kg,饲养 30～100 kg 阶段时,日增重 925 g,饲料转化率 2.4:1。在 100 kg 体重屠宰时,屠宰率 75%,背膘厚 1.5 cm,眼肌面积 30 cm²,后腿比例 33%,瘦肉率 65%。

(5)杂交利用:杜洛克猪引入我国各地用该猪为父本与地方猪种进行经济杂交。据浙江试验表明,以杜洛克猪为父本与金华猪和龙尤乌猪杂交,杂交一代日增重分别为 558 g 和 566 g,每千克增重耗消化能分别为 48.02 和 39.77 MJ,肥猪 90 kg 体重时,屠宰瘦肉率分别为 49.02% 和 48%。据广东试验表明,以杜洛克为第二父本与(长×蓝)杂交,杂交后代日增重 622 g,瘦肉率 50.35%。通过各地利用效果良好,为我国商品瘦肉猪的发展起了一定作用。

4. 汉普夏猪

汉普夏猪原产于英国南部,19 世纪初期由英国汉普夏输往美国后,在肯塔基(Kentucky)经杂交选育而成,早期称之为"薄皮猪",1904 年改为现名。因全身主要为黑色,肩部到前肢有一条白带环绕,俗称之为白肩猪。现已成为美国三大瘦肉型品种之一。

(1)体型外貌:汉普夏猪体型大,毛色特征突出,被毛黑色,在肩部和颈部结合处有一条白带围绕,在白色与黑色边缘,由黑皮白毛形成一条灰色带,故有"银带猪"之称。头中等大小,耳中等大小而直立,嘴较长而直,体躯较长,背腰呈弓形,后躯臀部肌肉发达。成年公猪体重 315～410 kg,母猪 250～340 kg。

(2)生长发育:据 1994 年河北省畜牧研究所对汉普夏猪的育肥性能进行的测定,体重 25～90 kg 阶段,平均日增重 819 g,饲养 159.35 日龄体重达到 90 kg,料重比 2.88:1。辽宁阜新原种猪场于 2007 年 3 月至 2008 年 7 月对 26 头猪进行测定,饲养(150.34±0.97)日龄体重达到 100 kg,平均日增重(815.49±10.12)g,100 kg 体重背膘厚(0.97±0.14)cm,料重比(2.38±0.04):1。

(3)繁殖性能:母猪性成熟比较晚,繁殖力不高,母猪一般 6～7 月龄,体重 90～110 kg 出现第一次发情,发情周期 19～22 天,发情持续期 2～3 天,妊娠期 113～116 天。

初产母猪平均窝产仔数 7.63 头,初生体重 1.33 kg,二胎母猪窝产仔数为 9.74 头,初生体重 1.43 kg。每胎产仔数一般在 9～10 头,母性好,体质强健。

(4)肥育性能:据 20 世纪 90 年代丹麦国家种猪测定站报道,汉普夏公猪 30～100 kg,育肥期平均日增重 845 g,饲料转化率 2.53:1。据 1994 年河北省畜牧研究所屠宰性能测定,屠宰前活重 91.18 g,屠宰率 74.42%,眼肌面积 43.03 cm²,平均背膘厚 1.9 cm,瘦肉率 65.34%。

(5)杂交利用:汉普夏猪具有瘦肉多、眼肌面积大、背膘薄等特点。在三元杂交中,以汉普夏猪作终端父本,有很好效果。例如,汉普夏猪×(长白猪×金华猪)、汉普夏猪×(大白猪×金华猪),汉普夏猪×(长白猪×小花猪)等。但汉普夏猪与其他瘦肉型猪相比生长速度慢、饲料报酬稍差,酸肉基因频率高,故在我国商品猪的杂交生产中应用较少。

5.皮特兰猪

皮特兰猪原产于比利时的布拉帮特省,是由法国的贝叶杂交猪与英国的巴克夏猪进行回交,然后再与英国的大白猪杂交育成,并以瘦肉率高而闻名于世。我国部分省(自治区、直辖市)均有饲养。

(1)体型外貌:法国皮特兰猪毛色灰白,夹有黑白斑点,有的杂有红毛。头部、颈部清秀,耳小、直立或前倾。体躯宽,背沟明显,尾根有一深窝,前后躯丰满,臀部特发达,呈双肌臀。后躯、腹部血管清晰,露出皮肤表层。

(2)生长发育:该品种具有瘦肉率高、背膘薄、眼肌面积大的优点。瘦肉率一般可达67%左右,背膘厚0.98 cm,眼肌面积43 cm²。

(3)繁殖性能:有效乳头6对,乳头排列整齐,繁殖能力中等,产仔均衡,一般在9~11头,护仔能力强,母性好,泌乳早期乳质好,泌乳量高,中后期泌乳差,20日龄窝重(48.5±2.3)kg,35日龄窝重(87.7±4.8)kg。

(4)肥育性能:据北京养猪育种中心测定,法国皮特兰猪生长速度较快,背膘薄,(160.54±0.88)日龄体重达到100 kg,平均日增重(831±2.04)g,料重比(2.52±0.01):1。屠宰前体重(99.50±1.04)kg,胴体重(74.10±1.15)kg,胴体长(83.60±1.17)cm,屠宰率(74.47±0.48)%,瘦肉率(73.14±0.68)%,平均背膘厚(1.63±0.86)cm,眼肌面积(49.74±1.82)cm²,腿臀比例(36.63±0.89)%,脂肪率(11.62±0.73)%,皮率(5.28±0.19)%,骨骼率(9.57±0.21)%。

(5)杂交利用:皮特兰猪是理想的终端杂交父本,可以明显地提高瘦肉率和后躯丰满程度。一般杂交方式有:皮×杜、皮×长大、皮×大白、皮杜×长大、皮×地方猪种。皮特兰猪是极具利用价值的品种。

6.斯格猪

原产于比利时,是用比利时长白、英系长白、荷兰长白、法系长白、德系长白及丹麦长白猪等品系杂交培育而成的瘦肉型猪。在20世纪80年代初期引入我国,主要分布在湖北、江苏、广西、广东、福建、贵州、北京、辽宁和黑龙江等省(自治区、直辖市)。

(1)体型外貌:斯格猪外貌相似于长白猪,其后腿和臀部十分发达,四肢比长白猪粗短,嘴筒亦比长白猪短。特点是生长发育极快,饲料报酬高,但容易产生应激综合征。

(2)生长发育:生长迅速快,初生个体重1.34 kg,仔猪10周龄体重27 kg。出生后170~180日龄体重可达90~100 kg,平均日增重650 g以上,料肉比(2.85~3.00):1。

(3)繁殖性能:母系种源特点为体长、成熟早、发情明显、产仔率高、仔猪初生重大、均匀度好、健壮、生活力强,母猪泌乳力强,繁殖性能良好,初产母猪平均产活仔猪8.7头,成年母猪平均产活仔猪10.2头,平均产仔11.8头,仔猪成活率90%以上。

(4)杂交利用:杂交育肥猪生长快,肌肉丰满、背宽、腰厚、臀部极发达,肥育期日增重800 g以上;饲料增重比(2.4~2.6):1。活体重90 kg屠宰时,瘦肉率65%以上,胴体平均膘厚2.0 cm以下,眼肌面积40 cm²以上,肌内脂肪2%~3%,肉质细嫩多汁。

三、我国新培育品种

1.北京黑猪

北京黑猪起源于20世纪60年代,发源于京郊各国有猪场。其血统源自亚、欧、美三大洲的诸多品种,有丰富的遗传背景。部分地区均有引进饲养。1982年,通过国家农业部鉴定,并获部级科学技术进步一等奖。

(1)体型外貌:头部大小适中,两耳向前上方直立或平伸,颜面微凹,额较宽,颈肩结合良好,背腰平直且宽,四肢健壮,腿臀较丰满,体质结实,结构匀称,全身被毛呈黑色。成年公猪体重约260 kg,体长约150 cm;成年母猪体重约220 kg,体长约145 cm。

(2)生长发育:90 kg胴体瘦肉率58%以上,抗病力强,耐粗饲,抗应激,生长快,商品猪日增重650～850 g,料肉比2.8：1。

(3)繁殖性能:母猪初情期为6～7月龄,发情周期为21天,发情持续期2～3天。小公猪3月龄出现性行为,6～7月龄、体重达70～75 kg时可用于配种。初产母猪每胎平均产仔10.4头,经产母猪平均每胎产仔11.5头,平均产活仔数10头。

(4)肥育性能:北京黑猪在好的饲养条件下,肥育猪体重20～90 kg阶段,日增重达650～850 g,料肉比2.8：1。屠宰活体重90 kg,屠宰率72%～73%,胴体瘦肉率56%以上。

(5)杂交利用:据北京市农科院畜牧兽医研究所原种猪场于1982年对长白父×北京母的40窝统计,每窝产仔数13.03头,产活仔数12.03头,60日龄断乳育成10.78头,断乳窝重202.22 kg。长白父×北京母的杂交一代杂种猪,体重20～90 kg阶段,日增重650～700 g,每千克增重消耗配合饲料3.0～3.2 kg,屠宰活体重90 kg,胴体瘦肉率58%以上。

2.哈尔滨白猪

哈尔滨白猪,简称哈白猪。原产于黑龙江省南部和中部地区。在含有约克夏猪和巴克夏猪血统的杂种白猪的基础上,通过引入苏联大白猪血液,对其进行杂交二代选育而成。现分布于全国20多个省(自治区、直辖市)。

(1)体型外貌:体型较大,全身被毛白色,头部中等大小,两耳直立,面部微凹,背腰平直,腹稍大不下垂,腿臀丰满,四肢健壮,体质结实。成年公猪体重可达230～250 kg;成年母猪210～240 kg。

(2)生长发育:该品种耐粗饲,生长快,抗病性强,在正常饲养的条件下,商品猪日增重600～850 g,料肉比2.8：1。屠宰前体重100 kg,屠宰率74%,瘦肉率56%～58%,膘厚5 cm,眼肌面积30.8 cm²,腿臀比例26.5%。

(3)繁殖性能:公猪在10月龄,体重120 kg时开始配种;母猪乳头6～8对,一般在8～9月龄、体重90～100 kg时开始配种,发情周期为21天,发情持续期2～3天,妊娠期115天。对9月龄后备母猪(24头)的测定,交配组的排卵数(14.5±0.5)枚,未交配组(13.9±0.9)枚。据统计,初产母猪平均产仔数10.4头,60日龄平均窝重121 kg;经产母猪平均产仔猪12头,60日龄断乳窝重158 kg。

(4)肥育性能:据测定,饲养20～90 kg体重阶段,平均日增重为610 g,每千克增重耗混合料3.70 kg。屠宰率为72.4%,胴体瘦肉率52.5%。据对39头肥育猪进行测定,屠宰前体重平均115.46 kg,屠宰率74.75%,瘦肉率可达57%～58%,眼肌面积30.81 cm²,背膘厚5.05 cm,花板油比例为6.44%,皮厚0.31 cm,腿臀比例26.45%。

(5)杂交利用:长白公猪与哈白母猪杂交,产仔比纯哈白猪提高 1.2 头,肥育期提高日增重 38 g。杂交利用具有肥育速度较快、仔猪初生体重大、断乳体重大等优良特性。

3.三江白猪

用兰德瑞斯猪与民猪进行杂交,历经 10 年的时间(1973—1983 年)育成的中国第一个鲜肉型品种为三江白猪。并以黑龙江、乌苏里江和松花江流域的三江平原命名。主要分布于东北三省和内蒙古部分地区。

(1)体型外貌:全身被毛白色(母猪允许皮肤上有少量散在的小青斑),毛丛稍密,头稍轻、鼻直、两耳下垂或稍前倾、背腰平直、中躯较长、腹围较小、后躯丰满、四肢健壮、体质结实。成年公猪体重 250~300 kg,母猪 200~250 kg。

(2)生长发育:在正常生产条件下饲养,表现出生长迅速、饲料消耗少、胴体瘦肉多、肉质良好。仔猪 50 日龄断乳体重 13.94 kg,4 月龄体重达到 46.90 kg。6 月龄体重 80~85 kg,体长 119.68 cm,腿臀围 85.72 cm。活体刺测背膘厚度平均 2.6 cm;后备母猪 6 月龄体重 75~80 kg,背膘厚度平均 2.8cm;肥育猪 20~90 kg 阶段,平均日增重 600 g,饲养 185 日龄体重达到 90 kg。

(3)繁殖性能:母猪乳头 7 对,排列整齐,初情期平均为 160 日龄,适宜初配期为 240~260 日龄,初配体重 100~110 kg。初产母猪每窝产仔数 9~10 头,平均初生重 1.1 kg,60 日龄窝重 130 kg。经产母猪每窝产仔数 11~13 头,平均初生重 1.2 kg,60 日龄窝重 160 kg。

(4)肥育性能:肥育猪 20~90 kg 阶段,平均日增重 666 g,饲养 185 日龄体重达 90 kg。屠宰肥育猪体重 90 kg 时,胴体瘦肉率 57%~58%,平均背膘厚 3.2~3.4cm,眼肌面积 26~28 cm²,腿臀比例 28%~30%。育肥期平均日增重 666 g;背膘厚 3.25 cm,眼肌面积 28 cm²,瘦肉率 58.4%,饲料转化率 3.51:1。

(5)杂交利用:三江白猪与杜洛克、汉普夏、长白猪杂交都有较好的配合力,与杜洛克猪杂交效果显著。杜×三杂种猪肥育期平均日增重 650 g,瘦肉率 62%。缺点:颈下与腹下比例稍大。

4.沈花猪

沈花猪是以克米洛夫猪为父本与民猪或巴克夏杂种母猪杂交选育而成的品系,主要分布在锦县、铁岭、康平、辽阳和凤城等地。

(1)体貌特征:沈花猪体质结实紧凑,结构匀称,头大小适中,嘴中等长而宽,两耳直立,胸廓宽深,背腰平直,身腰较长,腹不下垂,后躯丰满,四肢强健,被毛为黑白花,其中黑花系以黑色为主,但有少量零散分布的小块白毛。母猪乳头 7 对。

(2)繁殖性能:公猪 4 月龄时开始出现爬跨行为,母猪 5 月龄时出现初情期。在猪场饲养条件下,母猪于 8 月龄、公猪于 10 月龄、体重 100 kg 以上开始配种。母猪初产仔数 10 头左右,经产母猪 11 头左右,断乳窝重分别为 100 kg 和 135 kg 左右。母猪繁殖利用年限 4~5 年。

(3)肥育性能:肥育性能良好,在较好的饲养条件下,6 月龄体重 97.5 kg,每千克增重耗精料 3.7 kg。在粗蛋白 15% 和 11% 的营养水平下,体重(25.44±0.31) kg,饲养 116.72 天,体重达(95.36±1.23) kg,日增重(599±9.76) g,每千克增重耗精料 3.50 kg、青料 0.55 kg。

(4)杂交利用:沈花猪与长白公猪杂交所得一代杂种,6 月龄体重 93.0 kg,日增重 599 g,每千克增重耗混合料 3.4 kg,瘦肉率 53% 左右。

第三节　猪的经济杂交与利用

在现代养猪行业中常用的繁育方法有两种,即纯种繁育和杂交繁育。纯种繁育的目的主要是为开展杂交利用提供品质优良的纯种种猪。由于杂交利用的目的不同,杂交可分为育种性杂交和经济型杂交。现代养猪业中将应用经济型杂交视为增加猪肉产量的主要途径和手段。

一、经济型杂交在生产中的作用

在现代养猪业中应用经济型杂交的主要目的是深挖杂交双亲的遗传优点,充分发挥生活力强、繁殖力高、体质健壮、生长速度快、饲料报酬高、抗病力强等杂种优势,利用杂交猪优势生产育肥猪,增加产肉量,提高瘦肉率,节约饲料,降低饲养成本,提高养猪经济效益和社会效益。

二、经济型杂交的理论依据

杂交优势的产生主要是由于优良品种显性基因的互补和群体中杂合子频率的增加,从而抑制或减弱了不良基因的作用,提高了整个群体的平均显性效应和上位效应,生物机体表现生活力、耐受力、抗病力和繁殖力提高,饲料利用效率改善和生长速度加快。这是猪经济型杂交的基本理论基础。

三、杂交优势及其利用

1. 杂交优势率的计算

杂交优势就是不同品种、品系间杂交,杂交后代性能平均值超过双亲平均值的部分。依据上述概念,杂交优势率的计算公式如下:

$$杂交优势率 = \frac{杂种一代平均值 - 双亲平均值}{双亲平均值} \times 100\%$$

2. 杂种优势利用的效益

杂种优势利用的实质是经济杂交。猪的很多性状如产仔数、泌乳率、生长速度、饲料利用率、体质情况、抗病力、胴体品质等是由很多不同遗传类型基因决定的,杂种优势的表现程度也不相同,经济杂种优势一般表现规律如下:

(1)繁殖力性状　繁殖力性状包括产仔数、出生重、断奶窝重、断奶仔猪数、泌乳力等。这类性状主要受非加性基因控制,遗传力低(0.1～0.2),近交衰退严重,杂交时优势显著,是最易得的杂种优势一类经济性状。主要优势表现在增加断奶仔猪数 1～1.5 头,提高断奶窝重30%～40%。

(2)生长性状　生长性状包括生长速度(日增重)、饲料转化率(料肉比)两个性状,这类性状遗传力中等(0.3～0.4),受近交和杂交的影响都是中等程度,杂种优势表现中等。多年杂交实践证明,杂种商品猪的增重速度和饲料利用率,可提高 10%～20%,也就是相当于杂种猪育肥期日增重比纯种猪提高 100 g 以上,每千克增重消耗的饲料节约 0.4～0.5 kg。

（3）胴体性状　胴体性状包括眼肌面积、背膘厚度、胴体长、腿臀比例、瘦肉率等。这类性状主要受加性基因控制,遗传力高(多数在 0.5 以上),近交时不衰退,杂交时很少表现或不表现杂种优势,在评价商品肥猪胴体品质好坏时,主要看瘦肉率的高低,而瘦肉率这个性状,呈中间性遗传。也就是杂种猪的胴体瘦肉率处于父本和母本的平均水平,即高于母本,低于父本水平。比如我国北方猪种的胴体瘦肉率一般在 47％左右,利用瘦肉率在 65％左右的国外引进品种为父本与其杂交,其杂种一代猪的胴体瘦肉率在 53％～55％,二次杂交猪瘦肉率可达 60％左右。但不会超过瘦肉型父本水平。从上述情况可以看出,杂交不是万能的,通过杂交能提高猪繁殖力性状,而生长性状和胴体性状得不到根本的改良。对这类性状主要通过对纯种亲本的选育来提高,才能收到好的杂交效果。

四、杂交亲本猪的选择

在杂交利用工作中,不是任何两个品种猪之间杂交,就能产生杂交优势。只有选择遗传差异大、种性纯度高的两个品种猪进行杂交,才能取得显著的杂交优势。因为杂种能从亲本猪身上获得优良的、高产的显性基因。如果杂交亲本缺乏优良基因,亲本间遗传差异小,或亲本种性纯度很差,都不能表现理想的杂种优势。

1.母本猪的选择

应选择本地区分布广、适应性强的本地猪种、培育品种猪或者血统来源清楚的杂种猪作母本,因为母本猪需要数量大,猪种来源容易解决,且易在本地区推广;应注意选择繁殖力高、母性好、泌乳力强的猪种作母本,当然多数的地方猪种均具备这一优点。选用的母本猪体格不宜太大,因为猪体型过大,用于维持需要所消耗的饲料太多,会增加养猪成本,在经济上不合算;要注意对母本猪个体的选择,要求母猪生殖系统发育完善,发情表现正常,乳头排列整齐,无瞎乳头、小乳头,有效乳头数在 7 对以上。根据这些要求,在北方地区,可选择民猪、本地黑猪、东北花猪、哈白猪、太湖猪、内江猪作杂交母本;在引入品种间杂交时,以大约克夏猪或长白猪作母本效果较好。

2.父本猪的选择

根据发展瘦肉型商品猪的要求,可以选择长白猪、大约克夏猪、杜洛克猪、汉普夏猪、皮特兰猪等从国外引进的瘦肉型品种作父本。这些猪种都是经过长期系统选育,遗传性稳定,种性纯度高,具备生长快、饲料利用率高、胴体瘦肉率高(60％～65％)的特点。用这些品种猪作父本与母本杂交,所得的杂种猪用于育肥,就能得到生长快、省饲料、瘦肉率高的商品肥猪。在我国两品种杂交组合中,作为杂交父本用得最多的品种是杜洛克猪(占 51％)、长白猪(占 21％)、汉普夏猪(17％)、大约克夏猪(占 7％);在三品种杂交中,长白猪和大约克夏猪多作第一父本,杜洛克猪、汉普夏猪和皮特兰猪多作第二父本使用。在选择父本时,要注意父本与母本不要有相同的血缘关系,比如母本猪含有长白猪血缘,则父本猪尽量不要选择长白猪,而应当选用大约克夏猪或其他肉用型品种为好。注意对父本个体的选择,要求公猪体质外形符合品种标准,性情活泼,性机能旺盛,体质健壮,配种能力强。

五、杂交方式的选择

杂交时采用两品种的简单杂交或多品种杂交,或者采用轮回杂交,应根据本地猪种资源、饲养管理水平和产品需要而定。特别要注意杂交亲本间配合力的能耗测定。目前,我国农村以采用两品种简单杂交较为适宜,因为这种杂交方式简单,容易推广,又能大幅度地提高瘦肉产量。现代化养猪场充分利用杂种母猪的杂种优势,采用三品种杂交或双杂交等多品种进行杂交,促使育肥猪生长速度、饲料利用率、胴体瘦肉率得到提高。

1.二元杂交

二元杂交是选择一个品种的公猪与另一个品种的母猪交配,得到的仔猪全部用作商品育肥猪。这种杂交方式的组织结构比较简单,杂交优势率可以达到 20%,缺点是没有利用母本在繁育性能上的杂交优势。

(1)模式:

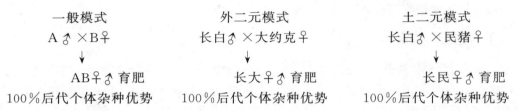

(2)评价:

①杂交方式简单易于推广;

②杂种优势没有充分利用,仅用后代个体的杂种优势;

③外二元杂交,杂交后代生长速度、饲料报酬、胴体品质较土二元好,但适应性、繁殖力和肉质不如土二元好;

④外二元杂交适合城市,土二元杂交适合农村。

2.三元杂交

三元杂交又称为三品种经济杂交。在杂交体系中有三个纯种各参与一次杂交,获得的三品种杂交一代杂种用作商品肥猪。这种杂交方式的结构比二元杂交复杂,其杂种优势也比二元杂交高 2%~3%。

(1)模式:

(2)评价:

①能综合三个品种优良特性,充分利用了杂种后代个体和母体杂种优势,杂交效果优于二元杂交。

②外三元杂交生产瘦肉型猪是我国目前主要流行的杂交方式,能适应外贸和国内市场要求,优点是生长速度快(日增重 800 g 以上),缺点是繁殖性能低,肉质差。

③两外一内的土三元杂交方式,由于利用了我国优良地方猪种资源,在保持一定的增重速度的基础上提高猪肉质量。生产的优质瘦肉型猪能满足市场不同消费层次需求,是我国养猪生产的方向。

3.双杂交

双杂交是利用一个二元杂种公猪与一个二元杂种母猪交配,其杂种后代用作商品育肥猪的方法。这种杂交方式的杂交效果很好,显示出较强的杂种优势。但在猪体系中要维持四个纯种亲本群体,其组织工作较为复杂,很多是四个专门化品系杂交而成的。

(1)模式:

A♂×B♀　　　C♂×D♀
↓　　　　　　↓
AB♂　　×　　CD♀
↓
(AB)(CD)(商品肥猪)

(2)评价:

①能够综合四个品种的优良特性,获得杂种父本和杂种母本双重优势,充分利用了个体杂种优势、母本杂种优势和父本杂种优势;

②缺点:繁育体系复杂,需要饲养四个专门化品种,进行多次配合力测定。

4.四品种杂交

这种杂交方式就是在三品种固定杂交的基础上,再用第四个品种猪交配。

(1)模式:

A♀　×　B♂
↓
BA♀×　C♂
↓
CBA　×D♂
↓
DCBA 商品肥猪($\frac{1}{2}$D、$\frac{1}{4}$C、$\frac{1}{8}$B、$\frac{1}{8}$A)

(2)评价:优点,可获得较大的母本和后代的杂交优势;缺点,因为涉及四个品种,杂交工作复杂。

5.三品种轮回杂交

三品种轮回杂交是三品种杂交一代母猪逐代分别与三亲本的纯种公猪轮流交配。

(1)模式:

B♂
C♂　　　　×　　→　BCAB♀
A♂　　　×　→　CAB♀　　　×　　→……
×　→　BA♀　　　　　A♂
B♀

(2)三品种轮回杂交程序见表2-1。

表 2-1　三品种轮回杂交程序

代数	母猪			公猪	分娩仔猪		
	各品种血统所占比例/%			血统成分	各品种血统所占比例/%		
	大白	长白	杜洛克		大白	长白	杜洛克
第一代	100	—	—	100%长白	50	50	—
第二代	50	50	—	100%杜洛克	25	25	50
第三代	25	25	50	100%大白	62.5	12.5	25
第四代	62.5	12.5	25	100%长白	31.3	56.3	12.5
第五代 第六代 第七代	连续此杂交法,在分娩仔猪中挑选出优秀的杂种小母猪以替代淘汰的母猪,与其所占血缘比例最小的纯种优良公猪配种,生出优势明显的杂交后代						

6.专门化品系杂交

在普遍应用品种间杂交的基础上专门化品系间杂交。所谓专门化品系就是具有一两个突出的性状,其他性状保持在一般水平上的品系。专门化品系一般分父系和母系,父系重点选择生长速度、饲料利用率、瘦肉率和胴体品质等性状。母系主要选择产仔数、生活力和母性等性状。各系间无亲缘关系。然后进行品系间配合力测定,开展系间杂交。专门化品系杂交所产生的杂交猪可获得显著的杂交优势,杂交效果也优于品种间杂交。

7.近交系杂交

近交系杂交表现的杂种优势是在繁殖性能方面,特别是断乳窝重优势较为明显,而在胴体品质方面的优势不太明显。三个近交系杂交,效果优于两个近交系的杂交,因为它的母本也利用了杂交母猪的杂交优势。两个近交系杂交的杂种猪在产仔猪和断奶仔猪数方面不仅超过近交母猪,也超过同品种的非近交母猪。异品种近交系杂交比同品种近交系杂交在产仔数和生长速度方面表现出较大的杂种优势。

8.顶交

顶交是近交系杂交的一种应用方式。近交是指用近交公猪与非近交母猪配种而言。顶交表现的效果很不一致,因为不同的近交公猪(母猪)与不同的非近交母猪(公猪)的配合力是各不相同的。因此,为了得到良好的杂交效果,有必要通过大量配合力测定发现具有良好效果的近交系。

9.优良杂交组合应用

(1)外三元杂交:一般以大白猪做母本,以长白作为第一父本,以杜洛克做第二父本,这些猪都是外国引进品种,所以叫外三元。

①长白公猪×大约克母猪→长大杂交母猪。

②大约克公猪×长白母猪→大长杂交母猪。

③杜洛克公猪×长大杂交母猪→杜长大外三元猪。

④杜洛克公猪×大长杂交母猪→杜大长外三元猪。

以上③、④两组为当代世界养猪业中最为优良的杂交组合。其后代抗逆性强,具有十分明显的杂种优势。

（2）内三元杂交：以我国地方品种猪为母本，与引进猪为父本的杂交一代猪作母本，再与引进猪作终端父本杂交而产生。

①杜洛克♂×（长白♂×本地♀）

②长白♂×（大白♂×本地♀）

（3）杂交组合：利用引入国外肥育性能好，瘦肉率高的种猪与我国地方优良品种母猪进行杂交或与繁殖性能好，适应性强，肉质好的新培育品种进行杂交组合，可收到良好的效果，见表2-2。

表2-2 部分优良杂交组合

杂交组合	日增重/g	料肉比	瘦肉率/%
长白猪×（杜洛克猪×民猪）	603	3.60	52.17
长白猪×民猪	547	3.50	50.10
长白猪×太湖猪	658	3.16	54.70
长白猪×哈白猪	540	3.60	54.80
长白猪×（杜洛克猪×哈白猪）	677	3.34	58.55
杜洛克猪×民猪	638	3.60	51.00
杜洛克猪×太湖猪	611	3.39	62.37
杜洛克猪×（长白猪×民猪）	543	3.44	53.14
杜洛克猪×哈白猪	691	3.07	58.81
杜洛克猪×三江白猪	603	3.11	62.25
杜洛克猪×荣昌猪	569	3.06	58.20
杜洛克猪×（长白猪×太湖猪）	630	3.15	58.04
大白猪×（长白猪×北京黑猪）	625	3.28	58.90
杜洛克猪×（长白猪×北京黑猪）	626	3.10	57.60

六、杂交工作的主要环节及注意事项

1. 做好组织与计划工作

为充分利用本地区猪种资源、生态资源、经济条件、饲养管理水平及市场需求情况，有计划、有步骤、有组织地开展猪的经济杂交工作，以此获得最大的经济效益和社会效益。现代化猪场要建立种猪繁育、育肥猪生产等完整的产、供、销产业链条体系，促进我国瘦肉型猪产肉量多、生长速度快、饲料报酬高更深层次发展。

2. 杂交亲本的选择

选择本地区数量多、适应性强、繁殖率高的品种或品系作母本；选择生长速度快、饲料报酬高、胴体品质好的品种或品系作父本。

3. 杂交效果的预测

不同品种（系）间杂交的效果差异很大，必须通过配合力测定才能确定。但配合力测定很耗费人力、物力和财力，猪的品种（系）又很多，不可能完全都进行杂交试验。因此，在配合力测定前,应做到心中有数,将可能获得较大的杂交组合列入配合力测定。分布地区相差较远、来源差别较大、具有不同类型和特点的品种(系)间杂交可获得较大的杂种优势;遗传力较低、近亲衰退严重的性状,杂种优势也较大。

4.杂交组合的确定

将所有的品种(系)按可能的组合进行配合力测定,工作量太大,实际上是不可能实现的。在杂交组合对比试验时已有预测考虑。凡成功性极小的杂交组合应舍弃;凡母性性状优良,可判定适宜作母本;凡肥育性能好的作父本;凡不符合这些特点的杂交组合则舍掉。最终达到理想的杂交组合。

5.配合力测定

配合力就是两种品种(系)通过杂交能获得的杂种优势程度。通过杂交试验进行配合力测定是选择最优杂交组合的必要的方法。配合力分为一般配合力和特殊配合力两种。一般配合力是指某一品种(系)与其他各品种(系)杂交所获得的平均效果;特殊配合力是指两个品种(系)间的杂交,杂种的性状平均值超过一般配合力平均值。通过杂交试验的配合力测定,主要是测定特殊配合力,并根据特殊配合力测定结果获得理想的杂交组合。

6.杂交及商品猪的生产

经过杂交组合对比试验筛选出理想的杂交组合后,要积极组织示范与推广,进行杂交商品猪生产。在生产过程中,要有良好的饲养管理条件,否则即使是理想的杂交组合,也不能显示出杂交优势。

7.大力推广人工授精技术

推广人工授精技术主要是发挥种公猪优良品种作用,解决经济杂交中种公猪不足问题。因此,通过人工授精技术获得理想的杂交组合,同时促进经济杂交和经济发展。

第三章　猪的营养与饲料

在猪的营养与饲料章节中主要阐述各类猪对营养物质的利用和需要的基础上,提出猪的饲养标准、开辟饲料来源和提高饲料利用率,为科学饲养各种类型猪奠定基础。

第一节　猪的营养作用与需要

营养物质是猪维持生命、生长和繁殖的重要源泉。猪生产所需要的营养物质有蛋白质、脂肪、碳水化合物、矿物质、维生素和水等,这些营养物质只能通过饲料供给。因此,全面了解猪的营养需要为配制饲料粮奠定基础,才能科学地配制出猪在不同时期所需要营养的饲料配方。

一、能量需要

1. 能量来源与评价

猪的生活、生长、繁殖和生产过程中都需要能量。能量不足,就会影响生长和繁殖。没有能量,猪就无法生存。因此,能量是猪饲料中最重要的组成部分。猪的能量营养主要来源于饲料中的碳水化合物、脂肪和蛋白质等营养成分。这三种营养物质所产生的热能平均值为:碳水化合物 4.15 kcal/g,脂肪 9.40 kcal/g,蛋白质 5.65 kcal/g,以脂肪产热能量最高。

(1)度量单位及评定能量指标:

"卡"表示热能单位:1 000 卡称为 kcal。

1 cal＝4.184 J,1 kcal＝4.184 kJ。

1 J＝0.239 cal,1 kJ＝0.239 kcal。

评价饲料能量水平的指标有总能、消化能、代谢能、净能。

总能(GE):饲料中的碳水化合物、脂肪、蛋白质所含能量之和称为总能。

消化能(DE):饲料总能减去粪能就是消化能。

代谢能(ME):消化能减去尿能就是代谢能。

净能(NE):代谢能减去体增热就是净能。

总消化养分(TDN):是饲料中所含可消化营养物质的总和,它是以重量单位或百分率表示的。每千克总可消化养分约含消化能 4410 kcal。动物能量利用如图 3-1 所示。

目前,我国采用消化能作为评定猪饲料有效能量的指标。

(2)能量换算方法:玉米是种植面积大,产量高,能量也比较高的作物,是很好的猪饲料,因此,各种能量的关系以玉米为例进行换算。

(3)玉米的总能及消化能计算方法见表 3-1。

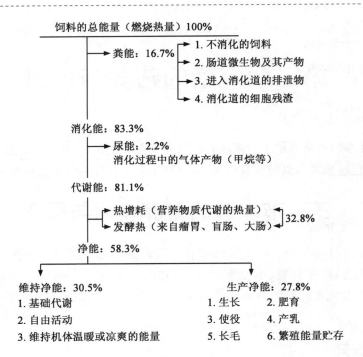

图 3-1　动物能量利用

表 3-1　每千克玉米的总能及消化能

成分	含率/%	含量/g	含热量/(kcal/g)	总能量/kcal	消化率/%	消化能/kcal
	a	b	c	d＝b×c	e	f＝d×e
蛋白质	8.8	88	5.7	502.0	54.3	272.6
脂肪	4.5	45	9.3	419.0	96.5	404.3
纤维	2.1	21	4.2	88.0	33.4	29.4
无氮浸出物	69.6	696	4.2	2 923.0	91.0	2 660.0
合计				3 932.0		3 366.3

①玉米的代谢能按相当于消化能的 95％计算。

代谢能＝3 366.3×0.95＝3 198(kcal)

②玉米的净能按相当于消化能的 80％计算。

净能＝3 366.3×0.8＝2 693(kcal)

根据上述计算结果,与实际测量值基本相符,见表 3-2。

各种饲料的能量不等。凡是含水分多的饲料总能值低,含纤维多的饲料消化能低,而含蛋白质多的饲料代谢能低,若三项物质都多的饲料则净能低。

评定饲料能的目的,是为了便于相互比较和计算猪的能量需要。

为便于换算普遍将每千克玉米作为衡量饲料的能量单元,称为玉米饲料单位。现提供各种饲料衡量单位互换表,供参考(表 3-3)。

表 3-2　每千克玉米含能比例

项目对比	总能	消化能	代谢能	净能
计算结果/kcal	3 932	3 366.3	3 198	2 693
实测数值/kcal	3 957.9	3 283	3 121	2 678
实测比例/%	100	82.95	78.9	67.7
	—	100	95.1	81.5
	—	—	100	85.8

表 3-3　各种饲料衡量单位互换表

单位名称	相 当 于							
	淀粉价	总消化养分	大麦单位	燕麦单位	玉米单位	消化能/kcal	代谢能/kcal	净能/kcal
1 kg 淀粉价	1.0	1.01	1.43	1.67	1.26	4.42	4.25	3.07
1 kg 总消化养分	0.99	1.0	1.41	1.65	1.25	4.36	4.20	3.03
1 个大麦单位（欧）	0.7	0.71	1.0	1.17	0.88	3.09	2.98	2.15
1 个燕麦单位（俄）	0.6	0.61	0.68	1.0	0.76	2.65	2.55	1.34
1 个玉米单位（中）	0.79	0.8	1.13	1.32	1.0	3.50	3.33	2.88

2.猪的维持能量需要

猪的维持能量是通过基础代谢测定所得的,基础代谢是指猪在绝食静卧状态下,维持生命最重要的生理过程,而不进行任何生长、生产获得的代谢。

基础代谢的能量消耗不是和体重呈正比,而是和体重的 0.75 次方呈正比。因此把体重的 0.75 次方（$W^{0.75}$）称为代谢体重,基础能量代谢 $M = 70 \cdot W^{0.75}$,意思是每千克代谢体重,每天基础代谢需要散发 70 kcal 净能量。

为了查明维持能量的需要量,通过不同体重猪每千克代谢体重每日基础代谢所散发的消化能量（kcal）来测定,即维持能量（净能/kcal）= 70 $W^{0.75}$ × 1.2（或 1.3）。利用规定以 60 kg 实际体重为基点,系数定为 120,即在 60 kg 时,每千克代谢体重的维持需要量为 120 kcal 消化能,在此基点上,每实际体重减少 1 kg,系数值增加 0.75,相反,每实际体重增加 1 kg,系数减少 0.75（100 kg 以上按 100 kg 标准计算）。维持能量需要计算公式:

$$维持能量需要（kcal、消化能）= 代谢体重 × 系数$$

范例:一头体重为 50 kg 的生长猪维持能量的计算方法。

(1)从表 3-4 查出 50 kg 代谢体重为 18.8 kg。

(2)确定（系数）值 120 + (60 - 50) × 0.75 = 127.5。

代入公式:

$$维持需要（消化能/kcal）= 18.8 × 127.5 = 2 397$$

求得其近似值为 2 400 kcal 消化能。

表 3-4　猪的代谢体重及维持能量需要

实际体重/kg	代谢体重/kg	系数	每日需要消化能/kcal
10	5.62	157.5	885
20	9.46	150	1 420
30	12.83	142.5	1 830
40	15.91	135	2 150
50	18.80	127.5	2 400
60	21.56	120	2 600
70	24.20	112.5	2 720
80	26.75	105	2 810
90	29.22	97.5	2 850
100	31.62	90	2 850
120	36.26	90	3 260
140	40.70	90	3 660
160	44.99	90	4 050
180	49.14	90	4 420
200	53.18	90	4 790
250	62.87	90	5 660
300	72.08	90	6 490

3.妊娠母猪的生产能量需要

(1)妊娠母猪的能量利用:妊娠母猪营养的利用及需要取决于胎儿的发育及出生重的大小。妊娠母猪具有对饲料营养物质同化力较强,饲料利用经济和优先保证胎儿发育的特点。当营养水平不足时,母猪能分解体内沉积的脂肪保证胎儿的发育。在不同的饲养水平下,妊娠母猪增重的规律即子宫内容物的增重不变,只是在低水平下母体自身增重减少,以保证胎儿发育。

母猪妊娠前期(前 75 天),处于"妊娠合成代谢"状态,代谢效率高,脂肪沉积加强;妊娠后期(后 40 天),胎儿发育迅速,散发能量增多,合成代谢效率降低,需要热量增加,根据这一规律,对妊娠母猪采取前低后高的饲养方式为宜。

(2)妊娠母猪能量需要:妊娠母猪的营养需要,包括维持需要和妊娠生产需要两部分。维持需要可按常规方法计算,生产需要应按母猪的增重计算。妊娠期间中型母猪的体重一般增长 20%～50%或 30～50 kg。妊娠母猪的增重试验显示,分娩时胎儿窝重为 13 kg,胎衣 2.5 kg,羊水 2 kg,子宫增重 1～4 kg,其余部分为母体组织的生长。母猪的增重按含蛋白质 15%,脂肪 25%计算,每千克增重的能量值约为 6 000 kcal 代谢能(按 90%的利用率折算)或 6 700 kcal 消化能。为了满足胎儿生长的需要,可于前期饲喂量的基础上提高 40%～50%。

(3)妊娠母猪能量需要计算示例:经产母猪 120 kg,妊娠期间增重 30%,按均衡的饲养方法,需求能量如下。

①生产需要:

母猪平均日增重＝120×30%÷114＝ 320(g)

28

增重需要 $= 0.32 \times 6\ 700 = 2\ 140$(kcal)

②维持需要:

查表 3-4,120 kg 猪的代谢体重 $= 36.26$ kg

系数 $= 90$,每日需要消化能 $= 36.26 \times 90 = 3\ 260$(kcal)

合计增重需要 $= 2\ 140$ kcal $+$ 维持需要 3 260 kcal $=5\ 400$ kcal。

4. 泌乳母猪能量需要

泌乳期的能量需要是由泌乳量、采食量及体脂肪贮备量三者之间的平衡决定的。断乳窝重是衡量营养需要的综合指标。泌乳母猪的能量需要量,是根据母猪的泌乳量、乳的成分及泌乳母猪对能量利用的特点决定的。母猪的泌乳量与哺乳仔猪的头数、胎次及饲养水平有关。一般仔猪头数多的泌乳量高(表 3-5);经产母猪比初产母猪乳量高,在一个泌乳期中,第一个月泌乳量高,第二个月少。一个泌乳期泌乳总量为 300~400 kg 鲜乳,平均日产鲜乳 4~7 kg,每头仔猪每日吸乳量约 0.7 kg。

表 3-5　一窝仔猪的数量对母猪泌乳量的影响

一窝仔猪的数量/头	母猪的泌乳量/(kg/天)	仔猪的吸乳量/[kg/(仔猪·天)]
6	5~6	1.0
8	6~7	0.9
10	7~8	0.8
12	8~9	0.7

由此可见,泌乳母猪的能量需要量可按维持+泌乳估计,青年母猪则再加本身生长的需要,即维持+泌乳+生长。

泌乳母猪 120 kg,带仔猪 10 头,日泌乳量 5 kg,日需求能量为:

①维持　查表 3-4,3 260 kcal 消化能。

②泌乳　$5 \times 1\ 830 = 9\ 150$(kcal)消化能。

③日需　合计 12 410 kcal 消化能。

④折合玉米单位　$12\ 410/3\ 500 = 3.54$。

每日需要 12 410 kcal 消化能或 3.54 玉米单位。

5. 生长及育肥猪的能量需要量

生长猪是指仔猪、肥育猪、后备猪、架子猪,其特点是生长速度快,能量代谢旺盛,需要营养丰富,日粮完善,以确保其正常生长发育需要。

生长猪能量需要包括维持和增重需要两部分,增重的需要决定于增重的速度及增重中蛋白质和脂肪所含的数量,为在满足维持需要的基础上,生长猪不同阶段蛋白质合成及脂肪合成所需要的总能量。不同年龄生长猪的身体成分可通过屠宰测定取得(图 3-2),生长猪 20 kg时,猪体含水分为 49%、脂肪 23%、蛋白质 16%、灰分 3%,并随年龄的增长而变化。每千克增重所需要能量则可根据每克脂肪及蛋白质生长所需要的总能量进行推算。

蛋白质每千克含净能 5 700 kcal,由代谢能合成蛋白质能的利用率较低,约为 50%,即合成 5 700 kcal 蛋白质能需要 11 400 kcal 代谢能,或相当于消化能 12 000 kcal(按 95%折算)。同样,每千克脂肪含能 9 400 kcal,代谢能合成脂肪的利用率为 75%,再折成消化能,即每千克

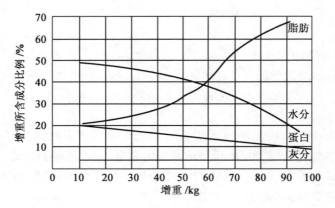

图 3-2　生长猪增重所含成分比例

脂肪生长需要消化能 13 200 kcal。

(1)计算范例:体重 20 kg 的生长猪,含蛋白质 16%,脂肪 23%,日增重 300 g,每日需要能量如下。

①生长需要:蛋白质生长 $0.3 \times 16\% \times 12\ 000 = 576$(kcal)

脂肪生长　$0.3 \times 23\% \times 13\ 200 = 911$(kcal)

合计:1 487 kcal。

②维持需要:查表 3-4,维持能量＝1 420 kcal

共计:2 907 kcal。

③折合玉米单位:$2\ 907 \div 3\ 500 = 0.83$

由于猪的年龄和类型不同,每千克增重的成分不同所需要能量也各异。为便于计算生长猪的能量需要特列表 3-6。

表 3-6　生长猪每增重 1 kg 所需能量　　　　　　　　　　　　kcal

体重/kg	10	20	30	40	50	60	70	80	90	100
每增重 1 kg 需消化能	2 830	4 960	5 140	6 100	7 000	7 530	8 110	8 370	8 370	8 370

注:同体重的公猪每增重 1 kg,含能量可提高 10%～20%。

根据猪的体重及日增重,从表 3-4 及表 3-6 中查出增重含能量乘以日增重与维持需要之和即可求出每日能量需要量。

(2)成年育肥猪的能量需要:一般成年育肥猪的增重主要是沉积脂肪,每千克增重的需能值较高,消化能约为 9 000 kcal。成年育肥猪的能量需要与生长猪一样,由维持需要加增重需要获得。

6.猪对能量利用效率及其影响利用的主要因素

(1)猪对能量利用效率:猪对能量的需要,沉积脂肪大于沉积蛋白质。幼猪体以沉积蛋白质为主,而育肥猪以沉积脂肪为主。在猪整个生长过程中,单位增重所需要的能量也在增加。

(2)影响利用能量的主要因素:

①饲料组成因素。在日粮中蛋白质含率或蛋白质中的氨基酸含率失调,就会导致能量利用率降低。当日粮中必需氨基酸含量不足时,就会限制瘦肉生长,导致能量用于沉积脂肪;当

日粮中粗纤维含量过高时,日粮能量浓度降低,而加快食糜排泄速度,降低营养物质的消化率和吸收率。

②环境温度因素影响。猪舍环境温度在5~30℃时,猪对消化能摄入量随温度的降低而增加。当温度低于5℃时,采食量明显增加;高于30℃时,采食量明显降低,因此,温度过高或过低均影响能量的有效利用。

③活动量因素影响。猪活动量越大,维持需要越多,放牧猪的维持能量需要高于舍饲猪,饲养面积较大的种猪高于饲养面积小的育肥猪。

二、蛋白质的作用与需要

1. 蛋白质的功能与消化代谢

蛋白质是构成猪体组织器官最重要的营养物质之一。在猪的心、肺、肝、脾、胃、肠等组织器官和毛、血液、乳汁、精液中均含有大量的蛋白质,在身体主要成分中的含量基本稳定在15%左右。蛋白质是饲料含氮物质的总称,包括真蛋白质和非蛋白质含氮物质,统称为粗蛋白质。

(1)蛋白质在猪体内主要功能:修补猪体组织蛋白质的消耗及形成瘦肉、乳和精液等;合成酶、激素及抗体成分;在碳水化合物及脂肪不足时,多余的蛋白质可作为能源被猪体利用。

蛋白质在猪体内消化分解为氨基酸后,被机体吸收及利用。一般饲料中蛋白质消化率为75%~90%,配合饲料中的蛋白质消化率为80%~85%。

(2)蛋白质消化代谢

蛋白质在猪体内消化代谢过程如图3-3所示。

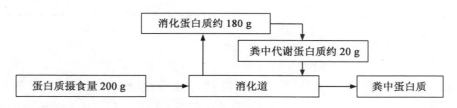

图3-3 蛋白质的消化代谢过程示意

(3)蛋白质缺乏与过量对猪体的影响:在猪饲料日粮中缺乏蛋白质直接影响猪的生长和繁殖,降低生产力和产品质量,甚至影响猪的健康,易产生多种疾病。如幼猪血红蛋白减少,出现贫血,抵抗力降低,生长受阻;公猪性欲衰退,精子畸形,影响配种;母猪出现发情失常,排卵减少,死胎或流产,以及母猪泌乳量降低。如果蛋白质喂饲过量,猪体脏器负担过重而受损伤。

2. 猪的蛋白质维持需要量

猪在维持状态下蛋白质的需要包括内源尿氮和代谢氮的消耗,获得需要量可通过喂饲猪无氮日粮,并测定粪尿的含氮量即可。据测定,内源尿氮的消耗量与代谢体重成正比,每1 kcal基础代谢能量大约消化2 mg氮,如将其折合粗蛋白质(氮量×6.25),再根据粗蛋白质的消化率及利用率折算成消化粗蛋白率(利用率50%,),计算公式:

$$\frac{W^{0.75}\times 系数\times 0.002\times 6.25}{0.5\times W^{0.75}\times 系数}=2.5\%$$

为了方便计算,现将其维持需要列于表3-7。

表 3-7　猪的蛋白质维持需要量

体重/kg	可消化能/kcal	可消化粗蛋白质/g	备注
20	1 420	36	
30	1 830	46	
40	2 150	54	
50	2 400	60	
60	2 600	65	
70	2 720	68	
80	2 810	72	
90	2 850	72	按能蛋白质比
100	2 850	72	的 40∶1 计算
120	3 260	82	
140	3 660	92	
160	4 050	101	
180	4 420	111	
200	4 790	120	
250	5 660	142	
300	6 490	161	

3.妊娠母猪蛋白质需要量

妊娠母猪的蛋白质需要量是按母猪的增重及子宫内容物中沉积的蛋白质量,加上维持需要量计算的。妊娠前期(前75天)胚胎生长很慢,主要是母猪增重的需要。妊娠第15天时子宫内每日沉积蛋白质仅3 g,第50天时也只有10 g左右。第80天后,胎儿才迅速增长,第114天时,日沉积蛋白质高达50 g。因此,应按妊娠前期和妊娠后期分阶段计算。

(1)蛋白质需要量计算方法:妊娠前期的蛋白质需要量可按母猪的增重加维持计算,妊娠后期在前期的基础上加上胎儿生长的需要。

(2)蛋白质需要计算范例:母猪体重120 kg,妊娠期间增重42 kg,其中包括子宫内容物15 kg,实际体重增加27 kg。按身体组织含蛋白质15%计算,共含蛋白质4.05 kg,平均每日增长(4.05×1 000/114)蛋白质35 g。粗蛋白质的消化率是80%,利用率按70%计算,折合成可消化粗蛋白质为[35/(0.8×0.7)]62.5 g。加上维持需要(查表3-7)的82 g,共144.5 g,即为妊娠前期的需要量。在此基础上加上胎儿生长的蛋白质53 g,折合成可消化粗蛋白质为94.6 g,合计239.1 g,即妊娠后期的需要量。

4.泌乳母猪蛋白质需要量

实践证明,蛋白质水平对母猪泌乳影响不明显。当日粮中蛋白质不足时,母猪分解自身蛋白质供泌乳用,导致母猪体重降低。

(1)蛋白质需要量计算方法:泌乳母猪的蛋白质需要量,等于每日泌乳量中蛋白质的需要加维持蛋白质的需要,初产母猪再加上生长增重需要。猪乳中含蛋白质5.79%,可消化粗蛋白转化为乳蛋白的利用效率为50％,故形成1 kg猪乳需要可消化蛋白116 g。

(2)蛋白质需要计算范例:体重120 kg泌乳母猪,每日产奶量为3.5 kg,每日需要提供可消化蛋白质多少克?

①日产乳量可消化粗蛋白 $=\dfrac{日泌乳量×乳蛋白质}{利用率}$

$$=\dfrac{3\ 500\ g×5.79％}{0.5}$$

$$=405\ g$$

②日维持需要可消化粗蛋白约82 g。

③合计405 g+82 g=487 g。

④计算结果:体重120 kg泌乳母猪,每日需要提供可消化蛋白质487 g。

5.生长育肥猪蛋白质需要量

生长猪的蛋白质需要量是随着猪龄的增长,身体组成成分发生改变而变化的(表3-8)。

表3-8　猪体组成成分中蛋白质和热能含量的比较

项目	月　龄						
	3	4	5	6	7	8	10
体重/kg	30	40	60	80	100	120	150
蛋白质含率/%	14～16	14～16	10～14	10～12	8～10	6～8	5～6
1 kg猪肉的含热能/kcal	3 300～4 700	3 400～5 000	3 800～5 200	4 400～5 900	5 400～6 400	6 400～6 800	7 200～7 400

表3-8表明,猪在生长前期体重小于70 kg要注意蛋白质饲料的供给,生长后期即体重大于70 kg主要供给碳水化合物饲料。

(1)瘦肉用型猪蛋白质需要计算方法(可按含蛋白质22％计算):生长猪蛋白质的需要量可根据增重中蛋白质的含量加上维持需要进行计算。猪的粗蛋白质消化率按80％,蛋白质的利用率按50％折成可消化粗蛋白计算。

(2)蛋白质需要量计算范例:生长猪体重50 kg,日增重450 g,日粮中应提供蛋白质为:

①日增重450 g含产品蛋白质450 g×22％ = 99 g。

②折成可消化粗蛋白质为198 g。

③加上维持需要60 g,198 g+60 g=258 g。

④生长猪体重50 kg,日增重450 g,日粮中应提供蛋白质为258 g。

6.氨基酸的作用与需要

众所周知,蛋白质由多种氨基酸所组成。氨基酸的种类很多,有的在猪体内可以合成,有的则必须由饲料供给,这种在猪体内不能合成的氨基酸称之为必需氨基酸,这些必需氨基酸分别是赖氨酸、色氨酸、蛋氨酸、组氨酸、亮氨酸、异亮氨酸、苯丙氨酸、苏氨酸、缬氨酸和精氨酸共10种。由于必需氨基酸是定量参加体内代谢的,所以缺少任何一种或含量不足都会限制蛋白质中其他氨基酸的利用,特别是赖氨酸、色氨酸和蛋氨酸最容易缺乏。在饲料配比中按猪的需要和比例供给尤为重要,保持氨基酸平衡,方可取得最大的生产效益。各类猪对必需氨基酸的需要量,见表3-9。

表 3-9　猪必需氨基酸需要量(占蛋白质含量)　　　　　　　%

氨基酸种类	后备猪	妊娠猪	泌乳猪
组氨酸	1.5	2.1	1.9
异亮氨酸	3.5	3.7	4.5
亮氨酸	5.0	7.6	6.4
赖氨酸	5.5	3.5	3.8
胱(蛋)氨酸	3.1	2.5	2.5
苯丙(酪)氨酸	3.5	6.3	6.3
苏氨酸	3.2	2.8	2.6
色氨酸	1.0	0.8	0.8
缬氨酸	3.5	4.4	4.6

注:种公猪必需氨基酸按妊娠期母猪标准。

三、碳水化合物的作用与需要

碳水化合物是多羟基的醛、酮或其简单衍生物以及能水解产生上述产物的化合物的总称。

1.碳水化合物的组成

碳水化合物由碳、氢、氧三种元素组成,其中氧和氢的比例为1:2,与水中的氧氢比例相同,故此得名碳水化合物。碳水化合物包括无氮浸出物和粗纤维。无氮浸出物又称为可溶性碳水化合物,主要包括淀粉和糖类,是植物籽实的主要成分,也是猪所需能量的主要来源。粗纤维由纤维素、半纤维素和木质素等组成,是细胞壁的主要成分。

纤维素在各类饲料中的含量:谷类籽实5%左右,糠麸10%～15%,干草20%～30%,秸秆和秕壳30%～40%及以上。

2.碳水化合物的营养作用

(1)碳水化合物是热能的主要来源:饲料中的碳水化合物在体内经过生理氧化作用,分解出二氧化碳和水,同时产生热能,是猪进行呼吸、运动、循环、消化、吸收等各种生命活动的能源。

(2)碳水化合物是形成猪体组织不可缺少的成分:猪体吸收的葡萄糖可转为核糖、半乳糖和乳糖等,以构成体细胞和体液的组成成分。

(3)碳水化合物是生产脂肪的原料:碳水化合物可转化成体脂肪和乳脂肪。肌肉组织中含有一定的脂肪,并在肌纤维间形成大理石纹,可提高肉的品质。

(4)猪对粗纤维虽然消化利用率很低,但一定的粗纤维不仅能使猪产生饱腹感,而且可刺激胃肠蠕动,有利于消化和排泄。

3.猪对碳水化合物的消化利用

猪对碳水化合物中的糖类和淀粉的消化吸收可达95%～99%。淀粉和糖类在肠道内被分解为葡萄糖,一部分由肠壁直接吸收;另一部分被消化道中微生物分解成有机酸和挥发性脂肪酸,吸收后参与机体的物质代谢。

4.粗纤维限量

粗纤维是饲料中最难利用的一种营养物质,也是限制饲料营养价值的主要因素。因此,在配合饲料中,粗纤维含量要有一定的限制,一般幼龄猪饲料不得超过3%;育肥猪限制在5%～8%;种猪最佳限制在10%～12%。

四、脂肪的作用与需要

脂肪是脂肪酸和甘油三元醇的酯,叫甘油酯。当三个醇基都与脂肪酸酯化,其化合物就称为甘油三酯。猪饲粮中的绝大部分脂肪属于真脂肪,即甘油三酯。根据Atwater的生理燃烧价值,每克脂肪燃烧可提供的能量是碳水化合物或蛋白质的2.25倍。脂肪含有比其他营养高得多的能量,所以脂肪在能量营养中特别重要。含有较多脂肪的食糜通过胃肠道的速度比含较少脂肪的食糜慢,通常认为脂肪除自身的营养能量外,它还能延缓食物在胃肠道中的流动速度,增加碳水化合物和蛋白质等营养物质在消化道内的消化吸收时间,从而提高营养物质吸收利用率,这种效应称"额外代谢效应"或"超能效应"或"超代谢效应"。

1. 脂肪对猪的营养生理作用

(1)脂肪是构成猪体组织的重要原料:猪体各种器官和组织细胞,如神经、肌肉、骨骼、皮肤及血液的组成中均含有脂肪,主要为磷脂和固醇等。各种组织的细胞膜并非完全由蛋白质所组成,而是由蛋白质和脂肪按一定比例所组成的,脑和外周神经组织都含有鞘磷脂。磷脂对猪的生长发育非常重要,固醇是体内合成固醇类激素的重要物质,它们对调节猪体的生理和代谢活动起着重要作用。中性脂肪是构成机体的贮备脂肪,这种脂肪一方面在机体需要时可被动用,参加脂肪代谢和供给能量,同时也具有隔热保温、支持保护体内各种脏器和关节等作用。此外,脂肪也是形成新组织及修补旧组织不可缺少的原料。

(2)脂肪是猪高浓度的能量来源:脂肪的"额外热效应"和"额外代谢效应"能够提高猪的生产性能。一方面添加脂肪能够改善营养物质的消化吸收,提高日粮的代谢能。试验证明,日粮中的蛋白质和淀粉的存留量随脂肪添加量的提高而增加,增重和饲料报酬与日粮的代谢能水平呈线性相关。另一方面脂肪本身的代谢效果要比其他营养物质高,这也提高了每单位代谢的效率。除此之外,"超能效应"的理论是饲料中的不饱和脂肪酸使添加脂肪的吸收率较高。饲料中添加脂肪可以显著提高能量的浓度,满足了猪对能量的需求。当猪采食的能量高于需要时,一部分就会转化成为脂肪储存在其体内,当采食能量不足时供能。

(3)脂肪是脂溶性维生素的溶剂:饲料中的脂溶性维生素,如维生素A、维生素D、维生素E、维生素K等,均须溶于脂肪后,才能被动物体消化、吸收和利用。饲料中缺乏脂肪,可导致脂溶性维生素缺乏。

(4)脂肪为仔猪提供必需脂肪酸:脂肪可为仔猪提供必需脂肪酸。构成脂肪的脂肪酸中的十八碳二烯酸、十八碳三烯酸及二十碳四烯酸对仔猪具有重要作用。由于仔猪体内不能合成,所以必须由饲料中提供,称为必需脂肪酸。日粮如果缺乏脂肪酸,将导致猪因代谢障碍而引起的脱毛、皮肤炎、生长受阻和免疫力下降等症。当必需脂肪酸的供给量占日粮代谢能的0.26%时,就可以满足猪体的需要。

(5)脂肪是猪制造部分维生素和激素的原料:类脂物质中的固醇类可转化为维生素D、肾上腺素、性激素和胆汁酸盐等具有重要生理功能的固醇化合物。例如:前列腺素与亚油酸合成有关。

(6)脂肪对猪具有保护作用:脂肪导热性较差,具有维持体温保护内脏和缓冲外界压力的作用。皮下脂肪可防止体温过多向外散失,减少身体热量散失,维持体温恒定。同时也可以阻止外界热能传导到体内,维持正常体温,寒冷季节利于抵御寒冷。内脏器官周围的脂肪垫具有缓冲外力冲击、保护内脏的作用,也能减少器官之间的摩擦。

(7)脂肪的热增耗较低,能够缓解高温下猪的热应激:在夏季高温应激条件下,油脂的使用可以减少热应激的影响。蛋白质和碳水化合物的热增耗分别为 0.36 MJ/kg、0.22 MJ/kg,脂肪的热增耗为 0.15 MJ/kg,比较低,油脂较碳水化合物和蛋白质提供能量的质量更高。脂肪除了一般的营养作用外,现代饲养业把在日粮中添加油脂作为解决在特殊条件下提高饲料营养效率的有效措施。添加油脂的直接作用是提高日粮能量浓度,使家畜在同等采食条件下摄入较多能量,尤其是在高温季节家畜采食量下降时获得较多的用于生产的净能,这主要是因为油脂对畜禽具有特殊能量效果。舒邓群等(1996)在生长猪日粮中加入 2% 的植物油,同时相应降低碳水化合物的含量,从而减少了体增热,减轻了猪的散热负担。为了缓解猪受高温环境导致的生产性能下降,在高温季节应给予猪较高营养的日粮,以此来弥补高温引起的能量摄入量的不足。

(8)脂肪的其他作用:饲料中添加脂肪可以改善饲料的适口性,提高猪的采食量。饲料中有足够的脂肪,猪体代谢和活动所需能量就无须动用蛋白质,作为建造和修补体组织,促进生长发育的蛋白质得到脂肪的庇护,便可物尽其用,发挥更大的生理作用,所以脂肪还具有庇护蛋白质的作用。除此之外,由于脂肪在胃肠道内停留时间长,所以有增加饱腹感的作用。

2.猪饲料中添加脂肪的作用

仔猪、生长猪饲料中添加脂肪可提高增重,改善饲料转化效率。母猪饲料中添加脂肪可提高仔猪的成活率,改善哺乳母猪的体况。

3.脂肪在猪生产中的应用

(1)脂肪在初生仔猪上的应用:初生仔猪的能量储存少,体脂贮备仅为体重的 1%～2%,代谢功能不完善,脂肪酸氧化率低,体脂不能提供充足的能量。通过初乳和常乳增加脂肪的供给量可提高仔猪的存活率。

(2)脂肪在断奶仔猪上的应用:断奶初期仔猪对能量的需要量增加,添加脂肪可以在仔猪采食量无法增大的情况下提高能量。仔猪早期断奶后,所需主要能量由母乳的 22.18 MJ 下降至玉米-豆粕型日粮的 13.8～14.2 MJ,能量和养分不足以保证正常生长,造成仔猪生长缓慢或停滞。同时仔猪将经历断奶应激,其小肠绒毛缩短,消化道容积变小,最终导致采食量下降,营养不良,生长受阻。在饲粮中添加脂肪 5%～6%,能使断奶仔猪体增重提高 5%～10%,每千克体增重的饲料消耗降低 7%～15%。从而提高饲料转化率,提高仔猪生长性能。

(3)脂肪在生长肥育猪上的应用:在生长肥育猪日粮中添加脂肪主要基于两个方面的考虑:即改善日增重和饲料转化率;改善上市猪的背膘质量。添加脂肪可以提高平均日增重,而且其表现为正效应。在一定的添加水平内,油脂含量每增加 1 个百分点,饲粮效率可提高 2%。日粮中添加油脂可显著提高育肥猪日增重和饲料报酬。生长猪阶段油脂的适宜添加量为 2%～5%,过量将影响无脂瘦肉率指数等指标,即对胴体品质有不利影响。

(4)脂肪在母猪上的应用:在母猪饲粮中添加高水平的饲用油脂,母体可以通过胎盘将部分脂肪转运至仔猪体内沉积,新生仔猪的体内储存脂肪增加,同时也提高了仔猪肝糖原,能提高仔猪存活率。因此,妊娠哺乳期母猪的高营养水平有利于提高产仔数、产活仔数、断奶窝重和成活率,并能促使母猪在断奶后重新发情。在妊娠和泌乳母猪日粮中添加 1%～2% 的鱼油能够提高母猪的繁殖性能。

五、矿物质和微量元素的作用与需要

矿物质是猪生命活动过程中所必需的物质,也是组成猪体的重要成分之一,占猪体重的3%～4%,具有调节血液和其他液体的浓度,酸、碱度及渗透压,保持平衡,促进消化神经活动、肌肉活动和内分泌等活动的作用,同时也是骨骼组织构成的主要元素。矿物质元素在动物体内的浓度范围明显影响其生物学效应,决定了它是"必需""有益"还是"有害",不同矿物质元素的生理稳定区范围并不一致(图3-4)。

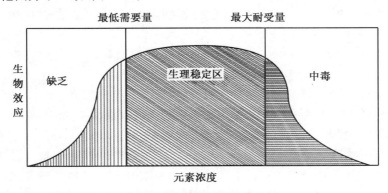

图 3-4　最适营养浓度定律示意

有一些必需元素,如硒、钼、铜等,在实际生产饲喂条件下就有可能发生中毒。因此,严格掌握矿物质元素需要量和中毒剂量对实际生产至关重要。

猪需要的矿物质有:钙、磷、钠、钾、氯、铁、铜、钴、镁、锰、锌、硫、碘、硒、钼等十余种。在猪体内需要或存量较多的元素,如钙、磷、食盐称之为多量元素;在猪体内存量较少的元素,如铁、铜、锌、硒等称之为微量元素。

1. 钙(Ca)和磷(P)

(1)钙和磷在猪体内的分布与存在形式:钙和磷属于多量矿物质,是骨骼组织生长的重要成分,约占猪体内矿物质总量的3/4,90%以上存在于骨骼和牙齿。

(2)钙磷的代谢与生理作用:

①钙、磷代谢的调节主要靠激素调节。参与血中钙、磷水平调节的有甲状旁腺素、降钙素和活性维生素 D_3 等三种激素,这些激素对钙的吸收、进入骨中沉积、肾的重吸收和排泄等代谢过程都有调节作用。钙的排泄约80%从消化道排出,少量从肾脏排出;磷的排泄60%～80%从肾脏排出,20%～60%从消化道排出。

②钙在动物体内具有以下生物学功能:第一,作为动物体结构组成物质参与骨骼和牙齿的组成,起支持保护作用;第二,通过钙控制神经递质释放,调节神经兴奋性;第三,通过神经体液调节,改变细胞膜通透性,使 Ca^{2+} 进入细胞内触发肌肉收缩;第四,激活多种酶的活性;第五,促进胰岛素、儿茶酚胺、肾上腺皮质固醇,甚至唾液等的分泌;第六,钙还具有自身营养调节功能,在外源钙供给不足时,沉积钙(特别是骨骼中)可大量分解供代谢循环需要,此功能对妊娠母猪和哺乳母猪十分重要。

血浆中的钙称为血钙。血钙的含量是相对稳定的,其浓度依赖于钙、磷的吸收与排泄、钙化及脱钙间的相对平衡。当血钙浓度不足时,机体会自动调节,从消化道中摄取更多钙,减少钙的排泄,动员骨骼中的钙来补充血钙。

③骨骼以外的磷参与构成活细胞的结构物质;参与有机化合物(糖、脂肪、蛋白)的合成和降解代谢,以高能磷酸化合物(ATP,ADP)的形式参与能量释放、储存和利用,磷还以HPO_4^{2-}的形式参与体液的酸、碱平衡的调节。

(3)钙和磷在养猪生产中的应用现状:猪所需要的钙、磷元素,主要来源于饲料供给。在猪的日粮中,钙和磷应保持一定的比例关系,其最佳钙和磷比例应在(1~1.5):1之间,钙不足或钙和磷比例失调,猪会出现食欲不振,发育受阻,骨软,跛行,死胎及精子畸形等症状。

日粮中含钙量约占0.70%时,即可满足公、母猪需要。生长育肥猪钙磷需要可按每1 000 kcal消化能供钙2 g、磷1.5 g,按利用率50%进行计算。

(4)影响钙和磷需要主要因素:影响猪对钙、磷需要的因素较多,主要包括猪的性别、年龄等主要因素。

①性别的影响:公猪对钙的需要量高于母猪,后者又高于阉公猪。

②母猪的钙需要量:妊娠母猪对钙的需要量随胎儿发育而增加,在妊娠后期达最大值。泌乳母猪的钙需要量受泌乳量影响很大。

2.钠(Na)和氯(Cl)

(1)钠和氯在猪体内的分布与存在形式:钠和氯主要分布在动物体液和软组织中,钠总量的80%分布于细胞外部,氯在细胞内外均有分布,氯元素在血液中占酸离子的2/3,主要作用是维持细胞外液渗透压和调节酸碱平衡。钠可促进神经和肌肉兴奋性,参与神经冲动的传递,氯与氢离子结合成盐酸,使胃蛋白酶活化,并保持胃液呈酸性,具有杀菌作用。

(2)钠和氯的代谢与生理作用:钠和氯是细胞外液中主要的阳离子和阴离子,主要存在于猪的软组织和体液中,对调节体液的酸碱平衡,保持细胞与血液渗透压平衡,促进消化酶的活动都有着重要的作用。钠和氯主要从肾排出,肾对保持体内钠含量有很重要的作用。当无钠摄入时,肾排钠减少甚至不排钠,维持体内钠的平衡。肾对钠的排出特点是"多入多出,少入少出,不入不出"。

食盐能改善饲料的适口性、增强食欲、帮助消化。如果供给不足就会引起食欲减退、异食症、生长受阻等情况。食盐过量会增加水的需要量,超过100~250 g引起中毒,甚至死亡。在日粮中,一般添加食盐0.25%~0.5%可满足猪的需要。

3.铜

(1)铜在猪体内的分布与存在形式:铜作为猪的必需微量元素之一,在体内含量每千克体重为2~3 mg,铜大部分存在于肌肉和肝脏,在脑和心肌中也有一定的含量。铜主要以与蛋白质结合的形式存在,如肝铜蛋白、脑铜蛋白、心肌铜蛋白。肝脏对铜有一定的贮存和耐受功能,当日粮铜高于需要量时,肝铜的含量随日粮铜的量增加而升高;当日粮铜低于需要量时,肝铜含量变化并不大。新生仔猪的肝铜水平比成年猪高,以后肝铜逐渐降低,直至一稳定水平(10~15 mg/kg脱脂干重)。

(2)铜的代谢与生理作用:铜随着饲料进入消化道后,在胃及小肠内吸收。游离的铜离子在肠黏膜绒毛顶端被摄取,肠黏膜绒毛顶端的载体将铜从肠腔内转移到肠黏膜表层细胞内,金属元素锌、镉等元素可直接干扰铜的转移。进入细胞的铜遍布于各细胞器和胞液,对机体产生各种生理功能。铜的排泄主要是通过胆汁以氨基酸铜复合物的形式随粪便排泄,一部分经肠壁排泄,经尿排出的铜量极少。

铜是酶的组成成分,体内至少有 14 种酶含有铜,例如,铜锌超氧化物歧化酶、血浆铜蓝蛋白、单胺氧化酶、细胞色素 c 氧化酶、尿酸氧化酶、氨基酸氧化酶、酪氨酸酶、赖氨酸氧化酶、苄胺氧化酶、二胺氧化酶、金属硫蛋白、抗坏血酸氧化酶、半乳糖酶、9 位碳脱氢酶。一旦缺铜则会引起这些酶的活性降低,出现一系列缺乏症,如皮肤和毛色减退,由于酪氨酸酶活性降低导致此酶催化酪氨酸形成黑色素的能力下降,致使皮肤毛色减退;铜可维持铁的正常代谢,有利于血红蛋白的合成和红细胞的成熟;铜可维持机体的免疫功能,改善碱性 T 淋巴细胞和白细胞功能,机体缺铜会降低血液中免疫球蛋白 IgG、IgA 和 IgM,并可导致抗体生成细胞的反应降低,从而降低机体的免疫功能;铜还有促进生长的作用。目前,比较一致的观点主要是铜通过抑制肠道有害微生物菌群而促进有益微生物的生长,类似于抗菌素的抗菌作用。日粮添加铜 200 mg/kg 有利于清除肠道中对土霉素、链霉素、卡那霉素等产生抗药性的大肠杆菌;生长猪饲料中添加铜 250 mg/kg,能使粪中的细菌总数降低 60 倍。此外铜可以提高猪的采食量,提高与铜有关酶的活性,可以刺激促生长激素的合成酶及分泌酶的活性,在日粮中添加 $100\sim 200$ mg/kg 的铜,猪血液生长激素水平显著升高。

(3)铜在养猪生产中的应用现状:一般情况下,猪铜的推荐量各国有所差异,但大多数在 $5\sim 8$ mg/kg,仔猪略高于生长猪及成年猪。若作为一种促生长添加剂则剂量为 $125\sim 250$ mg/kg。大量试验表明,高铜(250 mg/kg)明显可提高各阶段猪(特别是生长育肥猪)的生长性能,这一成果在生产上的应用在国内外也相当普遍。由于添加的无机铜(如 $CuSO_4$、CuS)在猪体内代谢后有 90% 要经胆汁的分泌随粪便排出体外,所以高铜导致了大量的排出,使环境受到污染。为了提高猪对铜的吸收利用率,减少铜对环境的污染,国内外对铜的利用方式进行了大量研究,研究表明,用氨基酸、有机酸和 EDTA 等作为螯合剂与矿物铜进行螯合,生产出有机铜,与无机铜相比明显提高了利用率,同时减少了对环境的污染。

4. 铁

(1)铁在体内的分布与存在形式:铁在体内含量均高于其他几种微量元素的含量,成年猪体内含量约为体重的 0.005%,是锌的 2 倍,铜的 30 倍,体内 65% 的铁存在于血液中,10% 存在于肝,10% 存在于脾脏,8% 存在于肌肉中,5% 存在于骨骼中,2% 存在于其他组织器官中,体内铁的 $70\%\sim 75\%$ 以血红蛋白的形式存在,主要包括血红蛋白、肌红蛋白及部分酶(细胞色素酶、过氧化物酶、过氧化氢酶),另外 $25\%\sim 30\%$ 的铁包括转铁蛋白、乳铁蛋白、子宫铁蛋白、血铁黄素及一些酶(乙酰辅酶 A、琥珀酸脱氢酶、黄嘌呤氧化酶、细胞色素还原酶等)。转铁蛋白存在于血清中,是一种含铁量高达 200 g/kg 的水溶性运铁蛋白质,存在于肝、脾、肾和骨骼中。铁黄素的含铁量高达 350 g/kg,脂溶性强,可适应较长期限铁的储存。

(2)铁的代谢及生理作用:长期以来,认为铁的吸收在很大程度上与饲料铁的来源无关,而取决于畜体对铁的需要量,当畜体需要铁时,铁的吸收率提高,当畜体铁过量时,则吸收率下降。当前对畜体吸收铁的机制还不完全清楚,一般认为在胃酸和胃蛋白酶作用下,饲料中铁被释放出来并还原成二价铁,由胃肠道黏膜细胞吸收并将铁转化为铁蛋白,当这些细胞中铁蛋白量达到生理饱和状态时,便停止铁的吸收,直到铁从铁蛋白释放出来并进入血浆时才再进行铁的吸收。大量资料表明铁的排泄是很有限的,主要原因是由于血红蛋白的破坏释放出铁,而后释放的铁又被畜体再次利用合成血红蛋白,在这个过程中只有 10% 左右的铁排出体外,因此成年猪对铁需要量较少。由于铁参与体内重要化合物的组成,缺铁就会使这些化合物降低或失去其应有的功能。体内三羧酸循环中有一半以上的酶和因子含有铁或必须有铁存在,才能发挥作用,完成生理功能。铁的主要生理功能是通过血红蛋白运输氧和二氧化碳,另外,铁还通过肌红蛋白起固定和储存氧的作用,含铁的细胞色素、过氧化氢酶、过氧化物酶在组织的呼吸过程中起着十分重要的作用,所以当猪缺铁时,不仅血红蛋白、肌红蛋白等的合成受阻,而且使氧的运输与储存、二氧化碳的运输与释放、电子传递、氧化还原反应等很多代谢过程发生紊乱,出现各种症状,一般成年猪不会或很少出现缺铁症,因为体内贮存的铁可多次被利用,排出体外的铁很少,但当日粮中铁含量长期低于 10 mg/kg 时,就会引起血红蛋白含量降低,红细胞减少,造成缺铁性贫血。最易引起贫血的是初生仔猪,原因是仔猪的生长发育快需铁量大而母乳中提供得少所致。

(3)铁在养猪生产中的应用:猪对铁的需要,在初生仔猪(1～3 周龄)阶段较高,日需要量 33 mg,以进食饲料干物质计约为 165 mg/kg。因为母乳中铁含量较少,并且不能通过增加母猪日粮铁来提高母乳中铁的含量,所以仔猪一般在初生 3～10 天内每天注射或口服铁制剂(葡萄糖铁 100～200 mg/头)来满足其需要。随着年龄的增长铁的需要量减少,生长肥育猪需铁量一般为 40～60 mg/kg 日粮,种公猪为 71 mg/kg 日粮,种母猪为 65～70 mg/kg 日粮。不同来源的铁,其生物学效价有很大差异,目前可被用作饲料添加剂的铁产品有:碳酸亚铁、硫酸亚铁、蛋氨酸铁、铁蛋白、EDTA 螯合铁、氯化铁、柠檬酸铁等。蛋氨酸铁的生物学效价仅为硫酸亚铁的 68%～81%,铁蛋白的生物学效价为硫酸亚铁的 1.25 倍,无机铁中硫酸亚铁高于碳酸亚铁,碳酸亚铁高于氯化铁,一般情况下有机铁的生物学效价要高于无机铁,铁的补充来源产品类型有仔猪铁的口服液型、注射用铁制剂等产品。

5.锌

(1)锌在体内的分布与存在形式:猪体内几乎所有组织中都含有锌。肌肉、骨骼、肝脏和皮毛中含锌量较高,约占体内总锌量的 90% 以上,其中肌肉中的锌占总锌量的 50%～60%。锌在体内主要以酶的组成成分而存在,猪体内有多种酶含有锌,如碱性磷酸酶、碳酸酐酶、羟基肽酶、醛缩酶、蛋白水解酶、乳酸脱氢酶,锌还是体内多种金属酶的活化剂,参与核糖核酸、脱氧核糖核酸以及蛋白质的合成代谢等。

(2)锌的代谢及生理作用:锌在体内吸收的主要部位是十二指肠。胰腺向肠腔分泌一种能结合锌的载体物,与锌结合成易被吸收的配体,通过肠道绒毛膜转移到上皮细胞内,然后又被转运到原浆膜上的锌储藏库,最后锌透过基底膜进入门静脉形成血清白蛋白锌复合体,随血液转运到肝、肾、胰腺及其他组织中。锌的排泄主要通过肠道,随粪便排出,粪中锌主要是饲料中未被吸收的外源锌,还有肠道上皮细胞脱落以及胰液、肠液分泌的内源锌,此外还通过脱落的毛发、汗液等排出部分锌,随尿排出的锌很少。

锌在体内的生理功能主要是以各种酶表现出来的。锌对猪生长发育的调控就是以 DNA 聚合酶、RNA 聚合酶、胸腺嘧啶核苷酸酶形式来从根本上对细胞的分裂、分化和再生进行调控的。此外,锌指蛋白作为最典型的 DNA 结合蛋白直接参与了基因表达调控,影响动物的生长发育;锌还以酶或激素的形式参与蛋白质、脂肪、糖类以及维生素 A 的代谢。锌是胰岛素的组成成分,从而影响体内糖的代谢,缺锌时会使胰岛素合成分泌时间延长,葡萄糖利用、脂肪吸收和参与乳糜微粒转运到血液中的过程受阻。缺锌会导致血浆中维生素 A 含量下降;锌以碱性磷酸酶的形式直接参与原始软骨细胞的分裂,影响骨的钙化;锌能强化垂体前叶分泌卵泡素、睾酮、绒毛膜促性腺激素。一旦缺锌会导致精子数量减少,精子品质下降,受精率降低。锌作为淋巴细胞的一种非特异性有丝分裂原,可使淋巴细胞的有丝分裂增加,T 细胞增多,活性增强,从而提高机体的免疫力。

(3)锌在养猪生产中的应用:根据美国 NRC 猪饲养标准(2014 修订版),猪对锌的需要随年龄增长而减少,体重 1～10 kg 的猪需要量为 100 mg/kg 日粮;体重 10～20 kg 为 80 mg/kg,体重 20～50 kg 为 60 mg/kg,体重 50～100 kg 及妊娠母猪需要量为 50 mg/kg。近年来发现在断奶仔猪日粮中添加高剂量锌(2 000～3 000 mg/kg)能防止仔猪腹泻,改善生产性能。猪对锌的耐受力较强,一般高于推荐量的 20～30 倍不会引起中毒症状。

目前作为添加剂的锌来源主要是氧化锌、硫酸锌,另外还有氨基酸螯合锌和短肽锌等有机锌。有机锌效价远远高于无机锌,有试验表明仔猪饲料添加 250 mg/kg 蛋氨酸锌,其促生长作用相当于 2 000 mg/kg 的氧化锌。但目前由于有机锌比较昂贵,所以在生产中主要以无机锌为主。

6.锰

(1)锰在体内的分布与存在形式:动物体内锰的含量极少,一般在 0.05～0.2 mg/kg 体重,以骨骼、肝脏、肾脏、胰腺、脑、下垂体中含量较高,锰主要是以三价和二价不溶性磷酸盐的形式分布于各组织器官中,此外,还以多种酶的组成成分以及锰的 β-球蛋白结合形式而存在。

(2)锰的代谢及生理作用:锰的吸收主要是在十二指肠,经小肠黏膜的上皮细胞附着缘进入血液,日粮中高钙、高磷会降低锰的吸收,一部分进入血液的锰迅速与 α-球蛋白结合进入肝脏,部分沉积在肝脏内;另一部分经肝静脉进入体循环,被氧化成三价锰,再与 β-球蛋白以及铁转移球蛋白结合,并将 Mn^{3+} 运输到机体各组织器官。

体内锰的排泄主要通过胆汁随粪便排出,尿锰排泄量很少。王安等试验研究指出,仔猪对过量锰是从粪中排出的,而不是从尿中排出的。

锰的生理功能十分广泛,锰是骨骼正常生长所必需的,锰与多糖聚合酶的活性有关,多糖聚合酶能催化二磷酸尿苷-N-乙酰-半乳糖胺与二磷酸尿核苷-葡萄糖醛酸结合成多糖,而黏多糖是软骨与软骨组织的重要成分,所以一旦缺锰便会引起骨骼异常。锰是体内多种酶的组成成分,在蛋白质、碳水化合物和脂类代谢中起重要作用。此外,锰可以促进性腺的发育,刺激机体中胆固醇的合成,从而提高种猪的繁殖性能;锰还参与造血功能,其机理可能是锰改善了机体对铜的利用,而铜可调节机体对铁的利用,铜和铁又能促进红细胞的产生、成熟和释放,从而间接参与造血功能。

(3)锰在养猪生产中的应用:生长肥育猪对锰的需要量各国有所差异,据报道,美国 NRC(2014 修订版)为 2～4 mg/kg;法国和苏联相同,均为 40 mg/kg;中国为 2.18～4.5 mg/kg。一般认为饲料中含有 3～4 mg/kg 的锰就不会出现缺乏症。但在长期缺锰情况下,会导致猪的生长停滞,骨骼畸形,母猪繁殖机能紊乱等症状。有的资料显示,李美同等给出了猪饲料中锰的最高限量为 400 mg/kg。若含锰量达到 500 mg/kg 就会引起中毒症状,若含锰 2 000 mg/kg 就会导致血红蛋白下降甚至出现死亡。目前,锰常用作生长猪和繁殖母猪的添加剂,用来提高瘦肉率以及降低膘厚,提高母猪受胎率,仔猪初生重及仔猪断奶成活率;饲喂含锰 10～20 mg/kg 日粮组比 5 mg/kg 日粮组的母猪所产仔猪初生重大,而且有助于改善母猪发情。

目前,使用最多的锰源是氧化锰,此外还有硫酸锰、碳酸锰、蛋氨酸锰、锰蛋白盐等。一般有机锰的生物学效价高于无机锰,以无水硫酸锰的效价为 100,则碳酸锰为 72,氯化锰为 102,氧化锰为 29。

7.碘

(1)碘在体内的分布与存在形式:碘在体内含量较少,成年家畜每千克体重含碘少于 0.6 mg/kg。猪体内 90% 以上的碘存在于甲状腺,另外,有少量碘存在于血液、肾脏、胃、小肠、乳腺、唾液腺中,还有一部分存在于肌肉中。体内碘主要以甲状腺激素的形式存在,另外,有一部分碘以碘化物的形式存在于血液、肾、胃、小肠等组织器官中。

(2)碘的代谢及生理作用:碘的主要吸收部位是小肠,饲料中碘大多数以离子形式被吸收进入血液,碘离子经血液到达甲状腺,在此处合成三碘甲腺原氨酸(T3)和四碘甲腺原氨酸(T4)两种甲状腺素,在合成过程中会产生两种中间产物,即一碘酪氨酸和二碘酪氨酸,这两种中间产物作为甲状腺球蛋白的组成成分贮存于甲状腺中,当需要时就释放到毛细血管中。所以碘的生理作用主要是以甲状腺激素的机能来体现的,甲状腺激素具有下述功能:

①促进机体的物质代谢,维持动物正常的生长发育;

②增强母猪的生殖机能,提高受胎率和产仔率;

③提高动物的生产性能与促进机体健康;

④维持中枢神经系统的正常结构。此外,碘可防止胡萝卜素的破坏,促使体内合成维生素 A。

(3)碘在养猪生产中的应用:根据猪饲养标准,体重小于 5 kg 瘦肉型仔猪日需要量为 0.04 mg;5～10 kg 的仔猪为 0.07 mg;10～20 kg 仔猪需要 0.14 mg;20～60 kg 的猪需要 0.26 mg;60～90 kg 的猪需 0.36 mg;体重 20～60 kg 后备母猪需要 0.18～0.25 mg;妊娠母猪前期需要 0.16～0.22 mg;中期为 0.22～0.58 mg;后期为 0.58～0.64 mg;种公猪为 0.17～0.28 mg。由此看来,妊娠母猪是补碘量较大的时期,但也不能忽视其他阶段猪碘的添加,一旦缺乏就会出现一系列的缺乏症,如:甲状腺肿大,虚弱,消瘦,仔猪生长停滞,代谢紊乱,母猪不发情、不怀孕、流产,分娩期推迟等症状。猪对碘的耐受性较强,一般日粮中 400 mg/kg 时不会引起中毒症状。而且高碘日粮会增加体内组织中碘的含量。据试验表明,高碘日粮(30 mg/kg)在猪的肌肉、脂肪、肝、心等组织中碘含量比正常对照组(0.16 mg/kg)相应组织中碘含量有极明显增高,提高了 3～7 倍。生产高碘猪肉对改善缺碘地区的碘供应将起到重要作用。

8.铬

(1)铬在猪体内的分布及存在形式:猪体内含铬量在 10 mg/kg 体重左右,广泛分布于体内的组织器官中,但主要存在于肝脏、肾脏、脾脏等器官内,血液、骨骼、皮肤中含量相对较少。铬主要是以三价铬离子的形式存在,二价形式存在的很少,三价铬在体内参与各种酶的组成及调节各种酶的活性。

(2)铬的代谢及生理作用:铬的主要吸收部位在小肠,在小肠内与肠液形成小分子铬的有机配合物,通过肠黏膜进入上皮细胞内,在血液内铬与转移蛋白(β-球蛋白)结合,而后被运送到肝脏、肾脏等机体的各组织器官利用。体内铬主要随尿液排出,少量随胆汁进入粪便排出,另外,皮肤排出的汗液和脱落的被毛也排出少量铬。

铬的生物学功能主要是通过葡萄糖耐受因子(GTF)来实现的,GTF 中的三价铬离子可通过激活胰岛素和细胞膜的二硫键活性提高动物对葡萄糖的耐受量,以及提高胰岛素与其特异性受体相结合,增加葡萄糖的吸收。铬对维持血清胆固醇的体内平衡起着重要作用;铬还可以促进甘氨酸、丝氨酸和蛋氨酸等氨基酸进入细胞而促进蛋白质的合成,促进肝脏中 RNA 的合成。

(3)铬在养猪生产中的应用:目前,对铬的研究比较多,证实了铬是动物体内的一种必需元素,但当前还没有任何国家制定出畜禽对铬的需要量。根据大量研究结果,铬在猪日粮中添加量为 0.2 mg/kg 为宜,这个推荐量在猪体缺铬的情况下才有明显效果。常用的添加物有吡啶羧酸铬、烟酸铬、酵母铬、醋酸铬、三氧化二铬,其中以烟酸铬使用最多。一般无机铬的吸收率为 0.4%～3%,有机铬的生物活性较高,较易被吸收,其吸收率为 10%～25%。有机铬对于提高猪瘦肉率和经济效益明显,有广阔的市场前景。

9. 硒

(1)硒在猪体内分布及存在形式:硒在动物体内的含量甚微,一般在 0.05～0.2 mg/kg 之间,但它是动物体不可缺少的微量元素之一,其主要分布于肝脏、肾脏、肌肉中,其他组织如骨骼、血液和脂肪组织中含量较低。硒在体内存在形式有无机态和有机态两种。无机态的有:亚硒酸钠、硒酸钠、硒化钠、亚硒酸钙等,有机态的主要有硒代胱氨酸、硒代蛋氨酸、硒代半胱氨酸以及各种含硒蛋白质。

(2)硒的代谢及生理功能:硒的代谢与维生素 E 有关,只有在有硒的情况下,维生素 E 才有可能在组织内进行机能活动。硒的吸收主要部位在十二指肠,吸收后进入血液与 α-球蛋白、β-球蛋白结合,经血液循环进入各组织器官,硒在体内吸收、存留量及排泄受饲料中硒的含量、形式及颉颃因素有关。日粮中蛋白质水平与硒的吸收呈正相关,饲料中铜可干扰硒的吸收。动物体内的硒主要通过粪、尿途径排泄。当饲料硒水平增加时,呼吸也成为硒排泄的途径之一。

硒虽然在体内含量很少,但其生理功能是巨大的。硒可促进猪的生长发育,提高猪的免疫力,提高种猪的繁殖性能。在体内具有强的抗氧化功能以及增进基础代谢等功能。硒的促进生长发育机理,一般认为是与硒的抗氧化功能和促进基础代谢作用相关联。硒是谷胱甘肽过氧化物酶的成分,谷胱甘肽过氧化物酶的酶促反应过程中清除了脂质过氧化物,从而起到抗氧化作用。此功能与维生素 E 具有协同作用,共同发挥抗氧化作用,但二者不能相互替代。维生素 E 是在细胞外防止脂质的氧化和相应过氧化物的产生,硒是通过谷胱甘肽过氧化物酶(GPX)在细胞内的酶促反应将过氧化物清除。所以,对防治缺硒症补硒的同时,也应补维生素 E。甲状腺素[包括四碘甲腺原氨酸(T4)、三碘甲腺原氨酸(T3)]能提高基础代谢率,T3 的量极少,但 T3 的生物活性最强,而且 T3 还参与生长激素(GH)的合成,提高胰岛素水平,促进肌蛋白的合成与周转。国内外学者的证明,硒能使血液中免疫球蛋白水平升高,还能增强对疫苗或其他抗原产生抗体的能力,增强猪免疫机能;硒是公猪产生精子所必需的,而且精子中含有硒。在缺硒母猪日粮中补硒 0.1 mg/kg 产仔率提高 37.5%。

(3)硒在养猪生产中的应用:猪对硒的需要量较少,且对硒的耐受量弱。国内对生长猪硒在日粮中推荐量为 0.1～0.3 mg/kg,肥育猪为 0.15 mg/kg,中毒量为 5～8 mg/kg。一旦缺硒会导致精细胞受损,降低精细胞活力,从而降低受精能力,母猪缺硒易损伤子宫肌的生理功能,所以缺硒会导致母猪流产、死胎等症状。当日粮中硒高于 5 mg/kg 时,便会引起中毒,猪表现为食欲减退,无毛,肝、肾水肿,有时蹄壳从蹄冠带处与皮分离。

对发病仔猪,肌肉注射亚硒酸钠维生素 E 注射液 1～3 mL(每毫升含硒 1 mg,维生素 E 50 IU),也可用 0.1%亚硒酸钠溶液皮下或肌肉注射,每次 2～4 mL,隔 20 日再注射 1 次。配合应用维生素 E 50～100 mg 肌肉注射效果更佳。

目前,对硒的利用有不同来源,如胱氨酸硒、蛋氨酸硒、亚硒酸钠(通用参照物)、硫化硒、乙硫氨酸硒,以亚硒酸钠为主,其剂型有注射剂、粉剂以及口服液形式。当前硒制剂主要用来防治硒缺乏症,如白肌病、桑葚心、肝坏死、胰变性等。日粮中添加硒同样可以起到预防缺硒症的作用,还可以起到促生长,增加免疫,提高繁殖性能等作用。

10. 钴

(1)钴在猪体内分布及存在形式:钴是维生素 B_{12} 的组成成分。分布于所有组织器官中,以肾、肝、脾及胰腺中含量多。初生仔猪体内含 150 mg 钴。

(2)钴的代谢与生物学作用:猪从饲料添加钴元素中摄入钴,日粮中的钴通过小肠进入血浆后由三种运钴蛋白结合后运至肝脏及全身,主要是以二氧化碳的形式参与维生素 B_{12} 的合成;维生素 B_{12} 参与造血过程(促进原卟啉的合成),影响氮、核酸、碳水化合物和矿物质的代谢;维生素 B_{12} 作为辅酶参与转甲基作用和氧气转运过程。

钴主要由尿排泄,每日排泄量约等于吸收量。当内因子缺乏、运钴蛋白缺乏、摄入量不足或因消化系统疾病而干扰吸收时,可造成钴及维生素 B_{12} 缺乏。

(3)钴在养猪生产中的应用:猪对钴的需要量,育肥猪一般日粮添加 0.1 mg/kg,基本满足猪体需要。

11. 矿物质与微量元素

(1)生长和繁殖母猪矿物质需要量见表 3-10。

表 3-10　生长和繁殖母猪矿物质需要量

类别	单位	生 长 猪					妊娠母猪	哺乳母猪	幼龄和成年
体重	kg	5～10	10～20	20～35	35～60	60～100	110～250	140～250	110～250
矿物质		需 要 量							
Ca	%	0.80	0.65	0.65	0.50	0.50	0.75	0.75	0.75
P	%	0.60	0.50	0.50	0.40	0.40	0.50	0.50	0.50
Na	%	—	0.10	0.10					
Cl	%	—	0.13	0.13					
食盐	%	—					0.50	0.50	0.50

(2)微量元素需要与补加标准见表 3-11。

表 3-11　猪的微量元素需要标准和补加标准　　　　　mg/kg 饲料

微量元素		微量元素需要量						建议补加量(生长猪)	中毒水平(幼猪)
		哺乳仔猪		生长猪		母猪			
名称	符号	标准	幅度	标准	幅度	标准	幅度		
铁	Fe	80	60～200	—	60～110	—	110	110～125	5 000
铜	Cu	60	—	5	4～10	5		100～250	300～500
锌	Zn	50	30～50	20	30～50	65		100～140	2 000
碘	I	—	—	0.2	0.2	0.27	0.3	0.5	500(日本)
锰	Mn	20		50		50		40～50	4 000 以上
硒	Se	—		0.1	0.05～0.1		0.1	0.1	5～7
钴	Co			0.1				3～10	—

六、维生素的作用与需要

猪体内的一切新陈代谢都离不开酶,有的维生素就是酶的组成部分,有的则直接参与酶的活动。所以,当维生素不足时,就会影响猪的正常生理代谢,造成食欲减退、生长停滞,表现出特有的营养性维生素缺乏症。大多数维生素不能在猪体内合成,要靠饲料供给,以保证猪的健康和生产力。

维生素的种类很多,按其性质和作用可分为两大类:

1.脂溶性维生素

(1)维生素 A　维生素 A 又称为抗干眼病维生素,是一种最重要的维生素。维生素 A 在保护结膜上皮组织、神经系统的健康和促进免疫球蛋白的合成,维持机体的正常繁殖、生长和抗病力等方面都有着重要的作用。

①维生素 A 缺乏。猪的被毛失去光泽,易患眼病、消化不良、下痢、支气管炎、跛行、四肢痉挛、瘫痪等症,导致幼猪生长停滞,种公猪精子畸形、死精、精液品质下降,母猪发情失常,排卵减少,不孕或死胎、流产等情况发生。

②维生素 A 需要。胡萝卜素是制造维生素 A 的原料,猪在小肠及肝脏内可用胡萝卜素合成维生素 A,1 g β-胡萝卜素可合成相当于 500 IU 的维生素 A。因此,常喂青绿饲料就不会缺乏维生素 A。一般情况下,1～5 日龄仔猪每日每头需要胡萝卜素为 1.9 mg;5～10 日龄仔猪每日每头需要胡萝卜素 4.2 mg;10～20 日龄仔猪每日每头需要胡萝卜素 6 mg;20～35 日龄生长肥育猪每日每头需要胡萝卜素 7 mg;35～60 日龄生长肥育猪每日每头需要胡萝卜素 10 mg;60～90 日龄生长肥育猪每日每头需要胡萝卜素 13.4 mg;繁育种猪为 16～36 mg 或按每 10 kg 体重为 2 mg 计算日供给量。

(2)维生素 D　为固醇类衍生物,具抗佝偻病作用,又称为抗佝偻病维生素,它的主要功能是降低小肠液的 pH,提高酸性,使钙、磷易于溶解吸收和利用,以防治猪的佝偻病和软骨症。目前,认为维生素 D 也是一种类固醇激素,维生素 D 家族成员中最重要的成员是维生素 D_2(麦角钙化醇)和维生素 D_3(胆钙化醇)。维生素 D 均为不同的维生素 D 原经紫外线照射后的衍生物。植物不含维生素 D,但维生素 D 原在动、植物体内都存在。维生素 D 是一种脂溶性维生素,有五种化合物,对猪的健康关系较密切的是维生素 D_2 和维生素 D_3。它们有以下三点特性:它存在于部分天然食物中;猪体皮下储存有从胆固醇生成的 7-脱氢胆固醇,受紫外线的照射后可转变为维生素 D_3;植物性饲料中含有一种麦角固醇,经紫外线照射也能形成维生素 D_2。所以每天将猪在阳光下照射 2 h 左右,足以满足猪体对维生素 D 的需要。

①维生素 D 缺乏。猪常表现食欲不振,被毛粗糙,小猪发生软骨病,大猪骨质疏松,严重时出现关节肿大,跛行等症。

②维生素 D 需要。1～5 日龄仔猪每日每头需要维生素 D 为 48 IU;5～10 日龄仔猪每日每头需要维生素 D 为 106 IU;10～20 日龄仔猪每日每头需要维生素 D 为 179 IU;20～35 日龄生长肥育猪每日每头需要维生素 D 为 278 IU;35～60 日龄生长肥育猪每日每头需要维生素 D 为 302 IU;60～90 日龄生长肥育猪每日每头需要维生素 D 为 400～450 IU;繁殖种猪每日每头需要维生素 D 为 500～1 000 IU 或按每千克日粮中含 230 IU 计算。

(3)维生素 E　又叫抗不育维生素或称生育酚,是一种脂溶性维生素,其水解产物为生育酚。生育酚能促进性激素分泌,使公猪的精子活力和数量增加;使母猪雌性激素浓度增高,提高生育能力,预防流产和不育症。

①维生素 E 缺乏。公猪缺乏维生素 E 时,睾丸发育不良,精原细胞退化,所产生的精子衰弱或畸形,受精率降低;母猪缺乏维生素 E 时,受胎后胚胎易被吸收,中途流产死胎。幼猪缺乏维生素 E、硒时易患白肌病,即营养性肌肉萎缩症。

②维生素 E 需要。1～5 日龄仔猪每日每头需要维生素 E 为 2.4 IU;5～10 日龄仔猪每日每头需要维生素 E 为 5.3 IU;10～20 日龄仔猪每日每头需要维生素 E 为 9.8 IU;20～35 日龄生长肥育猪每日每头需要维生素 E 为 15 IU;35～60 日龄生长肥育猪每日每头需要维生素 E 为 22 IU;60～90 日龄生长肥育猪每日每头需要为 28 IU;也可按每千克日粮补加维生素 E 11 IU 计算。

2. 水溶性维生素

水溶性维生素只能溶于水,故称为水溶性维生素,包括 B 族维生素及维生素 C。

(1)维生素 B_1 又叫硫胺素,维生素 B_1 的主要功能是作为一种酶(即羧化酶)参与碳水化合物的代谢,它是一种重要的碳水化合代谢酶。

①维生素 B_1 缺乏。食欲减退,胃肠机能紊乱,心肌萎缩或坏死,发生痉挛、神经炎等症,破坏碳水化合物的分解过程,氨基酸转化过程受到抑制,降低脂肪合成能力。

②维生素 B_1 需要。维生素 B_1 需要由饲料中供给,米糠、麸皮、豆类、谷实类的外皮及胚均富含维生素 B_1。猪对维生素 B_1 需要量,1～5 日龄仔猪每日每头需要维生素 B_1 为 0.29 mg;5～10 日龄仔猪每日每头需要维生素 B_1 为 0.62 mg;10～20 日龄仔猪每日每头需要维生素 B_1 为 0.92 mg;20～35 日龄生长肥育猪每日每头需要维生素 B_1 为 1.5 mg;35～60 日龄生长肥育猪每日每头需要维生素为 B_1 2.8 mg,也可按每千克日粮中 1.0～1.5 mg 计算。

(2)维生素 B_2 又叫核黄素。是构成呼吸酶的辅基,这种酶参与碳水化合物及蛋白质的氧化和代谢,有利于提高饲料的利用率。

①维生素 B_2 缺乏。猪表现出食欲不振、生长受阻、皮毛粗糙或脱落;母猪怀孕期缩短,或胚胎早期死亡或产后两天内死亡。

②维生素 B_2 需要。青饲料和糠麸类饲料中富含核黄素。1～5 日龄仔猪每日每头需要维生素 B_2 为 0.65 mg;5～10 日龄仔猪每日每头需要维生素 B_2 为 1.44 mg;10～20 日龄仔猪每日每头需要维生素 B_2 为 2.63 mg;20～35 日龄生长肥育猪每日每头需要维生素 B_2 为 3.6 mg;35～60 日龄生长肥育猪每日每头需要维生素 B_2 为 4 mg;60～90 日龄生长肥育猪每日每头需要维生素 B_2 为 5 mg,繁殖母猪及种公猪需要量为 4.5～6 mg;需要量可按每千克体重 0.025～0.08 mg 计算。

(3)烟酸(维生素 B_3、V_{PP}) 又名尼克酸、抗癞皮病因子。烟酰胺是辅酶Ⅰ和辅酶Ⅱ的组成部分,参与体内脂质代谢,组织呼吸的氧化过程和糖类无氧分解的过程。烟酸是一种水溶性维生素,属于 B 族维生素。

①烟酸缺乏。猪缺乏烟酸时,临床表现为食欲不振,增重缓慢,发生腹泻,脱毛、皮炎等症。

②烟酸需要。由于色氨酸能转变为烟酸,因此,日粮中的色氨酸含量是决定烟酸需要量的主要因素。在一般情况下,1～5 日龄仔猪每日每头需要烟酸为 23 mg;5～10 日龄仔猪每日每头需要烟酸为 22 mg;10～20 日龄仔猪每日每头需要烟酸为 20 mg;20～35 日龄生长肥育猪每日每头需要烟酸为 18 mg;35～90 日龄生长肥育猪每日每头需要烟酸为 12～16 mg;种猪每日每头需要烟酸为 18～22 mg。

(4)泛酸(维生素 B_5) 泛酸是辅酶 A 的组分,参与代谢广泛,在体内主要以辅酶的形式参与糖、脂、蛋白质三大营养物质代谢。泛酸广泛存在于动植物中,猪一般不易缺乏。

①泛酸缺乏。猪缺乏时,主要是运动失调、痉挛、脱毛;母猪怀孕后胚胎夭折被吸收,严重时母猪基本不能繁育。

②泛酸需要。1～5 日龄仔猪每日每头需要泛酸为 17 mg;5～10 日龄仔猪每日每头需要泛酸为 22 mg;10～20 日龄仔猪每日每头需要泛酸为 18 mg;20～35 日龄生长肥育猪每日每头需要泛酸为 15 mg;35～60 日龄生长肥育猪需要泛酸 12 mg;60～90 日龄生长肥育猪每日每头需要泛酸为 11 mg;繁育母猪及公猪每日每头需要泛酸为 15～18 mg。

(5)维生素 B_{12}　又叫抗恶性贫血维生素,由于 B_{12} 含有钴(约 4.5%),因此,又叫钴胺素,是唯一含金属元素的维生素。自然界中的维生素 B_{12} 都是微生物合成的,猪体内不能制造合成维生素 B_{12}。维生素 B_{12} 是唯一的一种需要一种肠道分泌物(内源因子)帮助才能被吸收的维生素。维生素 B_{12} 可促进红细胞的发育和成熟,使机体造血机能处于正常状态,并以辅酶的形式存在,可以增加叶酸的利用率,促进碳水化合物、脂肪和蛋白质的代谢。

①维生素 B_{12} 缺乏。仔猪表现食欲减退,被毛粗糙,生长停滞;母猪产仔少,生活能力差,育成率低。

②维生素 B_{12} 需要。1～5 日龄仔猪每日每头需要维生素 B_{12} 为 14 μg;5～10 日龄仔猪每日每头需要维生素 B_{12} 为 24 μg;10～20 日龄仔猪,每日每头需要维生素 B_{12} 为 15.4 μg;20～35 日龄生长肥育猪,每日每头需要维生素 B_{12} 为 15 μg;35～60 日龄生长肥育猪每日每头需要维生素 B_{12} 为 12 μg;60～90 日龄生长肥育猪,每日每头需要维生素 B_{12} 为 13 μg。也可按每千克日粮中供给量 11～12 μg 计算。

(6)维生素 C　又叫抗坏血酸。维生素 C 为抗体及胶原形成,组织修补(包括某些氧化还原作用),苯丙氨酸、酪氨酸、叶酸的代谢,铁、碳水化合物的利用,脂肪、蛋白质的合成,维持免疫功能,保持血管的完整,促进非血红素铁吸收等所必需,同时维生素 C 还具备有抗氧化,抗自由基,抑制酪氨酸酶的形成等作用。在正常的情况下猪能合成维生素 C,满足本身的需要。此外,在治疗猪贫血时可用作辅助性药物。

(7)胆碱　胆碱与其他维生素不同,不参与酶系统活动,是卵磷脂的组成成分,应属于结构养分,不符合传统的维生素定义,因而需要量也远超过其他维生素。

胆碱的需要量与饲粮蛋氨酸含量有关,因为它可以由蛋氨酸转化。此外,维生素 B_{12} 还可节约胆碱的需要量。在蛋氨酸不超量的前提下(绝干饲粮的 2%～3%),生长猪的需要量可低于 1%。体重 3～120 kg 的猪需要胆碱 0.6～0.3 g/kg 饲粮,妊娠母猪和公猪为 1.25 g/kg,泌乳母猪为 1 g/kg。

常用生长肥育猪饲料不必补充胆碱,玉米含 0.62 g/kg,一般饼粕含 2.5～3.0 g/kg。但为安全起见,种猪和仔猪饲粮需要补加。

七、水的作用与需要

水是一切生物最重要的营养。水分也是猪的各种器官、组织和体液的重要组成部分,对调节体温、吸收营养等具有很大的作用。水在营养物质代谢过程中有着特殊的功能,养分的消化、吸收和转运,代谢过程和代谢产物的排泄、血液循环、体温调节、关节运动等生理生活都需要水分。

猪体内水的含量是相对稳定的,每天必须采食足够量的水以维持体内水的平衡。能增加水排出的任何因素,均能提高水的需要。

在猪的生长、繁育过程中,水是最重要、最便宜的养分之一。猪体内水分占 50%～85%,

尤其是出生仔猪水分高达 85%～90%,随着年龄的增长,含水量下降,体重达 100 kg 时,水分为 50%。猪的最低需水量是指在生长或妊娠期间为平衡水损失、产奶、形成新组织所需的饮水量。水温也会影响饮水量,饮用低于体温水时,猪需要额外的能量来温暖水。

1.水的需要来源

猪获得水有四个来源,饮用水、饲料中的水、代谢水和治疗用水。其中代谢水是不能人为控制的;治疗用水为腹腔补液、口服补液盐、输液等;饲料中的水是指饲料中增加的水,比如给母猪潮拌饲料、给哺乳仔猪液体饲料等;饮用水是猪获得水的重要途径,饮用水的供给和饮用水的质量会直接影响猪的生产结果。

2.水的需要

猪的饮水量与猪的日龄、生产水平、外界温度、水温、供水方式、饲料种类、饲喂方法及猪的活动量有关。

(1)猪需要水量 猪在一般的情况下,生长猪体重 15 kg 需水量为 1.5～2 L/天;体重 90 kg 的需水量为 6 L/天;非妊娠母猪为 5 L/天;妊娠母猪为 5～8 L/天;泌乳母猪为 15～20 L/天;公猪自由饮水。

(2)猪对水的需求量估算方法 冬季采食饲料干物质的 2～3 倍或体重的 6%～8%;春秋季采食饲料干物质的 3～4 倍或体重的 10%～14%;夏季采食饲料干物质的 4～5 倍或体重的 14%～18%。随着四季气温的变化,猪的饮水需求量也不同。猪的需水量常用采食饲料干物质来估算,供水不足,采食量下降,生长发育缓慢。

根据猪的生理特性饮水,一般每采食 1 kg 饲料干物质,需供水 2～5 kg;冬季猪的饮水量稍低,每采食 1 kg 干饲料,需水 2～4 kg;春秋两季,猪每采食 1 kg 干饲料,需水 8 kg;猪在夏季时,每采食 1 kg 干饲料,需水 10 kg;哺乳期的母猪需水量则更大。

猪的正常生长每天水的需要量取决于不同的生产阶段和水嘴流量,各个阶段推荐饮水量标准与水嘴流量要求见表 3-12。

表 3-12 猪水的需要量与水嘴流量要求

分类	猪体重/kg	需要水量/(L/天)	水嘴流量/(mL/min)
断奶仔猪		0.19～0.76	500
断奶仔猪	6	0.76～2.5	500
生长猪	10	1.9～4.5	700
育肥猪	25	3.0～6.8	700
育肥猪	50	6.0～12.0	1 000
怀孕母猪	110	7.0～17.0	1 000
哺乳母猪		14.0～29.0	1 500

3.猪体损失的水分

猪主要经过肺脏呼吸、皮肤蒸发、肠道排粪、肾脏泌尿等四个途径损失水。1 kg 的猪每天由肺脏和皮肤蒸发损失的水为 86 g,45 kg 的猪损失水 1.3 kg,90 kg 的猪损失水分 2.1 kg;按喂给水与饲料比例为 2.75∶1,猪体重为 75 kg,每天损失水分 1 kg。由于猪没有汗腺,蒸发损失水分较少,主要以呼吸损失水。当猪体内水分减少 8% 时,会出现严重干渴感觉,消化能力减弱,食欲下降;减少 10% 时,就会导致严重代谢紊乱,食欲丧失等反常现象;减少 20% 时,生命会出现危险。因此,水的供给量是否充足,会直接影响猪的消化、吸收、生长、繁育以及生命。

4.猪场饮用水卫生标准

按照 GB 5749—2006《生活饮用水卫生标准》、NY/T 388—1999《畜禽场环境质量标准》和 NY 5027—2001《无公害食品　畜禽饮用水水质标准》(表 3-13)。

表 3-13　猪场饮用水国家卫生标准

指标	限值	指标	限值
毒理学指标		总硬度(mg/L)	450
砷(mg/L)	0.01	铝(mg/L)	0.2
硒(mg/L)	0.01	铁(mg/L)	0.3
汞(mg/L)	0.001	锰(mg/L)	0.1
镉(mg/L)	0.005	铜(mg/L)	1.0
铬(六价,mg/L)	0.05	锌(mg/L)	1.0
铅(mg/L)	0.01	钴(mg/L)	—
氟化物(mg/L)	1.0	pH(pH 单位)	不小于 6.5 且不大于 8.5
氰化物(mg/L)	0.05	感官指标	
硝酸盐(以 N 计,mg/L)	10	颜色	<15 度
三氯甲烷(mg/L)	0.06	浑浊度	<1 度
四氯化碳(mg/L)	0.002	臭和味	无
溴酸盐(mg/L)	0.01	肉眼可见物	无
甲醛(mg/L)	0.9	放射性指标指导值	
亚氯酸盐(mg/L)	0.7	总 α 放射性(Bq/L)	0.5
氯酸盐(mg/L)	0.7	总 β 放射性(Bq/L)	1
挥发酚类(mg/L)	0.002	微生物指标	
阴离子合成洗涤剂(mg/L)	0.3	菌落总数(CFU/mL)	100
硫酸盐(mg/L)	250	总大肠菌群	不得检出
氯化物(mg/L)	250	耐热大肠菌群	不得检出
耗氧量(mg/L)	3	大肠埃希氏菌	不得检出

八、营养缺乏和矿物质超量

1.营养缺乏

营养缺乏的共同特点是食欲减退,发育迟缓,体况不佳。而某一种营养不足,导致多种营养不足共同作用造成的结果见表 3-14。

表 3-14　营养物质缺乏的特征

养分	临床特征	亚临床特征
能量	虚弱,体温低,失重,昏迷,甚至死亡	低血糖症;损失皮下脂肪;血细胞容积和血清胆固醇含量升高;血液中葡萄糖、钙和钠水平降低
蛋白质和氨基酸	生长受损;降低对细菌性感染的抵抗力	仔猪患夸休可尔症(恶性营养不良),包括血清蛋白和血清白蛋白水平降低,贫血,全身浮肿,肝脏脂肪浓度升高
脂肪和亚油酸	鳞片状皮炎	胆囊缩小;组织脂肪中三烯酸和四烯酸增多
维生素 A	运动失调;脊柱前弯;后肢麻痹;夜盲;先天缺陷	骨骼生长迟缓;脑脊髓液压力升高;坐骨神经和股骨神经退化;视紫质减少;生殖道上皮细胞退化
维生素 D	佝偻病;软骨病;低钙性抽搐	骨骼钙化不良;骺软骨增殖受阻;肋骨和椎骨骨折;血浆钙、镁、无机磷水平降低;血清碱性磷酸酶水平升高
维生素 E-硒	浮肿;猝死	全身浮肿;肝坏死;微血管病;心肌退化(桑葚心)
维生素 K	由于脐带缺血导致的新生仔猪苍白;采食双香豆素后猝死	凝血时间延长;内出血;贫血
硫胺素	食欲不振;生长缓慢;猝死	心肥大;心搏徐缓;一度或二度房室阻塞;血浆丙酮酸水平升高
核黄素	生长缓慢;脂溢性皮炎;母猪繁殖性能受损	白内障;嗜中性白细胞数量增多;产骨骼异常仔猪
烟酸	食欲不振;生长缓慢;严重腹泻;皮炎	小肠坏死
泛酸	食欲不振;生长缓慢;腹泻;步态异常("鹅步");母猪繁殖性能受损	结肠炎;坐骨神经及外周神经退化;血液泛酸水平降低;乳中游离泛酸水平降低
叶酸	生长缓慢;癫痫	小红细胞性贫血;血清铁水平升高;肝脏脂肪浸润;尿中黄尿烯酸水平升高;γ-球蛋白样血蛋白片段水平升高
生物素	生长缓慢;产仔数降低。皮肤病;后肢痉挛。生长缓慢;虚弱	肝脏脂肪浸润;妊娠率降低。尿中生物素排泄量降低。正常红细胞性贫血
钙	佝偻病;软骨病;低钙性抽搐	骨骼钙化不良;易骨折;血浆钙水平降低;血清无机磷水平和碱性磷酸酶水平升高
磷	生长缓慢;佝偻病;软骨病	骨骼钙化不良;易骨折;血清无机磷水平降低;血清钙和碱性磷酸酶水平升高;肋骨念珠状肿大
镁	生长缓慢;肢蹄关节虚弱;抽搐	血清镁和钙水平下降;骨骼镁水平下降
钾	食欲废退;被毛粗糙;消瘦;共济失调	心率下降;心电图中 PR、QRS 和 QT 间隔加长;血清钾水平下降

续表 3-14

养分	临床特征	亚临床特征
钠	食欲减退;耗水量下降	钠负平衡;血清钾水平升高;血浆尿素氮水平升高;氯保持力下降
氯	生长缓慢	血浆氯水平下降;钠、钾保持力下降
铁	生长缓慢;被毛粗糙;苍白;组织缺氧	小红细胞性贫血;心、脾肿大;脂肪肝;肿大;腹水;骨髓有核红细胞增生;血清铁水平下降;血清铁传递蛋白饱和度下降
铜	腿虚弱;共济失调	小红细胞性贫血;血清铜水平和铜蓝蛋白水平下降;动脉破裂;心肥大
锌	生长缓慢;食欲下降;角化不全	血清、组织和乳中锌水平下降;血清白蛋白-球蛋白比率下降;血清碱性磷酸酶下降;胸腺重量减少;睾丸发育受阻;母猪繁殖机能受损
碘	甲状腺肿;黏液性水肿;母猪产虚弱无毛仔猪	出血性甲状腺肿大;甲状腺滤泡上皮增生;血浆碘绑定蛋白水平下降
锰	生长猪跛行;妊娠母猪脂肪沉积增多,产弱仔,仔猪平衡性差	纤维组织替代网状骨;末梢骺板过早关闭;血清锰水平和血清碱性磷酸酶水平降低;锰负平衡
水	食欲不振;脱水;失重;食盐中毒;死亡	血细胞比容升高;血浆电解质含量升高;体温调节失控;组织脱水

2.矿物质超量

在日粮配制过程中,由于对某种饲料成分含量不详,或某些矿物质超量使用,导致出现一些中毒症状见表 3-15。

表 3-15　日粮中矿物质元素过量结果

元素	中毒剂量	年龄	临床症状
铜	300～500 mg/kg（日粮缺乏铁和锌）[1]	幼龄	生长缓慢;血红蛋白减少;黄疸;死亡[2]
碘	800 mg/kg	幼龄	采食量减少;增重缓慢;血红蛋白降低;眼受损害
铁	5 000 mg/kg	幼龄	采食量减少;增重缓慢;血清无机磷和股骨灰分减少;佝偻症
锰	4 000 mg/kg	幼龄	采食量减少;生长缓慢;僵直;行走失调
硒	5～8 mg/kg;10 mg/kg	幼龄或成年母猪	蹄壳由蹄冠处脱落;消瘦;脱毛;肝硬化和萎缩。母猪受胎率降低;初生仔猪小、弱或死亡
食盐	6%～8%（限制饮水时）	各种年龄	神经过敏;行走摇摆;软弱;瘫痪;死亡
锌	2 000 mg/kg	幼龄	生长性能降低;关节炎;胃炎

注:(1)在少数情况下,每千克日粮含 250 mg 即出现过量症状;(2)在某些情况下,每千克日粮含 500 mg 尚不发生黄疸和死亡。

第二节　猪的饲养标准

在本节编写过程中,依据国家规定的猪饲养标准,同时收集到部分资料,结合生产实际,将饲养不同时期和不同类型猪的饲养标准提供给读者,仅供参考。

一、瘦肉型猪的饲养标准

瘦肉型生长肥育猪、妊娠母猪、泌乳母猪和配种公猪的粗蛋白、氨基酸、矿物质、维生素和脂肪酸等饲养标准见表3-16至表3-20。

表3-16　瘦肉型生长肥育猪每千克饲粮养分含量

项目	体重/kg				
	3～8	8～20	20～35	35～60	60～90
平均体重/(kg)	5.5	14	27.5	47.5	75
日增重/(kg/d)	0.24	0.44	0.61	0.69	0.8
采食量/(kg/d)	0.3	0.74	1.43	1.9	2.5
饲料/增重	1.25	1.59	2.34	2.75	3.13
消化能/(MJ/kg)	14.02	13.6	13.39	13.39	13.39
代谢能/(MJ/kg)	13.46	13.06	12.86	12.86	12.86
粗蛋白/%	21	19	17.8	16.4	14.5
能量蛋白比/(kJ/kg)	668	716	752	817	923
赖氨酸能量比/(g/MJ)	1.01	0.85	0.68	0.61	0.53
氨基酸/%					
赖氨酸	1.42	1.16	0.90	0.82	0.70
蛋氨酸	0.4	0.3	0.24	0.22	0.19
蛋氨酸＋胱氨酸	0.81	0.66	0.51	0.48	0.4
苏氨酸	0.94	0.75	0.58	0.56	0.48
色氨酸	0.27	0.21	0.16	0.15	0.13
异亮氨酸	0.79	0.64	0.48	0.46	0.39
亮氨酸	1.42	1.13	0.85	0.78	0.63
精氨酸	0.56	0.46	0.35	0.3	0.21
缬氨酸	0.98	0.8	0.61	0.57	0.47
组氨酸	0.45	0.36	0.28	0.26	0.21
苯丙氨酸	0.85	0.69	0.52	0.48	0.4
苯丙氨酸＋酪氨酸	1.33	1.07	0.82	0.77	0.64

续表 3-16

项目	体重/kg				
	3～8	8～20	20～35	35～60	60～90
矿物质					
钙/%	0.88	0.74	0.62	0.55	0.49
总磷/%	0.74	0.58	0.53	0.48	0.43
非植酸磷/%	0.54	0.36	0.25	0.2	0.17
钠/%	0.25	0.15	0.12	0.1	0.1
氯/%	0.25	0.15	0.1	0.09	0.08
镁/%	0.04	0.04	0.04	0.04	0.04
钾/%	0.3	0.26	0.24	0.21	0.18
铜/mg	6	6	4.5	4	3.5
碘/mg	0.14	0.14	0.14	0.14	0.14
铁/mg	105	105	70	60	50
锰/mg	4	4	3	2	2
硒/mg	0.3	0.3	0.3	0.25	0.25
锌/mg	110	110	70	60	50
维生素					
维生素 A/IU	2 200	1 800	1 500	1 400	1 300
维生素 D_3/IU	220	200	170	160	150
维生素 E/IU	16	11	11	11	11
维生素 K/IU	0.5	0.5	0.5	0.5	0.5
硫胺素/mg	1.5	1	1	1	1
核黄素/mg	4	3.5	2.5	2	2
泛酸/mg	12	10	8	7.5	7
烟酸/mg	20	15	10	8.5	7.5
吡哆醇/mg	2	1.5	1	1	1
生物素/mg	0.08	0.05	0.05	0.05	0.05
叶酸/mg	0.3	0.3	0.3	0.3	0.3
维生素 B_{12}/μg	20	17.5	11	8	6
胆碱/g	0.6	0.5	0.35	0.3	0.3
亚油酸/%	0.1	0.1	0.1	0.1	0.1

表 3-17 瘦肉型生长肥育猪每日每头养分需要量

项目	体重/kg				
	3～8	8～20	20～35	35～60	60～90
平均体重/kg	5.5	14	27.5	47.5	75
日增重/(kg/d)	0.24	0.44	0.61	0.69	0.8
采食量/(kg/d)	0.3	0.74	1.43	1.9	2.5
饲料/增重	1.25	1.59	2.34	2.75	3.13
消化能/(MJ/d)	4.21	10.06	19.15	25.44	33.48
代谢能/(MJ/d)	4.04	9.66	18.39	24.43	32.15
粗蛋白/(g/d)	63	141	255	312	363
氨基酸/(g/d)					
赖氨酸	4.3	8.6	12.9	15.6	17.5
蛋氨酸	1.2	2.2	3.4	4.2	4.8
蛋氨酸＋胱氨酸	2.4	4.9	7.3	9.1	10
苏氨酸	2.8	5.6	8.3	10.6	12
色氨酸	0.8	1.6	2.3	2.9	3.3
异亮氨酸	2.4	4.7	6.7	8.7	9.8
亮氨酸	4.3	8.4	12.2	14.8	15.8
精氨酸	1.7	3.4	5	5.7	5.5
缬氨酸	2.9	5.9	8.7	10.8	11.8
组氨酸	1.4	2.7	4	4.9	5.5
苯丙氨酸	2.6	5.1	7.4	9.1	10
苯丙氨酸＋酪氨酸	4	7.9	11.7	14.6	16
矿物元素					
钙/g	2.64	5.48	8.87	10.45	12.25
总磷/g	2.22	4.29	7.58	9.12	10.75
非植酸磷/g	1.62	2.66	3.58	3.8	4.25
钠/g	0.75	1.11	1.72	1.9	2.5
氯/g	0.75	1.11	1.43	1.71	2
镁/g	0.12	0.3	0.57	0.76	1
钾/g	0.9	1.92	3.43	3.99	4.5
铜/mg	1.8	4.44	6.44	7.6	8.75
碘/mg	0.04	0.1	0.2	0.27	0.35

续表 3-17

项目	体重/kg				
	3～8	8～20	20～35	35～60	60～90
矿物元素					
铁/mg	31.5	77.7	100.1	114	125
锰/mg	1.2	2.96	4.29	3.8	5
硒/mg	0.09	0.22	0.43	0.48	0.63
锌/mg	33	81.4	100.1	114	125
维生素和脂肪酸(%)或每千克饲粮含量					
维生素 A/IU	660	1 330	2 145	2 660	3 250
维生素 D_3/IU	66	148	243	304	375
维生素 E/IU	5	8.5	16	21	28
维生素 K/IU	0.15	0.37	0.72	0.95	1.25
硫胺素/mg	0.45	0.74	1.43	1.9	2.5
核黄素/mg	1.2	2.59	3.58	3.8	5
泛酸/mg	3.6	7.4	11.44	14.25	17.5
烟酸/mg	6	11.1	14.3	16.15	18.75
吡哆醇/mg	0.6	1.11	1.43	1.9	2.5
生物素/mg	0.02	0.04	0.07	0.1	0.13
叶酸/mg	0.09	0.22	0.43	0.57	0.75
维生素 B_{12}/μg	6	12.95	15.73	15.2	15
胆碱/g	0.18	0.37	0.5	0.57	0.75
亚油酸/%	0.3	0.74	1.43	1.9	2.5

表 3-18　瘦肉型妊娠母猪每千克饲粮养分含量

项目	妊娠阶段				
	妊娠前期			妊娠后期	
配种体重/kg	120～150	150～180	>180	120～150	150～180
预期窝产仔窝	10	11	11	10	11
采食量/(kg/d)	2.1	2.14	2	2.6	2.8
消化能/(MJ/kg)	12.75	12.35	12.15	12.75	12.55
代谢能/(MJ/kg)	12.25	11.85	11.65	12.56	12.05
粗蛋白质/%	13	12	12	14	13
能量蛋白比/(kJ/kg)	981	1 029	1 013	911	965
赖氨酸能量比/(g/MJ)	0.42	0.4	0.38	0.42	0.41

续表 3-18

项目	妊娠阶段				
	妊娠前期			妊娠后期	
氨基酸/%					
赖氨酸	0.53	0.49	0.46	0.53	0.51
蛋氨酸	0.14	0.13	0.12	0.14	0.13
蛋氨酸＋胱氨酸	0.34	0.32	0.31	0.34	0.33
苏氨酸	0.4	0.39	0.37	0.4	0.4
色氨酸	0.1	0.09	0.09	0.1	0.09
异亮氨酸	0.29	0.28	0.26	0.29	0.29
亮氨酸	0.45	0.41	0.37	0.45	0.42
精氨酸	0.06	0.02	0	0.06	0.02
缬氨酸	0.35	0.32	0.3	0.35	0.33
组氨酸	0.17	0.16	0.15	0.17	0.17
苯丙氨酸	0.29	0.27	0.25	0.29	0.28
苯丙氨酸＋酪氨酸	0.49	0.45	0.43	0.49	0.47
矿物元素（%）或每千克饲粮含量					
钙/%	0.68				
总磷/%	0.54				
非植酸磷/%	0.32				
钠/%	0.14				
氯/%	0.11				
镁/%	0.04				
钾/%	0.18				
铜/mg	5				
碘/mg	0.13				
铁/mg	75				
锰/mg	18				
硒/mg	0.14				
锌/mg	45				

续表 3-18

项目	妊娠阶段	
	妊娠前期	妊娠后期
维生素和脂肪酸(%)或每千克饲粮含量		
维生素 A/IU	3 620	
维生素 D_3/IU	180	
维生素 E/IU	40	
维生素 K/mg	0.5	
硫胺素/mg	0.9	
核黄素/mg	3.4	
泛酸/mg	11	
烟酸/mg	9.05	
吡哆醇/mg	0.9	
生物素/mg	0.19	
叶酸/mg	1.2	
维生素 B_{12}/μg	14	
胆碱/g	1.15	
亚油酸/%	0.1	

表 3-19 瘦肉型泌乳母猪每千克饲粮养分含量

项目	分娩体重/kg			
	140~180		180~204	
泌乳期体重变化/kg	0.00	−10.00	−7.50	−15.00
哺乳窝仔数	9.00	9.00	10.00	10.00
采食量/(kg/d)	5.25	4.65	5.65	5.20
消化能/(MJ/kg)	13.80	13.80	13.80	13.80
代谢能/(MJ/kg)	13.25	13.25	13.25	13.25
粗蛋白质/%	17.50	18.00	18.00	18.50
能量蛋白比/(kJ/kg)	789.00	767.00	767.00	746.00
赖氨酸能量比/(g/MJ)	0.64	0.67	0.66	0.68

续表 3-19

项目	分娩体重/kg			
	140～180		180～204	
氨基酸/%				
赖氨酸	0.88	0.93	0.91	0.94
蛋氨酸	0.22	0.24	0.23	0.24
蛋氨酸＋胱氨酸	0.42	0.45	0.44	0.45
苏氨酸	0.56	0.59	0.58	0.60
色氨酸	0.16	0.17	0.17	0.18
异亮氨酸	0.49	0.52	0.51	0.53
亮氨酸	0.95	1.01	0.98	1.02
精氨酸	0.48	0.48	0.47	0.47
缬氨酸	10.74	0.79	0.77	0.81
组氨酸	0.34	0.36	0.35	0.37
苯丙氨酸	0.47	0.50	0.48	0.50
苯丙氨酸＋酪氨酸	0.97	1.03	1.00	1.04
矿物元素(%)或每千克饲粮含量				
钙/%	0.77			
总磷/%	0.62			
非植酸磷/%	0.36			
钠/%	0.21			
氯/%	0.16			
镁/%	0.04			
钾/%	0.21			
铜/mg	5.0			
碘/mg	0.14			
铁/mg	80			
锰/mg	20			
硒/mg	0.15			
锌/mg	51			

续表 3-19

项目	分娩体重/kg	
	140～180	180～204
维生素和脂肪酸(%)或每千克饲料含量		
维生素 A/IU	2 050	
维生素 D_3/IU	205	
维生素 E/IU	45	
维生素 K/mg	0.50	
硫胺素/mg	1.0	
核黄素/mg	3.85	
泛酸/mg	12	
烟酸/mg	10.25	
吡哆醇/mg	1.0	
生物素/mg	0.21	
叶酸/mg	1.35	
维生素 B_{12}/μg	15	
胆碱/g	1.0	
亚油酸/%	0.1	

表 3-20　配种公猪每千克饲粮和每日每头养分需要量

指标	需要量	
消化能/(MJ/kg)	12.95	
代谢能/(MJ/kg)	12.45	
消化能摄入量/(MJ/kg)	21.7	
代谢能摄入量/(MJ/kg)	20.85	
采食量/(kg/d)	2.2	
粗蛋白质/%	13.5	
能量蛋白比/(kJ/kg)	959	
赖氨酸能量比/(g/MJ)	0.42	
氨基酸需要量		
	饲粮中含量	每日每头需要量
蛋氨酸＋胱氨酸/%	0.38	8.4 g
苏氨酸/%	0.46	10.1 g
色氨酸/%	0.11	2.4 g
异亮氨酸/%	0.32	7 g

续表 3-20

指标	需要量	
氨基酸需要量		
	饲粮中含量	每日每头需要量
亮氨酸/%	0.47	10.3 g
精氨酸/%	0	0
缬氨酸/%	0.36	7.9 g
组氨酸/%	0.17	3.7 g
苯丙氨酸/%	0.30	6.6 g
苯丙氨酸＋酪氨酸/%	0.52	11.4 g
矿物质		
钙/%	0.70	15.4 g
总磷/%	0.55	15.4 g
非植酸磷/%	0.32	7.04 g
钠/%	14	3.08 g
氯/%	0.11	2.42 g
镁/%	0.04	0.88 g
钾/%	0.20	4.4 g
铜/mg	5	11
碘/mg	0.15	0.33
铁/mg	80	176
锰/mg	20	44
硒/mg	0.15	0.33
维生素和脂肪酸		
维生素 A/IU	4 000	8 800
维生素 D_3/IU	220	485
维生素 E/IU	45	100
维生素 K/mg	0.5	1.10
硫胺素/mg	1	2.2
核黄素/mg	3.5	7.7
泛酸/mg	12	26.4
烟酸/mg	10	22
吡哆醇/mg	1	2.2
生物素/mg	0.2	0.44
叶酸/mg	1.3	2.86
维生素 B_{12}/μg	15	33
胆碱/g	1.25	2.75
亚油酸/%	0.10	2.2 g

二、肉脂型猪的饲养标准

肉脂型生长肥育猪、妊娠母猪、泌乳母猪和种公猪消化能、代谢能、粗蛋白、能量蛋白比、氨基酸、矿物质、维生素和脂肪酸等饲养标准见表3-21至表3-30。

表 3-21 肉脂型生长育肥猪每千克饲粮养分含量(一型标准)

项目	体重/kg				
	5~8	8~15	15~30	30~60	60~90
日增重 ADG/(kg/d)	0.22	0.38	0.5	0.6	0.7
采食量 ADFI/(kg/d)	0.4	0.87	1.36	2.02	2.94
饲料转化率 F/G	1.8	2.3	2.73	3.35	4.2
消化能 DE/(MJ/kg)	13.8	13.6	12.95	12.95	12.95
粗蛋白/%	21	18.2	16	14	13
能量蛋白比/(kJ/kg)	657	747	810	925	996
赖氨酸能量比/(g/MJ)	0.97	0.77	0.66	0.53	0.46
氨基酸/%					
赖氨酸	1.34	1.05	0.85	0.69	0.6
蛋氨酸+胱氨酸	0.65	0.53	0.43	0.38	0.34
苏氨酸	0.77	0.62	0.5	0.45	0.39
色氨酸	0.19	0.15	0.12	0.11	0.11
异亮氨酸	0.73	0.59	0.47	0.43	0.37
矿物质					
钙/%	0.86	0.74	0.64	0.55	0.46
总磷/%	0.67	0.6	0.55	0.46	0.37
非植酸磷/%	0.42	0.32	0.29	0.21	0.14
钠/%	0.2	0.15	0.09	0.09	0.09
氯/%	0.2	0.15	0.07	0.07	0.07
镁/%	0.04	0.04	0.04	0.04	0.04
钾/%	0.29	0.26	0.24	0.21	0.16
铜/mg	6	5.5	4.6	3.7	3
碘/mg	0.13	0.13	0.13	0.13	0.13
铁/mg	100	92	74	55	37
锰/mg	4	3	3	2	2
硒/mg	0.3	0.27	0.23	0.14	0.09
锌/mg	100	90	75	55	45

续表 3-21

项目	体重/kg				
	5～8	8～15	15～30	30～60	60～90
维生素和脂肪酸					
维生素 A/IU	2 100	2 000	1 600	1 200	1 200
维生素 D_3/IU	210	200	180	140	140
维生素 E/IU	15	15	10	10	10
维生素 K/mg	0.5	0.5	0.5	0.5	0.5
硫胺素/mg	1.5	1	1	1	1
核黄素/mg	4	3.5	3	2	2
泛酸/mg	12	10	8	7	6
烟酸/mg	20	14	12	9	6.5
吡哆醇/mg	2	1.5	1.5	1	1
生物素/mg	0.08	0.05	0.05	0.05	0.05
叶酸/mg	0.3	0.3	0.3	0.3	0.3
维生素 B_{12}/μg	20	16.5	14.5	10	5
胆碱/g	0.5	0.4	0.3	0.3	0.3
亚油酸/%	0.1	0.1	0.1	0.1	0.1

表 3-22 肉脂型生长育肥猪每日每头养分需要量(一型标准)

项目	体重/kg				
	5～8	8～15	15～30	30～60	60～90
日增重/(kg/d)	0.22	0.38	0.5	0.6	0.7
采食量/(kg/d)	0.4	0.87	1.36	2.02	2.94
饲料转化率	1.8	2.3	2.73	3.35	4.2
粗蛋白/(g/d)	84	158.3	217.6	282.8	382.2
消化能/(MJ/kg)	13.8	13.6	12.95	12.95	12.95
氨基酸/(g/d)					
赖氨酸	5.4	9.1	11.6	13.9	17.6
蛋氨酸＋胱氨酸	2.6	4.6	5.8	7.7	10
苏氨酸	3.1	5.4	6.8	9.1	11.5
色氨酸	0.8	1.3	1.6	2.2	3.2
异亮氨酸	2.9	5.1	6.4	8.7	10.9

续表 3-22

项目	体重/kg				
	5～8	8～15	15～30	30～60	60～90
矿物元素(%)或每千克饲粮含量					
钙/g	3.4	6.4	8.7	11.1	13.5
总磷/g	2.7	5.2	7.5	9.3	10.9
非植酸磷/g	1.7	2.8	3.9	4.2	4.1
钠/g	0.8	1.3	1.2	1.8	2.6
氯/g	0.8	1.3	1	1.4	2.1
镁/g	0.2	0.3	0.5	0.8	1.2
钾/g	1.2	2.3	3.31	4.2	4.7
铜/mg	2.4	4.79	6.12	8.08	8.82
碘/mg	40	80.04	100.64	111.1	108.78
铁/mg	0.05	0.11	0.18	0.26	0.38
锰/mg	1.6	2.61	4.08	4.04	5.88
硒/mg	0.12	0.22	0.34	0.3	0.29
锌/mg	40	78.3	102	111.1	132.3
维生素和脂肪酸(%)或每千克饲料含量					
维生素 A/IU	840	1 740	2 176	2 424	3 528
维生素 D₃/IU	84	174	244.8	282.8	411.6
维生素 E/IU	6	13.1	13.6	20.2	29.4
维生素 K/mg	0.2	0.4	0.7	1	1.5
硫胺素/mg	0.6	0.9	1.4	2	2.9
核黄素/mg	1.6	3	4.1	4	5.9
泛酸/mg	4.8	8.7	10.9	14.1	17.6
烟酸/mg	8	12.2	16.3	18.2	19.1
吡哆醇/mg	0.8	1.3	2	2	2.9
生物素/mg	0	0	0.1	0.1	0.1
叶酸/mg	0.1	0.3	0.4	0.6	0.9
维生素 B₁₂/μg	8	14.4	19.7	20.2	14.7
胆碱/g	0.2	0.3	0.4	0.6	0.9
亚油酸/g	0.4	0.9	1.4	2	2.9

表 3-23　肉脂型生长育肥猪每千克饲粮中养分含量(二型标准)

项目	体重/kg			
	8～15	15～30	30～60	60～90
日增重/(kg/d)	0.34	0.45	0.55	0.65
采食量/(kg/d)	0.87	1.3	1.96	2.89
饲料/增重	2.55	2.9	3.55	4.45
消化能/(MJ/kg)	13.3	12.25	12.25	12.25
粗蛋白/%	17.5	16	14	13
能量蛋白比/(kJ/kg)	760	766	875	942
赖氨酸能量比/(g/MJ)	0.74	0.65	0.53	0.46
氨基酸/(g/d)				
赖氨酸	0.99	0.8	0.65	0.56
蛋氨酸＋胱氨酸	0.56	0.4	0.35	0.32
苏氨酸	0.64	0.48	0.41	0.37
色氨酸	0.18	0.12	0.11	0.1
异亮氨酸	0.54	0.45	0.4	0.34
矿物元素(%)或每千克饲粮含量				
钙/%	0.72	0.62	0.53	0.44
总磷/%	0.58	0.53	0.44	0.35
非植酸磷/%	0.31	0.27	0.2	0.13
钠/%	0.14	0.09	0.09	0.09
氯/%	0.14	0.07	0.07	0.07
镁/%	0.04	0.04	0.04	0.04
钾/%	0.25	0.23	0.2	0.15
铜/mg	5	4	3	3
碘/mg	90	70	55	35
铁/mg	0.12	0.12	0.12	0.12
锰/mg	3	2.5	2	2
硒/mg	0.26	0.22	0.13	0.09
锌/mg	90	70	53	44

续表3-23

项目	体重/kg			
	8～15	15～30	30～60	60～90
维生素和脂肪酸(%)或每千克饲料含量				
维生素 A/IU	1 900	1 550	1 150	1 150
维生素 D$_3$/IU	190	170	130	130
维生素 E/IU	15	10	10	10
维生素 K/mg	0.45	0.45	0.45	0.45
硫胺素/mg	1	1	1	1
核黄素/mg	3	2.5	2	2
泛酸/mg	10	8	7	6
烟酸/mg	14	12	9	6.5
吡哆醇/mg	1.5	1.5	1	1
生物素/mg	0.05	0.04	0.04	0.04
叶酸/mg	0.3	0.3	0.3	0.3
维生素 B$_{12}$/μg	15	13	10	5
胆碱/g	0.4	0.3	0.3	0.3
亚油酸/%	0.1	0.1	0.1	0.1

表3-24 肉脂型生长育肥猪每日每头养分需要量(二型标准)

项目	体重/kg			
	8～15	15～30	30～60	60～90
日增重/(kg/d)	0.34	0.45	0.55	0.65
采食量/(kg/d)	0.87	1.3	1.96	2.89
饲料/增重	2.55	2.9	3.55	4.45
消化能/(MJ/kg)	13.3	12.25	12.25	12.25
粗蛋白/(g/d)	152.3	208	274.4	375.7
氨基酸/(g/d)				
赖氨酸	8.6	10.4	12.7	16.2
蛋氨酸＋胱氨酸	4.9	5.2	6.9	9.2
苏氨酸	5.6	6.2	8	10.7
色氨酸	1.6	1.6	2.2	2.9
异亮氨酸	4.7	5.9	7.8	9.8

续表 3-24

项目	体重/kg			
	8～15	15～30	30～60	60～90
矿物质				
钙/g	6.3	8.1	10.4	12.7
总磷/g	5	6.9	8.6	10.1
非植酸磷/g	2.7	3.5	3.9	3.8
钠/g	1.2	1.2	1.8	2.6
氯/g	1.2	0.9	1.4	2
镁/g	0.3	0.5	0.8	1.2
钾/g	2.2	3	3.9	4.3
铜/mg	4.4	5.2	5.9	8.7
碘/mg	78.3	91	107.8	101.2
铁/mg	0.1	0.2	0.2	0.3
锰/mg	2.6	3.3	3.9	5.8
硒/mg	0.2	0.3	0.3	0.3
锌/mg	78.3	91	103.9	127.2
维生素和脂肪酸(%)或每千克饲料含量				
维生素 A/IU	1 653	2 015	2 254	3 324
维生素 D$_3$/IU	165	221	255	376
维生素 E/IU	13.1	13	19.6	28.9
维生素 K/mg	0.4	0.6	0.9	1.3
硫胺素/mg	0.9	1.3	2	2.9
核黄素/mg	2.6	3.3	3.9	5.8
泛酸/mg	8.7	10.4	13.7	17.3
烟酸/mg	12.16	15.6	17.6	18.79
吡哆醇/mg	1.3	2	2	2.9
生物素/mg	0	0.1	0.1	0.1
叶酸/mg	0.3	0.4	0.6	0.9
维生素 B$_{12}$/μg	13.1	16.9	19.6	14.5
胆碱/g	0.3	0.4	0.6	0.9
亚油酸/g	0.9	1.3	2	2.9

表 3-25　肉脂型生长育肥猪每千克饲粮中养分含量(三型标准)

项目	体重/kg		
	15～30	30～60	60～90
日增重/(kg/d)	0.4	0.5	0.59
采食量/(kg/d)	1.28	1.95	2.92
饲料/增重	3.2	3.9	4.95
消化能/(MJ/kg)	11.7	11.7	11.7
粗蛋白/%	15	14	13
能量蛋白比/(kJ/kg)	780	835	900
赖氨酸能量比/(g/MJ)	0.67	0.5	0.43
氨基酸/(g/d)			
赖氨酸	0.78	0.59	0.5
蛋氨酸＋胱氨酸	0.4	0.31	0.28
苏氨酸	0.46	0.38	0.33
色氨酸	0.11	0.1	0.09
异亮氨酸	0.44	0.36	0.31
矿物质元素(%)或每千克饲粮含量			
钙/%	0.59	0.5	0.42
总磷/%	0.5	0.42	0.34
非植酸磷/%	0.27	0.19	0.13
钠/%	0.08	0.08	0.08
氯/%	0.07	0.07	0.07
镁/%	0.03	0.03	0.03
钾/%	0.22	0.19	0.14
铜/mg	4	3	3
碘/mg	70	50	35
铁/mg	0.12	0.12	0.12
锰/mg	3	2	2
硒/mg	0.21	0.13	0.08
锌/mg	70	50	40

续表 3-25

项目	体重/kg		
	15～30	30～60	60～90
维生素和脂肪酸(%)或每千克饲料含量			
维生素 A/IU	1 470	1 090	1 090
维生素 D$_3$/IU	168	126	126
维生素 E/IU	9	9	9
维生素 K/mg	0.4	0.4	0.4
硫胺素/mg	1	1	1
核黄素/mg	2.5	2	2
泛酸/mg	8	7	6
烟酸/mg	12	9	6.5
吡哆醇/mg	1.5	1	1
生物素/mg	0.04	0.04	0.04
叶酸/mg	0.25	0.25	0.25
维生素 B$_{12}$/μg	12	10	5
胆碱/g	0.34	0.25	0.25
亚油酸/%	0.1	0.1	0.1

表 3-26 肉脂型生长育肥猪每日每头养分需要量(三型标准)

项目	体重/kg		
	15～30	30～60	60～90
日增重/(kg/d)	0.4	0.5	0.59
采食量/(kg/d)	1.28	1.95	2.92
饲料/增重	3.2	3.9	4.95
消化能/(MJ/kg)	11.7	11.7	11.7
粗蛋白/(g/d)	192	273	379.6
氨基酸/(g/d)			
赖氨酸	10	11.5	14.6
蛋氨酸＋胱氨酸	5.1	6	8.2
苏氨酸	5.9	7.4	9.6
色氨酸	1.4	2	2.6
异亮氨酸	5.6	7	9.1

续表 3-26

项目	体重/kg		
	15～30	30～60	60～90
矿物质元素（%）或每千克饲粮含量			
钙/%	7.6	9.8	12.3
总磷/%	6.4	8.2	9.9
非植酸磷/%	3.5	3.7	3.8
钠/%	1	1.6	2.3
氯/%	0.9	1.4	2
镁/%	0.4	0.6	0.9
钾/%	2.8	3.7	4.4
铜/mg	5.1	5.9	8.8
碘/mg	89.6	97.5	102.2
铁/mg	0.2	0.2	0.4
锰/mg	3.8	3.9	5.8
硒/mg	0.3	0.3	0.3
锌/mg	89.6	97.5	116.8
维生素和脂肪酸（%）或每千克饲料含量			
维生素 A/IU	1 856	2 145	3 212
维生素 D_3/IU	217.6	243.8	365
维生素 E/IU	12.8	19.5	29.2
维生素 K/mg	0.5	0.8	1.2
硫胺素/mg	1.3	2	2.9
核黄素/mg	3.2	3.9	5.8
泛酸/mg	10.2	13.7	17.5
烟酸/mg	15.36	17.55	18.98
吡哆醇/mg	1.9	2	2.9
生物素/mg	0.1	0.1	0.1
叶酸/mg	0.3	0.5	0.7
维生素 B_{12}/μg	15.4	19.5	14.6
胆碱/g	0.4	0.5	0.7
亚油酸/%	1.3	2	2.9

表 3-27 肉脂型妊娠、哺乳母猪每千克饲粮养分含量

项目	妊娠母猪	泌乳母猪
采食量/(kg/d)	2.1	5.1
消化能/(MJ/kg)	11.7	13.6
粗蛋白/%	13	17.5
能量蛋白比/(kJ/kg)	900	777
赖氨酸能量比/(g/MJ)	0.37	0.58
氨基酸/(g/d)		
赖氨酸	0.43	0.79
蛋氨酸＋胱氨酸	0.3	0.4
苏氨酸	0.35	0.52
色氨酸	0.08	0.14
异亮氨酸	0.25	0.45
矿物质元素(%)或每千克饲粮含量		
钙/%	0.62	0.72
总磷/%	0.5	0.58
非植酸磷/%	0.3	0.34
钠/%	0.12	0.2
氯/%	0.1	0.16
镁/%	0.04	0.04
钾/%	0.16	0.2
铜/mg	4	5
碘/mg	0.12	0.14
铁/mg	70	80
锰/mg	16	20
硒/mg	0.15	0.15
锌/mg	50	50
维生素和脂肪酸(%)或每千克饲料含量		
维生素 A/IU	3 600	2 000
维生素 D_3/IU	180	200
维生素 E/IU	36	44
维生素 K/mg	0.4	0.5
硫胺素/mg	1	1

续表 3-27

项目	妊娠母猪	泌乳母猪
维生素和脂肪酸(%)或每千克饲料含量		
核黄素/mg	3.2	3.75
泛酸/mg	10	12
烟酸/mg	8	10
吡哆醇/mg	1	1
生物素/mg	0.16	0.2
叶酸/mg	1.1	1.3
维生素 B_{12}/μg	12	15
胆碱/g	1	1
亚油酸/%	0.1	0.1

表 3-28　地方猪种后备母猪每千克饲粮中养分含量

项目	体重/kg		
	10~20	20~40	40~70
预期日增重/(kg/d)	0.3	0.4	0.5
采食量/(kg/d)	0.63	1.08	1.65
饲料/增重	2.1	2.7	3.3
消化能 D/(MJ/kg)	12.97	12.55	12.15
粗蛋白/%	18.3	16	14
能量蛋白比/(kJ/kg)	721	784	868
赖氨酸能量比/(g/MJ)	0.77	0.7	0.48
氨基酸/(g/d)			
赖氨酸	1	0.8	0.67
蛋氨酸+胱氨酸	0.5	0.44	0.36
苏氨酸	0.59	0.53	0.43
色氨酸	0.15	0.13	0.11
异亮氨酸	0.56	0.49	0.41
矿物质元素(%)或每千克饲粮含量			
钙/%	0.74	0.62	0.53
总磷/%	0.6	0.53	0.44
非植酸磷/%	0.37	0.28	0.2

表 3-29　肉脂型种公猪每千克饲粮养分含量

项目	体重/kg		
	10～20	20～40	40～70
日增重/(kg/d)	0.35	0.45	0.5
采食量/(kg/d)	0.72	1.17	1.67
消化能/(MJ/kg)	12.97	12.55	12.55
粗蛋白/%	18.8	17.5	14.6
能量蛋白比/(kJ/kg)	690	717	860
赖氨酸能量比/(g/MJ)	0.81	0.73	0.5
氨基酸/(g/d)			
赖氨酸	1.05	0.92	0.73
蛋氨酸＋胱氨酸	0.53	0.47	0.37
苏氨酸	0.62	0.55	0.47
色氨酸	0.16	0.13	0.12
异亮氨酸	0.59	0.52	0.45
矿物质元素(%)或每千克饲粮含量			
钙/%	0.74	0.64	0.55
总磷/%	0.6	0.55	0.46
非植酸磷/%	0.37	0.29	0.21

表 3-30　肉脂型种公猪每日每头养分需要量

项目	体重/kg		
	0～20	20～40	40～70
日增重/(kg/d)	0.35	0.45	0.5
采食量/(kg/d)	0.72	1.17	1.67
消化能/(MJ/kg)	12.97	12.55	12.55
粗蛋白/(g/d)	135.4	204.8	243.8
氨基酸/(g/d)			
赖氨酸	7.6	10.8	12.2
蛋氨酸＋胱氨酸	3.8	5.5	6.2
苏氨酸	4.5	6.4	7.9
色氨酸	1.2	1.52	2
异亮氨酸	4.2	6.1	7.5
矿物质元素(%)或每千克饲粮含量/%			
钙	5.3	7.5	9.2
总磷	4.3	6.4	7.7
有效磷	2.7	3.4	3.5

第三节　猪的常用饲料与饲料资源开发

一、猪的常用饲料

猪是杂食动物,采食的饲料种类多、范围广,常用饲料包括青、粗能量饲料,蛋白质饲料,碳水化合物饲料,矿物质饲料,维生素饲料和添加剂等。众所周知,饲料是养猪最基本的物质基础,了解和掌握这些饲料原料物质的营养功能,方能科学地配制出营养日粮,提升养猪生产效率,提高猪肉品质;同时可配制出节约型日粮配方,降低饲料成本,增加养猪经济效益。因此,本内容有着重大的意义。

(一)青绿饲料

青绿饲料包括人工栽培和野生的各种根茎类、瓜果类、叶类、水生植物、绿色作物等植物,猪可采食的均属其范围。

1.紫花苜蓿草(杂花苜蓿)

苜蓿草为多年生植物,再生力较强,营养价值较高,被誉称为"牧草之王"。每年可刈割鲜草2~4次,多者可刈割5~6次,刈割时留茬高3~5 cm,准备再生,每亩*产鲜草2 000~5 000 kg,产干草500~1 000 kg,有浇灌条件,地膜覆盖增加茬次,产量则更高。利用年限一般7~10年。紫花苜蓿干物资粗蛋白含量20%~25%,粗脂肪1.5%~2%,无氮浸出物15%,粗纤维35%~37%,灰分10%~12%,含钙2%,磷0.27%,富含有维生素B、维生素C、维生素E等多种维生素,以及皂苷、黄酮类、类胡萝卜素、酚醛酸等生物活性成分。苜蓿草制成干粉与精饲料配合应用,生长育肥猪可占日粮5%~15%,母猪可占日粮10%以上。

2.籽粒苋

籽粒苋为苋科苋属一年生草本植物,株高2 m以上。当株高60~80 cm时刈割,留茬高度为20 cm,每隔20~30天刈割一次,每年可刈割4~5次,年鲜草产量可达8 000~15 000 kg/亩;有浇灌条件,覆盖地膜生产可增加茬次,产量则更高,如生产种子亩产250~350 kg。鲜草中粗蛋白含量可达2%~4%,全株干品中含粗蛋白质14.4%,茎叶和籽粒中粗蛋白质含量分别为17.7%和27.1%,粗脂肪0.76%,粗纤维18.7%,无氮浸出物33.8%,粗灰分20%。将籽粒苋制成干粉与精饲料配合使用,生长育肥猪可占日粮10%~15%。

3.奇可利(菊苣)牧草

奇可利为20世纪80年代引进牧草品种,其特点是再生性非常强。在北方地区第一年可刈割4茬次,亩产鲜草10 000 kg左右;第二年刈割5~6茬次,亩产鲜草12 000~15 000 kg,覆盖薄膜生产茬次多,产量则更高。奇可利干物质中粗蛋白质为15%~30%,莲座期的干物质粗蛋白含量23%,粗脂肪5%,粗纤维13%,粗灰粉16%,无氮浸出物质30%,钙1.5%,磷0.24%,各种氨基酸及微量元素也很丰富。植株40 cm高时,即可刈割,留茬2~3 cm,可连续应用10~15年。可鲜喂、青贮或制成干粉。

4.苣荬菜

又名败酱草(北方地区名),别名叫荬菜、野苦菜、野苦荬、苦葛麻,苦荬菜、取麻菜、苣菜、曲

---

* 1亩≈667 m²。

麻菜,为桔梗目菊科植物,多年生草本,全株有乳汁。茎直立,高 30~80 cm。地下根状茎匍匐,多数须根着生。苣荬菜又名败酱草(北方地区名),黑龙江地区又名小蓟,山东地区称作苦苣菜、曲麻菜、曲曲芽,主要分布于我国西北、华北、东北等地野生,也有些地区人工栽培。

苣荬菜嫩茎叶含水分 88%,蛋白质 3%,脂肪 1%,氨基酸 17 种,其中精氨酸、组氨酸和谷氨酸含量最高,占氨基酸总量的 43%。苣荬菜还含有铁、铜、镁、锌、钙、锰等多种元素。据测,每 100 g 鲜样含维生素 C 58.10 mg,维生素 E 2.40 mg,胡萝卜素 3.36 mg。苣荬菜具有清热解毒、凉血利湿、消肿排脓、祛瘀止痛、补虚止咳的功效。将苣荬菜打浆配合精饲料喂饲生长育肥猪或母猪。

5. 甜菜(恭菜、甜菜根)

甜菜属于二年生草本植物,原产于欧洲西部和南部沿海,从瑞典移植到西班牙,是甘蔗以外的一个主要糖来源。糖甜菜起源于地中海沿岸,野生种滨海甜菜是栽培甜菜的祖先。大约在公元 1500 年从阿拉伯国家传入中国。

甜菜的块根水分占 75%,固形物占 25%。固形物中蔗糖占 16%~18%,非糖物质占 7%~9%。非糖物质又分为可溶性和不溶性两种:不溶性非糖主要是纤维素、半纤维素、原果胶质和蛋白质;可溶性非糖又分为无机非糖和有机非糖。无机非糖主要是钾、钠、镁等盐类;有机非糖可再分为含氮和无氮。无氮非糖有脂肪、果胶质、还原糖和有机酸;含氮非糖又分为蛋白质和非蛋白质。非蛋白非糖主要指甜菜碱、酰胺和氨基酸。甜菜产量较高,每亩产量为 1.2 万~1.6 万 kg。

甜菜 100 g 中含粗蛋白质 1.8 g,粗脂肪 0.10 g,碳水化合物 4.0 g,粗纤维 1.3 g,维生素 A 610.0 μg,硫胺素 0.1 mg,核黄素 0.22 mg,烟酸 0.40 mg,维生素 C 30.0 mg,钙 117.0 mg,磷 40.0 mg,钾 547.0 mg,钠 201.0 mg,镁 72.0 mg,铁 3.3 mg,锌 0.38 mg,铜 0.19 mg。将甜菜打浆与精饲料配合应用,喂饲生长育肥猪或母猪效果较好,可降低饲料成本,经济效益可观,甜菜养猪值得推广应用。

6. 胡萝卜(红萝卜或甘荀)

为野胡萝卜的变种,本变种与原变种区别在于根肉质,长圆锥形,粗肥,呈红色或黄色。属于二年生草本植物。全国各地均有栽培,亩产 1500~5 000 kg。

胡萝卜每 100 g 胡萝卜中,含粗蛋白质 0.6 g,粗脂肪 0.3 g,粗纤维 1.3 g,糖类 7.6~8.3 g,钙 32 mg,钠 25.1 mg,钾 193 mg,铁 0.6 mg,维生素 A 原(胡萝卜素)1.35~17.25 mg,维生素 B_1 0.02~0.04 mg,维生素 B_2 0.04~0.05 mg,维生素 C 12 mg,热量 150.7 kJ,另含果胶、淀粉和多种氨基酸。将胡萝卜和胡萝卜缨一并打成浆,按一定的比例与精饲料配合应用,喂饲生长育肥猪和母猪。

7. 南瓜

别名倭瓜、番瓜、饭瓜、番南瓜、北瓜,葫芦科南瓜属的一个种,一年生蔓生草本植物。原产墨西哥到中美洲一带,世界各地普遍栽培。明代传入中国,现南北各地广泛种植。果实可代粮食。全株各部又供药用,种子含南瓜子氨基酸,有清热除湿、驱虫的功效,对血吸虫有控制和杀灭的作用,藤有清热的作用,瓜蒂有安胎的功效。南瓜产量较高,亩产量可达 1 500~2 000 kg。

南瓜 100 g 中营养成分,含量热量 566 kcal,粗蛋白质 33.2 mg,粗脂肪 48.1 mg,碳水化合物 1.3~5.7 g,粗纤维 4.9 mg,胡萝卜素 4.6 μg,维生素 E 13.25 mg,维生素 B_1 0.23 mg,

烟酸 1.8 mg,钙 16 mg,维生素 B_2 0.09 mg,镁 2 mg,铁 1.5 mg,锰 0.64 mg,锌 2.57 mg,钾 102 mg,磷 1159 mg,钠 20.6 mg,硒 2.78 μg。养猪规模小的猪场,可将南瓜打成浆与精饲料配合喂饲猪效果很好。

8. 叶类蔬菜(白菜、甘蓝)

均为十字花科芸薹属的一年生或两年生草本植物。

白菜(甘蓝)营养丰富,每 100 g 含水分 93.7 g,蛋白质 1~1.6 g,脂肪 0.1 g,碳水化合物 2.5~2.7 g,粗纤维 1~1.1 g,钙 32 mg,磷 33 mg,铁 0.3 mg,硒 0.04 μg,硫胺素 0.05 mg,核黄素 0.02 mg,烟酸 0.4 mg,抗坏血酸 76 mg。白菜(甘蓝)亩产量 4 500~10 000 kg。白菜(甘蓝)打成浆与蛋白饲料和能量饲料配合应用,喂饲生长育肥猪或母猪,可降低饲料成本。

9. 水葫芦(凤眼莲、水浮莲、布袋莲、凤眼蓝)

属雨久花科凤眼莲属。根生于节上,根系发达,靠毛根吸收养分,根茎分蘖下一代。叶单生,直立,叶片卵形至肾圆形,顶端微凹,光滑;叶柄处有泡囊承担叶花的重量,悬浮于水面生长。

水葫芦鲜草含氮素 0.24%,磷酸 0.07%,氧化钾 0.11%,粗蛋白质 1.2%,粗脂肪 0.2%,粗纤维 1.1%,无氮浸出物 2.3%,灰分 1.3%,水分占 93.90%。还含有多种维生素。

水葫芦产量极高,一般亩产可达 4 万 kg 以上,生长旺季每周可采收 1 次,每次采收量约为总量的四分之一。将水葫芦打成浆与蛋白和能量精饲料配合应用,用于空怀或怀孕母猪,降低饲养成本,能获得更大的经济效益。

10. 浮萍(绿萍、满江红、红萍)

浮萍属于满江红科蕨类植物,萍体漂浮水面,是优良水生饲料植物。细绿萍产量特高,品质优良,饲用方便。养一亩水面的细绿萍,每天可产鲜萍 100 kg,最多可达 450 kg。在我国北方大部分地区,每一亩水面可产鲜萍 2 万 kg 以上,最多可达 4.5 万 kg。

绿萍鲜嫩多汁,是优良的青绿多汁饲料,干品含粗蛋白质 16%~19%,粗脂肪 2%~2.3%,无氮浸出物 35%,粗纤维 22%~24%,营养价值较高,但因带有腥味,初喂时不喜食,经训饲几天以后喜食。将绿萍打浆与精饲料配合应用,降低饲料成本,经济效益很好,值得推广。

11. 蒲公英

别名黄花地丁、婆婆丁。为菊科多年生草本植物。全国各地均有分布,主要生长在中、低海拔地区的山坡草地、路边、田野、河滩地,野生。

蒲公英为药食同源植物,具有药用和食用价值,现部分地区均有人工栽培。一般每亩地每茬可收割 2 000~2 500 kg,每年刈割 3~5 茬次,有条件水浇灌,覆盖地膜可增加茬次,产量则更高。蒲公英植物体中,每 60 g 生蒲公英叶含水分 86%,蛋白质 1.6 g,碳水化合物 5.3 g,热量约有 108.8 kJ;富含维生素 A、维生素 C、维生素 B_2、维生素 B_1、维生素 B_6、叶酸、铜、钾、镁、铁、钙,以及含有蒲公英醇、蒲公英素、胆碱、菊糖等多种营养成分。将蒲公英打浆或制成干粉与精饲料配合喂饲生长育肥猪或母猪。同时,具有清热解毒,利胆等功效。预防或治疗治热毒、痈肿、疮疡、内痈、目赤肿痛、湿热、黄疸、小便淋沥涩痛、疔疮肿毒等症。将蒲公英打浆或制成干粉与蛋白和能量精饲料配合应用,喂饲生长育肥猪或母猪,降低饲养成本,同时可预防呼吸系统和消化系统等某些疾病。

(二)粗饲料

1. 啤酒糟

我国啤酒糟年产量已达 2 000 万 kg,并且还在不断增加。啤酒糟主要由麦芽的皮壳、叶芽、不溶性蛋白质、半纤维素、脂肪、灰分及少量未分解的淀粉和未洗出的可溶性浸出物组成。啤酒生产所采用原料的差别以及发酵工艺的不同,使得啤酒糟的成分不同,因此在利用时要对其组成进行必要的分析。

啤酒糟含有丰富的粗蛋白和微量元素,具有较高的营养价值。啤酒糟干物质中含粗蛋白 23%～27%,粗脂肪 5%～9%,粗纤维 13%～15%,灰分 3%～6%;在氨基酸组成上,赖氨酸占 0.7%～1.0%,蛋氨酸 0.35%～0.6%,胱氨酸 0.30%,精氨酸 1.2%～1.8%,异亮氨酸 1.4%～1.6%,亮氨酸 1.5%～2.5%,苯丙氨酸 1%～1.5%,酪氨酸 1.0%～1.4%,苏氨酸 0.70%～1.2%,色氨酸 0.25%～0.6%,缬氨酸 1.4%～1.80%;钙含量 2%～5%,磷 0.4%～1%,镁 0.1%～0.18%,铁 0.02%～0.029%,钾 0.05%～0.12%,钠 0.15%～0.30%,铜 0.015%～0.028%;维生素 B_1 0.7 mg/kg,维生素 B_2 1.5 mg/kg,维生素 B_6 0.7 mg/kg,维生素 B_{12} 9.7 mg/kg,泛酸 8.6 mg/kg,烟酸 43 mg/kg,胆碱 15.8 mg/kg。将啤酒糟制成干粉与精饲料配合使用,喂饲生长育肥猪或母猪。生长猪限量不超过日粮的 20%。

2. 白酒糟

我国年产鲜白酒糟基本维持在 4 200 万 kg。白酒糟是用高粱、玉米、大麦等几种纯粮发酵而成的,为淡褐色,具有令人舒适的发酵谷物的味道,略具烤香及麦芽味,在同种蛋白饲料中价格占优势,白酒糟营养较为丰富,粗蛋白含量为 14%,粗脂肪 4%,粗纤维 27.6%,粗灰分 13.3%,无氮浸出物 34%;赖氨酸 1.12%,苯丙氨酸 0.76%,苏氨酸 0.56%,蛋氨酸 0.57%,精氨酸 0.61%,组氨酸 0.58%,酪氨酸 0.21%;钙 0.82%,磷 0.48%。将白酒糟制成干粉与精饲料配合应用,用于生长育肥猪或母猪,降低饲料成本。限量不超过日粮的 30%。

3. 淀粉渣

主要是用甘薯、马铃薯、玉米、绿豆等为原料提取淀粉的副产物。因原料干物资含量差异很大(马铃薯 17%、玉米 15%、甘薯 13%),此外,淀粉渣中蛋白质、脂肪、维生素和矿物质等营养物资含量较少,满足不了猪生长需要,不宜单用喂饲。

4. 豆腐渣

豆腐渣是生产豆奶或豆腐过程中的副产品。具有蛋白质、脂肪、钙、磷、铁等多种营养物质。中国是豆腐生产的发源地,具有悠久的豆腐生产历史,豆腐的生产、销售量都较大,相应的豆腐渣产量也很大。一般豆腐渣含水分 85%,蛋白质 3.0%,脂肪 0.5%,碳水化合物(纤维素、多糖等)8.0%,此外,还含有钙、磷、铁等矿物质。小规模养猪场将其豆腐渣与精饲料配合应用,喂饲育肥猪或母猪可降低饲养成本。

5. 甜菜渣粕

甜菜在制糖过程中,甜菜根茎经过浸泡、压榨、充分提取糖液后的残渣,称为渣粕,是制糖工业的副产品。渣粕的粗蛋白质含量为 6%,糖分 3%,脂肪 0.9%,无氮浸出物 57%,粗纤维素 28%,灰分 3.45%,钙 0.9%,磷 0.06%。渣粕粉因纤维含量较高,如经过微生物发酵糖化后,再与精饲料配合应用,用做母猪妊娠前期饲料效果则更好。

6. 花生秧(壳)

花生秧蛋白质含量为 12.20%,粗脂肪 2%,粗纤维 21.8%,碳水化合物 46.8%;赖氨酸

0.40%，蛋氨酸＋胱氨酸 0.27%，钙 2.8%，磷 0.10%；花生壳蛋白 7%，粗脂肪 1.1%，粗纤维 26%，碳水化合物 20%，赖氨酸 0.40%，钙 0.3%，磷 0.10%，灰分 3.5%。

花生秧(壳)资源丰富，因其纤维含量较高，经过微生物发酵糖化处理后，可按 3%～5% 比例替代糠麸饲料，喂饲妊娠前期母猪，可降低饲料成本，从中获得较好经济效益。

7. 橡子

又称栗茧、蒙古栎，别名橡子树、柞树、蒙古柞，主要生长在北方地区。橡子脱壳出仁率 60%～70%，其中淀粉占 55%～68%。每 100 g 橡子营养含量中，水分 70 g，蛋白质 8 g，脂肪 2 g，碳水化合物 50.5 g，膳食纤维 1.3 g，灰分 1.3 g，硫胺素 0.03 mg，维生素 C 7 mg，钙 112 mg，磷 64 mg，铁 5.8 mg。将橡子粉碎与精饲料配合应用，喂饲生长育肥猪或母猪，开辟饲料资源，降低饲料成本，获得更好的经济效益。

8. 柞树叶

柞树叶(中药名称)为壳斗科植物蒙栎的树叶。分布于东北、华北及山东等地。柞树皮和叶入药，具有清热止痢、止咳、解毒消肿之功效。用于痢疾、肠炎、消化不良、支气管炎、痈肿、痔疮的预防。

柞树叶营养成分丰富，粗蛋白含量为 13.52%，脂肪 4.87%，粗纤维 16.98%，粗灰分 5.19%，钙 0.89%，磷 0.20%。将柞树叶干燥后制成粉，经微生物发酵处理，降低单宁含量，与精饲料配合应用，按 3%～5% 的比例替代糠麸饲料，喂饲空怀和妊娠前期母猪，可降低饲养成本。

9. 槐树叶

紫穗槐和刺槐叶含氮量高，紫穗槐叶粉中含粗蛋白质 23.2%、粗脂肪 5.1%、无氮浸出物 39.3%、磷 0.31%、钙 1.76%；刺槐叶粉含粗蛋白质 19.1%、粗脂肪 5.4%、无氮浸出物 44.6%、钙 2.4%、磷 0.03%。此外，两种树叶中还含有各种维生素，尤其是胡萝卜素和维生素 B_2 含量丰富；赖氨酸含量高达 0.96%。一般 7～8 月份采集槐树叶为宜。将树叶磨粉与精饲料配合应用，替代糠麸饲料 5%～10%，降低饲养成本，可收到良好的经济效益。

10. 柳树叶

柳树叶营养价值较高，是一种优良的饲料，同时柳树叶也具有清热、利尿、消炎、解毒等功效。柳树叶春季干物质含粗蛋白质 23%～27%，秋季含粗蛋白质 16.12%，粗脂肪 3.01%，粗纤维 15.13%，无氮浸出物 54.13%，灰分 4.5%，钙 1.8%，磷 0.3%。此外，柳树叶含有多种氨基酸和微量元素等营养物质。将柳树叶粉碎发酵处理，替代 5%～10% 糠麸或粮食，降低饲养成本，从而获得良好的经济效益的同时，也可起到预防某些疾病的作用。

11. 松针粉

松针粉中含有挥发油、树脂、叶绿素，还含有植物激素、植物杀菌素、未知生长因子(UGF)等生物活性物质；可解毒、杀虫，抑制机体内有害微生物的生长繁殖，消除食积气滞等功能。松针粉粗蛋白质含量 8.52%，粗脂肪 9.8%，粗纤维 24.5%，无氮浸出物 37.06%，灰分 2.86%，水分 9.8%，胡萝卜素 88.75 mg/kg，维生素 C 941 mg/kg，维生素 B_2 17.2 mg/kg，维生素 E 995 mg/kg，叶绿素 1 554 mg/kg，钠 0.03%，镁 0.14%，钙 0.59%，磷 0.11%，钾 0.45% 等营养物质。在生长育肥猪和母猪饲料日粮中加入松针粉 3%～5%，不仅节约粮食，而且对猪的生长和健康将起到积极的作用。

（三）能量饲料

干物资中粗纤维含量低于 18％，粗蛋白质含量低于 20％的饲料称为能量饲料。常用的能量饲料有玉米、大麦、小麦、高粱、稻谷、燕麦、麸皮、米糠和甘薯。能量饲料的特点是淀粉含量高，粗纤维少，适口性好，易消化，能量高。粗蛋白质含量在 7％～11％，含磷多，含钙少；B 族维生素多，维生素 A 较为缺乏，营养不平衡。因此，这类的饲料不宜单独喂猪，必须适当配合蛋白质饲料，方可收到良好的效果。

1. 玉米

玉米是能量饲料之王，也是谷实类饲料的主体，玉米具有适口性好、易消化、价格低廉的优点。玉米营养成分与可利用情况如下：

（1）利用能值高：玉米是谷实类籽实中可利用能量最高的，玉米的代谢能为 14.06 MJ/kg，高者可达 15.06 MJ/kg，这是因为玉米粗纤维含量少仅 2％，无氮浸出物高为 72％，玉米含有 74％的淀粉，消化率高；玉米含有较多脂肪为 3.5％～4.5％，是小麦等麦类籽实的 2 倍，玉米可利用能为谷类籽实最高。

（2）玉米含亚油酸比例较高，玉米亚油酸含量达到 2％，亚油酸是必需脂肪酸，可满足猪体需要。

（3）玉米粗蛋白质含量仅为 7％～8.9％，必需氨基酸含量较低，赖氨酸含量仅为 0.24％，色氨酸含量 0.07％，氨基酸比例不平衡，而不能单独饲料使用，必须与豆粕等蛋白质饲料配合应用。

（4）矿物质：矿物质约 80％存在于胚部，钙含量很少，约 0.02％，磷约含 0.25％，但其中约有 63％的磷以植酸磷的形式存在，单胃动物的利用率很低；铁、铜、锰、锌、硒等微量元素的含量也较低。

（5）维生素：玉米中脂溶性维生素 E 含量较多，平均为 20 mg/kg，水溶性维生素中硫胺素较多。

（6）玉米号称"饲料之王"，猪在配合饲料中所占比例通常为 20％～80％。

2. 大麦

大麦为猪的饲料与玉米相比，大麦籽粒的饲用价值相当于玉米的 95％，淀粉含量低于玉米，蛋白质和可消化蛋白质含量均比玉米高；大麦必需氨基酸含量明显高于玉米，特别是赖氨酸含量高于玉米近一倍，蛋氨酸含量高于玉米；大麦烟酸含量高于玉米，利于动物生长。大麦淀粉含量为 52％～60％，粗蛋白质含量 11％，粗脂肪 1.7％，粗纤维 4.8％，猪消化能 12.64 MJ/kg，赖氨酸 0.65％，蛋氨酸 0.18％；色氨酸 0.12％；缬氨酸 0.64％。大麦氨基酸较为平衡，能量较高，含有多种维生素和微量元素，营养较为丰富，是养猪较好的能量原料。但大麦用作猪饲料用量通常控制在 20％～25％。

3. 小麦

粗蛋白质 13.9％，粗脂肪 1.7％，无氮浸出物 67.6％，粗纤维 1.9％，粗灰分 1.9％，钙 0.17％，磷 0.41％，植酸磷 0.19％，钠 0.06％，钾 0.5％，赖氨酸 0.3％，蛋氨酸 0.25％，色氨酸 0.15％；此外，小麦含核黄素为 1.1 mg/kg，烟酸 56.1 mg/kg，胆碱 778 mg/kg，铁 88 mg/kg，铜 7.9 mg/kg，锌 29.7 mg/kg，硒 0.05 mg/kg，钴 0.1 mg/kg，锰 45.9 mg/kg 等营养物质，且小麦营养丰富，富含淀粉 53％～70％，能量值较高，是猪饲料良好的能量原料，在应用小麦配制猪饲料过程中，应注意氨基酸平衡。

4. 高粱

高粱籽粒中粗蛋白 8%～11%,粗脂肪 3%,粗纤维 2%～3%,赖氨酸 0.28%,蛋氨酸 0.11%,胱氨酸 0.18%,色氨酸 0.10%,精氨酸 0.37%,组氨酸 0.24%,亮氨酸 1.42%,异亮氨酸 0.56%,苯丙氨酸 0.48%,苏氨酸 0.30%,缬氨酸 0.58%,高粱籽粒中亮氨酸和缬氨酸含量略高于玉米,而精氨酸的含量又略低于玉米,其他各种氨基酸的含量与玉米大致相等。高粱中还含有多种维生素和矿物质等营养成分。高粱中淀粉含量为 65%～70%,是良好的能量饲料。但高粱中单宁酸含量较多,适口性差,多喂猪易发生便秘。通常在猪饲料配比中,高粱用量不超过 15%～20%。

5. 稻谷

稻谷是指没有去除稻壳的籽实。据分析,稻谷含水分为 11.7%,粗蛋白质 8.1%,粗脂肪 1.8%,碳水化合物 64.5%,粗纤维 8.9%,粗灰分 5%;稻谷也富含有维生素和矿物质等多种营养物质,是良好的能量饲料。我国南方地区种植水稻多,缺少玉米,常用稻谷为能量饲料喂猪。由于稻谷赖氨酸、色氨酸和蛋氨酸含量少,不能满足猪营养需要,故在配合猪饲料时,注意氨基酸等营养平衡。

6. 燕麦

燕麦为禾本科植物,《本草纲目》中称之为雀麦、野麦子。燕麦不易脱皮,所以被称为皮燕麦,是一种低糖、高营养、高能食品。燕麦性味甘平,能益脾养心、敛汗,有较高的营养价值。燕麦 100 g 中含蛋白质 15 g,脂肪 6.7 g,碳水化合物 61.6 g,纤维 5.3 g,胡萝卜素 2.2 μg,硫胺素 3 g,核黄素 0.13 mg,烟酸 1.2 mg,维生素 E3.07 mg,钾 214 mg,钠 3.7 mg,钙 186 mg,镁 177 mg,铁 7 mg,锰 3.36 mg,锌 2.5 mg,铜 45 mg,磷 291 mg,硒 4.31 μg 等营养物质。应用带壳的燕麦用作猪饲料,一般不超过 15%～20%。

7. 麸皮

麸皮是小麦加工面粉后得到的副产品。100 g 麸皮中含粗蛋白质为 15.8 g,粗脂肪 4 g,碳水化合物 61.4 g,粗纤维 31.3 g,灰分 4.3 g,维生素 A 20 mg,胡萝卜素 120 mg,硫胺素 0.3 mg,核黄素 0.3 mg,维生素 E 4.47 mg,钙 206 mg,磷 682 mg,钾 682 mg,钠 12.2 mg,镁 382 mg,铁 9.9 mg,锌 5.93 mg,硒 7.12 μg,铜 2.03 mg,锰 10.85 mg 等营养物质。由于麸皮容积较大,在猪饲料配比中,一般用量控制在 15% 以内。

8. 糠类

(1)稻糠　是稻谷制米过程中去除稻壳和净米后的部分,主要的物质是米皮和稻壳碎屑及少量米粉,稻糠是人类消费品稻谷磨后的副产品,它和许多副产品一样是比较廉价的可用副产物。市场上有稻壳粉,粗纤维含量 44.5%,其中木质素占 21.4%,产品低劣,不可用于猪饲料;统糠粗蛋白质含量 10% 左右,米糠粗蛋白质含量 12%～15%,粗脂肪 11%～23%,含钙少,含磷多,维生素 E 和 B 族维生素含量丰富,是良好的猪饲料原料,可按 10%～15% 比例应用。

(2)玉米糠　又称为玉米糠麸,玉米皮渣,玉米皮糠等。它是在生产玉米碴、玉米面时脱下的种皮,或生产淀粉时将玉米浸泡、粉碎、水选之后的筛上部分,经脱水而制成的玉米麸质饲料。产量约为 5%。其成分为水分 10.07%,粗蛋白质 20%～22%,粗脂肪 5.7%,粗纤维 6%～15%,粗灰分 1.0%,无氮浸出物 57.45%,富含有维生素和矿物质营养成分,猪饲料中限量在 10%～15% 为宜。

(3)高粱糠　高粱糠是在磨高粱米时脱下的种皮。高粱糠粗蛋白质含量为 10% 左右,粗脂肪 1.4%,酸性纤维 34.3%,高粱糠消化能为 3.2kcal/kg。由于高粱糠中含单宁酸较多,适口性差,易导致猪体便秘,故通常猪饲料中限量在 10%~15%。

(4)谷糠 又称为小米糠,在磨谷子为小米时脱下种皮称之为谷糠。小米糠粗蛋白质含量 6%~10%,粗脂肪 5%,粗纤维 25%~28%,富含有多种维生素和矿物质等营养成分,适口性较好,饲料价值较高,可在猪饲料中添加 5%~10%。

9. 甘薯

甘薯又名山芋、红芋、番薯、番芋、地瓜(北方)、红苕(四川)、线苕、白薯、金薯、甜薯、朱薯、枕薯、番葛、白芋、茴芋地瓜、红皮番薯、萌番薯。甘薯属旋花科一年生草本植物,地下块根,块根纺锤形,外皮土黄色或紫红色。甘薯产量较高,亩产可达 1 500~3 000 kg 或更高。

甘薯块根干物质中含无氮浸出物 70%~76%,淀粉含量为 50~65%,粗纤维 3% 及少量蛋白质,且甘薯中蛋白质组成比较合理,必需氨基酸中赖氨酸含量高,此外甘薯中含有丰富的胡萝卜素、维生素 A、维生素 B、维生素 C、维生素 E 等多种维生素、矿物质等营养物质,是猪的良好的能量饲料。将甘薯打浆或制成干粉与精饲料配合应用,喂饲生长育肥猪和母猪。

(四)蛋白质饲料

蛋白质饲料是指干物质中粗蛋白质含量在 20% 以上,粗纤维含量在 18% 以下的饲料。包括豆粕、棉籽粕、菜籽粕、花生粕、向日葵粕、玉米胚芽粕(饼)等植物性蛋白质饲料和鱼粉、肉骨粉、血粉、蚕蛹粉、乳清粉、羽毛粉等动物性蛋白质饲料。

1. 豆粕(饼)

豆饼和豆粕中粗蛋白质含量高达 30%~50%,是动物主要的蛋白质饲料之一,但未经处理的豆饼、豆粕中含有抗胰蛋白酶、尿毒酶、皂角苷、甲状腺肿诱发因子等,对动物及饲料的消化利用会产生不良影响。

豆粕中含蛋白质 40%~48%,脂肪 1.9%~2.2%,粗纤维 5%~7%,无氮浸出物 30%~35%,粗灰分 4.5%~7.0%,赖氨酸 2.5%~3.0%,色氨酸 0.6%~0.7%,蛋氨酸 0.5%~0.7%,胱氨酸 0.5%~0.8%;胡萝卜素较少,仅 0.2~0.4 mg/kg,硫胺素、核黄素各 3~6 mg/kg,烟酸 15~30 mg/kg,胆碱 2 200~2 800 mg/kg,钙 0.3%~0.4%,磷 0.58%~0.65%。豆粕中蛋氨酸含量较为缺乏。在猪饲料配比中,应与鱼粉、菜籽粕等混合使用,营养较为全面,应用效果则更好。

2. 棉粕(饼)

棉粕分为脱壳棉粕与不脱壳棉粕两种,完全的棉仁制成的棉仁粕粗蛋白质 40%,高达 45%,不脱壳的棉籽直接榨油生产出的棉籽粕粗蛋白质仅 20%~30%。一般脱壳棉粕蛋白质含量在 40%~45%,粗脂肪 1%~3%,粗纤维 10%~14%,无氮浸出物 65%~68%,粗灰分 5%~6%,精氨酸含量高达 3.6%~3.8%,赖氨酸含量仅为 1.3%~1.5%,蛋氨酸为 0.4%,矿物质中钙少磷多,其中 71% 左右为植酸磷,不易被吸收,含硒量少。维生素 B_1 含量较多,维生素 A、维生素 D 含量少。因此,在猪配合饲料时,应与豆粕、菜籽粕等蛋白质饲料混合应用效果好。在猪饲料配比中棉粕应控制在 20% 以内。

3. 菜籽粕

菜籽粕含干物质 88%,粗蛋白质 36.3%,粗脂肪 7.4%,粗纤维 12.5%,无氮浸出物 26.1%,粗灰分 5.7%,代谢能 12.05 mJ/kg,钙 0.62%,磷 0.96%,植酸磷 0.63%,钾 1.34%,

钠 0.02％,铁 667 mg/kg,铜 7.2 mg/kg,锰 78.1 mg/kg,锌 59.2 mg/kg,硒 0.29 mg/kg,赖氨酸 1.4％,蛋氨酸 0.41％,色氨酸 0.42％,亮氨酸 2.26％,胱氨酸 0.7％,精氨酸 1.82％,缬氨酸 1.62％,苯丙氨酸 1.35％,异亮氨酸 1.16％等营养成分。

菜粕中含有丰富的赖氨酸,常量和微量元素,其中钙、硒、铁、镁、锰、锌的含量比豆粕高,磷含量是豆粕的 2 倍,同时它还含有丰富的含硫氨基酸,这正是豆粕所缺少的,所以它和豆粕合用时可以起平衡和互补作用。

4. 花生粕(饼)

花生粕的营养价值较高,其代谢能是粕类饲料中最高的,粗蛋白质含量接近大豆粕,高达 48％以上,精氨酸含量高达 5.2％,是所有动、植物饲料中最高的。赖氨酸含量只有大豆饼粕的 50％左右,蛋氨酸、赖氨酸、苏氨酸含量都较低。通过添加合成氨基酸或是添加其他的蛋白质饲料而使氨基酸得到平衡,猪的生长性能也可达到理想水平。

花生粕以粗蛋白质、粗纤维、粗灰分为 3 级质量控制指标,一级花生粕含水量≤12％,粗蛋白质≤51％,粗纤维≤7％,粗灰分≤6％;二级粕含粗蛋白≤42％,粗纤维≤9％,粗灰分≤7％;三级粕含粗蛋白≤37％,粗脂肪≤1.5％,粗纤维≤11％,粗灰分≤8％。据分析,一般花生饼含水分 13.67％,粗蛋白质 37.41％,粗脂肪 6.37％,粗纤维 3.77％,无氮浸出物 31.56％,矿物质 7.22％;花生粕粗蛋白质为 45％,粗脂肪 0.8％,粗纤维 2.4％,无氮浸出物 32％,钙 0.33％,磷 0.58％,赖氨酸 1.35％,营养价值很高,是猪饲料很好的蛋白质原料来源。花生粕(饼)赖氨酸、蛋氨酸、色氨酸和钙、磷含量较低,在应用猪饲料配比时,注意氨基酸营养平衡,建议应与豆粕、菜籽粕和动物性蛋白质饲料混合使用。

5. 向日葵粕

质量指标及分类标准为,一级粗蛋白≥38％,粗纤维≤16％,粗灰分≤10％;二级:粗蛋白≥32％,粗纤维≤22％,粗灰分≤10％;三级:粗蛋白≥24％,粗纤维≤28％,粗灰分≤10％。按国际饲料分类标准,粗纤维高于 18％的葵仁粕就不属于蛋白质饲料,而属于粗饲料。一般脱壳向日葵粕粗蛋白质为 35％～38％,粗脂肪 0.8％～1.5％,粗纤维 13％～18％,灰分 7％～10％。在猪饲料配比中,仔猪料中应避免使用,肉猪料中可适量添加,不能作为唯一蛋白质来源,在应用时补充适量维生素和氨基酸,限制用量为 10％。

6. 玉米胚芽粕

是以玉米胚芽为原料,经压榨或浸提取油后的副产品。又称玉米脐子粕。玉米胚芽粕中含粗蛋白质 18％～20％,粗脂肪 1％～2％,粗纤维 11％～12％。其氨基酸组成与玉米蛋白饲料(或称玉米麸质饲料)相似。名称虽属于饼粕类,但按国际饲料分类法,大部分产品属于中档能量饲料。从蛋白质品质上看,玉米胚芽粕的蛋白质品质虽高于谷实类能量饲料,但各种限制性氨基酸含量均低于玉米蛋白粉及棉、菜籽饼粕。粗蛋白质含量一般在 15％～20.8％,粗脂肪 1％～2％,粗纤维 5％～7％,无氮浸出物约 50％,粗灰分 4％～6％,钙 0.06％,磷 0.5％,营养虽然较为全面,但蛋白质含量较低,不能作为猪的蛋白质饲料使用。

7. 鱼粉

鱼粉用全鱼或鱼内脏、鱼骨、鱼肉按一定比例加工而成。国内市场销售的鱼粉按原料不同,大致可分为 4 类,一是以小杂鱼干磨碎而成的鱼干粉;二是以鱼类下脚料(如鳗鱼)加工的下杂鱼粉;三是以红肉鱼类(鳀、鲭、沙丁鱼)加工的红鱼粉,其中又分为直火烘干和蒸汽干燥;四是以白肉鱼类(鳕鱼类)等生产的白鱼粉,其中分为岸上加工和船加工。

优质进口鱼粉蛋白质含量在 $60\%\sim68\%$,有的高达 70%,赖氨酸 5.4%,蛋氨酸 1.95%,亮氨酸 5.4%,异亮氨酸 3.1%,苏氨酸 2.7%;国产鱼粉粗蛋白质含量一般在 $40\%\sim60\%$,优质鱼粉蛋白质达 60% 以上,赖氨酸 2.2%,蛋氨酸 1.0%,亮氨酸 4.8%,异亮氨酸 2%,苏氨酸 1.8%。各种氨基酸含量高,较为平衡,所以其生物学价值也高,是平衡猪日粮的优质动物性饲料。鱼粉含脂肪较高,进口鱼粉含脂肪约占 10%;国产鱼粉标准为 $10\%\sim14\%$,但有的高达 $15\%\sim20\%$;鱼粉含钙 $3.8\%\sim7\%$,磷 $2.76\%\sim3.5\%$,钙磷比为 $(1.4\sim2):1$,鱼粉质量越好,含磷量越高,磷的利用率为 100%;据分析,1 kg 海鱼粉含锌 $97.5\sim151$ mg,金枪鱼粉高达 213 mg,淡水鱼粉则为 60 mg;1 kg 海鱼粉含硒 $1.5\sim2.2$ mg,金枪鱼粉高达 $4\sim6$ mg;1 kg 秘鲁鱼粉含维生素 B_2 7.1 mg,泛酸 9.5 mg,生物素 390 μg,叶酸 0.22 mg,胆碱 3 978 mg,烟酸 68.8 mg,维生素 B_{12} 110 μg;进口鱼粉含盐量在 $1.5\%\sim2.5\%$。国产鱼粉国家规定标准是:一二级鱼粉 4%,三级鱼粉 5%,国产鱼粉含盐量均超标。总之,鱼粉既是平衡蛋白质和氨基酸的优质动物性蛋白饲料,也是平衡矿物质特别是微量元素的好饲料。

8.肉骨粉

肉骨粉是利用畜禽屠宰厂不宜食用的家畜躯体、残余碎肉、骨、内脏等做原料,经高温蒸煮、灭菌、脱胶、脱脂、干燥、粉碎制得的产品,黄至黄褐色油性粉状物,具肉骨粉固有气味,无腐败气味,无异味异臭。肉骨粉的粗蛋白一般在 $40\%\sim60\%$,氨基酸组分比较平衡,是鱼粉的优良替代品。

随原料的不同粗蛋白质含量差异较大,平均为 $40\%\sim50\%$,粗蛋白质主要来自磷脂、无机氮、角质蛋白、结缔组织蛋白、肌肉组织等蛋白质。一般肉骨粉粗蛋白质含量为 45%,脂肪 9%,赖氨酸 2.5%,蛋氨酸+胱氨酸 1.02%,色氨酸 0.5%,苏氨酸 1.63%,异亮氨酸 1.32%,钙 11%,磷 6%,锰、铁、锌微量元素及维生素 B_{12}、烟酸、胆碱等营养物质含量较高,营养较为全面,蛋白质品质仅次于鱼粉,是一种优质的蛋白质饲料。在猪的饲料配合中,最佳用量应控制在 10% 之内。值得注意的是肉骨粉易感染沙门氏菌,同时肉骨粉中含有较高的动物脂肪,不易贮藏时间过长,否则贮存不当和通风不良时会产生脂肪氧化酸败,造成质量下降。因疯牛病有些国家已禁止使用。

9.血粉

血粉制作的原料多数是用鸡、猪、牛等动物的血液。经过血液蒸煮法、吸附法、流动干燥法、微生物发酵法、膨化法、喷雾干燥法等多种制作血粉方法,由于制作方法的不同,蛋白质含量差距变化很大,蛋白质含量为 $60\%\sim85\%$。喷雾干燥血粉通过高压泵进入高压喷粉塔,同时送入热空气进行干燥制成的血粉。喷雾干燥血粉富含赖氨酸,氨基酸的消化率可达 90%,大大提高了蛋白质的利用率。

喷雾干燥血粉干物质占 92%,粗蛋白质 82%,粗脂肪 0.8%,粗灰分 2.5%,赖氨酸 8%,蛋氨酸+胱氨酸 2.47%,苏氨酸 3.03%,色氨酸 0.46%,异亮氨酸 0.71%。此外,血粉中还含有钙 0.3%,磷 0.25% 和钠、钴、锰、铜、磷、铁、钙、锌、硒等多种微量元素和多种酶类、维生素 A、维生素 B_2、维生素 B_6、维生素 C 等营养物质。在猪的饲料配制过程中适量加入血粉,对于提高蛋白质含量,平衡营养将起到积极的作用。建议血粉加入量不超过 10% 为宜。注意禁用疫区的动物源性饲料产品。

10. 蚕蛹粉

蚕蛹经过干燥、加工、粉碎后的产品。蚕蛹粉的粗蛋白质含量为 54%,粗脂肪含量 22%,粗纤维 6%,灰分 3%;含钙 0.25%,磷 0.58%,铁 48 mg/kg,铜 15.7 mg/kg,锰 16.5 mg/kg,锌 162.8 mg/kg;蛋氨酸含量为 1.1%,赖氨酸 3.1%,色氨酸 0.56%,营养较为全面,是很好的蛋白质饲料。蚕蛹粉钙、磷含量较低,脂肪含量高,猪饲料中用量不宜过大,用量过多饲料易产生异味,影响饲料适口性。因此,猪的饲料配合最佳限量为 10%。

11. 羽毛粉

属于角质化蛋白,含粗蛋白质高达 80% 以上,含硫较高。羽毛粉加工有高温高压水解法、酸碱水解法、酶解法、微生物法、膨化法等多种方法,蛋白质含量高达 70%~85%,是优良的蛋白质原料。本内容以高温高压水解法为例介绍羽毛粉。禽类羽毛经过水洗、清杂,放入高温高压反应釜内,再经高压 5~6 h 的搅拌、焦化、干燥处理为无异味、淡黄色或褐色的干燥粉粒状,这种胶质蛋白破坏双硫键结构,蛋白质容易吸收,吸收率高达 66% 以上。羽毛粉干物质占 92%,粗蛋白质 80%,粗脂肪 1.2%,粗灰分 2.1%,砂分 0.8%,体外消化率为 80%。赖氨酸含 1.42%,色氨酸 0.5%,胱氨酸 3.75%,缬氨酸 6.41%,亮氨酸 6.58%,异亮氨酸 3.75%,蛋氨酸 0.42%,苏氨酸 3.58%;含铁 2 524 mg/kg,铜 5.8 mg/kg,锰 68.8 mg/kg,锌 111.7 mg/kg 等多种物质,营养齐全。猪的饲料配比中用量应控制在 10% 以下,最佳控制量为 3%~5%。

12. 虾糠

虾糠是对虾的头、皮及加工下料,经过晾晒、烘干、粉碎加工而成的。干物质占 90%,含粗蛋白质含 41.2%,粗脂肪 5%,粗灰分 21.4%,无氮浸出物 14.3%,钙含量 5.62%,磷 1.02%,含缬氨酸 1.80%,色氨酸 0.15%,赖氨酸 2.87%,亮氨酸 2.40%,胱氨酸 0.71%,苏氨酸 1.47%,蛋氨酸 1.20%,异亮氨酸 1.61%,精氨酸 2.40%;以及富含钠、钾、镁、铁、氯、碘、维生素 A、维生素 E、维生素 B_1、维生素 B_2 等营养物质。在猪的饲料配比中适量加入虾糠 3%~5%,既可补充蛋白质,又起到补充和调和微量元素和多种维生素的作用,对生长猪和种猪很有益处。

13. 菌体蛋白质

菌体蛋白又叫微生物蛋白、单细胞蛋白。按生产原料不同,可分为石油蛋白、甲醇蛋白、甲烷蛋白等,粗蛋白质可达 45% 以上;按产生菌的种类不同,又可以分为细菌蛋白、真菌蛋白及藻类细胞生物体蛋白等,粗蛋白质含量为 40%~60%。菌体蛋白质氨基酸含量齐全,营养丰富,含有多种维生素、碳水化合物、脂类、矿物质,以及丰富的辅酶 A、辅酶 Q、谷胱甘肽、麦角固醇酶类和生物活性营养物质,饲料应用前景十分广阔。

(五)矿物质饲料

矿物质是猪饲料配比中不可缺少的重要营养物资之一。矿物质饲料分为两大类,即常量元素矿物质饲料和微量元素矿物质饲料。常量元素矿物质饲料主要有食盐、钙和磷补充料;微量元素矿物质原料主要有铜、铁、锌、锰、硒、碘等化合物原料(表 3-31)。

表 3-31　常用矿物质化合物元素含量表

名称	分子式	元素含量/%
1. 钙磷		
骨粉		Ca 30，P 15
贝壳粉		Ca 38，P 0.1
石灰石粉		Ca 50
磷酸钙	$Ca_3(PO_4)_2$	Ca 38，P 18
磷酸氢钙	$CaHPO_4 \cdot 2H_2O$	Ca 21，P 18（Ⅲ型）
碳酸钙	$CaCO_3$	Ca 56.6
2. 氯化物		
氯化钠	$NaCl$	Cl 60，Na 39
氯化钾	KCl	Cl 52.98，K 47.02
3. 铁		
硫酸亚铁	$FeSO_4$	Fe 36.8
七水硫酸亚铁	$FeSO_4 \cdot 7H_2O$	Fe 20.1
一水硫酸亚铁	$FeSO_4 \cdot H_2O$	Fe 30.0
碳酸亚铁	$FeCO_3$	Fe 38.0
氯化铁	$FeCl_3$	Fe 41.0
4. 铜		
硫酸铜	$CuSO_4$	Cu 40.0
五水硫酸铜	$CuSO_4 \cdot 5H_2O$	Cu 25.5
氯化铜	$CuCl_2$	Cu 47.0
碳酸铜	$CuCO_3$	Cu 52.0
5. 锌		
硫酸锌	$ZnSO_4$	Zn 40.4
一水硫酸锌	$ZnSO_4 \cdot H_2O$	Zn 36.3
碳酸锌	$ZnCO_3$	Zn 52.2
氧化锌	ZnO	Zn 80.5
6. 锰		
硫酸锰	$MnSO_4$	36.4
一水硫酸锰	$MnSO_4 \cdot H_2O$	32.5
五水硫酸锰	$MnSO_4 \cdot 5H_2O$	23.0
氧化锰	MnO	77.4
碳酸锰	$MnCO_3$	47.8

续表 3-31

名称	分子式	元素含量/%
7.钴		
硫酸钴	$CoSO_4$	Co 38.2
氯化钴	$CoCl_2$	Co 45.4
8.硒		
亚硒酸钠	Na_2SeO_3	Se 45.7
9.碘		
碘化钾	KI	I 77.5
碘化钠	NaI	I 84.7

1.食盐

在常用植物性饲料中钾含量多,钠和氯含量都少,而钠更易缺乏。食盐是补充钠和氯的最简单、价廉和有效的添加剂。食盐中氯含为 60%,钠含 39%。食盐在猪配合饲料中添加量为 0.5% 左右。食盐不足可引起食欲下降,采食量低,生产性能下降,并导致异食癖;食盐过量时,只要有充足饮水,一般对猪健康影响较小,但若饮水不足,可能出现食盐中毒。在生产中防止食盐超量添加;使用含食盐高的鱼粉和酱油渣时,应特别注意。

2.钙、磷补充饲料

钙和磷是猪饲料中最容易缺乏的常量无机元素,目前常用补充钙和磷的矿物质有骨粉、贝粉、石粉、磷酸钙、碳酸氢钙等产品。在选择其产品时,一定注意选择符合国家标准的产品,否则使用超标或不达标的产品将给养猪生产造成不良后果,甚至严重经济损失。

(1)骨粉　骨粉由各种动物的骨骼经过加工、干燥、粉碎制作而成。由于加工的方法不同,钙和磷含量差距较大。粗加工的骨粉含钙量为 23%,含磷 10%~12%;蒸制方法加工的骨粉含钙量为 30%,含磷 13%~15%。

(2)贝壳粉　贝壳粉是用蚬子壳、牡蛎壳、蚌壳等粉碎加工而成的,其产品 95% 的主要成分是碳酸钙,含钙 30%~38%,含磷很少,在 0.1%~0.5%。

(3)石粉　饲料常用的是石灰石粉,是天然的碳酸钙,含钙量为 50% 左右,如果将石灰石煅烧生成石灰,主要成分氧化钙,含钙量为 40%~55%;白云石粉和石膏粉含钙量均为 30% 左右。

(4)磷酸钙(磷酸三钙、磷酸钙盐)　磷酸三钙含钙量为 38%,含磷量为 18%;磷酸二氢钙含钙 20%,含磷 21%;磷酸氢钙含钙 24%,含磷 18.5%。

3.微量元素原料

微量元素原料主要有硫酸亚铁(一水或七水)、硫酸锌(一水或七水)、硫酸铜(五水)、碘化钾和亚硒酸钠。在配制微量元素添加剂时,选择原料要注意含水量、元素含量及颗粒度。

(六)饲料添加剂

饲料添加剂是指为满足现代化养猪的营养需要,完善饲料营养的全面性,或为某种特殊目的而加入配合饲料中的物质。目前,在养猪生产中常见的饲料添加剂有微量元素添加剂、维生素添加剂、氨基酸添加剂、抗氧化剂、促生长添加剂、诱食添加剂、保健添加剂、防腐剂等物质,这些添加剂虽然量小,而作用大,在应用时注意搅拌均匀,做到安全有效,以免造成不良后果。

1.维生素添加剂

维生素又称维他命,是动物维持正常生理机能所不可缺少的低分子有机化合物。它具有的特点:是天然食品中的一种成分;在大部分食品中含量极微;为维持动物正常代谢所必需;一旦缺乏这种物质会引起动物某种特定的缺乏症;动物本身不能合成足够的量来满足其生理需要,必须从日粮中获取。维生素添加剂在现代化养猪生产中发挥着积极的作用。现在市场上品种多样化,有复合维生素和单项维生素,还有多种维生素和微量元素预混剂等产品。由于种猪、育肥猪和仔猪对维生素的需要量不同,为准确有效使用维生素,在选择时应注意查看产品的规格、包装、生产日期、有效日期和使用说明书,以避免使用不当而造成不良后果。

2.微量元素添加剂

微量元素是动物生长发育离不开的矿物质元素。常量元素有钙、磷、镁、钾、钠、氯、硫;常用的微量元素有铁、锌、铜、锰、碘、硒、钴、钼和铬。常用作原料的微量元素化合物有硫酸盐类、碳酸盐类、氧化物,统称为无机微量元素添加剂原料(见表3-31),而蛋氨酸锌、蛋氨酸锰等称为微量元素的有机化合物。

微量元素补充物可满足猪体对矿物质的营养需要,用来补充基础日粮中短缺的矿物质成分,是猪正常生理活动和生长发育所必需的。补充这些矿物质元素是充分发挥猪的生产潜力的一项重要措施,特别是在现代化、集约化、生态环保化科学饲养条件下养猪尤为重要。由于仔猪、育肥猪和种猪用量不同,在选择添加剂应用时,注意看产品包装、生产日期、生产规格和使用说明书,避免超期、超量使用而造成严重后果。

3.氨基酸添加剂

蛋白质是生命的重要物质基础。而蛋白质的主要成分是氨基酸,是动物机体构成肌肉、骨骼、血液、皮肤、毛等的主要成分,也是构成体内酶、激素、免疫抗体等其他蛋白质的基本物质。因此,氨基酸是动物营养中不可缺少的营养物质。目前,国内市场销售有赖氨酸添加剂、蛋氨酸添加剂、色氨酸添加剂和氨基酸硒、氨基酸锌和蛋氨酸锰等。在选择应用时,注意查看产品名称、用量、保质期和使用说明书,确保使用安全。

4.促生长添加剂

促生长添加剂属于非营养性添加剂,这类添加剂不是作为提供动物的某种营养物质而添加的,而是为保证和改善饲料品质、促进动物健康、促进生长、提高饲料转化率在饲料中添加少量或微量的物质。常用的添加剂有酶制剂、中草药添加剂等产品。在选择添加剂时,认真查看产品名称、产品批号、保质期、用量和使用说明书,禁止使用无批号产品、易产生抗药性产品,确保猪的健康和猪肉产品食用安全。

5.抗氧化剂

在猪的饲料中含有油脂和脂溶性维生素 A、维生素 D、维生素 E 等物质,饲料在储存过程中极易氧化、分解、发霉变质。为避免饲料氧化和营养成分损失,必须在饲料中均匀加入抗氧化剂。常用的抗氧化剂产品有丁羟甲苯和山道喹。在选择时,应注意查看产品批号、保质期和说明书,避免产品超期、超标使用产生后果。

6.防腐剂

常用的防腐剂有丙酸钠、丙酸钙、山梨酸和柠檬酸。防腐剂的作用是抑制霉菌生长和毒素的产生,从而延长饲料的储藏期。但对已发霉或已产生毒素的饲料无作用或作用很差。因此,必须在饲料未发霉前使用。丙酸钠和丙酸钙用量按配合饲料的 0.1%～0.2%添加,动物性饲料按 0.5%～1.5%添加;山梨酸用量按配合饲料的 0.05%～0.15%添加;柠檬酸用量按配合饲料的 0.5%～5%添加。

7.调味剂

猪喜食甜味和香味。根据猪的采食嗜好,进行调制饲料添加剂,提高饲料的适口性,增加采食量,促进生长、发育及快速肥育。常用的添加剂有糖精、谷氨酸钠和香料。一般谷氨酸钠添加剂按饲料的 0.1%添加;糖精添加剂按每 1 000 kg 饲料添加 200～400 g;香料(乳酸乙酯)添加剂按每 1 000 kg 饲料添加 500 g;应用花生、大豆炒香磨粉自制的香料添加剂,按饲料的 0.1%添加,均收到很好的应用效果。

8.微生物饲料添加剂

微生物饲料添加剂是通过改善动物肠道菌群生态平衡而发挥有益作用,以提高动物健康水平、提高抗病能力、提高消化能力的一类产品。使用微生物饲料添加剂是有效解决疾病泛滥、病菌耐药、免疫能力下降、成活率降低、养殖效益下降的有效手段。

市场产品有中药微生态制剂,是乳酸菌发酵中药微生态活菌制剂;益生素类制剂,是以枯草芽孢杆菌、酵母菌、乳酸菌等多菌种发酵的一类微生物制剂的总称;还有微生态饲料添加剂,产品有猪康肽、清瘟猪肽、杆痢肽、高免肽、霉立肽、益生源、益菌 1 号。

微生物饲料添加剂作用是抑制有害菌的繁殖,使肠内菌群保持平衡;在肠道内产生消化酶,合成维生素可以产生淀粉酶和蛋白酶等消化酶以及 B 族维生素和合成维生素 A;增强免疫作用,通过刺激肠道内免疫细胞,增加局部抗体的形成,从而增加巨噬细胞活性。微生物饲料添加剂可使肝脏内大量蓄积有增强免疫作用的维生素 A;产生过氧化氢,抑制或损伤病原微生物;益生素、酶制剂在动物肠道代谢过程中,分解了不易被动物吸收利用的粗蛋白质、植酸酶及抗营养因子,防治了蝇蛆的滋生,有效切断了氨气、臭气的来源,有效降低动物粪便中的有害气体,优化生态养殖环境;对谷物的糠麸、花生秧(壳)、鲜鸡粪、牧草等进行发酵处理为饲料原料,降低饲养成本,提高经济效益。在应用产品时,均应按说明书科学使用。

二、饲料资源开发

1.黄粉虫粉

黄粉虫又叫面包虫,在昆虫分类学上隶属于鞘翅目拟步行虫科粉甲虫属(拟步行虫属)。原产北美洲,20 世纪 50 年代从苏联引进中国饲养,黄粉虫幼虫粉含蛋白质 40%,蛹粉含57%,成虫粉含 60%,脂肪含量 30%,脂溶性维生素 A、维生素 D、维生素 E、维生素 K 和水溶性 B 族维生素的含量极为丰富;黄粉虫粉中富含动物生长所必需的 18 种氨基酸,含量齐全、平衡,每 100 g 干品中氨基酸含量高达 947.91 μg;此外,还含有磷、钾、钠、镁等常量元素和铁、锌、铜、锰、钴、铬、硒、硼、碘等多种微量元素,营养全面,是猪的优质蛋白质补充饲料。

黄粉虫粪便中含有 14.28%粗蛋白、13.34%粗脂肪、11.30%粗灰分、0.59%钙和 1.86%磷,可以作为饲料继续使用。试验表明,在猪的饲料中添加 10%～20%的黄粉虫粪便,可提高消化率和饲料报酬,降低饲料成本,增加经济效益。此外,黄粉虫粪便干燥细碎,不需要烘干、发酵等处理,可直接添加在配合饲料中应用。黄粉虫是很好的蛋白质原料,值得大力开发。

2.蚯蚓蛋白粉

蚯蚓俗称地龙,又名曲鳝、曲蟮、土龙、地龙子、土蟺、虫蟮地龙。具有清热息风,平肝降压,活络通痹,清肺平喘,利尿通淋功能。

蚯蚓的蛋白质含量占干重的53.5%～65.1%,脂肪含量为4.4%～17.38%,碳水化合物为11%～17.4%,灰分7.8%～23%,钙含量1.55%,磷含量2.75%。蚯蚓体内还含有丰富的维生素D,占鲜体重的0.04%～0.073%,以及地龙素、地龙解毒素、黄嘌呤、抗组织胺和B族维生素等营养物质和药用成分。蚯蚓粉也是一种富含高蛋白、氨基酸、激素和生长诱导素的有机粉剂。在养殖业中用作饲料添加剂,不仅可以提高猪的生产性能,提高产品的品质,而且还能提高机体的免疫能力,并可预防猪的多种疾病。蚯蚓蛋白质含量较高,营养全面,开发这一蛋白质资源指日可待。

3.蝇蛆粉

蝇蛆为家蝇幼虫,具有很高的利用价值,饲养与管理技术易掌握,操作方便,成本低,有良好的生态效益,可将其加工成高蛋白饲料。蝇蛆粉中粗蛋白质含量在55%～65%,蝇蛆原物质和干粉的必需氨基酸总量分别为44.1%和43.8%,超过FAO/WHO提出的参考值40%;脂肪为10%～14%,蝇蛆油脂中不饱和脂肪酸占68.2%,必需脂肪酸占36%;并含甲壳素8%～10%和多种维生素。据斯琴高娃等分析,蝇蛆粉含蛋白质56.18%,粗脂肪为10%～14%,每千克含蛋氨酸30.56 mg,亮氨酸32.88 mg,苯丙氨酸26.63 mg,精氨酸19.48 mg,苏氨酸18.18 mg,缬氨酸28.19 mg,赖氨酸42.39 mg,异亮氨酸19.81 mg,谷氨酸69.34 mg;微量元素每千克含铜37.83 mg,铁84.28 mg,锰25.24 mg,锌11.0 mg,钴0.5 mg,硒0.32 mg,碘0.09 mg,并含有丰富的维生素A、维生素D和维生素E等营养物质。蝇蛆粉蛋白质含量高,氨基酸较为平衡,营养成分较为全面,是优质的蛋白质饲料,开发前景广阔。

4.鲜鸡粪饲料

(1)肉鸡粪 干物质占91.3%,粗蛋白质含量为31.3%,粗脂肪为3.3%,粗纤维为16.8%,粗灰分为15.0%,无氮浸出物为3.6%,钙为2.1%,磷为2.8%;并含苏氨酸0.74%,缬氨酸1.13%,蛋氨酸0.34%,异亮氨酸0.93%,亮氨酸1.57%,赖氨酸0.78%,苯丙氨酸0.81%,精氨酸0.60%,铁3 744 mg/kg,铜24.5 mg/kg,锰238.4 mg/kg,锌1 418.8 mg/kg等营养物质。

(2)蛋鸡粪 干物质占92.4%,粗蛋白质含量为28%,粗脂肪为2%,粗纤维为12.7%,粗灰分为28%,无氮浸出物为29.3%,钙为4.8%,磷为1.5%。氨基酸组成比较完善,苏氨酸含量为0.97%,缬氨酸1.25%,胱氨酸1.17%,蛋氨酸0.28%,异亮氨酸1.0%,苯丙氨酸0.91%,赖氨酸1.0%,精氨酸0.99%,色氨酸0.15%;微量元素中铁含量180 mg/kg,铜20 mg/kg,锰110 mg/kg,锌330 mg/kg等。

(3)鲜鸡粪加工方法 将收集的鲜鸡粪,简单去杂(羽毛等)自然晒半干(含水分35%～45%),达到鸡粪松散程度,利于过筛二次去杂。然后鸡粪中按1%加入发酵剂,再加入清水搅拌,鸡粪含水分45%～50%,进行覆盖薄膜堆积发酵处理。一般温度在10～15℃时,发酵时间为3～5天;温度在15～25℃时,一般发酵时间为2～3天,适时观察与触摸发酵物的温度,如鸡粪发酵完毕,再将其翻拌一次,覆盖薄膜再发酵3～4 h,充分发酵消毒,杀死虫卵。对发酵好的鸡粪饲料,进一步晒干或烘干、储存,或按10%～40%的比例拌入全加饲料,喂饲商品育肥猪。

5.食用菌废料饲料开发（菌糠）

菌糠是利用秸秆、木屑等原料进行食用菌栽培，收获后的培养基剩余物，俗称食用菌栽培废料、菌糠或余料。菌糠是含有菌丝残体及经食用菌酶解，结构发生质变的粗纤维等成分的复合物。

应用稻草、麦秸、干牛粪以 3∶2∶5 的比例组成的培养基，菌糠粗蛋白含量为 10.2%，粗脂肪 0.12%，粗纤维 9.32%，无氮浸出物 48%，钙 3.24%，磷 2.1%，赖氨酸 1.2%，色氨酸 0.8%，蛋氨酸＋胱氨酸 1.2%；应用以玉米芯为原料栽培香菇的菌糠各成分含量为粗蛋白 9.5%，粗脂肪 7.8%，矿物质 3.5%，无氮浸出物 32.8%。

应用棉籽壳生产食用菌的菌糠，干物质占 92.28%，粗蛋白质含量 13.16%，粗脂肪 4.2%，粗纤维 31.56%，无氮浸出物 33.01%，钙 2.07%，磷 0.17%；缬氨酸 0.59%，蛋氨酸 0.21%，异亮氨酸 0.55%，亮氨酸 0.93%，苯丙氨酸 0.50%，赖氨酸 0.90%，精氨酸 0.62%，丝氨酸 0.56%，组氨酸 0.30%，苏氨酸 0.55%，氨基酸组成齐全，总量为 10.53%。菌糠经过发酵处理，营养更为丰富，应用效果则更好。在生长猪日粮中配入 5%～10% 的棉籽壳菌糠，替代糠麸喂猪完全可行。这是一项变废为宝，值得开发的饲料资源，应引起饲料行业或养殖业高度重视。

第四节　猪的日粮配制

一、配合饲料

配合饲料是由饲料工厂按照科学配方生产出来的饲料产品，种类较多，按营养和用途的特点主要分为添加剂预混饲料、浓缩料和全价饲料，这是配合饲料产品的基本类型。添加剂预混饲料，是指用一种或多种微量添加剂，加上一定量载体或稀释剂经混合而成的均匀混合物；浓缩饲料是为平衡配合饲料，用蛋白质饲料、矿物质加上添加剂预混饲料混合而成的；配合饲料，是浓缩饲料加上能量饲料，即为全价饲料，其中包括饲料添加剂加载体或稀释剂的预混饲料，蛋白质和矿物质的浓缩饲料和能量饲料。

1.预混料

预混料是添加剂预混合饲料的简称，猪的预混料主要由含有常量矿物元素、微量矿物元素、多种维生素、氨基酸、促生长剂、抗氧化剂、防霉剂、着色剂、部分蛋白质饲料与载体均匀混合而成，是配合饲料的中间型产品，可供生产全价配合饲料及浓缩饲料使用，也可单独出售，但不能直接喂猪。在配合饲料中添加量一般为 1%～5%，用量很少，但作用很大，具有补充营养、促进动物生长、防治疾病、改善动物产品质量等作用。添加剂预混料主要供给饲料厂使用，也可供给有条件的养猪场生产全价配合饲料或浓缩料。此外，预混料按活性成分组成种类进行分类，可分为高浓度单项预混料、微量矿物质元素预混料、维生素预混合饲料、复合预混合饲料等，在猪的配合饲料中，可根据猪的不同生理阶段需要科学选择。

2.浓缩饲料（料精）

浓缩饲料由蛋白质饲料、矿物质饲料（钙、磷和食盐）和添加剂预混料按配方要求均匀混合而成。

典型的猪浓缩饲料由添加剂预混料、蛋白质饲料、常用矿物质饲料（包括钙、磷、钠和氯）三部分原料构成。

具体来说它的原料中含有下列物质:矿物质,包括骨粉、石粉(钙粉)或贝壳粉;微量元素,包括硫酸铜、硫酸锰、硫酸锌、硫酸亚铁、碘化钾、亚硒酸钠等;以及氨基酸、抗氧化剂、抗生素、蛋白质饲料和多种维生素等。它是按照使猪生长快发育良好、肉质好、营养价值高所需的营养标准进行计算,采用现代化的加工设备,将以上原料充分混合而制成的。这种浓缩饲料也是饲料加工的半成品,不能直接用于喂猪。浓缩料一般占全价配合饲料的10%～30%,营养成分浓度很高,包含有全部蛋白质饲料、矿物质饲料和添加剂预混饲料,可以按一定比例掺入能量饲料,搅拌均匀后即成为猪的全价配合饲料。

猪浓缩饲料特点,养殖户可用玉米等能量饲料配以浓缩饲料制成全价配合饲料,从而降低饲料成本,提高养殖业效益。猪浓缩饲料的关键技术在于准确供给猪蛋白质、维生素、微量元素、氨基酸等核心营养素,用户可根据自己养殖特点调整合适的配方,便于养猪户自己操作配制饲料,并不需要再添加其他添加剂,能满足猪对各种营养的需要。此外,饲料生产厂家可根据市场需要,生产出占全价配合饲料5%～50%的浓缩料。这种浓缩料可根据全价饲料营养需要,养猪户自行加入部分蛋白质饲料或能量饲料。

3.全价配合饲料

猪的全价配合饲料,是按照猪的营养需要和饲养标准,由能量饲料和浓缩饲料按配方要求配比均匀混合而成的,是能够满足猪的营养需要的营养全价平衡日粮,能够满足猪的生长需要,可以直接用于喂猪。全价配合饲料特点是,具有营养价值的全面性和营养的合理性,以及饲料的配合性和适口性,能够满足猪的需要。因此,猪在饲喂和采食全价配合饲料时,必将充分发挥其生长潜力,加快生长速度,降低饲料消耗,降低饲养成本,获取更大经济收益。

在全价配合饲料中,能量饲料所占比例最大,占总量的60%～70%;蛋白质饲料占20%～30%;矿物质中钙、磷、食盐和微量元素营养物质,占5%以下;氨基酸、维生素及非营养物质添加剂,一般不超过总量的0.5%。

4.混合饲料

混合饲料由各种饲料原料经过简单加工混合而成,为初级配合饲料,主要考虑能量、蛋白质、钙、磷等营养指标,在许多农村地区常见。混合饲料可用于直接饲喂动物,效果高于一般饲料,喂养生长速度快,但易生病,抵抗能力差。

混合饲料是由能量饲料、蛋白质饲料、矿物质饲料按照一定配方的配比混合而成的。这种饲料能满足猪对能量、蛋白质、钙、磷、食盐等营养物质的需要;但未添加营养性和非营养性物质,如合成氨基酸、微量元素、维生素、抗氧化剂、驱虫保健剂等。这种饲料配制方法营养不全面,必须再搭配一定比例的青粗饲料或添加剂饲料,才能满足猪全面营养的需要。因此,科学配制饲料,营养全面,发挥饲料原料营养潜力,方可获得更大的经济效益。

5.配合饲料类型

猪的配合饲料按形态可分为粉料、颗粒料和液体料三种类型。

(1)粉料 在饲料生产中应用最多的一种饲料形态。添加剂预混料和浓缩料必须是粉料,利于和其他饲料均匀混合;全价饲料既可以是粉料,也可以是颗粒料和液体料。饲料厂家大多数生产全价配合饲料为粉料,只有仔猪和生长育肥猪喂饲颗粒料。

(2)颗粒料 颗粒料是在粉料的基础上加水或用黏合剂把粉料制作成颗粒状态。颗粒饲料具有营养分布均匀,营养全面,颗粒稳定性强。在喂饲中只能干喂,不能加水,否则失去颗粒的作用。喂饲颗粒料优点是易消化吸收,猪生长速度快,省工、省力、省时等;缺点是饲料成本高于粉料。

(3)液体料 也叫稀饲料,是粉料全价饲料在饲喂前加一定的量的水,调和成均匀糊状喂猪。一般每1份干饲料应配3份水,或者干物质浓度为25%即可。也有在料中加些蔬菜或野菜,增加多种维生素的同时,提高营养成分。实践表明,虽然强烈推荐断奶后第1周的仔猪使用干物质浓度为25%的湿料,以确保足够的养分吸收,即便干物质浓度为15%,猪也可以有效地利用湿料而不会有任何性能损失。液体料的优点是省料,降低饲养成本,延长饲养周期,提高猪肉品质,增加经济效益;缺点是延长了饲养周期。养猪户应根据实际需要进行选择。

二、饲料配制原则及方法

为满足猪的营养需要,保证营养的平衡,猪需要从饲料中得到能量、蛋白质、矿物质、维生素、氨基酸等营养物质,氨基酸平衡,营养全面。特别是猪的饲料配方设计利用了"可利用氨基酸平衡""矿物质平衡""酸碱平衡"等理论,使营养更趋于合理,配方更为经济。

1.饲料配制原则

饲料配方的设计涉及许多制约因素,为了对各种资源进行最佳分配,配方设计应基本遵循以下原则:

(1)科学性原则 科学性是指以饲养标准为基础,是指营养的全面和平衡,并符合猪的生理特点。猪因其品种、性别、生长阶段,饲养环境和生产目的的不同,对营养物质的需求也不同。如后备猪对能量的需求低于哺乳期母猪;种公猪参与配种,其精液形成需要大量的蛋白质,对蛋白质的需求较高;幼龄猪处于生长发育期,对蛋白质和维生素的需求高于成年猪。我国猪饲养标准规定了不同生产目的、不同生产阶段猪对营养的需求,应根据相应的猪饲养标准及饲料营养成分,以及营养价值表来配制饲粮。此外,需要特别注意的是,饲养标准虽然是制定猪饲料配方的重要依据。但总是有其适用的条件,任一条件的改变都可能引起猪对营养需要量的改变,根据变化了的条件,随时调整饲养标准中有关养分的含量是非常必要的,在营养平衡方面,尤其要注意必需氨基酸之间的平衡、齐全。

(2)经济性原则 在养猪生产成本中,饲料费用所占有很大比例,高达70%左右。所以,在配合饲料时,应尽量采用本地区生产的饲料原料,应选择来源广泛、价格低廉、营养丰富的饲料原料,以最大限度地降低饲料成本。如用棉籽饼粕、菜籽饼粕、花生饼粕等部分替代豆粕;用肉骨粉部分替代鱼粉;用大麦、小麦、酒糟、糠麸等部分替代玉米;也可添加一定量的青绿饲料、优质牧草等,降低饲养成本。

(3)适口性原则 猪实际摄入的养分,不仅决定于配合饲料的养分浓度,还决定于采食量。判断一种饲料是否优良的一项重要指标就是适口性,即食欲。如带苦味的菜籽饼或带涩味的高粱用得太多,饲料的适口性变差,从而影响猪的食欲,采食量降低,使仔猪的开食时间推迟,影响仔猪成活率。所以,在原料选择和搭配时应特别注意饲料的适口性。适口性好,可刺激食欲,增加采食量;适口性差,可抑制食欲,降低采食量,降低生产性能。

(4)安全性与合法性原则 按配方设计出的产品应严格符合国家法律法规及条例,如营养指标、感观指标、卫生指标、包装等。尤其违禁药物及对动物和人体有害物质的使用或含量应强制性遵照国家规定。饲料是人类食物链上的一个重要环节,可以认为是人类的间接食品,为此,饲料的安全性对人类的健康具有重要意义。人类常见的癌症、抗药性和某些中毒现象等可能与饲料中的抗生素、激素、重金属等的残留有关。所以,在选择饲料原料时,应防止或限制采用发霉变质、有毒性的饲料。如花生饼易产生黄曲霉毒素。菜籽饼中含有芥子酸,棉籽饼中含有棉酚,有毒性的饼类饲料不宜在配合饲料中占较高比例,要求先去毒后使用。没有经过脱毒的饲料原料,应该限制使用量;微量元素、食盐和预混料中的预防性药物必须按比例在配料时搅拌均匀,防止中毒。

在进行饲料配方设计时应正确掌握饲料原料和饲料添加剂的使用方法。尽量减少不必要的药物添加剂的使用,不要使用激素和其他违法违禁药物等,以确保饲料的安全。

(5)体积适中原则　配合日粮时,除了满足各种营养物质的需求外,还要注意饲料干物质的供给量,使日粮保持一定的体积。猪是单胃动物,胃容积相对小,对饲料的容纳能力有限,配制的饲料既要使猪吃饱、又要吃得下。因此,要注意控制饲粮中粗饲料的用量和粗纤维的含量,通常幼猪饲粮粗纤维含量应控制在 4% 以下,中等生长猪饲料粗纤维的含量不超过 6%,生长肥育猪不超过 8%,妊娠母猪、哺乳母猪、种公猪和后备猪不超过 12%。

2.饲料的配制方法

饲料配合主要是规划计算各种饲料原料的用量比例。设计配方时采用的计算方法,有手工计算和计算机规划两种方法。手工计算法包括交叉法、方程组法、试差法,可以借助计算器计算;计算机规划法,主要是根据有关数学模型编制专门程序软件,进行饲料配方的优化设计,涉及的数学模型主要包括线性规划、多目标规划、模糊规划、概率模型、灵敏度分析、多配方技术等。本内容重点介绍较为常用的交叉法和试差法。

(1)交叉法　交叉法又称四角法、方形法、对角线法或图解法。在饲料种类不多及营养指标少的情况下,采用此法,较为简便。在采用多种类饲料及复合营养指标的情况下,亦可采用本法。但由于计算要反复进行两两组合,比较麻烦,而且不能使配合饲粮同时满足多项营养指标。

①两种饲料配合　例如,用玉米、豆粕为主给体重 35～60 kg 的生长育肥猪配制饲料。步骤如下:

第一步,查饲养标准或根据实际经验及质量要求制定营养需要量,35～60 kg 生长肉猪要求饲料的粗蛋白质一般水平为 14%。经取样分析或查饲料营养成分表,设玉米含粗蛋白质为 8%,豆粕含粗蛋白质为 45%。

第二步,作十字交叉图,把混合饲料所需要达到的粗白质含量 14% 放在交叉处,玉米和豆粕的粗蛋白质含量分别放在左上角和左下角;然后以左方上、下角为出发点,各向对角通过中心作交叉,大数减小数,所得的数分别记在右上角和右下角。

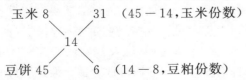

第三步,上面所计算的各差数,分别除以这两差数的和,就得两种饲料混合的百分比。

玉米应占比例＝31÷37×100%＝83.78%　　　检验:8%×83.78%＝6.7%

豆饼应占比例＝ 6÷37×100%＝16.22%　　　检验:45%×16.22%＝7.3%

6.7%＋7.3%＝14%,因此,35～60 kg 体重生长猪的混合饲料,由 83.78% 玉米与 16.22% 豆

饼组成。用此法时,应注意两种饲料养分含量必须分别高于和低于所求的数值。

②两种以上饲料组分的配合　例如要用玉米、高粱、小麦麸、豆粕、棉籽粕、菜籽粕和矿物质饲料(骨粉和食盐)为体重 35～60 kg 的生长育肥猪配成含粗蛋白质为 14% 的混合饲料。则需先根据经验和养分含量把以上饲料分成比例已定好的 3 组饲料。即混合能量饲料、混合蛋白质饲料和矿物质饲料。把能量料和蛋白质料当作两种饲料做交叉配合。方法如下:

第一步,先明确用玉米、高粱、小麦麸、豆粕、棉籽粕、菜籽粕和矿物质饲料粗蛋白质含量,一般玉米为 8.0%、高粱 8.5%、小麦麸 13.5%、豆粕 45.0%、棉籽粕 41.5%、菜籽粕 36.5% 和矿物质饲料(骨粉和食盐)为 0。

第二步,将能量饲料类和蛋白质类饲料分别组合,按类分别算出能量和蛋白质饲料组粗蛋白质的平均含量。设能量饲料组由 60% 玉米、20% 高粱、20% 麦麸组成,蛋白质饲料组由 70% 豆粕、20% 棉籽粕、10% 菜籽粕构成。

能量饲料组的蛋白质含量为:$60\% \times 8.0\% + 20\% \times 8.5\% + 20\% \times 13.5\% = 9.5\%$

蛋白质饲料组蛋白质含量为:$70\% \times 45.0\% + 20\% \times 41.5\% + 10\% \times 36.5\% = 43.4\%$

矿物质饲料,一般占混合料的 2%,其成分为骨粉和食盐。按饲养标准食盐宜占混合料的 0.3%,则食盐在矿物质饲料中应占 15%[即 $(0.3 \div 2) \times 100\%$],骨粉则占 85%。

第三步,算出未加矿物质料前混合料中粗蛋白质的应有含量。因为,配好的混合料再掺入矿物质料,等于变稀,其中粗蛋白质含量就不足 14% 了。所以要先将矿物质饲料用量从总量中扣除,以便按 2% 添加后混合料的粗蛋白质含量仍为 14%。即未加矿物质料前混合料的总量为 $100\% - 2\% = 98\%$,那么,未加矿物质饲料前混合料的粗蛋白质含量应为:$14 \div 98 \times 100\% = 14.3\%$。

第四步,将混合能量料和混合蛋白质料当作两种料,做交叉。即:

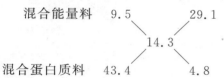

混合能量料　　9.5　　　　　29.1
　　　　　　　　　　14.3
混合蛋白质料　43.4　　　　　4.8

混合能量饲料应占比例 $= 29.1 \div 33.9 \times 100\% = 85.84\%$

混合蛋白质料应占比例 $= 4.8 \div 33.9 \times 100\% = 14.16\%$

第五步,计算出混合料中各成分应占的比例。即:玉米应占 $60\% \times 0.858 \times 0.98 = 50.5\%$,以此类推,高粱占 16.8%、麦麸 16.8%、豆粕 9.7%、棉籽粕 2.8%、菜籽粕 1.4%、骨粉 1.7%、食盐 0.3%,合计 100%。

(2)试差法　试差法也叫试配法,这种方法的实质是反复对比所选用饲料中提供的各种营养物质总量与标准需要量,并根据两者之差反复调整饲料给量,并将所得结果与饲养标准进行比较,若有任一养分超过或不足时,可通过增加或减少相应的原料比例,进行调整和重新计算,直至两者之差减少或消失为止。

本部分内容,以玉米、豆粕、麸皮、菜籽粕、花生粕、磷酸氢钙、石粉、食盐、微量元素预混料和 L-赖氨酸盐等为原料,应用试差法配制 35～60 kg 瘦肉型生长猪全价饲料范例。

第一步,确定营养需要量。查饲养标准,确定 35～60 kg 的瘦肉型生长育肥猪的营养需要;猪的营养需要中考虑的指标有消化能、粗蛋白质、钙、总磷、赖氨酸、蛋氨酸＋胱氨酸。

第二步,确定各种原料的营养价值。查饲养标准中的饲料营养成分表,列出所用各种原料消化能、粗蛋白质、钙、总磷、赖氨酸、蛋氨酸＋胱氨酸等这几个营养指标的含量。

第三步，初拟配方。根据实践经验，生长育肥猪全价饲料中各类饲料的比例一般为能量饲料 65%～75%；蛋白质饲料 20%～30%；矿物质、复合预混料（一般不含药物添加剂）占 1%～4%（表 2-32）。

表 3-32　确定限制性原料和非限制性原料的用量比例

名　称		比例/%	说明
限制性原料	菜籽粕	4	适口性差并含有毒物质
	花生粕	4	氨基酸平衡性差,影响胴体品质
	添加剂预混料	1	添加量固定
非限制性原料	豆粕	19	矿物质饲料的用量是预留的;据上述原则,设定能量料占配合饲料的 70%,在玉米与麸皮中分配;豆粕用量为 19%(100%－70%－1%－2%－4%－4%)
	玉米	50	
	麸皮	20	
	矿物质	2	

第四步，调整配方。表 3-33 表明，与饲养标准比较，代谢能偏低，粗蛋白质偏高。需要把蛋白质降低，代谢能提高，使能量和粗蛋白质符合饲养标准规定量。解决方法是，用一定比例的某一种原料替代同比例的另一种原料。计算时可先求出每代替 1% 时，饲粮能量和蛋白质改变的程度，然后根据第三步中求出的与标准的差值，计算出应用该代替的百分数。

表 3-33　消化能和粗蛋白质含量计算

原　料	比例/%	消化能/(MJ/kg)		粗蛋白质/%	
		原料中	饲粮中	原料中	饲粮中
玉米	50	14.35	14.35×0.50＝7.175	8.5	8.5×0.50＝4.25
麸皮	20	10.59	10.59×0.20＝2.118	13.5	13.5×0.20＝2.7
豆粕	19	13.56	13.56×0.19＝2.576 4	41.6	41.6×0.19＝7.904
花生粕	4	14.06	14.06×0.04＝0.562 4	43.8	43.8×0.04＝1.752
菜籽粕	4	11.59	11.59×0.04＝0.463 6	37.4	37.4×0.04＝1.496
合计	97		12.89		18.1
标准			12.97		16
与标准比			－0.08		＋2.1

由上述计算可知，配方中代谢能浓度比标准低 0.08 MJ/kg，粗蛋白质高 2.1%。减少蛋白质饲料豆粕的用量可降低粗蛋白质含量。

如用 1% 的玉米替代 1% 的豆粕，可降低粗蛋白质含量为 0.416%－0.085%＝0.331%。要使粗蛋白质含量与标准中的 16% 相符合，需降低豆粕比例为 6.3%（2.1/0.331），玉米相应增加 6.3%。按此调整后，玉米用量为 56.3%，豆粕用量为 12.7%，则配方中能量和粗蛋白质与饲养标准相符合。调整配方后能量和粗蛋白质计算结果见表3-34。

表3-34　消化能和粗蛋白质含量计算

原　料	比例/%	消化能/（MJ/kg）		粗蛋白质/%	
		原料中	饲粮中	原料中	饲粮中
玉米	56.3	14.35	14.35×0.563＝8.079	8.5	8.5×0.563＝4.785 5
麸皮	20	10.59	10.59×0.20＝2.118	13.5	13.5×0.20＝2.7
豆粕	12.7	13.56	13.56×0.127＝1.722 1	41.6	41.6×0.127＝5.283 2
花生粕	4	14.06	14.06×0.04＝0.562 4	43.8	43.8×0.04＝1.752
菜籽粕	4	11.59	11.59×0.04＝0.463 6	37.4	37.4×0.04＝1.496
合计	97		12.95		16
标准			12.97		16
与标准比			－0.02		0

第五步，计算矿物质饲料用量，见表3-35。

表3-35　计算矿物质饲料用量

原　料	比例/%	钙/%	磷/%
玉米	56.3	0.02×0.563＝0.011 3	0.21×0.563＝0.118 2
麸皮	20	0.220×0.20＝0.044	1.09×0.20＝0.218
豆粕	12.7	0.32×0.127＝0.040 6	0.50×0.127＝0.063 5
花生粕	4	0.61×0.04＝0.024 4	0.95×0.04＝0.038
菜籽粕	4	0.33×0.04＝0.013 2	0.58×0.04＝0.023 2
合计	97	0.133 5	0.46
标准		0.6	0.5
与标准比		－0.466 5	－0.04

根据配方计算结果和饲养标准相比，钙、磷都不能满足需要，钙比标准低0.466 5%，磷低0.04%；因磷酸氢钙中含有钙和磷，所以先用磷酸氢钙来满足磷，需磷酸氢钙0.04%÷18.7%＝0.21%。用0.21%的磷酸氢钙可为饲粮提供钙23.1%×0.21%＝0.048 5%，钙还差0.466 5%－0.048 5＝0.418%，用含钙36%的石粉补充，需石粉0.418%÷36%＝1.2%。

第六步，计算配方中赖氨酸、蛋氨酸＋胱氨酸含量（表3-36）。

在第六步中，补充氨基酸。由表3-36配方计算结果可知，赖氨酸不能满足需要，需要补充。市场销售的赖氨酸为L-赖氨酸盐酸盐，其赖氨酸的实际含量为78.8%，所以L-赖氨酸的添加量应为0.07%÷78.8%＝0.09%。

第七步，补充复合预混料。含有维生素、微量元素的复合预混料，一般占配合饲料的0.5%～1%。在本范例中确定复合预混料添加量为配合饲料的1%。

表 3-36 计算配方中赖氨酸、蛋氨酸+胱氨酸含量

原 料	比例/%	赖氨酸/%	蛋氨酸+胱氨酸/%
玉米	56.3	$0.02×0.563＝0.113$	$0.3×0.563＝0.168\ 9$
麸皮	20	$0.61×0.20＝0.326\ 4$	$0.55×0.20＝0.097\ 8$
豆粕	12.7	$2.57×0.127＝0.122$	$0.77×0.127＝0.11$
花生粕	4	$1.35×0.04＝0.054$	$0.95×0.04＝0.037\ 6$
菜籽粕	4	$1.62×0.04＝0.064\ 8$	$1.61×0.04＝0.064\ 4$
合计	97	0.68	0.48
标准		0.75	0.38
与标准比		－0.07	＋0.1

第八步,计算总配比,最初预留的矿物质饲料占饲粮的 2%。计算各种矿物质饲料的实际添加总量为磷酸氢钙+石粉+食盐+赖氨酸＝0.21%+1.2%+0.3%+0.09%＝1.8%,比预留比例 2%还少 0.2%。像这样的结果不必再算,因消化能还差 0.02,所以可将 0.2%加到玉米中去,即玉米再加 0.2%。在一般情况下,在能量饲料调整不大于 1%时,可忽略不计。

第九步,列出饲粮配方及主要营养指标见表 3-37。

表 3-37 饲粮配方及主要营养指标

原料	比例/%	营养指标	含量/%
玉米	56.30	消化能/(MJ/kg)	12.97
麸皮	20.00	粗蛋白质/%	16
豆粕	12.70	钙/%	0.6
花生粕	4.00	总磷/%	0.5
菜籽粕	4.00	赖氨酸/%	0.75
石粉	1.20	蛋氨酸+胱氨酸/%	0.48
磷酸氢钙	0.21		
食盐	0.30		
L-赖氨酸	0.09		
预混料	1.00		
合计	100.00		

第五节 猪饲料卫生与饲料安全

饲料卫生与饲料安全是饲料在转化为畜产品的过程中对动物健康及正常生长、畜产品食用、生态环境的可持续发展不会产生负面影响等特性的概括。饲料卫生是饲料安全的基础,饲料卫生质量决定饲料安全。同时,猪的饲料卫生(含饮水卫生)与饲料安全对于生态经济型养

猪至关重要。

本节重点阐述影响饲料卫生安全的主要因素、危害及措施,建立饲料卫生安全保障体系,完善饲料行业法律法规及规范化生产经营,建立无害化饲料原料生产基地,以及严格遵守《猪的饲料标准》等内容。

一、影响饲料卫生安全主要因素及措施

(一)饲料卫生安全的主要因素及危害

1.饲料中虫害、螨害与鼠害

(1)虫害:饲料在贮藏过程中常受到虫害的侵蚀,造成营养成分的损失或毒素的产生。常见的虫害有:玉米象、谷象、米象、大谷盗、锯谷盗等。它们不仅以饲料为食,使其损失高达5%~10%,而且还以粪便、结网、身体脱落的皮屑、怪味及携带病原微生物等多种途径污染饲料,有些昆虫还能分泌毒素,给猪体带来危害。

(2)螨害:在温度适宜、湿度较大的地区螨类对饲料的危害较大。因螨类喜欢在阴暗潮湿的环境下寄生,它的大量存在加剧了饲料中碳水化合物的新陈代谢,形成二氧化碳和水,使能值降低、水分增加,导致饲料发热霉变、适口性差,动物的生长性能下降。

(3)鼠害:鼠的危害不仅在于它们吃掉大量的饲料,而且会咬死仔猪,对饲料厂包装物、电器设备及建筑物产生危害,同时老鼠携带病原微生物及其代谢产物造成饲料的污染,引发动物和人类疾病的传播。

2.饲料中常见微生物及毒素的污染

微生物及其霉菌毒素污染,较为常见的霉菌毒素有黄曲霉毒素、玉米赤霉烯酮和单端孢霉菌素及细菌污染,其中黄曲霉毒素毒性最强。

(1)黄曲霉毒素:易受黄曲霉毒素污染的有玉米、棉籽粕(饼)、花生粕(饼)、菜籽粕(饼)、芝麻粕(饼)等。仔猪摄取黄曲霉毒素污染的饲料,以引起急性肝炎、肝细胞瘤、有肝癌、血凝不良、机体免疫机能下降为主要特征。对于成年猪耐受性较强些,但仍会抑制生长、降低饲料利用率,导致毒素在猪产品中残留。

(2)玉米赤霉烯酮:易受玉米赤霉烯酮污染的饲料主要有:玉米、小麦、大麦、高粱、燕麦等。它主要由镰刀菌产生,可引起种猪发生雌性激素亢进,使母猪阴道红肿、发情延迟或发情不正常,影响公猪的性欲和精子形成。

(3)单端孢霉菌素:T-2 毒素和呕吐毒素等单端孢霉菌素主要侵害于玉米、小麦、大麦、黑麦及燕麦中,主要由镰刀菌孢霉产生。该类毒素刺激因子和致炎物质直接损伤皮肤和黏膜。主要影响猪的采食量,使其生长减慢、呕吐、血痢、皮炎、出血,饲料利用率降低。

(4)细菌污染:沙门氏菌是细菌中危害最大的病原微生物。易受沙门氏菌污染的饲料有鱼粉、肉骨粉、羽毛粉等饲料。在我国对猪威胁较大的沙门氏菌病为仔猪副伤寒、猪霍乱;有时由于饲料原料被大肠杆菌、肉毒梭菌等细菌所污染(如应用发酵消毒不彻底的鲜鸡粪喂猪),猪摄入饲料后,可产生多种疾病,极易造成经济损失。

3.饲料中的抗营养因子

饲料中的抗营养因子主要有蛋白酶抑制因子、碳水化合物抑制因子、矿物元素生物有效性拮抗因子、拮抗维生素作用因子、刺激动物免疫系统作用因子等。它们的存在干扰了饲料中养分的消化、吸收利用。

豆粕(饼)中含有某些生长抑制因子和抗营养成分,主要包括胰蛋白酶抑制剂、血凝集素、皂苷、植酸、雌激素、胃胀气因子、拮抗维生素因子、致甲状腺肿因子和脲酶等抗营养因子。蛋白酶抑制剂对动物的危害主要是抑制动物的生长和引起胰腺肥大;棉粕(饼)中含有游离棉酚和环丙烯脂肪酸有害物资,影响赖氨酸及矿物元素的有效性,猪长期摄入棉酚及环丙烯脂肪酸,尤其是棉酚的危害很大,可导致生长迟缓、繁殖性能及生产性能下降,甚至导致死亡。

菜籽粕中的抗营养因子主要有植酸、单宁、芥子碱、硫葡糖苷及水解产物。单宁是一种多元酚化合物,有苦涩味,影响适口性。单宁酸刺激黏膜,导致下痢;多酚化合物还能与蛋白质结合使其营养价值显著降低;硫葡糖苷是一种含硫化合物,含硫越高毒性越大。硫葡糖苷本身无毒,但在其加工过程中在共存的硫葡糖苷酶作用下,会使其水解成噁唑烷硫酮(OZT)和异硫氰酸酯(ITC)。OZT 的主要毒害作用是阻碍甲状腺素的合成,使仔猪生长缓慢;氰为 ITC 进一步分解的产物,能抑制动物生长引起动物的肝和肾肿大;芝麻粕(饼)中植酸、草酸干扰矿物元素的生物有效性。

4.饲料中的有毒有害化学物质

(1)农药污染:DDT、六六六和各种环戊二烯类有机氯农药,虽然已停产,但污染饲料事件时有发生;除草剂、植物调节剂、种衣剂、杀虫剂等药物在玉米、大豆、小麦中残留,特别是甲磺隆、氯磺隆、胺苯磺隆、丁草胺、乙草胺、豆磺隆、咪草烟、除草定等除草剂在土壤中残留 1 年以上,对饲料作物均有残留;2,4-D 丁酯随空气四处飘逸污染空气,尘埃落地,污染饲料作物;乙酯杀螨醇、毒死蜱、二硫代磷酸酯、磷酸酯、拟除虫菊酯类、沙蚕毒类等杀虫剂对饲料作物等均有不同程度的残留。猪体因长期摄入药物残留饲料,易导致生长缓慢、影响繁育,甚至慢性中毒死亡。农药残留不仅危害养猪业的发展,甚至危及人类身体健康,必须引起人们的关注。

(2)重金属污染:工业"三废"液体中含有汞、铅、铬、镉等重金属有害物质,不法企业偷排放废液污染环境,间接污染饲料作物;磷肥在加工过程中,含有铬、镉、汞、铅、砷等有害物质而污染土壤,同时被饲料作物吸收而受到污染;在饲料作物病虫害防治过程中,应用有机汞杀菌剂和砷酸铅杀虫剂等药物,不同程度污染饲料作物,猪长期摄入重金属污染的饲料,在体内富集,引起猪体慢性中毒,猪的生长、发育、繁育均受到影响,甚至中毒死亡,危害极大。

(3)营养性矿物质添加剂带来的污染:矿物质钙、磷、铜、铁、锰、碘、硒、钴之间,既互相协同又相互制约,它们的用量不足、过量或相互比例不平衡,均可造成猪生长发育不良或中毒。如饲料中的钙、磷比例不平衡或维生素 D 缺乏,会引起猪体软骨病或骨质疏松症,甚至瘫痪;高钙阻碍锌的吸收;高铜易引起铁、锌缺乏,使仔猪生长减慢、发育不良、血红蛋白下降、甚至死亡;硒用量少,安全系数仅 50 倍左右,若超量添加就是一种剧毒物质;食盐既是猪的必需营养物质,又是调味剂,当添加过量或虽未过量,但因混合不匀,造成局部过量,仔猪吃了易中毒;长期饲喂未经胶氟处理的磷酸氢钙或过磷酸钙,会导致氟中毒,而氟中毒会干扰钙、磷的吸收。因此,矿物质需要科学应用,否则危害也非常严重。

5.饲料中非营养性添加剂带来的污染

随着饲料工业的发展,饲料添加剂的种类和数量越来越多,尤其是抗生素、激素、抗氧化剂、防霉剂和镇静剂的使用对预防疾病、提高饲料利用率和生长速度起着巨大的作用,但若不严格遵守使用原则,控制使用对象、安全用量及停药时间,就会使药物及其代谢产物在猪的体内残留,造成食品污染,严重影响人身体健康。

6.饲料加工过程产生的毒物及交叉污染

采用先进的加工设备、科学地控制好加工工艺参数,能破坏饲料中的有毒有害物质,减少营养物质的损失,提高饲料品质。但若工艺条件控制不当,饲料中复杂的添加物在粉碎、输送、混合、制粒、膨化等特殊的加工过程中,氨基酸、维生素等有机物会发生降解,矿物元素之间由于氧化-还原反应等形成了一系列复杂的化合物,这一方面降低了饲料中有效成分的效价,另一方面又产生了有害物质引起污染;此外,饲料生产过程中的混杂污染也是影响饲料卫生质量的一个重要因素;除了配方设计失误、配料不准确、错投、误投造成的混杂外,还表现在加工换批时设备上残留,尤其是混合机残留造成的污染。其结果极易使猪的生长、发育、种猪繁育受到影响。

(二)饲料卫生安全的主要措施

影响饲料卫生安全除了天然的植物性饲料中的生物碱、生氰糖苷、棉酚、单宁、蛋白酶抑制剂、植酸以及有毒硝基化合物等有害物质外,还有重金属和饲料霉变污染;更主要的是人为因素造成污染,其中包括饲料中添加违禁药物和非法添加物;超范围使用饲料添加剂;不按规定使用药物饲料添加剂,隐瞒添加成分误导消费;假冒伪劣产品等因素,给养猪行业造成危害十分严重。因此,必须采取切实有效措施,才能解决这些问题。

1.加强企业法人及员工培训,提高饲料卫生与安全生产意识

饲料企业的质量和卫生安全因素除了天然产生外,多数是人为因素造成的。特别是企业的法人及生产员工决定了饲料质量与饲料卫生安全。因此,必须对饲料企业法人及其员工进行饲料质量与卫生安全生产技术培训,在学习中提高饲料生产技能水平,使其娴熟掌握饲料生产的科学化、制度化、自动化、规范化、操作程序化,加强饲料生产质量与卫生的安全意识、责任意识,增强法律、法规意识。通过学习让学员们了解到不重视饲料质量与卫生会给养猪业和人体健康带来极大的危害。在学习期间纪律严明,严格学习考试通过,发给学员合格证,持证方可上岗工作,否则不予以上岗。

2.建立饲料卫生安全保障体系

重视猪体整个生产过程中的安全措施,建立一个完整的饲料、饲养安全保障体系,将控制饲料和猪的疾病防治作为降低兽药残留的两个关键控制点,从源头保证养猪安全生产。在这一保障体系的各环节中,应尽量采用已被证明行之有效的管理方法,如 HACCP、SSOP、GMP和 ISO 质量保障认证体系,其中,HACCP 是目前最推崇的一种安全质量保障体系。HACCP是针对生猪生产全过程的在线控制安全保障体系。

3.完善饲料行业法律法规,依法生产经营

我国饲料行业的法律法规比较健全。为了饲料质量和饲料卫生安全,我国先后出台并颁布了中华人民共和国农业部令 2014 年第 1 号《饲料质量安全管理规范》,该《规范》分总则、原料采购与管理、生产过程控制、产品质量控制、产品贮存与运输、产品投诉与召回、卫生和记录管理、附则 8 章 44 条,内容较为广泛;《中华人民共和国配合饲料企业卫生规范》(GB/T 16764—2006)、农业部 1773 号公告《饲料原料目录》、《饲料工业国家标准》、《行业标准目录》、GB 10648—2013《饲料标签》、GB 13078—2001《饲料卫生标准》、《饲料和饲料添加剂管理条例》、《饲料添加剂和添加剂预混合饲料批文号管理办法》、《允许使用的饲料添加剂》、《无公害食品卫生标准》、《绿色食品——饲料及饲料添加剂准则》、农业部 1849 号公告《混合型饲料添加剂生产企业许可条件》、农业部 1224 号公告《饲料添加剂安全使用规范》、农业部 1126 号公

告《饲料添加剂品种目录》、农业部 1519 号公告《禁止在饲料和动物饮用水中使用的物质》、农业部 168 号公告《饲料药物添加剂使用规范》、农业部 176 号公告《禁止在饲料和动物饮用水中使用的药物品种目录》等饲料法规。此外,根据饲料行业实际情况和问题,进一步完善法律法规,做到有法可依,违法必究,严格按照法规办事,合法饲料生产和经营,让不法饲料商人无空隙可钻,达到净化饲料市场的目的,促进养猪行业稳步健康发展。

4.建立无公害饲料原料生产基地

在东北地区猪的饲料玉米、高粱、豆粕、菜籽粕,在饲料配方中占有很大比重,特别是饲料玉米占饲料比例的 45%～60%,豆粕占 15%～20%,玉米和豆粕占饲料总量的 60%～80%。因此,建立生态无公害饲料原料玉米和大豆生产基地,以猪粪发酵加工无公害有机肥,用作种植生产玉米和大豆的肥料,避免或减少化肥中汞、铬、镉等重金属污染土壤,间接地污染饲料原料;应用黑色地膜覆盖生产玉米和大豆,压住杂草的同时,保温、抗旱、保墒情,或应用无毒或低毒除草剂除草;玉米病虫害应用生物赤眼蜂防治;大豆应用无公害生物制剂进行防治病虫害,避免或减少药物残留,达到饲料原料无公害的目的,从而达到猪饲料的卫生安全。

二、猪的饲料卫生标准

饲料企业必须遵守行业法律法规,严格执行猪的饲料标准,确保饲料卫生安全,保证猪体健康生长、发育和繁育,为养猪行业健康稳步发展,创造出更高的经济效益;同时也为人的身体健康提供无公害、绿色食品做出贡献。

1.饲料、饲料添加剂卫生指标

饲料、饲料添加剂的卫生指标及试验方法,见表 3-38。

表 3-38　饲料、饲料添加剂的卫生指标

序号	卫生指标项目	产品名称	指标	试验方法	备注
1	砷（以总砷计）的允许量（每千克产品中）/mg	石粉	≤2	GB/T 13079	不包括国家主管部门批准使用的有机砷制剂中的砷含量
		硫酸亚铁、硫酸镁			以在配合饲料中 20% 的添加量计
		磷酸盐	≤1		
		沸石粉、膨润土、麦饭石	10		
		硫酸铜、硫酸锰、硫酸锌、碘化钾、碘酸钙、氯化钴	≤5		以在配合饲料中 1% 的添加量计
		氧化锌	≤1.0		
		鱼粉、肉粉、肉骨粉	≤10		
		猪配合饲料	≤2		
		猪浓缩料	≤10		
		猪添加剂预混合饲料			

续表 3-38

序号	卫生指标项目	产品名称	指标	试验方法	备注
2	铅（以 pb 计）的允许量（每千克产品中）/mg	猪配合饲料	≤5	GB/T 13080	以在配合饲料中20%的添加量计
		仔猪、生长肥育猪浓缩饲料	≤13		
		鱼粉、肉粉、肉骨粉、石粉	≤10		
		磷酸盐	≤30		
		仔猪、生长肥育猪浓缩饲料	≤40		以在配合饲料中1%的添加量计
3	氟（以 F 计）的允许量（每千克产品中）/mg	鱼粉	≤500	GB/T 13083	高氟饲料用 HG2636 C1994 中 4.4 条
		石粉	≤2 000		
		磷酸盐	≤1 800	HG 2636	
		猪配合饲料	≤100	GB/T 13083	以在配合饲料中1%的添加量计
		肉粉、肉骨粉	≤1 800		
		猪添加剂预混合饲料	≤1 000		
		猪浓缩料			按添加比例折算后，与相应猪配合饲料规定值相同
4	霉菌的允许量（每千克产品中）/（霉菌数×10^3 个）	玉米	<40	GB/T 13092	限量饲用:40～100 禁用:>100
		小麦麸、米糠			限量饲用:40～80 禁用:>80
		豆粕（饼）、棉籽粕（饼）、菜籽粕（饼）	<50		限量饲用:50～100 禁用:>100
		鱼粉、肉骨粉	<20		限量饲用:20～50 禁用:>50
		猪配合饲料	<45		
		猪浓缩料			
5	黄曲霉毒素 B_1 允许量（每千克产品中）/μg	玉米	≤50	GB/T 17480 或 GB/T 8381	
		花生粕（饼）、棉籽粕（饼）、菜籽粕（饼）			
		豆粕（饼）	≤30		
		仔猪配合饲料及浓缩饲料	≤10		
		生长肥育猪、种猪配合饲料及浓缩饲料	≤20		

续表 3-38

序号	卫生指标项目	产品名称	指标	试验方法	备注
6	铬（以 Cr 计）的允许量（每千克产品中）/mg	皮革蛋白粉	≤200	GB/T 13088	
		猪配合饲料	≤10		
7	汞（以 Hg 计）的允许量（每千克产品中）/mg	鱼粉	≤0.5	GB/T 8381	
		石粉	≤0.1		
		猪配合饲料			
8	镉（以 Cd 计）的允许量（每千克产品中）/mg	米糠	≤0.1	GB/T 13082	
		鱼粉	≤2		
		石粉	≤0.75		
		猪配合饲料	≤0.5		
9	氰化物（以 HCN 计）的允许量（每千克产品中）/mg	木薯干	≤100	GB/T 13084	
		胡麻粕（饼）	≤350		
		猪配合饲料	≤50		
10	亚硝酸盐（以 NaNO₂ 计）的允许量（每千克产品中）/mg	鱼粉	≤15	GB/T 13085	
		猪配合饲料			
11	游离棉酚的允许量（每千克产品中）/mg	棉粕（饼）	≤1 200	GB/T 13089	
		生长肥育猪配合饲料	≤60		
12	异硫氰酸酯（以丙烯基异硫氰酸酯计）的允许量（每千克产品中）/mg	菜籽粕（饼）	≤4 000	GB/T 13089	
		生长肥育猪配合饲料	≤500		
13	六六六的允许量（每千克产品中）/mg	米糠	≤0.3	GB/T 13090	
		豆粕（饼）			
		鱼粉			
		生长肥育猪配合饲料	≤0.4		
14	滴滴涕的允许量（每千克产品中）/mg	米糠	≤0.02	GB/T 13090	
		麦麸			
		豆粕（饼）			
		鱼粉			
		猪配合饲料	≤0.2		

续表3-38

序号	卫生指标项目	产品名称	指标	试验方法	备注
15	沙门氏杆菌	饲料	不得检出	GB/T 13091	
16	细菌总数的允许量（每克产品中）/细菌总数×10⁶/1个	鱼粉	<2	GB/T 13093	限量饲用:2～5 禁用:>5

注:1.所列允许量均为以干物质含量为88％的饲料为基础计算;2.浓缩饲料、添加剂预混料添加比例与本标准备注不同时,其卫生指标允许量可进行折算。

2.饮用水国家卫生标准

水是一切生物营养代谢重要而不可替代的物质,也是猪的重要营养物质之一。水的卫生不达标准,影响猪体健康,易产生多种疾病,甚至死亡。因此必须遵循国家猪饮水卫生标准,见表3-39。

表3-39　猪饮用水国家标准　　　　　　　　　　　　　　　　　　mg/kg

指标	国家标准安全上限	指标	国家标准安全上限
毒理学指标		总硬度	250
砷	0.04	钙	—
铍	—	铝	—
硼	—	铁	0.3
硒	0.01	锰	0.1
汞	0.001	铜	1.0
镉	0.01	锌	1.0
铬（六价）	0.05	钴	—
钼	—	挥发酚类	0.002
铅	0.1	阴离子合成洗涤剂	0.3
铀	—	硝酸氮和亚硝酸氮	—
氟化物	1.0	亚硝酸氮	—
氰化物	0.05	硫酸盐	—
感官指标		细菌学指标	
颜色	<15度	细菌总数	100/g
浑浊度	<5度	大肠菌数	3/kg
肉眼可见物	无	化学指标	—

第四章 猪场建设与设备

第一节 猪场场址选择与规划布局

一、猪场场址的选择

1.土地的性质

土地的性质至关重要,容易被大家忽略。在选择猪场用地的时候,注意不能选用基本农田。在建猪场时要对该地块及周围地块以后的开发方向有所了解,避免选择的场地与其他重大开发项目有所冲突,否则易给猪场带来不必要的麻烦。

2.水量和水质

猪场的用水量非常大,特别是现代化、规模化程度较高的猪场。以一个自繁自养年出栏万头的猪场为例,每天至少需要 100～200 t 水。如果水源不足将会严重影响猪场的正常生产和生活。在建猪场之前必须将地下水水量及水质进行检测报告,符合无公害畜禽饮用水标准(NY 5027—2001),项目方可实施。

3.周边环境

猪场场址应选择在相对交通方便、电源便利,远离公路主干线、村庄、学校、养殖场、兽医医疗机构、屠宰场、污水处理厂、垃圾场、砖厂等厂矿 1 000 m 以外的区域。最好有湖泊、山或密林作为天然相隔带。根据地形,要有可以修整利用的现有旧路或自辟新路。猪场应距供电源头近一些,这样可以节省输电成本开支。供电要求电压稳定,少停电。如果当地电网不能稳定供电,大型猪场应自备相应的发电机组,以防止因突然断电而造成不必要的损失。

4.地势

地势要求有一定缓坡,但缓坡角度不要超过 20°,便于排水排污。背风向阳,有利于通风,切忌把大型猪场建到山窝里,否则夏季不通风,非常炎热,另外污浊空气排不走,常年空气质量恶劣,不利于猪只生长和生产管理。场地平坦,开阔整齐,便于施工。地势要高,这样不易受洪水威胁,还可以保持猪舍内地面干燥,雨季也容易排走积水,减少疾病发生和流行。不宜选择低洼潮湿场地。

5.排污

粪便及污水的处理是猪场最难解决的问题。一个年出栏万头的猪场,日产猪粪 18～25 t。污水日产量因清粪方式不同而有所不同,一般为 100～200 t(其中含尿 18～20 t)。因此,场地里要确立污水处理场所的位置,一般污水处理区设计在猪场地形和风向下游,有利于自然排污和保证猪场生产区和生活区减少臭味。同时,在选址时,猪场周围应是大面积农田、果园、菜地等,利于猪场产生的粪水经过生物处理后,灌溉农田,既有利于粪水的处理,又促进了当地农业的生产。

6.面积

根据地势地形的不同,猪场所需的面积也会有所不同,猪场生产区总的建筑面积和猪场辅助生产及生活管理建筑面积,可根据实际规模大小而确定。因此在设计建场时生产、管理和生活区均应考虑。根据实际情况计算所需占地面积,并留有一定余地。

二、猪场规划布局

独立性强、设施较为完整的规模化猪场,在总体规划与布局上,应从有利生产、方便生活等方面来考虑。猪场规划设计布局如图 4-1 所示。

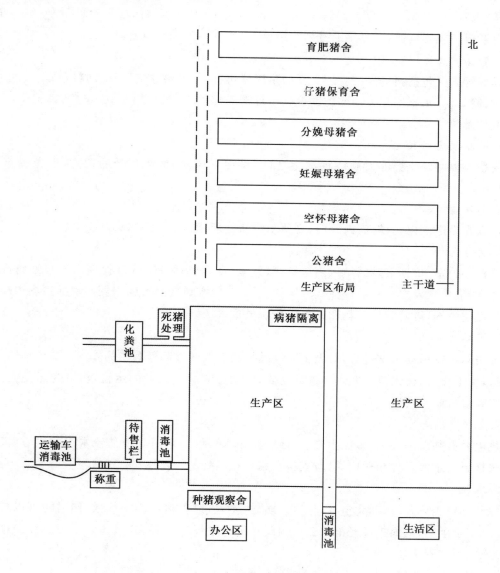

图 4-1　猪场规划设计布局平面示意图

1. 生产区

生产区包括各类猪舍和生产设施,这是猪场中的主要建筑区,一般建筑面积占全场总建筑面积的 70%～80%。种猪舍要求与其他猪舍隔离,形成种猪区,种猪区应设在人流较少和猪场的上风向,种公猪在种猪区的上风向,防止母猪的气味对公猪形成不良刺激,同时可利用公猪的气味刺激母猪发情。分娩舍既要靠近妊娠舍,又要接近保育猪舍。育肥猪舍应设在下风向,且离出猪较近。在设计时,生产区必须从上风口处以种猪—保育—育肥三点式分区生产,三区间必须有间隔;出猪台阶必须在围墙外,避免场外车辆入场;猪舍走向应以东西走向,向西南方向偏离 7°建造,这样才能保证夏天太阳不会直射舍内猪体,冬天不会受西北风的侵袭;猪舍内净空高度至少 3.5 m 以上,最长不超过 50 m 为佳,猪舍栋与栋之间的间隔为 25 m 左右,根据地形合理规划建造,以品字形排列为最佳。

2. 饲养管理区

饲养管理区包括猪场生产管理必需的附属建筑物,如饲料加工车间、饲料仓库、修理车间;变电所、锅炉房、水泵房等。这些辅助设施与日常的饲养工作有密切的关系,所以这个区应该与生产区毗邻建立。

3. 病猪隔离间及化粪池

病猪隔离间及化粪池设施应远离生产区,设在下风向、地势较低的地方,以免影响生产猪群。

4. 兽医室

应设在生产区内,只对区内开门,为便于病猪处理,通常设在下风方向。

5. 生活区

包括办公室、培训室、资料室、接待室、财务室、食堂、宿舍等,这是管理人员和家属日常生活的地方,应单独设立。一般设在生产区的上风向,或与风向平行的一侧。此外猪场周围应建围墙或设防疫沟,以防其他动物和避免闲杂人员进入场区。

6. 道路

道路对生产活动正常进行,对卫生防疫及提高工作效率起着重要的作用。场内道路应净、污分道,互不交叉,出入口分开。净道的功能是人行和饲料、产品的运输,污道为运输粪便、病猪和废弃设备的专用道。

7. 机电井房与水塔

机电井必须严加管理,确保生产、生活安全用水。设立水塔是清洁饮水正常供应的保证,位置选择要与水源条件相适应,且应安排在猪场最高处。

8. 绿化

绿化不仅美化环境,净化空气,也可以防暑、防寒,改善猪场的小气候,同时还可以减弱噪声,促进安全生产,从而提高经济效益。因此在进行猪场总体布局时,一定要考虑和安排好绿化,形成花园式养猪场。

第二节　猪舍的设计与建筑

一、猪舍建筑设计原则

(1)猪舍排列和布置必须符合生产工艺流程要求。一般按配种舍、妊娠舍、分娩舍、保育舍、生长舍和肥育舍依次排列,尽量保证一栋猪舍一个工艺环节,便于管理和防疫。

(2)猪舍的设计处理。依据不同生长时期猪对环境的要求,对猪舍的地面、墙体、门窗等做特殊设计处理。

(3)猪舍建筑要便利、清洁、卫生,保持干燥,有利于防疫。

(4)猪舍建筑要与机电设备密切配合,便于机电设备、供水设备的安装。

(5)因地制宜,就地取材,尽量降低造价,节约投资。

二、猪舍的建筑类型

猪舍依其结构、猪栏和功能等形式,可分为多种类型。

1.按屋顶形式分

单坡式、双坡式、联合式、平顶式、拱顶式、钟楼式、半钟楼式等。

2.按墙的结构分

(1)开放式　三面有墙,一面无墙,结构简单,通风采光好,造价低,冬季防寒困难。

(2)半开放式　三面有墙,一面设半截墙,略优于开放式(图4-2)。

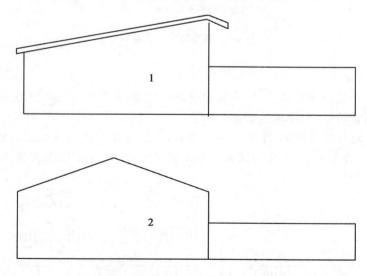

图4-2　敞开和半敞开式猪舍示意图
1.敞开式猪舍　2.半敞开式猪舍

(3)密闭式　分有窗式和无窗式。有窗式四面设墙,窗设在纵墙上,窗的大小、数量和结构应结合当地气候而定。一般北方寒冷地区,猪舍南窗大,北窗小,以利保温。为解决夏季有效通风,夏季炎热地区还可在两纵墙上设地窗,或在屋顶上设风管,通风屋脊等;有窗式猪舍保温隔热性能好;无窗式四面有墙,墙上只设应急窗(停电时使用),与外界自然环境隔绝程度较高,舍内的通风、采光、舍温全靠人工设备调控,能为猪提供较好的环境条件,有利于猪的生长发育,提高生产率,但这种猪舍建筑、装备、维修、运行费用大。

猪舍的设计如图 4-3 所示。

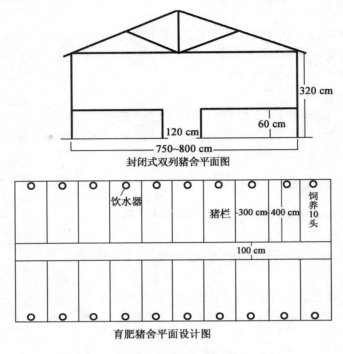

封闭式双列猪舍平面图

育肥猪舍平面设计图

图 4-3　猪舍的设计示意图

3.按猪栏排列分

(1)单列式　猪栏一字排列,一般靠北墙设饲喂走道,舍外可设或不设运动场,跨度较小结构简单,省工省料造价低,但不适合机械化作业。

(2)双列式　猪栏排成两列,中间设一工作道,有的还在两边设清粪道。猪舍建筑面积利用率高,保温好,管理方便,便于使用机械。但北侧采光差,舍内易潮湿,见图 4-4。

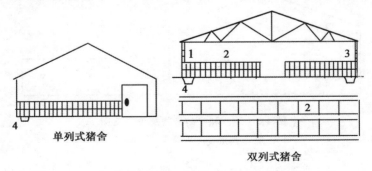

单列式猪舍

双列式猪舍

图 4-4　单列和双列式有窗封闭式猪舍

1.窗　2.猪栏　3.通道　4.粪沟

（3）多列式　猪栏排列成三列以上,猪舍建筑面积利用率更高,容纳猪多,保温性好,运输路线短,管理方便。缺点是采光不好,舍内阴暗潮湿,通风不畅,必须辅以机械,人工控制其通风、光照及温湿度。见图 4-5。

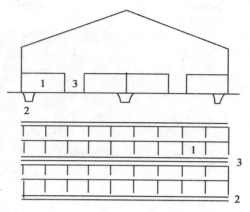

图 4-5　双走廊四列猪舍示意图
1.猪栏　2.排粪沟　3.走廊

三、猪舍保温设计

猪舍进行合适的保温设计,可以解决低温寒冷天气对养猪的不利影响,又可以节约能源,夏天还可以隔热和减少太阳的热辐射。因此在设计猪舍时应尽可能采用导热系数小的建材作为修建屋面、墙体和地面的材料,以利保温和防暑。

1.猪舍的方位

采用坐北朝南、东西延长,要有一个合理的采光角度,东北地区偏西 6°~8° 为好,特别是阳光猪舍,冬季利用太阳的能量为猪舍提供热能保暖;夏季能使太阳的高度角近乎垂直,舍内遮阴面大,去掉棚膜,通风凉爽。

2.猪舍前坡

单坡钢架结构猪舍,采光部分用采光板(瓦)结构模式,或用无滴漏塑料薄膜采光、取暖、保温,夜间防寒被等覆物保暖。

3.双坡棚顶

多使用砖、水泥和钢架和彩钢瓦、阳光瓦结构,建造时铺设岩棉防火保温等材料,有效地提高其保温性能。

4.墙体

要选择导热系数小的材料,确定合理的隔热结构,提高墙壁的保温能力。目前,大部分猪场都是采用砖砌的墙体,如果使用空心砖或在墙体外加保温板等,可以有效改善其保温性能。

四、猪舍的地面和排污

1.猪舍的地面处理

猪舍地面是猪活动、采食、躺卧和排粪的地方,要求保温、坚实、不透水,平整防滑,便于清洗消毒。修建猪舍时,地面多为水泥地面、橡胶地面等。采用漏缝地板易于清除猪的粪尿,减少人工清扫,便于保持栏内的清洁卫生,保持地面干燥。要求耐腐蚀、不变形、表明平整、坚固耐用,不卡猪蹄,漏粪效果好,便于冲洗,保持干燥。漏缝地板有多种。

(1)水泥漏缝地板　表面应紧密光滑,否则表面会有积污而影响栏内清洁卫生,水泥漏缝地板内应有钢筋网,以防受破坏(图4-6)。

1.水泥漏缝地板　　　　　　　　　2.铸铁漏缝地板

图4-6　漏缝地板

(2)金属漏缝地板　由金属条排列焊接(或用金属编织)而成,适用于分娩栏和小猪保育栏。其缺点是成本较高,优点是不打滑、栏内清洁、干燥。

(3)金属冲网漏缝地板　适用于小猪保育栏;生铁漏缝地板经处理后表面光滑、均匀,铺设平稳,不会伤猪(图4-6)。

(4)陶质漏缝地板　具有一定的吸水性,冲洗后不会在表面形成小水滴,还具有防水功能,适用于小猪保育栏。

(5)橡胶或塑料漏缝地板　多用于配种栏和公猪栏,不会打滑,有利于保暖。

2.猪舍的排污处理

现代规模化养猪猪群密度大,每天产生的粪便也较多,因此合理的排污设计是维持猪舍环境的重要因素。

(1)猪舍内粪沟的设计　目前猪舍内的排污设计有人工拣粪粪沟、自动冲水粪沟和刮粪机清粪。为了保证排污彻底而顺畅,设计的粪沟须有足够的宽度和坡度及一定的表面光滑度,自动冲水粪沟还必须有足够的冲水量。粪沟设计的一般情况是:人工拣粪沟宽度为25~30 cm、始深5 cm、坡度0.2%~0.3%,主要用来排泄猪尿和清洗水,猪粪则由工人拣起运走;自动冲水粪沟宽度为60~80 cm、始深30 cm、坡度1.0%~1.5%,将猪粪尿收集在粪沟内,然后由粪沟始端的蓄水池定时放水冲至舍外化粪池;刮粪机清粪的粪沟宽为100~200 cm、坡度0.1%~0.3%,利用卷扬机牵引刮粪机将粪沟内的猪粪尿清走。现代自动化养殖场将猪粪、污水通过管道直接抽排至大地化粪池内,经过生化处理直接用作肥料;或经过沼气池厌氧发酵生产沼气,甚至被沼气发电所利用。

(2)总粪沟及化粪池的设计　总粪沟根据养猪的规模而设计。一般情况下,现代化万头猪场总粪沟宽度80 cm左右、坡度1.0%~1.5%,如果各栋舍之间的地势有一定的落差,则可以利用这种地势来作为总排粪沟的沟底斜度。一般采用埋置预制水泥管或应用硬塑料管道效果较为理想;化粪池土建工程采用钢筋混凝土构筑,粪便和污水池上封盖加排气孔的设计方案,同时考虑将粪便和污水用机械干湿分离和生物加工处理,转变为固体肥料和液体肥料,达到猪场环境无污染。

第三节 猪场的设备配置

一、猪栏

按结构分有实体猪栏、栅栏式猪栏、母猪限位栏、高床产仔栏、高床育仔栏等。按用途分有公猪栏、配种栏、妊娠栏、分娩栏、保育栏、生长育肥栏等。

1. 实体猪栏

猪舍内圈与圈间以 80～120 cm 高的实体墙相隔,优点在于可就地取材、造价低,相邻圈舍隔离,有利于防疫,缺点是不便通风和饲养管理,占地面积大。适于小规模猪场。

2. 栅栏式猪栏

猪舍内圈与圈间以 80～120 cm 高的实体墙相隔,优点在于可就地取材、造价低,相邻圈舍隔离,有利于防疫,缺点是不便通风和饲养管理,而且占地。适于小规模猪场。

3. 栅栏式猪栏

猪舍内圈与圈间以 80～120 cm 高的栅栏相隔,占地小,通风好,便于管理。缺点是耗钢材,成本高,且不利于防疫。现代化猪场多用。

4. 综合式猪栏

猪舍内圈与圈间以 80～120 cm 高的实体墙相隔,沿通道正面用栅栏。集中了二者的优点,适于大小猪场。

5. 母猪单体限位栏

单体限位栏系钢管焊接而成,由两侧栏架和前、后门组成,前门处安装食槽和饮水器,尺寸:210 cm×60 cm×96 cm(长×宽×高)。用于空怀母猪和妊娠母猪,与群养母猪相比,便于观察发情,便于配种,便于饲养管理,但限制了母猪活动,易发生肢蹄病。适于工厂化集约化养猪(图 4-7)。

图 4-7 母猪单体限位栏

6. 产仔栏和哺育栏

母猪产仔和哺乳是工厂化养猪生产中最重要的环节。设计和建造结构合理的产仔栏,对于保证母猪正常分娩、提高仔猪成活率有密切关系。工厂化猪场大多把产仔栏和哺乳栏设置在一起,以达到这个阶段饲养管理的特殊要求:

(1)母猪和仔猪采食不同的饲料。

(2)母猪和仔猪对环境温度的要求不同,母猪的适宜温度为 15～18℃,而出生后几天的仔猪要求 30～32℃。因此对哺乳仔猪要另外提供加温设备。

（3）产仔母猪和初生仔猪对温度、湿度、有害气体和舍内空气流速等环境条件有严格要求。故产仔栏和哺育栏应容易清洁消毒,防止污物积存,细菌繁殖。地面粗糙度要适中,排水较好,清洗后易于干燥。地板太光滑容易使猪滑倒,太粗糙又容易擦伤小猪的蹄和膝盖。空气要新鲜,没有疾风吹入。

（4）保护仔猪,以防被母猪压死、踩死,故应设保护架或防压杆等设施。

产仔哺育栏一般由三部分组成:

①母猪分娩限位栏。它的作用是限制母猪转身和后退,限位栏的下部有杆状或耙齿状的挡柱,使母猪躺下时不会压住仔猪,而仔猪又可以通过此挡柱去吃奶。限位栏的前面装有母猪食槽和饮水器。

②哺乳仔猪活动区。四周用高 45～50 cm 的栅栏围住,仔猪在其中活动,吃奶,饮水。活动区内安有补料食槽和饮水器。

③仔猪保温箱。箱内装有电热板或红外线灯,为仔猪取暖提供热量。

这种产仔哺乳栏一般为金属结构,也有围栅用砖砌或用水泥板,而分娩限位栏仍用金属结构。全栏的长度为 210～230 cm,宽度为 150～200 cm。

一些工厂化猪场将产仔哺乳栏全栏提高 40 cm 左右,即成为母猪高床产仔哺乳栏,在分娩区和仔猪活动区各有一半金属漏缝板,一半木板,或全部为金属漏缝板。这种高床产仔哺乳栏使母猪和仔猪脱离了阴冷的地面,栏内温暖而干燥,清理粪便也很方便,从而改善了母猪和仔猪的生活条件,仔猪发病率大为下降,提高了冬春季节的仔猪成活率。

7.幼猪培育栏

这种栏饲养的是断奶后至 70～77 日龄的幼猪。在此期间,猪刚刚断奶离开母体独立生活,消化机能和适应环境变化的能力还不强。需要一个清洁、干燥、温暖、风速不高而又空气清新的环境。大多采用网上培育栏,网底离地面 30～50 cm,使幼猪脱离了阴冷的水泥地面;底网用钢丝编织;栏的一边有木板供幼猪躺卧,栏内装有饮水器和采食箱。幼猪培育栏的尺寸一般为长 180 cm,宽 170 cm,高 70 cm。个栏可饲养 10～12 头幼猪,正好养一窝幼猪。

8.高床产仔栏

用于母猪产仔和哺育仔猪,由底网、围栏、母猪限位架、仔猪保温箱、食槽组成。底网采用由直径 5 mm 的冷拔圆钢编成的网或塑料漏缝地板,220 cm×170 cm(长×宽),下面用角铁和扁铁撑起,离地 20 cm 左右;围栏即四面侧壁,为钢筋和钢管焊接而成,220 cm×170 cm×60 cm(长×宽×高),钢筋间缝隙 5 cm;母猪限位架为 220 cm×60 cm×（90～100）cm(长×宽×高),位于底网中央,架前安装母猪食槽和饮水器,仔猪饮水器安装在前部或后部;仔猪保温箱 100 cm×60 cm×60 cm(长×宽×高)。优点是占地小,便于管理,防止仔猪被压死和减少疾病(图 4-8)。

9.公猪栏和配种栏

目前的工厂化猪场,其公猪栏和配种栏的配置大多采用以下两种方式:

第一种配置方式是待配母猪栏和公猪栏紧密配置,3～4 个母猪栏对应一个公猪栏,不设专用的配种栏,公猪栏同时也是配种栏。断奶后待配的母猪则养在单体饲养栏。

公猪栏在母猪栏的后方,每一个公猪栏放养一头公猪,这便于用公猪协助查出发情的母猪。当配种时,可将母猪栏内的母猪放出,让其进入公猪栏内进行配种,配种完成后,可将母猪赶回原来的母猪栏内。这种配置的优点是不会错过配种适宜时期,而且方便管理,提高劳动生产率。

图 4-8 高床产仔栏

第二种配置方式是待配母猪栏和公猪栏隔通道相对配置,不设专用的配种栏,公猪栏同时也是配种栏,配种时把母猪赶至公猪栏内进行配种。公母猪虽不能直接接触,但如果采用铁栅围栏,亦可互相观望,有利于发情鉴定。

公猪一般是单体饲养,公猪栏的高度 110～120 cm,每栏面积为 6～7 m²,如果兼作配种栏,则面积应稍大一些。公猪栏的结构材料用混凝土或金属制作均可。为了保持和增强公猪的繁殖能力,有的公猪栏还设有露天运动场。

二、食槽及饲料自动供给设备

1.食槽

分自由采食和限量食槽两种。材料可用水泥、金属等(图 4-9)。

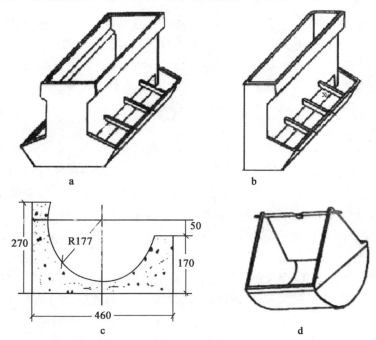

图 4-9 饲槽示意图

a.双面饲槽 b.单面饲槽 c.水泥限量饲槽剖面图 d.铸铁限量饲槽

113

（1）水泥食槽　主要用于配种栏和分娩栏，优点是坚固耐用，造价低，同时还可作饮水槽，缺点是卫生条件差。

（2）金属食槽　主要用于妊娠栏和分娩栏，便于同时加料，又便于清洁，使用方便。

（3）间歇添料饲槽　条件较差的一般猪场采用。可为固定或移动饲槽。一般为水泥浇注固定饲槽。设在隔墙或隔栏的下面，由走廊添料，滑向内侧，便于猪采食。一般为长形，每头猪所占饲槽的长度依猪的种类、年龄而定。集约化、工厂化猪场，限位饲养的妊娠母猪或泌乳母猪，其固定饲槽为金属制品，固定在限位栏上。

（4）方形自动落料饲槽　它常见于集约化、工厂化的猪场。方形落料饲槽有单开式和双开式两种。单开式的一面固定在走廊的隔栏或隔墙上；双开式则安放在两栏的隔栏或隔墙上，自动落料饲槽一般为镀锌铁皮制成，并以钢筋加固。

（5）圆形自动落料饲槽　圆形自动落料饲槽用不锈钢制成，较为坚固耐用，底盘也可用铸铁或水泥浇注，适用于高密度、大群体生长育肥猪舍（图4-9）。

2.饲料供给设备

猪场喂饲方法，一般分为人工上料、半自动上料和自动化上料三种。

（1）人工上料喂饲方法　一般情况下是用车将猪饲料推送到猪舍食槽旁边，用铁锹将料放入食槽内喂食。

（2）半自动上料喂饲方法　在猪舍食槽的上方设置一单轨滑道，安装料斗、放料阀门和驱动电机及开关。将饲料人工装入料斗内，按动电机开关，驱动料斗逐食槽人工控制放料的喂饲方法。

（3）自动化供料系统

①自动供料系统工作原理：自动供料系统，包括依次设置的一个分流输送机、原料仓、料提升机、混配一体秤、料斗、料输送机、另一个分流输送机、和面机、均匀喂料机、一次挤压机和二次挤压机。实现自动供料、自动配料、供料均匀的目的，实现原料集中处理、封闭输送、彻底避免车间噪声、灰尘、热气污染，解决原料重复人工搬运的高成本及因疏忽而产生干燥不完全的缺料问题，更不会混入不被允许的其他原料，提高工作效率。

②基本工作流程：

第一步，先往料仓加满饲料。启动上料电机，人工把饲料倒入料斗，电机带动螺旋，将饲料吸入料仓。料仓中的料位由控制箱上的"料仓满报警"和"料仓缺料报警"指示其状态，当料仓缺料时，"料仓缺料报警"指示灯会闪烁，并且发出"滴滴"报警声，提醒往料仓里添加饲料。当料仓满时，"料仓满报警"指示灯常亮，提醒停止往料仓加料。

第二步，按下"手动/自动模式"按钮，红色指示灯点亮，系统进入手动模式，此时传感器检测料槽信号不做处理。

第三步，按下"电机启动/停止"按钮，红色指示灯点亮，电机启动，带动呢绒刮板开始上料。上料的速度，和料仓下面阀门开启大小、输料管道的距离及输料管道的倾斜度有关系。

第四步，调节料仓下面的阀门。在主料仓下面有两处调节管道输料量。第一处通过调整两个塑料开关，改变输料管道的输料量，两个塑料开关同时往上提，是增加输料量，往下拉是减少输料量。第二处通过调整不锈钢阀门，改变输料管道的输料量，不锈钢阀门往里推，是减少输料量，往外拉是增加输料量。阀门的开启度调节到料仓没有下满的情况下，没有回料现象，且料仓的下料量比较匀称。

第五步，按下"电机启动/停止"按钮（弹起），红色指示灯点灭，电机停止工作

第六步，按下"手动/自动模式"按钮（弹起），红色指示灯点灭，系统进入自动模式，此时传感器检测料槽料位信号，上料实现自动控制。当饲喂器料槽中缺料时，"料槽料位指示"指示灯会亮，电机启动，料仓往料槽输料。当饲喂器料槽中料满时，"料槽料位指示"指示灯会灭，输料电机停止。

第七步，"料仓满报警"和"缺料报警"指示灯同时闪烁、报警，动力控制箱内出现异常，输料电机会自动停止工作。这种情况比较少见，在设备安装好后，打开动力控制箱，可以人为扳动行程开关，检验一下电气接线和保护情况。一般是由拉簧脱落、链条断开、电机卡死等异常情况造成的，应先切断 220 V 和 380 V 电源，然后打开动力控制箱，排除故障后，方可通电。

系统在正常运行中，其实没有这么复杂，用户只需两步即可。第一步，将料仓加满饲料。第二步，按下"手动/自动模式"按钮（弹起），红色指示灯点灭，系统进入自动模式，此时传感器检测料槽料位信号，上料实现自动控制。当"料仓缺料报警"发出声光报警时，用户只需将饲料加到料仓即可。

③系统维护：

a.自动上料系统由专人负责维护、操作，猪场其他人员不得随意操控，以免发生意外。

b.上料电机和输料电机都是 380 V 动力电源，主动力线要用 4 个平方铜芯电线，此外动力线一定架设牢靠，人和牲畜不易触及。

c.料仓比较高，一般放置在室外，在安装好设备后，应该搭一个棚，以免雨水淋湿控制箱。

d.输料管道的接口处，用玻璃胶密封，避免雨水流入输料管道，污染饲料。

e.料斗使用完毕，用木板盖住，避免树叶、塑料袋、灰土飘入料斗，污染饲料（图 4-10）。

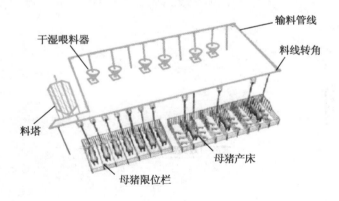

图 4-10　猪场自动供料系统

三、猪舍内供水系统

猪舍内部供水包括猪饮用水和冲洗猪舍用水两部分。

猪舍的供水方式有自动饮水和定时供水两种方式。大多数均为自动饮水，仅有极少数的农村或偏远山区采用定时供水方式。

1.自动供水系统

自动供水系统包括水塔(水箱)、供水管路、鸭嘴式自动饮水器及供水管路。见图 4-11 和图 4-12。

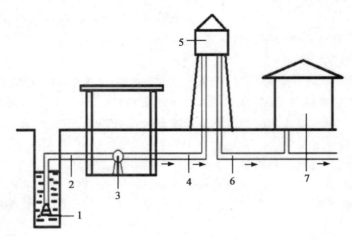

图 4-11　猪场供水系统示意图

1.水泵　2.吸水管　3.水泵　4.扬水管　5.贮水塔　6.配水管　7.猪舍

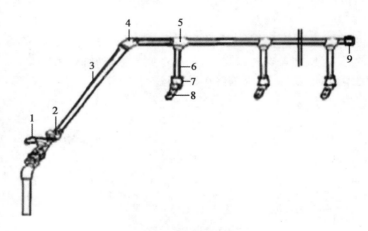

图 4-12　猪舍饮水系统

1.阀门　2.活接头　3.干水管　4.弯头　5.三通　6.支水管　7.弯头　8.饮水器　9.外方堵头

2.鸭嘴式自动饮水器

鸭嘴式饮水器由饮水器体(阀体)、阀杆、弹簧、胶垫或胶圈等部分组成,每只饮水器可供10～15 头猪饮水。饮水器的阀体末端有螺纹,可以拧装在水管上,弹簧的作用使阀杆压紧胶垫封闭了水流出口。当猪饮水时,将鸭嘴含入口中,咬动阀杆,使阀杆偏斜,水通过密封垫的缝隙沿鸭嘴流入猪的口腔。猪不咬动阀杆时,弹簧使阀杆恢复正常位置,密封垫又将出水孔堵死停止供水。

鸭嘴式饮水器的出水孔径有 2.5 mm 和 3.5 mm 两种规格,每分钟的水流量分别为2 000～3 000 mL 和 3 000～4 000 mL。要求主水管的水压低于 400 kPa(图 4-13)。

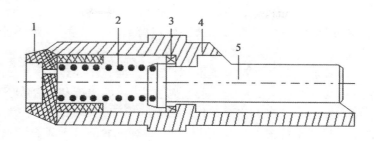

图 4-13 鸭嘴式自动饮水器
1.塞盖 2.弹簧 3.密封胶圈 4.阀体 5.阀杆

猪饮用水要清洁卫生,应当使用自动饮水器,这样可以避免交叉传染疾病。分娩栏给母猪和仔猪各安装一只饮水器,安装高度分别为 65～70 cm、20～22 cm;保育栏、生长栏、育成栏每栏安装两个自动饮水器,安装高度分别为 35～40 cm、55～60 cm、60～60 cm。

四、猪舍内供热保温和通风降温设备

现代化猪场,公猪、母猪和肥育猪等大猪,由于抵抗寒冷的能力较强,再加之饲养密度大,自身散热足以保持所需的舍温,一般不予供暖。而分娩后的哺乳仔猪和断奶仔猪,由于热调节机能发育不全,对寒冷抵抗能力差,要求较高的舍温,在冬季必须供暖。现代化猪舍的供暖,分集中供暖和局部供暖两种方法。

1.加温设备

(1)采用微电脑恒温控制,温度 1～99℃可自由调节,超过设定温度时自动切断,低于设定温度时恢复加温,节能效果佳。

(2)设置好温度后无须人工看管,随着温度高低会自动变化,微电脑记录并保持恒温状态。

(3)发热体采用碳纤维加热技术,无刺眼强光污染,远红外辐射强度高,具有促进动物血液循环功能,有益健康生长,被誉为保健型取暖器。

(4)热风扇加温,均匀送热,变频节能环保。

(5)也可选用热风炉或锅炉集中供暖。

2.降温设备

(1)水蒸发式冷风机 猪舍降温常采用水蒸发式冷风机,这种冷风机是靠水蒸发的,在干燥的气候条件下使用时,降温效果好,如果环境空气湿度较高时,降温效果稍差。

(2)喷雾降温系统 有的猪场采用猪舍内喷雾降温系统,通过喷雾器喷出的水雾,在猪舍内空间蒸发吸热,使猪舍内空气温度降低。如果猪场内自来水系统压力足,可不用水泵加压,但过滤器还是必需的,否则易造成喷雾器孔堵塞,不能正常喷雾。

(3)滴水降温 在母猪分娩舍内,由于母猪和仔猪要求不同。有的猪场采用滴水降温法,即冷却水通过管道系统,在母猪上方留有滴水孔对准母猪的头颈部和背部下滴,水滴在母猪背部蒸发,吸热降温,未等水滴流到地面上已全部蒸发掉,不易使地面潮湿,这样既满足了仔猪需干燥,又使母猪和栏内局部环境温度降低。实际使用时,要注意调节好适度滴水量。

3.通风设备

为了排除猪舍内的有害气体,降低舍内的温度和局部调节温度,一定要进行通风换气,换气量应据舍内的二氧化碳或水汽含量来计算。

(1)机械通风　依据猪场具体情况来确定,对于猪舍面积小、跨度不大、门窗较多的猪场,为节约能源,可利用自然通风;如果猪舍空间大、跨度大、猪的密度高,特别是采用水冲粪或水泡粪的全漏缝或半漏缝地板养猪场,定要采用机械强制通风。

(2)通风机配置　通风机配置的方案较多,常用的有机械侧进上排自然通风;上进自然通风,下排机械通风;纵向通风;一端自然进风一端机械排风。

五、舍内清粪方式与设备

舍内清粪主要采用人工清粪和自动清粪两种方式。

(1)人工清粪方式

①人工清扫方式:用人工的方法将舍内地面上的粪便用铁锹清理装入手推车后推出舍外化粪池内,然后人工清扫、水清洗地面,将污水通过排水沟排出舍外化粪池。这种方式大多数是散养的农户养猪方式,费工、费时,劳动强度大。

②人工水冲洗方式:猪舍的地面在建造时有一定的坡度倾斜于排水沟方向;排水沟在建造时同样有一定的坡度流向舍外化粪池。因此,采用人工手持高压水枪冲洗粪便,通过排污沟排出舍外进入化粪池。这种方式的优点是设备简单,节省工时;缺点是用水量大。

(2)自动化清洗方式　规模化猪场在建场时就已考虑自动化问题,猪舍地面为漏缝地板,安装检测器等自动控制冲洗装置,地下为自动控制推动粪尿污水和自动冲洗设施,以及温湿度控制和通风除湿、自动调节空气等装置。这种全自动控制方式,为猪营造生长、繁殖与生存优良环境,也为企业工作创造高效率环境,但需要投入大量的资金。因此,在建造现代自动化养猪企业时,建议应考虑饲养规模、投入与回报率问题。

第五章　猪的饲养实用技术

第一节　种公猪的饲养管理技术

一、种公猪的选择

种公猪的选择对一个种猪场来讲无疑是至关重要的,俗话说,"母猪好,好一窝;公猪好,好一坡"。可见,公猪在猪群繁殖过程中占有重要的地位。饲养公猪的目的是使公猪具有良好的精液品质和配种能力,完成配种任务。用本交方式配种,每头公猪可配20~30头母猪,一年可以繁殖仔猪300~450头。如采用人工授精方式配种,每头公猪一年可繁殖仔猪3 000~5 000头,甚至达到万头后代。因此,在选择种公猪时,不论是本场生产的,还是外购的种猪,必须对种公猪的各方面进行综合考察,既要看种公猪体型外貌和生产性能表现资料,同时要查看祖先和同胞的产仔数、出生重、泌乳力、生长发育情况、饲料利用率、瘦肉率等多方面情况资料。在选择种公猪时应遵循以下原则或标准。

(1)在外购种公猪时,首先应到正规种猪场购买种公猪,了解和掌握购买种猪场或附近地区是否发生过疫情。如果发生过某种传染病,种猪再好也不买,以防带入传染性疾病,给猪场造成重大经济损失。

(2)查看系谱,选择种公猪时首先要看种猪个体系谱情况。对种猪记录不清,系谱混乱,无明显遗传优势,这样的种公猪建议不要买,如盲目购进种猪,易导致生产效率低,经济效益差的后果。

(3)种公猪外形必须符合品种标准。

①全身被毛短细、紧贴体躯,并富有光泽,皮肤薄而富有弹性。

②头大小适中,额无皱纹,嘴吻结合较好,牙齿整齐;耳大小适中,薄而透明,耳静脉明显,眼睛明亮而有神,精神头儿好。

③头颈部结合良好,前躯发达,胸宽而深,背腰平直或呈弧形,切忌凹背,身腰长;后躯发育与前躯相称,臀部宽平而丰满,尾部长短适中,摇摆自由。

④公猪腹部不下垂,也不过分上收;乳腺发育良好,乳头7对以上,两侧乳头对称,排列整齐,距离适中;无外乳乳头、瞎乳头和小乳头。

⑤猪的体外部,无外伤、脓包、肿块、疝气、脱肛等疾病,无明显黑斑。

⑥公猪四肢端正,无内、外向,无卧系、骨瘤和跛行等现象;行走时,后躯左右摇摆幅度小,四肢健壮有力。

⑦睾丸左右对称,大小适中,阴囊紧缩不下坠;无隐睾、单睾和大尿脐子。生殖器官不正常的公猪予以淘汰。

⑧有条件时,要检查公猪的精液质量。

(4)在外购买种公猪时,应了解公猪体重 20～90 kg 阶段的日增重、饲料利用率和活体测膘情况,这一指标对于公猪与后代的发展非常重要。

(5)选择种公猪时,要查看公猪个体档案,要从产仔数量多(11 头以上)的母猪后代中选择种公猪,同胞母猪乳腺发育良好,体重达 90 kg 时,每千克增重耗料在 3.5 kg 以下,日龄在 180 天以内,活体膘厚在 2.5 cm 以下。

(6)种公猪性情温顺,性欲特征明显,精力充沛,性机能旺盛、性欲高。对于无性欲的公猪,应予以淘汰。

根据上述原则或标准,按不同种公猪品种需求进行选择,可获得较为理想的公猪。

二、种公猪选配方法

选配就是人有意识、有计划地控制公猪和母猪的交配过程。

1. 品质选配

这种选配是交配双方个体品质对比关系的交配方式。一般品质指的是体质、体型、生产性能和产品质量。

(1)同质选配　选用生产性能、外形或育种值相似的优秀公母猪进行配种,以期获得与公母相似的优良后代。

(2)异质选配　这种选配有两种情况,一种是选择具有不同优良性状公母猪交配,以期获得有双亲不同优点的后代;另一种是选用同一性状但优劣程度不同的公母猪交配,以期获得性状上有较大的改进和提高。如瘦肉率高的公猪与瘦肉率低的母猪进行交配,其后代猪的瘦肉率性状有所改进。

2. 亲缘交配

这是一种交配双方亲缘关系远近程度的交配方式。用亲缘关系较近的公母猪交配(6 代内),叫作近交,这种交配方式,只能在育种核心群中使用,不能在生猪生产中应用,否则造成重大经济损失;用亲缘关系较远的公母猪交配(超过 6 代),叫作远交(也叫作杂交),这种方式杂交普遍应用于生猪生产。

三、猪的配种方法

1. 配种方法

(1)本交配种　称之为本交或自然交配。是指公母猪直接交配的配种方法。在母猪发情时,依据选配计划,将公母猪赶到固定的配种场地,令其直接交配。

(2)人工授精配种　人工授精是提高养猪生产水平的一项先进的繁殖技术,可提高优良公猪品种的利用率,减少公猪饲养头数,降低饲养成本。该方法利于加速猪品种改良工作,减少猪疾病的传播,克服了公母猪因体格大小不同而造成的配种困难。目前,养猪大中型企业普遍应用这一技术。

2. 配种方式

配种方式可分为单次配种、重复配种、双重配种和多次配种。

(1)单次配种　母猪在一个发情期内,只用一头公猪交配一次,称之为单次配种。该方法的缺点是母猪受胎率低,产仔数较少。

（2）重复配种　母猪在一个发情期内,用同一头公猪先后交配两次,两次交配间隔时间为10～15 h。该技术方法可增加产仔数量,同时不易造成种猪血统关系混乱现象。

（3）双重配种　母猪在一个发情期内,用不同品种的两头公猪或者用同一品种血缘关系较远的两头公猪与同一个母猪交配,两头公猪先后间隔10～20 min各交配一次。该方法缺点易造成血统混杂,不利于选种。

（4）多次配种　母猪在一个发情期内,用一头或两头公猪,先后进行3次以上的配种,称之为多次配种。每次配种间隔时间为12～18 h。该配种方法优点是增加产仔数量。

四、种公猪的饲养管理

饲养公猪主要目的是与母猪配种,以期获得数量最多的优质的健康仔猪,为生猪生产提供仔猪来源。为了提高公猪的精液品质,必须了解和掌握公猪的生产特点,对于提高公猪精液品质、数量能力,采取综合饲养技术措施非常重要。

1.公猪繁殖特点

（1）射精量较大　公猪与母猪交配一次射精量可高达500 mL以上。以苏白公猪为例,交配一次射精量为500～600 mL,其中液体部分占总量的80%,胶状物占20%左右。

（2）交配时间较长　公猪交配时间一般为5～10 min,长的多达20 min。公猪一次射精过程可分成三期,各期的精液浓度不同,第一期射精持续时间为1～5 min。射精量占总量的5%～20%,精液里含有少量的尿液,带有微量尿色,含精子很少;第二次射精持续时间为2～5 min,射精量占总量的30%～50%,精液颜色为乳白色,内含有大量的精子和胶状物资,此段精液品种最好;第三期射精时间为3～8 min,射精量占总量的40%～60%,精液稀薄,精子数量少,但胶状物含量较多。公猪交配时间长,射精量多,体力消耗大,因此要求公猪后肢坚实有力,腹部不能下垂;公猪喂料少而精,营养全面,利用率高,效果好。

（3）性情凶猛好斗　当公猪嗅到母猪气味时,则表现焦躁不安,当公猪交配高潮时驱赶与母猪分开,公猪表现反抗,甚至冲撞或咬人;群体公猪常会相互爬跨,有时阴茎磨损出血,有的公猪养成自淫行为,偶尔公猪相互打斗,严重者致伤、致残,甚至致死。

（4）影响公猪射精量的外界因素　影响公猪射精量的因素很多,除了品种、年龄因素外,饲养条件因素也很大,如蛋白质缺乏,维生素、矿物质不足,运动量小,配种频率超负荷使用等因素,均会造成射精量减少、精子活力差、精子畸形等现象。

（5）公猪精液的化学组成　精液中水分含量约占97%,粗蛋白质占1.2%～2%,脂肪占0.2%,灰分约占0.9%。其中粗蛋白质约占干物资的60%以上。因此,公猪的饲料中需要丰富的营养物质。

2.公猪的科学饲养

依据公猪的体重、年龄、品种特点和配种利用程度不同,制定出饲养标准和饲料配方,实施定量喂饲,满足其营养需要。

（1）种公猪营养需要　依据公猪的饲养标准,拟订出不同体重、年龄和利用程度的公猪日粮配方,以满足各种类型公猪的营养需要。见表5-1和表5-2。

表 5-1　瘦肉型配种公猪每千克饲粮和每日每头养分需要

指标	需要量	
消化能,MJ/kg	12.95	
代谢能,MJ/kg	12.45	
消化能摄入量,MJ/kg	21.7	
代谢能摄入量,MJ/kg	20.85	
采食量,kg/d	2.2	
粗蛋白质,%	13.5	
能量蛋白比,kJ/kg	959	
赖氨酸能量比,g/MJ	0.42	
	饲粮中含量	每日每头需要量
蛋氨酸＋胱氨酸,%	0.38	8.4 g
苏氨酸,%	0.46	10.1 g
色氨酸,%	0.11	2.4 g
异亮氨酸,%	0.32	7 g
亮氨酸,%	0.47	10.3 g
精氨酸,%	0	0
缬氨酸,%	0.36	7.9 g
组氨酸,%	0.17	3.7 g
苯丙氨酸,%	0.30	6.6 g
苯丙氨酸＋酪氨酸,%	0.52	11.4 g
钙,%	0.70	19.5 g
总磷,%	0.55	16.5 g
非植酸磷,%	0.32	7.04 g
钠,%	14	3.08 g
氯,%	0.11	2.42 g
镁,%	0.04	0.88 g
钾,%	0.20	4.4 g
铜,mg	5	11
碘,mg	0.15	0.33
铁,mg	80	176
锰,mg	20	44
硒,mg	0.15	0.33
维生素 A,IU	4 000	8 800
维生素 D$_3$,IU	220	485
维生素 E,IU	45	100
维生素 K,IU	0.5	1.10
硫胺素,mg	1	2.2
核黄素,mg	3.5	7.7
泛酸,mg	12	26.4
烟酸,mg	10	22
吡哆醇,mg	1	2.2

注:本标准的各项营养需要量的确定仅为参考值,在配制饲粮时允许加、减 3%。

表 5-2 肉脂型配种公猪每千克饲粮和每日每头养分需要

项目	体重/kg		
	90～150		150 以上
饲粮,kg	1.00	1.9	2.3
消化能,MJ	12.55	23.85	28.87
(Mcal)	3.09	5.70	6.90
代谢能,MJ	12.05	22.90	27.70
(Mcal)	2.88	5.47	6.62
粗蛋白质,g	12.5	228	276
赖氨酸,g	0.38	7.2	8.7
蛋氨酸＋胱氨酸,g	0.20	3.8	4.6
苏氨酸,g	0.30	5.7	6.9
异亮氨酸,g	0.33	6.3	7.6
钙,g	0.66	12.5	12.5
磷,g	0.53	10.1	12.2
食盐,g	0.35	6.7	8.1
铁,mg	71	135	163
锌,mg	44	84	101
铜,mg	5	10	12
锰,mg	9	17	21
碘,mg	0.12	0.23	0.28
硒,mg	0.13	0.25	0.30
维生素 A,IU	3 500	6 700	8 100
维生素 D,IU	180	340	400
维生素 E,IU	9	17.0	21.0
维生素 K,mg	1.8	3.4	4.1
维生素 B_1,mg	2.6	1.7	2.1
维生素 B_2,mg	0.9	4.9	6.0
烟酸,mg	9	16.9	20.5
泛酸,mg	12.0	20.1	24.4
生物素,mg	0.09	0.17	0.21
叶酸,mg	0.50	1.00	1.20
维生素 B_{12},mg	13.0	25.5	30.5

注:本标准的各项营养需要量的确定仅为参考值。

依据饲养标准喂饲种公猪,也要经常检查喂饲效果,避免因营养缺乏而影响公猪精液质量。如蛋白质和氨基酸缺乏时,公猪的生殖器官不易生成精子,精液量减少,精子的成活率降低。因此,必须保证供给公猪优良的蛋白质饲料,以满足配种营养需要。在公猪的日粮中,维生素和矿物质非常重要,特别是维生素 A、维生素 D、维生素 E 的缺乏,矿物质中钙、磷和微量元素硒的缺乏,均直接影响公猪的精子品质和繁殖能力。缺乏维生素 A,会降低公猪食欲;缺乏维生素 E,会导致公猪死精症;缺乏生物素 D,公猪导致缺钙,后肢无力等症。所以公猪饲料营养应保持标准,必须达到营养全面,方能收效显著。

(2)公猪的饲料配制 按照公猪饲养标准要求,营养全面,适口性好,为避免公猪腹下垂,饲料容积相对要小,达到少而精,此外要考虑到减少饲料成本。下面公猪日粮饲料配制,仅供参考。

①饲料种类及营养价值见表 5-3。

表 5-3 原料种类及营养价值

原料名称	消化能/Mcal	粗蛋白/%	胱氨酸/%	蛋氨酸/%	钙/%	总磷/%
玉米	3.41	8.7	0.2	0.18	0.02	0.27
小麦	3.39	13.9	0.24	0.25	0.17	0.41
麦麸	2.23	14.3	0.24	0.12	0.1	0.93
豆粕	3.37	44.2	0.65	0.59	0.33	0.62
鱼粉	3.1	62.5	0.52	1.64	3.96	5.05
磷酸氢钙	0	0	0	0	23.29	18.0
石粉	0	0	0	0	35.84	0.01
食盐	0	0	0	0	0	0
复合多酶	0	0	0	0	0	0

②种公猪饲料配方见表 5-4。

表 5-4 种公猪饲料配方 %

名称	玉米	小麦	麦麸	豆粕	鱼粉	磷酸氢钙	石粉	盐	复合多酶	合计
配比	58	15	17.4	3.75	3.5	0.1	1.35	0.4	0.5	100

③实际营养含量与标准需要见表 5-5。

表 5-5 营养含量与标准

项目	实际营养含量	标准需要
每千克饲料/(kcal/kg)	3.11	3.10
粗蛋白/%	13.46	13.5
钙/%	0.71	0.70
磷/%	0.59	0.55
蛋氨酸/%	0.25	0.26
胱氨酸/%	0.25	0.26

④后备公猪饲料配方见表5-6、表5-7。

表 5-6　后备公猪饲料配方 1

饲料原料	配合比例/%	营养素	营养水平
玉米	65.0	消化能/(MJ/kg)	12.89
麸皮	15.0	粗蛋白质/%	14.0
豆饼	15.0	粗纤维/%	3.6
草粉	3.0	钙/%	0.60
赖氨酸	0.2	磷/%	0.38
蛋氨酸	0.1	赖氨酸/%	0.84
贝壳粉	1.2	蛋氨酸/%	0.19
食盐	0.5	胱氨酸/%	0.16

注:本配方适用于20～35 kg重小公猪,日增量546 g。

表 5-7　后备公猪饲料配方 2

饲料原料	配合比例/%	营养素	营养水平
玉米	67.7	消化能/(MJ/kg)	12.84
麸皮	15.0	粗蛋白质/%	13.0
豆饼	11.0	粗纤维/%	3.6
草粉	4.0	钙/%	0.64
赖氨酸	0.2	磷/%	0.42
蛋氨酸	0.1	赖氨酸/%	0.76
贝壳粉	1.5	蛋氨酸/%	0.28
食盐	0.5	胱氨酸/%	0.15

注:本配方适用于35～60 kg重小公猪,日增量544 g。

(3)饲喂方式　公猪日粮品质优良,营养全面,必须配有良好的饲喂方法,才能达到理想的效果。喂种公猪切忌饲喂稀汤料,否则腹部下垂,严重影响公猪的利用率。喂饲种公猪应坚持限量饲喂,控制生长,尤其是成年公猪,一般应控制体重在150～200 kg为宜。

一般情况下公猪每天可饲喂2次,分上午8时和下午4时进行。饲喂的数量要与公猪的具体膘情相结合,切实做到看膘投料,保证种公猪正常体况。在配种期间可以每天适当加喂配合饲料0.5 kg,对过于肥胖的个体应适当少喂,瘦弱的个体适当多喂。每年11月份到翌年3月份由于天气寒冷,特别是简陋的猪舍,猪体耗热能多,应增喂饲料5%～10%。在喂料时,饲养员应充分了解加料铲的饲料量,并定期测量,达到熟练操作程度。对于个别过肥或过瘦种猪应适当减增饲料标准。在每次饲喂饲料时,一定要认真检查饲料质量和猪只的健康状况,如发现异常要及时采取措施。除此之外,为种公猪提供充足而清洁的饮水。

3. 公猪的饲养管理

(1)创造适宜的环境条件

①种公猪舍基本条件:公猪应饲养在阳光充足、通风干燥的圈舍里。每头公猪应单栏饲养,围栏最好采用金属栏杆、砖墙或水泥板,栏位面积一般为6～7 m²,高度为1.2～1.5 m,地面至房顶不低于2.5 m;猪舍内要有完善的降温和取暖设施。

②适宜的温度和湿度:成年种公猪舍适宜的温度为18～22℃。冬季猪舍要防寒保温,至少要保持在15℃,以减少饲料的消耗和疾病的发生;夏季高温期要防暑降温,因为公猪个体大,皮下脂肪较厚,加之汗腺不发达,高温对其影响特别严重,不仅导致食欲下降,还会影响种公猪性兴奋和性欲,易造成配种障碍或不配种,甚至中暑死亡。所以夏季炎热时,每天冲洗公猪,必要时要采用机械通风、喷雾降温、地面洒水和遮阳等措施,使舍内温度最高不超过26℃;种公猪最适宜的相对湿度要保持在60%～75%。公猪配种时间在早晨或晚上温度较低时较为适宜。

③良好的光照:猪舍光照标准化对猪体的健康和生产性能有着重要的影响。良好的光照条件,不仅促进公猪正常的生长发育,还可以提高繁殖力和抗病力,并能改善精液的品质。种公猪每天要有8～10 h光照时间。

④控制有害气体的浓度:如果猪舍内氨气、硫化氢的浓度过大,且作用的时间较长,就会使公猪的体质变差,抵抗力降低,发病(支气管炎、结膜炎、肺水肿等)率和死亡率升高,同时采食量降低,性欲减退,造成配种障碍。因此,饲养员每天都应特别注意通风,还要及时清理粪便,每天打扫卫生至少2次,彻底清扫栏舍过道,全天保持舍内外环境卫生。

(2)强化公猪单圈饲养管理 单圈饲养管理的好处,营造公猪安宁环境,减少外界环境干扰,保障猪的正常食欲,促进公猪正常生长发育。一般情况下,公猪在3～4月龄时就有性冲动,如不将其分开单独圈舍,极易相互爬跨、打斗和施咬,不得安宁,影响休息,进而食欲降低,不利于公猪的正常生长发育。而且极易养成自淫和滑精情况,甚者因爬跨阴茎严重损伤,失去利用价值而被淘汰。因此,公猪一旦发现性成熟,立即分离单圈饲养。同时安排公猪圈舍时,要离母猪圈舍远些,避免母猪的活动或声音,而使公猪焦躁不得安宁,公猪不能很好休息而影响食欲,甚至严重影响生长发育。公猪圈舍围栏(墙)相对高些,舍(围栏)、门要牢固,否则公猪越墙(栏)或拱坏门而出,四处逃窜,影响母猪或其他猪正常休息。

(3)加强公猪运动 适量的运动,能使公猪的四肢和全身肌肉得到锻炼,减少疾病的发生,促进血液循环,提高性欲。如果运动不足,种公猪表现性欲差,四肢软弱,影响配种效果。有条件的话可以提供一个大的空地,以便于公猪自由活动。由于公猪好斗,所以一般都是让每头公猪单独活动。最好是建设一个这种环形的运动场,做驱赶运动,这样可以同时使2～3头公猪得到锻炼。一般每天下午驱赶运动1 h,行程约1 000 m,冬天可以在中午进行。在配种季节,应加强营养,适当减轻运动量;非配种季节,可适当降低营养,增加运动量。

(4)刷拭和修蹄 每天用刷子给公猪全身刷拭1～2次,可以保持公猪体外清洁,促进血液循环,减少皮肤病和体外寄生虫的存在,而且还可以提高精液质量,可使种公猪温驯听从管教。在夏季的时候为了给公猪降温,也可每天给公猪洗澡1～2次。此外,还要经常用专用的修蹄刀为种公猪修蹄,以免在交配时擦伤母猪。

(5)精液品质检查 公猪精液品质的好坏直接影响受胎率和产仔数量。而公猪的精液品质并不恒定,常因品种、个体、饲养管理条件、健康状况和采精次数等因素发生变化。在采用人工授精时必须对所用精液的品质进行检查,才能确定是否可用作输精。公猪射精量因品种、年龄、个体、两次采精时间间隔及饲养管理条件等不同而异。从外观看,精液外观呈乳白色,略带腥味。在配种季节即使不采用人工授精,也应每月对公猪检查两次精液,认真填写检查记录。根据精液品质的好坏,调整营养、运动和配种次数。因此,进行精液品质检查十分重要。

精液活力活动分为三种,即精子活动直线前进、旋转和原地摆动 3 种,以直线前进的活力最强。精子活力评定一般用"十级制",即计算一个视野中呈直线前进运动的精子数目。100%者为 1.0 级,90% 为 0.9 级,80% 为 0.8 级,依此类推。活力低于 0.5 级者,不宜使用。

(6)完善饲养管理日程　使种公猪的饲喂、饮水、运动、刷拭、配种、休息等有一个固定时间,养成良好的生活习惯,以增进健康,提高配种能力。

(7)公猪科学的利用　在配种旺季,由于种公猪少,而需要配种的发情母猪较多,这时候就要科学合理利用种公猪。种公猪一般利用年限为 3～4 年,初配年龄应掌握在 8～10 月龄,体重达到 110 kg 时才可以参加配种。一般 1～2 岁的青年公猪,每 3 天配种 1 次;2～5 岁为壮年阶段,发育完全,性机能旺盛,为配种最佳时期。在营养条件较好的情况下,每天可配 1～2 次,最好是早、晚各一次,但每周要停配 1～2 天;5 岁以上的公猪进入衰老阶段,可每隔 1～2 天配种一次。所有配种时间都应在早饲或晚饲以前空腹进行,以免饱腹影响配种的效果。

(8)配种期间需要注意的事项

①配种时间应在采食后 2 h 之后为好,夏季炎热天气应在早晚凉爽时进行。

②配种环境应安静,不要喊叫或鞭打公猪。

③配种员应站在母猪前方,防止公猪爬跨母猪头部,引导公猪爬跨母猪臀部,当后备公猪正确爬跨后,配种员应立即撤至母猪后方,辅助公猪,将其阴茎对准母猪阴门,顺利完成交配。

④交配后,饲养员要用手轻轻按压母猪腰部,防止母猪弓腰引起精液倒流。

⑤配种完毕后即把种公猪赶回原舍休息,配种后不能立即饮水采食,更不要立即洗澡、喂冷水或在阴冷潮湿的地方躺卧,以免受凉患病。

(9)种公猪疾病防治措施　种公猪的疾病要以预防为主,以治疗为辅的原则,每年进行各种疫病的疫苗防疫工作。如患睾丸炎、阴囊炎就会影响其配种,应及时采用中西药结合的方法进行治疗。

第二节　后备母猪与空怀母猪的饲养管理技术

后备母猪与空怀母猪的饲养管理工作环节非常重要,饲养管理水平高低,直接影响到养猪的经济效益,特别是后备猪的饲养管理水平好坏,直接影响养猪场的未来。因此,本节内容对提高养猪水平和增加经济效益具有重要意义。

一、后备母猪的饲养管理

1.后备母猪的营养和饲喂

后备母猪由于采用限制饲养,所能吸收的营养低于自由采食,但对繁殖及身体发育所需要的营养必须满足,主要是维生素 A、维生素 E、钙、磷等,如仍喂育肥猪料,则不能满足后备母猪的营养需要,所以后备母猪必须饲喂专用的后备猪料,50～60 kg 的后备母猪其蛋白质水平必须保持在 16% 以上,否则会推迟性成熟。后备母猪的营养需要,粗蛋白质为 16%,消化能

2.975 kcal,赖氨酸 0.7%,钙 0.95%,总磷 ≥0.6%。后备母猪过肥,生长过快往往会延迟发情时间,甚至体重达 150 kg 仍未出现初情期,所以限制饲养已成为后备母猪饲养的一致看法,但在实际工作中又经常出现过分限制,同样也出现发情延迟。因此,建议后备猪 5 月龄前自由采食,体重达 70 kg 左右;5～6 月龄时后备母猪接近性成熟,开始限制饲养,由自由采食改为限量喂饲,饲养标准低于肥猪,日喂料量为 2～2.5 kg;7 月龄增加喂量为 2.5～3 kg,促进体重快速增长及发情,体况保持 7～8 成膘;8 月龄时,体重达到 110～120 kg,开始配种。

2.后备母猪的选留及选购

猪场引种前应做好两项准备工作:

①根据自己的实际情况制订科学合理的引种计划,包括品种、种猪级别、数量。并做好引种前的各项准备工作,如在种猪到达前应将隔离舍彻底冲洗、消毒,并且至少空舍 7 天以上,隔离舍要远离已有猪群。

②目标种猪场的调查了解与选择。

a.选择适度规模,有信誉,有《种畜禽生产经营许可证》,有足够的供种能力和技术服务水平较高的种猪场。

b.应在间接进行了解或咨询后,再到场家与销售人员了解情况。切忌盲目考察,导致所引种猪不理想或带回疫病。

c.种猪的系谱清楚、科学合理。

d.按种猪标准进行选择。

3.后备母猪引入后的管理

(1)种猪进场及注意事项

①隔离饲养观察:新引进的种猪,应在隔离舍饲养,切忌不可直接转进猪场生产区,避免带来新的疫病或者由不同菌(毒)株引发疾病。

②消毒及分群饲养:种猪到达目的地后,立即对卸猪台、车辆、猪体及卸车周围地面进行消毒,然后将种猪卸下,按大小、公母进行分群饲养,有损伤、脱肛等情况的种猪应立即隔开单栏饲养,并及时治疗处理。

③加强饲养管理:首先给种猪提供饮水,休息 6～12 h 后方可少量喂料,第 2 天开始可逐渐增加饲喂量,5 天后才恢复到正常饲喂量。种猪到场后的前 2 周,由于疲劳加上环境的变化,抵抗力降低,饲养管理上应尽量减少应激,可在饲料中添加适量的清热解毒中草药和多维电解质,使其尽快恢复到正常状态。

④隔离饲养注意观察:种猪到场后必须在隔离舍隔离饲养 35～45 天,严格检疫。对布鲁氏杆菌、伪狂犬病等疫病要特别重视,须采血经有关兽医检疫部门检测,确认为没有细菌和病毒野毒感染,并监测猪瘟等抗体情况。隔离期结束后,对该批种猪进行体表消毒,再转入生产区投入正常生产。

⑤加强运动锻炼:后备母猪体重达 90 kg,要保证每头种猪每天 2 h 的自由运动(赶到运动场),提高其体质,促进发情。

(2)隔离期内种猪免疫与保健

①参考目标猪场的免疫程序及所引进种猪的免疫记录,根据本场的免疫程序制定适合隔离猪群的科学免疫程序。

②如果所引进种猪的猪瘟疫苗免疫记录不明或经监测猪群的猪瘟抗体水平不高或不整齐,

应立即全群补注疫苗。如果猪瘟先前免疫效果确实,可按新制定的本场免疫程序进行免疫。

③重点做好蓝耳病的病原检测,而对于国家强制免疫的疫苗要按国家规定执行(如口蹄疫病、猪链球菌病等)。

④结合本地区及本场呼吸系统疾病流行情况,做好针对呼吸系统传染病的疫苗接种工作,如喘气病疫苗、传染性胸膜肺炎疫苗等。

⑤对于7月龄的后备猪,在此期间可做一些防止引起繁殖障碍疾病的预防注射,如细小病毒、乙型脑炎疫苗等。

⑥种猪在隔离期内,接种完各种疫苗后,应用广谱驱虫剂进行全面驱虫,使其能充分发挥生长潜能。

4. 后备母猪的饲料配方(举例)

后备母猪与空怀母猪的饲料配方见表5-8,仅供参考。

表 5-8　后备母猪与空怀母猪饲料配方　　　　　　　　　　　%

原料组成	后备母猪		空怀母猪	
	方案1	方案2	方案1	方案2
玉米	51	50	42	46
豆粕	9	11	8	10
鱼粉	1	2.6		
棉粕				3
菜籽粕			4	
麸皮	6	7	7	7
统糠	16.9	15	20	19
酒糟粉	9	7	10	7.8
草粉	4	3	5	3
磷酸氢钙	1.5	1.7	1.8	1.6
骨粉	1	1		1
石粉			0.5	
食盐	0.4	0.4	0.35	0.4
添加剂	1.2	1.3	1.35	1.2
合计	100	100	100	100
蛋白质含量	13.1	14.01	12.97	13.38

5. 后备母猪的正常饲养管理

(1)按进猪日龄和疾病情况,分批次做好免疫计划、驱虫健胃计划和药物净化计划。

(2)5月龄前自由采食,6~7月龄适当限饲,每头日粮控制在2~2.5 kg,应根据外界的气温和限饲前母猪群体膘情进行综合考虑。

(3)在大栏饲养的后备母猪要经常性地进行大小、强弱分群,最好每周2次以上,以免残弱猪的发生。此外,加强阳光浴和运动量,达到后备母猪膘情适中,健康强壮。

(4)7月龄时要做好发情记录,逐步划分发情区和非发情区,以便及早对不发情区的后备母猪进行特殊处理。

(5)7月龄的发情猪,以周为单位,进行分批按发情日期归类管理,并根据膘情情况做好合理的限饲、优饲计划,配种前10~14天要安排喂催情料进行优饲,比正常料量多1/3,以便母猪多排卵,到下个情期发情即配。

(6)后备母猪配种为8月龄,体重要达到110 kg以上,在第2次或第3次发情时及时配种。

二、空怀母猪的饲养管理

空怀母猪除了青年后备母猪之外,是指未配或配种未孕的母猪,其中包括断奶后未配母猪,妊娠期间流产、死胎、无奶而并窝的母猪,超期未配母猪,配种未孕返情母猪,久配不孕母猪。

1.断奶后未配母猪饲养管理

规模化猪场均秉用21日龄或28日龄仔猪早期断奶技术。断奶母猪转入配种舍,要认真观察母猪发情、做好母猪配种和记录,采取有效措施,加强饲养管理,实行短期优饲,饲喂全价优质饲料,日喂料量为2.5~3.2 kg,日喂3次,饮充足清洁水,要注意钙、磷和维生素A、维生素D、维生素E足量供应。断奶母猪在恢复栏,每圈饲养母猪3~4头为宜,每头占地面积要求1.8~2 m²,加强运动和接触阳光,多数母猪断奶后3~10天,早者3~5天就发情。所以,要求在断奶后3天就开始检查母猪发情与否或将公猪驱赶到母猪附近,刺激母猪,使其尽快发情。母猪发情时要适时配种,对个别体瘦的母猪,要增加饲料量,要求在第2次发情时配种,提高受胎率和产仔数;对个别肥胖的母猪,采取限饲和增加运动,使其减膘,必要时注射绒毛膜促性腺激素或孕马血清80~1 000 U,促进发情、配种。

2.其他空怀母猪的饲养管理

未经哺乳的母猪,体力无消耗,营养物质储备较多,对这种母猪要进行限量饲养,加强运动,强壮猪体,避免过肥造成受孕困难。同时对配种久不受孕的母猪,必须及时淘汰处理。

3.空怀母猪的饲料配制

后备母猪与空怀母猪的饲料配方见表5-8,仅供参考。

三、母猪发情鉴定与适时配种

1.母猪发情鉴定

在人工授精工作中,母猪发情鉴定是主要的技术环节。母猪达到性成熟后,就会表现出发情征候,如母猪的发情表现不明显,给适时输精带来了难度,因此可按此方法进行发情鉴定。

(1)外部观察法 一般母猪开始发情时,行为不安,尖叫,食欲减退,不卧圈,常沿猪栏奔跑,大小便不规律等。阴门的外部也有变化,阴户充血肿胀,是母猪发情临近的征兆;当阴门红肿、有光泽并流出黏液时,进入发情盛期;此后性欲逐渐下降,阴门肿胀消退,待阴门变为淡红、微皱和黏液减少时便是配种适宜期,当黏液逐渐变黏稠时,则表明已到了排卵后期,是复配的有利时机。母猪在发情期内外阴部肿胀的时间为5天左右。此法简单、有效,是生产中最常用的发情鉴定方法。

（2）试情与压背法　母猪发情时对公猪的爬跨反应敏感，可用有经验的试情公猪进行试情。如将公猪放在圈栏之外，则发情母猪表现异常不安，甚至将两前肢抬起，踏在栏杆外，迫不及待地要接近公猪；当用公猪试情时，观察母猪是否接受公猪爬跨，此期是配种的重要时期，在发情期内，母猪愿意接受公猪爬跨的时间有 2.5 天(52～54 h)左右；也可用压背法，即用双手按压母猪腰部，若母猪静立不动，即表示该母猪的发情已达高潮，母猪在静立反应中期输精受胎率较高。

（3）电阻法　电阻法是根据母猪发情时生殖道分泌物增多，盐类和离子结晶物增加，从而提高了导电率即降低电阻值的原理，以总电阻值的高低来反应卵泡发育成熟程度，把阴道的最低电阻值作为判断适宜交配(输精)的依据。实践证明，母猪发情后 30 h 电阻值最低，在母猪发情后 30～42 h 交配(输精)受胎率最高，产仔数最多。大量生产实践表明，用电阻法测定发情母猪的适宜配种时间比经验观察法更为可靠。

（4）外激素法　此法是近年来发达国家养猪场用来进行母猪发情鉴定的一种新方法，就是采用人工合成的公猪性外激素，直接喷洒在被测母猪鼻子上，如果母猪出现呆立、压背反射等发情特征，则确定为发情。此法较简单，可避免驱赶试情公猪的麻烦，特别适用于规模化养猪场使用。

（5）后备母猪发情鉴定　后备母猪初配基本条件为 8 月龄，体重 110 kg 以上，连续发情 2～3 次。由于后备母猪发情变化复杂，要根据年龄、外部细微变化、试情等方法综合进行鉴定。

2.最佳输精期

一般母猪排卵时间在发情开始后的 24～36 h。输精的原则是精子先于排卵，因为必须将精子"获能"时间计算在内，所以排卵时期输精受胎率并不高。实践中可根据母猪发情征状确定输精时期，如在母猪发情后，按压静立反应，在此之后的第 12～48 h 内配输精较为适宜；对外阴部变化明显的母猪，在外阴部红肿最盛期稍过时输精最适宜；如公猪试情，出现静立反应、两耳竖立、两目直视、阴门红肿时，在此之后的 5～6 h 配种；如无任何刺激出现静立反应、两耳竖立、两目直视、阴门红肿时，之后的 1～2 h 内配种。

四、促进母猪发情的方法

1.优饲催情

加强饲养管理，使用全价日粮，供给充足饮水，加强母猪运动，培育肥瘦适中的母猪，母猪以稍微露出脊椎骨为肥瘦适中，这样的母猪，一般能够及时发情排卵。

2.公猪催情

母猪对公猪的气味、求偶声、鼻触拱及爬跨等性刺激非常敏感。将公猪赶进久不发情的母猪圈中，用公猪追逐母猪，每天早晚各 1 次，每次 10～15 min，或把公母猪关在同一圈内，母猪通过视觉、嗅觉及触觉受到公猪强烈的性刺激，经神经传导，促使脑垂体产生促卵泡成熟激素，从而诱发母猪发情排卵。

3.运动催情

每天清早或下午将母猪放出围栏驱赶运动 1～2 h，驱赶距离 1 000～1 500 m，或实行放牧、放青，或长时间运输颠簸，均可促使母猪发情排卵。

4.换栏催情

将乏情母猪转换到另外一栏，换栏距离愈远愈好，可促使母猪发情排卵。或将长期不发情的母猪与正在发情的母猪混栏饲养,通过发情母猪爬跨,可促其发情排卵。

5.饥饿催情

对过肥母猪采取限饲,使其掉膘,然后补饲催情;对稍肥母猪,采取饥饿 24 h,不供料,只给水,可促进发情排卵。

6.按摩催情

对个别发情较晚的母猪,于每天早饲后按摩乳房 10 min,坚持 10 天左右,可以促使母猪发情。

7.断奶催情

若有较多的母猪在较集中的时间内产子,可把产子少或泌乳力差的母猪所生仔猪,寄养给其他母猪哺乳,使这些母猪停止哺乳,促进发情;对哺乳仔猪实行 21 日龄—28 日龄—35 日龄早期断奶,可促进母猪及时发情。

8.医病催情

对患病母猪及时进行药物治疗,治愈后,采取补饲催情。

9.激素催情

对于个别迟迟不发情的母猪,肌肉注射 1 支孕马血清或绒毛膜促性腺素 1 000 U,经 3~5 天即可发情。

10.中药催情

丹参 250 g、樱桃树皮 500 g、红花 15 g、当归 15 g,混合煎汤,待凉后拌料饲喂母猪,一般服药后 3 天即可发情。

11.红糖催情

红糖 0.5~1 kg,倒入铁锅内炒焦,加水 1.5~2.0 kg 加热至沸,待凉后拌料饲喂母猪,连喂 3~5 天,可使乏情母猪发情。

12.换种催情

个别母猪对公猪具有选择性。当用一头种公猪与母猪接触后引不起发情时,可重新调换另一头种公猪与该母猪接触,往往可以刺激发情排卵。另外,长期饲养在种公猪圈边的后备母猪,有的久不发情,若重新调换种公猪与这些后备母猪接触,常易引起发情排卵。

第三节　妊娠母猪的饲养管理技术

母猪妊娠是指母猪怀孕期,是从配种受孕开始至分娩结束这一过程。母猪的妊娠期平均为 114 天。在母猪妊娠期中饲养管理的任务是保证受精卵、胚胎与胎儿在母体内正常生长发育,防止胚胎死亡和流产的发生,生产出健壮、生活力强、初生体重大的仔猪,同时还要使母猪保持良好的体况,为哺乳仔猪做好准备。

一、母猪妊娠及生理特点

1.母猪妊娠初步确定

为了便于加强饲养管理,越早确定妊娠对生产越有利。母猪的发情周期为 21 天,配种后 15~28 天内注意观察母猪情况,如有发情表现,及时补配,避免空怀;配种母猪超过 28 天未见发情,初步确定母猪已妊娠。

2. 母猪妊娠表现

母猪妊娠后性情温驯,夹尾行走,行动沉稳,阴户缩小,喜安静贪睡,食量增加,上膘快,皮毛光亮,配种后未见再发情和上述表现,基本确定已妊娠。

3. 实验室妊娠诊断

(1)阴道活体组织检查法　母猪在发情周期的不同阶段和妊娠期间,阴道前端黏膜上皮组织发生规律性的形态变化,在不同的生理状态下,表现不同的特征。如通过镜检细胞层数,细胞层数超过 3 层定为未孕,细胞层数只有 2~3 层定为妊娠。

(2)诱导发情检查方法　母猪在发情结束的第 16~18 天注射 1 mg 的己烯雌酚,未孕母猪在 2~3 天内表现发情,子宫颈黏膜发生特征性的变化;怀孕母猪则无反应。应用此法,时间必须准确。否则注射时间早,易打乱未孕母猪发情周期。

(3)其他妊娠检测方法　超声波检测法,X 光透视检查法,尿液中雌激素测定等法,均可进行妊娠诊断。

4. 妊娠期的生理特点

母猪妊娠后新陈代谢旺盛,饲料利用率提高,蛋白质的合成增强,青年母猪自身的生长加快。试验报道,给妊娠母猪和空怀母猪吃相同数量的同一种饲料,妊娠母猪产仔后比空怀母猪多增重 1.5 kg 左右。妊娠前期胎儿发育缓慢,母猪增重较快;妊娠后期胎儿发育快,营养需要多,而母猪消化系统受到挤压,采食量增加不多,母猪增重减慢;妊娠期母猪营养不良,胎儿发育不好;营养过剩,腹腔沉积脂肪过多,容易发生死胎或产出弱仔。

二、母猪妊娠期胎儿生长发育及饲养管理

1. 母猪妊娠期胎儿生长发育期管理

胚胎的生长发育特点是前期形成器官,后期增加体重,器官在 21 天左右形成,胎儿体重 60% 以上是在妊娠 90 天以后增长的,胚胎的蛋白质、脂肪和水分含量增加,特别是矿物质含量增加较快,从受精卵开始到胎儿成熟,胚胎的生长发育经历 3 个关键时期。

(1)第一个关键时期,前 30 天是受精卵从受精部位移动附植在子宫角不同部位,并逐渐形成胎盘的时期。在胎盘未形成前,胎盘很容易受到环境条件影响。饲料营养不完善,饲料霉变,各种机械性刺激,高热病等均会影响胚胎生长发育或使胚胎早期死亡,这个时期胚胎发育和母猪体重增加较缓慢,不需要额外增加日粮的数量。

(2)第二个关键时期 60~70 天,胎儿发育较快,互相排挤,易造成位于子宫角中间部位的胎儿的营养供应不均。致使胎儿死亡或发育不良,粗暴对待母猪,大声吆喝、鞭打、追赶,母猪间互相拥挤咬架,都会影响子宫血液循环,增加胎儿死亡率。

(3)第三个关键时期是 90 天以后,胎儿生长发育增重特别迅速,母猪代谢的同化能力强,体重增加很快,所需营养物质显著增加,胎儿体积增加,子宫膨胀,消化器官受挤压,消化机能受到影响。减少青绿饲料的喂量。增加精料特别是蛋白质较多的粕(饼)类饲料,满足母猪体重与胎儿生长发育迅速增长的需要。

2. 加强母猪饲养管理,减少胚胎及胎儿死亡

胚胎在妊娠早期死亡后被子宫吸收称为化胎。胚胎在妊娠中、后期死亡不能被母猪吸收而形成干尸,称为木乃伊。胚胎在分娩前死亡,分娩时随仔猪一起产出称为死胎。母猪在妊娠过程中胎盘失去功能使妊娠中断,将胎儿排出体外称为流产。

(1)胚胎死亡　化胎、死胎、木乃伊和流产都是胚胎死亡。母猪每个发情期排出的卵大约有 10%不能受精,有 20%～30%的受精卵在胚胎发育过程中死亡,出生仔猪数只占排卵数的 60%左右。猪胚胎死亡有三个高峰期:首先是受精后 9～13 天,这时受精卵附着在子宫壁上还没形成胎盘,易受各种因素的影响而死亡,然后被吸收化胎;第二个高峰是受精后第三周,处于组织器官形成阶段,这两个时期的胚胎死亡占受精卵的 30%～40%;第三个高峰是受精后的 60～70 天,这时胎儿加快生长而胎盘停止生长,每个胎儿得到的营养不均,体弱胎儿容易死亡。

(2)胚胎死亡原因

①配种时间不适当,精子或卵子较弱,虽然能受精但受精卵的生活力低,容易早期死亡被母体吸收形成化胎。

②高度近亲繁殖,使胚胎生活力降低,形成死胎或畸形。

③母猪饲料营养不全,特别是缺乏蛋白质、维生素 A、维生素 D、维生素 E、钙和磷等容易引起死胎。

④饲喂发霉变质、有毒有害、有刺激性的饲料,冬季喂冰冻饲料容易发生流产。

⑤母猪喂养过肥,容易形成死胎。

⑥对母猪管理不当,如鞭打、急追猛赶,使母猪跨越壕沟或其他障碍,母猪相互咬架或进出窄小的猪圈门时互相拥挤等都可能造成母猪流产。

⑦某些疾病如乙型脑炎、细小病毒、高烧和蓝耳病等可引起死胎或流产。

(3)防止胚胎死亡措施

①妊娠母猪的饲料营养要全,特别注意蛋白质、维生素和矿物质的供给,但母猪体态适中,不要过肥。

②禁喂发霉变质、有毒、有害、有刺激性和冰冻的饲料。

③妊娠后期饲料营养全面、少喂,可增加饲喂次数,每次给量不宜过多,避免胃肠内容物过多而压挤胎儿。

④妊娠母猪单圈饲养,舍内保持卫生,通风良好,夏季防暑,冬季注意保暖,预防疾病发生。

⑤应有计划配种,防止近亲繁殖。要掌握好发情规律,做到适时配种。

三、妊娠母猪的饲养和营养需要

1.妊娠母猪的营养需要

根据我国饲养标准规定,妊娠前期(怀孕至 80 天)的母猪体重为 90～120 kg 时,日采食配合饲料量为 1.7 kg,体重 120～150 kg 日采食为 1.9 kg,体重 150 kg 以上日采食为 2 kg。妊娠后期(产前 1 个月)体重在 90～120 kg、120～150 kg、150 kg 以上,日采食量分别为 2.2 kg、2.4 kg、2.5 kg 配合饲料。日粮营养水平为粗蛋白质 12%～13%,消化能为 2.8～3.0 Mcal/kg,赖氨酸为 0.4%～0.5%,钙为 0.6%,磷为 0.5%。另外,除了喂配合饲料外,为使母猪有饱感和补充维生素,最好搭配品质优良的青绿饲料或粗饲料。

(1)能量需要　妊娠期能量需要包括维持和增长两部分,增长又分母体增长和繁殖增长。很多报道认为妊娠增长为 45 kg,其中母体增长 25 kg,繁殖增长(胎儿、胎衣、胎水、子宫和乳房组织)20 kg;中等体重(140 kg)妊娠母猪维持需要 5.0 Mcal DE/日,母体增长 25 kg,平均日增 219 g,据估算每千克增重需 5.0 Mcal DE,219 g 需 1.095 Mcal DE。繁殖增长日增 175 g,

约需 0.274 Mcal DE。以此推算,妊娠前期根据不同体重,每日需要 4.5～5.5 Mcal DE,妊娠后期每日需要 6.0～7.0 Mcal DE。

(2)粗蛋白质需要　蛋白质对胚胎发育和母猪增重都十分重要。妊娠前期母猪粗蛋白质 176～220 g/天,妊娠后期需要 260～300 g/天。饲料中粗蛋白质水平为 12%～13%,蛋白质的利用率决定于必需氨基酸的平衡。

(3)钙、磷和食盐的需要　钙和磷对妊娠母猪非常重要,是保证胎儿骨骼生长和防止母猪产后瘫痪的重要元素。妊娠前期需钙 10～12 g/天,磷 8～10 g/天,妊娠后期需钙 13～15 g/天,磷 10～12 g/天。碳酸钙和石粉可补充钙的不足,磷酸盐或骨粉可补充磷,使用磷酸盐时应测定氟的含量,氟的含量不能超过 0.18%。饲料中食盐为 0.3%,补充钠和氯,维持体液的平衡,提高适口性,其他微量元素和维生素的需要均由预混料提供。

2.妊娠母猪日粮饲料配制

妊娠母猪日粮饲料配制见表 5-9,供参考。

表 5-9　妊娠母猪饲料配方　　　　　　　　　　　　　　%

原料组成	妊娠前期		妊娠后期	
	配方 1	配方 2	配方 1	配方 2
玉米	45	51	52	50
豆粕	8	9	12	11
鱼粉				2.6
棉粕			2	
菜籽粕	4	2		
麸皮	7	6	6	7
统糠	17.2	15.9	13	15
酒糟粉	10	9	7.8	7
草粉	5	4	3	3
磷酸氢钙	1.8	1.5	1.6	1.7
骨粉		1	1	1
石粉	0.5			
食盐	0.35	0.4	0.4	0.4
添加剂	1.15	1.2	1.2	1.3
合计	100	100	100	100
蛋白质含量	12.78	12.6	13.55	14.02

3.妊娠母猪的饲养方式

根据胎儿的发育变化,常将 114 天妊娠期分为两个阶段,妊娠前 80 天为妊娠前期,产前 30 天至出生为妊娠后期。断奶后的母猪体质瘦弱,在配种后 20 天内应对母猪加强营养,使母猪迅速恢复体况,这个时期也正是胎盘形成时期,胚胎需要的营养不多,但需要营养全价,特别注意维生素和矿物质的供给;妊娠 20 天后母猪体况已经恢复,而且食欲增加,代谢旺盛,在日粮中可适当增加一些青饲料,优质粗饲料和精渣类饲料。规模化养猪场中,母猪在妊娠期前期,饲料营养要全面,适当控制饲料用量,一般情况下日粮控制在 1.7~2 kg;妊娠后期胎儿发育很快,为了保证胎儿迅速生长的需要,生产出体重大、体质健壮的仔猪,需要供给母猪营养全面的饲料。同时妊娠母猪应适当限饲,饲喂量应控制在 2.0~2.5 kg/天。母猪妊娠期营养过剩、过肥,腹腔内特别是子宫周围沉积脂肪过多,影响胎儿生长发育,产生死胎或弱仔猪。同时母猪也不能体况过瘦,造成营养不良,否则对胚胎发育有一定的影响。

第四节 分娩、哺乳母猪的饲养管理技术

分娩、哺乳母猪的饲养管理是母猪整个繁殖周期中的最后一个生产环节。这一阶段的饲养管理好坏,不仅影响仔猪成活率和断奶体重,而且对母猪下一个繁殖周期的生产有着显著影响。

一、预产期的计算方法

母猪妊娠期范围为 111~117 天,按平均 114 天,一般均按以下 3 种方法计算。

(1)妊娠 4 个月减 6 法 每个月按 30 天计,从第 1 次配种之日起,推算 4 个月的日期,再减去 6 天,即为妊娠母猪的预产期。例如母猪配种日期为 3 月 8 日,即为 7 月 2 日为母猪的预产期。

(2)妊娠月上减 8,日上减 7 法 例如母猪第 1 次配种日期为 9 月 12 日,预产期为翌年的 1 月 5 日;如果配种时间月上不够减 8,或者日上不够减 7 时,可在月上加 11,或日上加 30,然后再分别减 8 或减 7,即可推算出母猪的预产期。例如母猪配种时间为 5 月 5 日,即可在 5 上加 11,5 上加 30,然后再分别减 8 和 7,即母猪的预产期为 8 月 28 日。

(3)预产期 333 计算法 每个月按 30 天计算,母猪从第 1 次配种日期算起,母猪妊娠期为 3 个月 3 周零 3 天。

二、母猪分娩前的准备

1.产房的准备

根据推算的母猪预产期,在母猪分娩前 7~10 天准备好分娩舍(产房)。分娩舍要保温,舍内温度最好控制在 15~18℃。寒冷季节舍内温度较低时,应有采暖设备,同时应配备仔猪的保温装置(温度达 30℃左右)。应提前将垫草放入舍内,使其温度与舍温相同,要求垫草干燥、柔软、清洁,长短适中。炎热季节应注意防暑降温和良好通风环境,舍内相对湿度应控制在 65%~75%。母猪进入分娩舍前,要进行彻底的清扫、冲洗、消毒工作,清除过道、猪栏、运动场等的粪便、污物,墙壁、地面、圈栏、食槽、用具等用 2% 火碱溶液喷洒消毒,天棚等也可用百毒杀等药物进行消毒,猪舍彻底消毒后空置 1~2 天,最后用清水冲洗、晾干,方可将母猪转入产仔。

2.妊娠母猪转入产房

为使母猪适应新的环境,应在产前 5~7 天将母猪赶入分娩舍,如若过晚进入产房,母猪精神紧张,影响正常产仔。在母猪进入产房前,要清洗猪体腹部、乳房、阴户周围的污物,有条件

冬天用温水,夏天用冷水,对母猪全身清洗,然后用百毒杀等消毒液进行猪体消毒,晾干后转入产房。转入产房最佳时间为早饲前空腹进行,母猪入产房后再饲喂。

3.用具准备

应准备好洁净的毛巾或拭布、剪刀、水盆、水桶、称仔猪的秤、耳号、耳号钳、记录卡、肥皂、5%碘酊、高锰酸钾、凡士林、来苏儿、缝合用针线等用品,以备接产时使用。

4.母猪产前的饲养管理

视母猪体况投料,体况较好的母猪,产前5～7天应减少精料的10%～20%,以后逐渐减料,到产前1～2天减至正常喂料量的50%。但对体况较差的母猪不但不能减料,而且应增加一些营养丰富的饲料以利泌乳。在饲料的配合调制上,应停用干粗不易消化的饲料,而用一些易消化的饲料。在配合日粮的基础上,可应用一些青料,调制成稀料饲喂。产前可饲喂麸皮粥等轻泻性饲料,防止母猪便秘和乳房炎。产前1周应停止驱赶运动,以免造成死胎或流产。饲养员应有意多接触母猪,并按摩母猪乳房,以利于接产、母猪产后泌乳和对仔猪的护理。对带伤乳头或其他可能影响泌乳的疾病应及时治疗,不能利用的乳头或带伤乳头应在产前封好或治好,以防母猪产后疼痛而拒绝哺乳。

三、接产技术

1.分娩过程

临近分娩前,准备阶段以子宫颈的扩张和子宫纵肌及环肌的节律性收缩为特征。准备阶段初期,以每15 min周期性地发生收缩,每次持续约20 s,随着时间的推移,收缩频率、强度和持续时间增加,一直到以每隔几分钟重复地收缩。在此阶段结束时,由于子宫颈扩张而使子宫和阴道成为相连续的管道,膨大的羊膜同胎儿头和四肢部分被迫进入骨盆入口,这时引起横膈膜和腹肌的反射性及随意性收缩,在羊膜里的胎儿即通过阴门。在准备阶段开始后不久,大部分胎盘与子宫的联系就被破坏而脱离。由于子宫角顶部开始的蠕动性收缩引起尿囊绒毛膜的内翻,有助于胎盘的排出。在胎儿排出后,母猪即安静下来,在子宫主动收缩下使胎衣排出。一般正常的产仔间歇时间为5～25 min,产仔持续时间依胎儿多少而有所不同,一般为1～4 h;在仔猪全部产出后10～30 min猪胎盘便排出。胎儿和胎盘排出以后,子宫恢复到正常未妊娠时的大小,这个过程称为子宫复原。在产后几周内子宫的收缩更为频繁,这些收缩的作用是缩短已延伸的子宫肌细胞。在35～45天以后,子宫恢复到正常大小,而且更换了子宫上皮。

2.产前征兆

母猪临产前在生理上和行为上都发生一系列变化,掌握这些变化规律既可防止漏产,又可合理安排时间。因此,饲养员应注意掌握母猪的产前征兆,如腹部膨大下垂,乳房膨胀有光泽,两侧乳头外张,从后面看,最后1对乳头呈“八字形”,用手挤压有乳汁排出。一般初乳在分娩前数小时就开始分泌,但也有个别产后才分泌。但应注意营养较差的母猪,乳房的变化不是特别明显,要依靠综合征兆做出判断。母猪阴户松弛红肿,尾根两侧开始凹陷,并开始站卧不安,时起时卧、闹圈,一般出现这种现象后6～10 h产仔;如频频排尿,母猪侧卧,四肢伸直,阵缩时间逐渐缩短,呼吸急促,阴部流出稀薄黏液,称破水,表明即将分娩。此时接生人员应用0.1%高锰酸钾溶液或2%来苏儿擦洗母猪外阴部、后躯和乳房,准备接产。随着母猪努责频率加快,腹压加大,仔猪即刻从产道产出。

3.接生操作方法

仔猪产出时,头和前肢先出产道的称正生;两后肢先出产道的叫倒生。

(1)仔猪正常产出　仔猪正常产出后,立即用干净毛巾擦净仔猪口鼻和全身体表黏液,减少因水分蒸发造成仔猪体温下降;如胎衣包裹胎儿时,应立即撕破胎膜,擦净口腔和鼻部黏液;遇到仔猪倒生时,接生人员要用手握住两后腿,协助拉出仔猪,防止因脐带中断而造成窒息死亡。

(2)断脐带　先将脐带内血液向腹部方向挤压,在距仔猪腹部4～5 cm处,用手指掐断或剪短脐带,将脐带断口处涂上碘酒消毒。如遇到脐带流血不止时,用手指掐住脐带断端,一会儿即可止血。此法止血不见效果时,可用线结扎脐带止血。

(3)仔猪编号和称重　按照各养猪场自己的编号方法,母猪打双号,公猪打单号,然后称初生体重。将仔猪打的耳号、出生重、性别、公猪、母猪号、出生日期等内容均填写在卡片上,同时做好母猪产仔登记。

(4)假死仔猪急救措施　有的仔猪生出来就停止呼吸,但心脏仍在跳动,这叫"假死"。人工救治方法,先掏净仔猪口腔内黏液,擦净鼻部和身上黏液,然后采取以下急救的方法:一是倒提仔猪后腿,促使黏液从气管中流出,并用手连续拍打仔猪背部,直至发出叫声为止;二是用酒精或白酒擦拭仔猪的口鼻周围或针刺的方法急救使其复苏;三是将仔猪仰卧在垫草上,用两手握住其前后肢反复作屈伸,直至仔猪叫出声恢复自主呼吸。

(5)难产处理方法　母猪破水后仍产不出仔猪,或产出数头仔猪后30 min内只见努责不见产仔,均视为难产。处理难产时,可采取以下方法:一是肌肉注射催产素3～5 mL,促使胎儿产出;二是接产人员用双手托住母猪的后腹部,随着母猪努责,向臀部用力推送,促使胎儿产出;三是看见仔猪头或腿时出时进,可用手抓住仔猪的头或腿轻轻拉出;四是仔猪还是产不下来,可将右手消毒,减去指甲,涂凡士林、石蜡或甘油等滑润剂,五指并拢成锥形,慢慢伸入产道,抓住胎儿适当部位,再随着母猪腹部收缩的节奏,徐徐将胎儿拉出产道。当掏出仔猪头后,如母猪转为正常产仔,就不用再继续掏;五是如采取以上措施后,仔猪还是产不出来,只能手术剖腹取胎。为避免产道损伤和感染,助产或手术后必须给母猪注射抗菌素等抗炎症药物。

(6)清除污染垫草、杂物和胎衣　母猪正常分娩一般为2～3 h,仔猪全部产出后约30 min开始排出胎衣(也有边产边排的),当胎衣排净后,立即清除,同时清除污染垫草、杂物,更换新鲜垫草,用0.1%高锰酸钾溶液擦洗母猪腹部、外阴部和后躯,用清水冲洗床面。

四、母猪产后的饲养管理

1.母猪产后尽快补充体液,恢复体力

母猪在产仔过程中体力消耗非常大,体液损失也多,因此产后要给母猪饮加入少量盐的温水,最好在饮水中加入少量的豆粕水和麸皮或混合精料(或15粒花椒,4片鲜姜,7个去核大枣,60 g红糖,1 500 mL水,煮沸,1次饮用),以补充体液,恢复体力。此时饲养员要注意观察母猪的饮欲和食欲情况。若是母猪在产后2～3 h之内表现不吃不喝,体温稍微升高时,必须注射抗生素或其他抗炎性药物,防止产褥热等疾病发生而影响泌乳和哺育仔猪。

母猪产仔第二天日喂料2次,每次给料量1 kg,产仔第三天开始日增加料量0.5 kg,产后1周后日给足够饲料量,并根据母猪体况及带仔头数适当增减料量,日喂3～4次,自由饮水。

2. 加强母猪产后的饲养管理

(1)农户养猪可在哺乳母猪产后 2～3 天,将母猪赶到舍外运动场自由活动,对恢复体力、促进消化和泌乳是有利的。产房要保持安静、温暖、干燥、卫生、空气新鲜。产栏和过道,每 2～3 天消毒一次,防止发生子宫炎、乳房炎、仔猪下痢等疾病。

(2)哺乳母猪日粮结构要保持相对稳定,不要频变、骤变饲料品种,不喂发霉变质和有毒饲料,以免造成母猪中毒和乳质改变而引起仔猪腹泻。

(3)对有些母猪因妊娠期营养不良,产后无奶或奶量不足,可喂给小米粥、豆浆、小鱼虾汤、煮海带肉汤等催奶。对膘情好而奶量少的母猪,除喂催乳饲料外,同时应用药物催奶。如当归、王不留行、漏芦、通草各 30 g,水煎配小麦麸喂,每天一次,连喂 3 天。也可用催乳灵 10 片,一次内服。

(4)根据哺乳母猪泌乳特点及规律,加强饲养管理。母猪乳房结构特点是每个乳头有 2～3 个乳腺团,各乳头之间没有联系,乳房没有乳池,不能随时排乳,母猪产仔以后通过仔猪用鼻子拱乳头的神经刺激将乳排出;母猪每天泌乳 20～26 次,每次间隔时间为 1 h 左右,一般泌乳前期次数较多,随仔猪日龄增加泌乳次数减少。由于夜间比较安静泌乳次数比白天多;母猪泌乳量月为 300～400 kg,每天泌乳量为 5～9 kg,每次泌乳量为 0.25～0.4 kg,产仔后乳产量逐渐增加,一般从产后 10 天左右上升较快,平均 21 天左右达到泌乳高峰,以后逐渐下降。因此,为提高母猪的泌乳力,必须在母猪泌乳高峰到来之前,增加质量较好的精料,使泌乳高峰更高而且下降缓慢。同时也要在泌乳高峰下降之前,对仔猪进行补料,保证仔猪不会因母猪泌乳量下降而影响生长发育。

(5)保障饮水卫生及充足。哺乳母猪每天需要大量的饮水,水质要达到国家饮水标准,同时经常检查水嘴畅通情况,确保水源充足,水质优良、清洁。

(6)保持安静清洁的环境。猪舍的环境清洁有利于仔猪和母猪健康,可避免消化系统、呼吸系统、皮肤血液循环系统等疾病,保障母猪的泌乳。因此,每天将圈舍打扫干净,定期消毒;食槽经常清洗和消毒;禁止任何人员在猪舍内大声喧哗,更不可随意抓仔猪,禁止鞭打母猪;保证猪舍内无蚊蝇、无老鼠、无猫狗乱串等,为哺乳母猪营造清洁、安静泌乳环境和仔猪生长环境。

(7)因猪而异,适时淘汰母猪。猪的泌乳量因其胎次、年龄不同有很大的变化,3～5 胎壮龄母猪产乳量最高,6～7 胎以后的母猪逐渐下降,因此,一般小型猪场母猪产仔 8～10 胎以后淘汰;大型养猪企业母猪的淘汰率比较高,在一个生产周期中,母猪淘汰率一般在 15% 左右,有的企业母猪淘汰率高达 25%。

3. 哺乳母猪的营养需要与饲料配制

(1)营养需要　母猪在哺乳期间必须提供充足的营养,才能获得最大的泌乳量,使仔猪健壮、增重快,对母猪以后繁殖性能也奠定基础。能量、蛋白质、氨基酸、维生素和矿物质营养物质是哺乳母猪的维持需要、泌乳需要和生长需要。特别是哺乳期间需要大量的能量,当哺乳母猪摄入的能量不能满足这三种需求时,母猪就动用自身体储进行泌乳。因此,应按哺乳母猪饲料标准进行喂饲,详见前表 3-19。

(2)饲料配制　根据哺乳母猪营养需要和饲料标准,结合本地区饲料资源情况,制定和设计饲料配制方案,哺乳母猪饲料配方见表 5-10,供参考。

表 5-10　哺乳母猪饲料配方　　　　　　　　　　　　　　　%

原料组成	配方 1	配方 2	配方 3	配方 4
玉米	55	58	60	62
豆粕	14	15	10	15
鱼粉	2	3	4	3
棉粕	3	3	5	4
菜籽粕	4		3	2
麸皮	7	6	6	7
统糠	8	5.8	1.8	
酒糟粉	6	5	3	2.6
草粉			3	
磷酸氢钙	1.8	1.5	1.6	1.7
骨粉		1	1	1
石粉	0.5			
食盐	0.5	0.5	0.4	0.4
添加剂	1.2	1.2	1.2	1.3
合计	100	100	100	100
蛋白质含量	15.78	16.36	16.86	17.25

注:根据母猪膘情,可适量添加 1%～2%植物油,增加能量。

(3)哺乳母猪日粮多样化　现代化养猪场或大型猪场养猪日粮均为全价饲料。如果有条件的中小猪场或农户养猪,适当喂些青绿多汁的饲料为好,以混合饲料、粗饲料、青绿多汁饲料搭配喂饲,即营养丰富,又节约饲料成本。按具体科学饲养的方法,哺乳前期全价饲料占日粮总量的 90%,粗干饲料占 2%～3%,青绿多汁饲料可占 1%～2%;哺乳中期全价饲料占 85%,粗干饲料占 3%～5%,青绿多汁饲料可占 10%左右;哺乳后期全价饲料占 65%～75%,粗饲料占 10%左右,青绿多汁饲料可占 20%左右。日粮组成一旦固定,不要轻易改变,要有相对的稳定性。

第五节　仔猪的饲养管理技术

仔猪包括哺乳仔猪和断奶仔猪两部分,从出生到断奶的仔猪称为哺乳仔猪;从断奶到体重 35 kg 的仔猪称为断奶仔猪。

一、哺乳仔猪的饲养管理

仔猪在胚胎期通过母猪胎盘进行气体交换、吸收营养和排泄废物,而仔猪出生后就要靠自己的肺器官进行呼吸,并靠自身的消化系统进行吸收营养和排泄,在生命中获得新生。由于仔猪初生重小,各系统器官发育很不完善,因而对于外界环境的适应性较差。哺乳仔猪饲养管理的主要任务是保证一窝仔猪成活、无疾病、生长快、体质健壮。

1.哺乳仔猪的主要生理特点

(1)仔猪体温调节机能不健全,抗寒性弱　初生仔猪皮薄毛稀,皮下脂肪少,散热快,加之仔猪出生时大脑皮层温度调节中枢神经发育不够健全,因不能正常调节和维持体温,仔猪的体温只能随环境温度下降而降低。初生仔猪的临界温度为35℃,如果环境温度处在13～24℃的环境中,仔猪生后1 h体温可下降1.7～7.2℃,出生20 min内,因羊水的蒸发,降温则更快。仔猪在1℃环境中出生2 h可冻昏,甚至冻死。仔猪达到10日龄时体温自身调节机能方得到改善,20日龄接近完善。因此,要根据仔猪的生理特点,注意为仔猪防寒保暖,特别是在寒冷季节产仔时,更值得关注。

(2)仔猪消化器官不发达,容积小,机能不完善

①消化器官不发达,容积小:仔猪初生时,消化器官虽然已经形成,但其重量和容积都比较小。仔猪出生时胃重仅有4～8 g,能容纳乳汁25 mL,20日龄时胃重达到35 g,容积扩大2～3倍,当仔猪60日龄时胃重可达到150 g,容积为1.6 L左右。成年母猪胃为860 g,容积为5～6 L,由于仔猪胃肠容积小,食物排空速度快,15日龄为1.5 h,30日龄时约为3～5 h,60日龄时为16～19 h。因此,在对哺乳仔猪饲养时应采用少喂勤添的喂饲方法。

②消化器官机能不完善:哺乳仔猪出生后20日龄前,胃内不能分泌盐酸,也就不能激活胃蛋白酶原,更不能形成胃蛋白酶,也就不能消化蛋白质,只有达到40日龄时,胃内能分泌较多的盐酸,才有消化蛋白质的功能。在此之前主要靠小肠液和胰液来消化营养物质,如胰蛋白酶、胰凝乳酶等进行消化蛋白质。哺乳仔猪进入20～30日龄时,只有饲料进入胃肠之后直接刺激胃壁,才能产生少量的胃液。由此证明,哺乳仔猪早补饲料,对仔猪胃液分泌,提高仔猪消化机能很有益处。

(3)仔猪缺乏先天免疫力　仔猪出生时没有先天免疫力,因为免疫抗体是一种大分子γ-球蛋白,胚胎期由于母体血管与胎儿脐带血管之间被6～7层组织隔开,限制了母体抗体通过血液向胎儿转移。因而仔猪出生时没有先天免疫力,自身也不能产生抗体。只有吃到初乳以后,靠初乳把母体的抗体传递给仔猪,以后过渡到自体产生抗体而获得免疫力。

①初乳中的免疫物质作用:初乳对仔猪有两种不同的保护作用。一种是初乳吸收进入仔猪循环系统后,提供被动的可以预防微生物侵入的循环抗体;第二种是不被吸收的乳汁,在消化道内提供一种被动的能保护肠管疾病的局部免疫力,其中IgG、IgA和IgM都有保护哺乳仔猪小肠的作用。免疫球蛋白M(IgM)的应答反应期非常短暂,仅有24～48 h,是对感染最初的应答反应所产生的抗体。免疫球蛋白G(IgG)是对感染因子第二步的应答反应产生的,产生的IgG可以维持一个较长的时期,防止仔猪进一步受到感染。IgG在防止菌血症和败血症方面具有特别的功能。一般IgG约占血清中所有免疫球蛋白的80%左右。免疫球蛋白A(IgA)在肠道、呼吸系统和乳腺产生局部的免疫力,IgA由局部分泌,它趋向于保存在产生部位,在血清中发现IgA的浓度很低。产生特异性的免疫力可防止仔猪患肠炎或其他肠道疾病。IgA常常对防止病毒感染非常有效。

②初乳中免疫抗体的变化:母猪产仔时初乳中免疫抗体含量最高,以后随时间的延长而逐渐降低,从产仔第1天开始每100 mL初乳中含有免疫球蛋白20 g,4天后下降到10 g,以后还要逐渐减少。因此,仔猪出生后及时吃到初乳是提高成活率的关键。

③仔猪自身抗体：仔猪出生 10 日龄以后才开始自身产生抗体，直到 30～35 日龄前数量很少。因此，3 周龄以内是免疫球蛋白青黄不接的阶段，此时胃液内又缺乏游离盐酸，对随饲料、饮水等进入胃内的病原微生物消灭和抑制作用很弱，因而仔猪极易患消化道疾病。

（4）仔猪生长发育快、新陈代谢机能旺盛　初生仔猪体重非常小，不到成年体重的 1%，生后生长发育很快。一般初生体重为 1 kg 左右，10 日龄时体重达出生重的 2 倍以上，30 日龄达5～6 倍，60 日龄达 10～13 倍。

仔猪生长快，是因为物质代谢旺盛，特别是蛋白质代谢和钙、磷代谢要比成年猪高得多。生后 20 日龄时，每千克体重沉积的蛋白质，相当于成年猪的 30～35 倍，哺乳仔猪乳蛋白消化率 99.8%，利用率为 70%～90%。

2.哺乳仔猪的饲养管理

（1）保暖防寒防暑工作　由于仔猪出生时体温调节机能不健全，对低温特别敏感，因此一定要做好保温防寒工作。仔猪出生时适宜的温度为 1～3 日龄为 32～30℃，4～7 日龄 30～28℃，8～30 日龄 28～25℃，31～60 日龄 25～22℃。哺乳仔猪环境温度较低，达不到温度要求，仔猪的体温就会下降，轻者冻昏，重者冻死。因此，分娩栏舍内应安装好保暖、防暑设备，特别要注意 7 日龄以内仔猪的保暖工作，因外界温度与母猪体内温度相差很大，且 7 日龄内仔猪的体温调节机能极不健全。保温箱温度必须保持 32℃左右，以后每周降低 2℃，直到 22℃。母猪产后应特别注意保持产房干燥，要勤换垫草，以利保温。

（2）仔猪尽早吃初乳　母猪产仔后 3 天内分泌的乳汁称为初乳，此后分泌的乳汁称为常乳。初乳比常乳所含的蛋白质多而脂肪少，营养丰富，并含有免疫抗体物质，新生仔猪吃初乳越多越好，可提高仔猪的免疫力和成活率。在仔猪吃奶前，用 0.1% 的高锰酸钾水溶液擦洗乳房和乳头，挤出乳头内残留乳汁，然后把仔猪送到母猪身边吃奶。对不会吃奶的仔猪，人工辅助让其吃奶。总之，仔猪产出后 2 h 之内吃到初乳，越早越好。

（3）剪掉仔猪獠牙　新生仔猪有 8 颗锐利的獠牙，这些牙齿对于采食母乳的仔猪是无用的。因此，一般的猪场均主张将獠牙剪掉，以防止仔猪咬伤母猪的乳头或仔猪相互咬斗时咬伤同伴面颊。剪掉獠牙的方法是用小剪刀或指甲刀，消毒后剪掉牙冠的 1/2 即可。

（4）仔猪吃奶固定乳头　仔猪出生后 2～3 天内固定好乳头吃奶，否则仔猪相互打斗抢乳头而影响吃奶。因此，采取自然固定和人工固定相结合的方法固定乳头，当仔猪个体差异不大时，出生后 2～3 天就自行固定乳头吃奶；如果个体大小差异较大，可将较大的仔猪固定在后面的乳头，因较大的仔猪按摩乳房有力，可增加后面乳房的泌乳能力；也有随时产随时固定好乳头，这种方法仔猪产出后均能安稳吃奶。

（5）哺乳仔猪寄养和并窝　将母猪所生的仔猪由别的母猪代养称为寄养。如果母猪产仔过多或过少、或无乳或死亡时，将哺乳仔猪并窝或放入新生产母猪处寄养。

①采取寄养和并窝时，应考虑两窝仔猪产期尽可能接近，前后相差时间最好不超过 2～3 天，以免出现以大欺小、以强欺弱的现象。

②在寄养和并窝前，让仔猪吃过初乳，否则仔猪成活率低。

③寄养和并窝时，要选择性情温顺、护仔性强、泌乳性能好的母猪为寄养母猪，否则易发生母猪拒绝哺乳或撕咬仔猪。

④寄养和并窝的具体方法是将两窝的仔猪放入一起混群串味，用代乳母猪的胎衣、尿液、乳汁擦到代养仔猪的头部和后躯部位，再用来苏儿或白酒等喷洒在两窝仔猪身上，使其串味后

代乳,仔猪吃奶几次便获成功。

（6）仔猪补铁、硒和铜元素　动物机体中的铁有 60%～70% 存在于血红素中,20% 左右与蛋白质结合形成铁蛋白,存在于肝、脾和骨髓中,其余的铁存在于细胞色素酶和多种氧化酶中。由此可见,铁是血红蛋白、肌红蛋白、细胞色素酶等多种氧化酶的成分,与造血机能、氧的运输、细胞内生物氧化过程及免疫机能有着密切的关系。因此,铁元素是仔猪的造血原料,仔猪体内大约共有 40 mg 的铁,小猪生长速度快,仔猪体内贮存的铁在 1 周之内消耗掉,如不及时补铁,仔猪就会患缺铁性贫血症。因此,仔猪在出生后 2～3 天内注射右旋糖酐铁钴、牲血素、铁铜合剂等注射液,特别是铁铜合剂起到双补的作用;仔猪缺硒易患白肌病、皮下水肿、心脏衰竭,甚至突然死亡。仔猪出生后 3 天肌肉注射 0.1% 亚硒酸钠维生素 E 注射液 0.5 mL,30 日龄再注射 1 次,或母猪产前 20～25 天肌肉注射 0.1% 亚硒酸钠 1 次,剂量为每千克体重 0.1 mL,预防硒缺乏症。

（7）早期诱食　应根据初生仔猪的消化生理特点,建议哺乳仔猪出生 6～8 日开食,锻炼胃肠机能,使之胃肠消化液和分泌机能等消化机能提早完善,为哺乳仔猪不断营养需求和提早断奶做好准备。诱食教槽的方法,采用人工乳兑白开温水制成 10% 的奶水,放在一个教槽盘里,以 20 min 喝完的量为宜,每天 5 次以上;另一个教槽盘中投放自制的干料（大豆粉与玉米面以 1：5 的比例炒香）,少量多添,以免浪费。在准备好诱食的同时将自动供水设施加高,限制仔猪饮水,仔猪渴了自然会饮用配制的奶水,嘴馋时可以舔食干料,坚持 5 天的时间就会收到良好的效果。以这样的方法,通常 15 天后仔猪即可学会吃料,21 日龄、28 日龄或 35 日龄可以断奶。

二、断奶仔猪的饲养管理

哺乳仔猪饲养一定的月龄,离开母猪不再吃奶,叫作断乳。哺乳仔猪断奶后,生活环境发生很大的变化,不再吃母乳而是饲料,并离开母猪而独立生活,调离原圈,重组猪群,生活在全新的环境中,这些变化对仔猪都会产生很大不良影响。因此,必须为断奶仔猪准备温度、湿度和光照适宜的生活环境,饲料营养丰富,确保断奶仔猪全活而健壮,日增重快,为后备猪和育肥猪奠定良好的基础。

1. 早期断奶的优点

（1）仔猪个体小而均匀,开始断奶时受应激的影响,增重较慢,一旦适应后,增重变快,可以得到生长补偿。

（2）缩短母猪产仔间隔时间,增加母猪年产仔数。

（3）减少母体挤压造成的损失,特别是带仔多的母猪,早期断奶可护理得更好。

（4）节省饲料,提高饲料利用率,能量经一次转化损失 20%。仔猪吃料利用率为 50%～60%,若饲料经过母乳转化利用率仅为 20%,同时早期断奶可以早淘汰低产母猪,减少母猪因泌乳而消耗体重,还可以缩短母猪下次发情的配种时间。

（5）根据断奶仔猪生长发育要求提供全面的营养,不受母乳下降和营养不全的影响。

（6）提高栏舍利用率,减少劳动力,节省开支,降低仔猪培育成本,提高母猪经济效益。

2. 断奶适宜日龄

哺乳仔猪断奶日龄与仔猪生长发育情况和饲养管理条件相关。大型现代化养猪企业多数采用 28～35 日龄断奶,也有企业提早到 21 日龄断奶;中小型养猪场或农户养猪普遍多采用 45～50 日龄断奶。仔猪断奶时间应考虑多方面因素。

(1)母猪泌乳期长短与繁殖力的关系 母猪需要体质恢复期,尤其是子宫本身修复需要20余日,哺乳可刺激子宫加快恢复过程,过早或过晚断奶均有影响。据资料计算,哺乳仔猪在21日龄断奶,母猪年产仔2.5窝;35日龄断奶母猪年产仔2.3窝;45日龄断奶母猪年产仔2.2窝;50日龄断奶母猪年产仔2.1窝。各养猪场根据本场饲养环境和条件情况灵活掌握,仔猪断奶时间。

(2)仔猪的生长与断奶时间的关系 哺乳仔猪在3周龄前生理不完善,利用植物性饲料能力差,需依赖母乳生存,而母乳正处于上升阶段,能满足仔猪需要;3周龄后仔猪生长发育快速,而母乳开始下降,需补充饲料才能满足仔猪营养需要。

(3)饲养条件与断奶时间的关系 哺乳仔猪早期体小,抗病力弱,对饲养管理要求严格,对饲料变化较为敏感,所以要求饲料精细,适口性好,易消化,同时要有足够的饮水;仔猪对环境卫生、温度、湿度条件要求较高,要求合理的免疫程序,按要求及时注射疫苗。

3.仔猪断奶的方法

仔猪断奶有以下三种方法。

(1)一次断奶法 一次性将母猪仔猪分离,赶走母猪,仔猪留在原圈一周时间。此方法简单易行,利于"全进全出"管理,同时也利于母猪断奶后迅速发情配种。此时注意母猪易患乳房炎。

(2)分批断奶法 按预计仔猪断奶日龄和生长发育及采食等情况,将同窝仔猪分批断奶,方法是先将较强壮、较大的仔猪断奶,弱小仔猪继续吃奶。此方法既照顾仔猪也照顾了母猪,但不利于"全进全出"管理。

(3)逐渐断奶法 断奶前4~5天逐渐减少哺乳次数,直到完全断奶,此法看似照顾了母猪和仔猪,但实际操作起来很烦琐。

4.断奶仔猪的饲养管理

(1)仔猪混群并栏 哺乳仔猪断奶后,在原舍饲养一周,观察仔猪采食和排便一切正常后,进行仔猪混群并栏。尽可能的原舍仔猪成群、个别调整,将体格大小相近的仔猪放在同一圈舍饲养,把体小、体弱的仔猪单独组群饲养,如此组群避免以大欺小、以强欺弱,便于管理。

(2)饲料少添勤喂定时定量 一般情况下每天喂饲4~5次,每次喂8~9成饱为宜,为保证仔猪旺盛的食欲,夜间9~10时加喂一次,利于仔猪快速生长。注意尽可能不随意变换饲料。

(3)饮水清洁供给充足 仔猪生长迅速,需要水量大,必须全天候供水,自由饮用。

(4)仔猪占地面积合理,环境优良 一般每头断奶仔猪占地面积为$0.5\sim0.8\ m^2$,每个圈舍8~10头为宜,有足够的食槽;舍内阳光充足,温度、湿度适宜,圈舍清洁、干燥,定期消毒。

(5)注意观察猪群动态和精神状态 在混群饲养时,经常出现相互打架现象,如有被咬伤的仔猪及时擦药消毒,有必要时将打架猪调整;观察仔猪精神状态,是否有咳嗽、发烧等病态出现,同时查看猪圈内粪便情况,是否有腹泻等消化系统疾病等情况。

三、仔猪饲料配制

断奶仔猪的消化系统发育仍不完善,生理变化较快,对饲料的营养及原料组成十分敏感,因此选择饲料要求适口性强、营养丰富、消化率高,以适应其消化道的变化,促使仔猪快速生长。仔猪饲料配方见表5-11,供参考。

表 5-11　仔猪饲料配方　　　　　　　　　　　　　　　　　%

项目		配方编号					
		1	2	3	4	5	6
配方组成	玉米	43.89	56.62	62.4	59.31	59.85	65.25
	小麦（炒）	13.18					
	麦麸			6.45	10.23	10.97	6.84
	豆粕	11.68	16.13	16.21		19.57	9.35
	膨化大豆	6.34		5.4	24.27		17.01
	乳清粉	10.85	9.77				3.43
	鱼粉（蛋白含量60%）	6.34	6.15	1.89	4.04	4.66	2.55
	蚕蛹			1.35			
	菜籽粕	4.92		2.16			
	油脂	1.25	2.65	1.44		2.7	
	碳酸钙	0.51	0.46	0.58	0.65	0.59	0.45
	磷碳氢钙	0.21	0.54	1.3	0.91	0.89	1.34
	食盐	0.2	0.3	0.1	0.2	0.3	0.2
	预混料	0.3	0.3	0.3	0.3	0.3	0.3
	多种维生素	0.03	0.03	0.03	0.03	0.1	0.03
	赖氨酸			0.08	0.02	0.05	
	蛋氨酸			0.01	0.02	0.01	0.03
	生物制剂	0.01	0.01	0.01	0.01	0.01	0.01
	碳酸氢钠	0.2	0.2	0.25			
	调味剂	0.1	0.15	0.04	0.05		
	合计	100	100	100	100	100	100
营养水平	消化能/(MJ/kg)	14.21	14.21	14.21	14.21	14.21	14.21
	粗蛋白质	20	18.45	18	18.2	18	18
	钙	0.7	0.7	0.7	0.7	0.7	0.7
	磷	0.65	0.5	0.6	0.6	0.5	0.5
	赖氨酸	1.08	0.95	0.95	0.95	0.95	0.95
	蛋氨酸	0.29	0.25	0.25	0.25	0.25	0.25
	色氨酸	0.24	0.21	0.2	0.19	0.22	0.19

第六节　商品肉猪的饲养管理技术

商品肉猪的饲养阶段是指断奶仔猪经过保育结束后进入生长舍饲养,直至出栏这个时期。此阶段是养猪生产中的关键环节之一,也是养猪经营者能否获得经济效益的重要时期。商品猪在生产过程中,能否在最短时间内,用最少的劳动力和饲料,生产肉质最好、产量最高的商品猪,从中获得很好的经济效益、社会效益和生态环境效益,可反映出此阶段的科学技术水平。

一、商品肉猪饲养前的准备工作

1. 猪舍的准备

商品仔猪在未进入猪舍之前,将猪舍内和过道及食槽等内外的粪便和污物彻底清除,然后用 2%～3%火碱水溶液喷洒或用其他消毒液进行消毒,墙壁用 20%的石灰乳粉刷 1 天后,用清水将圈舍地面冲洗干净。食槽、饮水器和保暖设施就绪后,再间隔 1～2 天后进猪。

2. 选择商品仔猪

对于商品仔猪的生长速度,除了饲料和饲养管理之外,选择仔猪品种也非常关键。因此,应从优良杂交品种中选择体重大、活力强、皮毛光亮、精神状态好、健康无病的仔猪。一般情况下,选择杜洛克、大约克夏和长白猪与地方品种猪进行杂交的二元杂交猪和三元杂交猪,其优点生长速度快,日增重均在 700 g 以上,饲料报酬高,每千克增重耗料在 3 kg 左右,胴体瘦肉率可达 58%～60%,具有市场占有率高和较好的经济效益。

3. 仔猪及时去势

商品肉猪生产的仔猪都要进行去势,目的是停止生殖器官生长发育,不让其有性机能活动。猪性情安稳,食欲旺盛,生长速度快,肉质好,无异味。我国地方品种猪性成熟比较早,为不受性机能活动对生长猪的影响,公母猪都要去势;对于国外引进的品种猪和三元杂交猪公猪去势,母猪不用去势。因为母猪到出栏体重时才表现性成熟,对生猪生产影响不大。去势应在哺乳阶段进行,利于伤口愈合,自繁自养的仔猪应在出生后 20 日龄左右去势;外购的仔猪经过一周观察,在无异常的情况下及时去势,去势后刀口及时消毒处理,避免细菌感染,要保持圈舍干燥、卫生。

4. 及时驱虫

猪体内外寄生虫不仅吸收机体营养,而且口器损伤皮肤和肠黏膜等组织,对猪的生长和饲料利用率影响很大。危害猪的主要体内寄生虫是蛔虫。常用驱虫药有驱虫灵、丙硫咪唑、伊维菌素,用量按说明书;猪体外寄生虫用 2%～3%敌百虫溶液喷雾猪体和猪的围栏,连续治疗3～5 天。也可用伊维菌素和阿维菌素进行治疗,都可收到良好的效果。

二、营造适宜的生活环境

商品肉猪的生活环境分为群居的生活环境和猪舍内的生活环境两种。环境因素非常重要,只有舒适的环境条件,猪才能安静,才有食欲,才能有增加体重快、饲料转化率高、发病率和死亡率低的效果。

1. 仔猪合理分群

商品仔猪在组群过程中,由于来源不同、体重大小不同、体质强弱不同,如随意组群就容易造成争先抢食,以大欺小、以强欺弱,剧烈撕咬、攻击现象,影响采食和正常休息。因此,必须科学合理进行组群,应按仔猪来源、体重大小、体质强弱、杂交组合等方面相近的猪进行组群,分配到一个圈舍内;将体重小、体质弱的猪分配在一个圈内,使各种类型的猪都能够正常采食、安宁群居。一旦组群确定后,除了有个别的病弱猪挑选出来单独饲养外,猪群不再变动,让猪在安静、群居的环境中正常快速生长,直至出栏。

2.抓好仔猪的调教工作

调教主要是让猪养成在固定的地点排便、睡觉、采食、不争食的习惯,不仅减少日常管理工作强度,而且能保持猪舍的卫生、干燥,营造舒适的群居环境。

(1)防控强夺弱食　当调入肉猪时注意所有的猪都能均匀采食,除了要有足够长度的饲槽外,对喜争食的猪要勤赶,使不敢采食的猪能得到采食的机会,帮助建立群居秩序,分开排列、同时采食,如能采用无槽湿拌料喂养时争食现象就会大大减少,但要掌握好投料量。

(2)固定地点　采食、睡觉、排便三点定位,保持猪栏干燥清洁。通常运用守候、勤赶、积粪、垫草等方法单独或交错使用进行调教。例如:当小肉猪调入新猪栏时,已消毒好的猪床铺上少量的垫草,饲槽放入少量饲料,并在指定排便处堆放少量粪便,然后将小肉猪赶入新猪栏,发现有的猪不在指定的地点排便,应将其散拉在地面的粪便铲在粪堆上,并结合守候和勤赶的方法,很快就会养成三点定位的习惯。有个别猪对积粪固定排便无效时,利用其不喜睡卧潮湿处的习性,可用水积聚于排便处,进行调教。在设置自动饮水器的情况下,定点排便调教更会有效。总之,调教工作,关键在于抓得早、抓得勤,方可达到满意的调教效果。

3.猪群饲养密度

猪群头数过多,圈养密度过大,对猪的采食和休息及生长都会产生不利的影响。因此,在自然温度、自然通风的饲养管理条件下,每群以10～20头为宜;在工厂化养猪条件下,每群应在30～40头。如果在圈舍充足的条件下,每群猪最好饲养8～10头,因猪群大,不利于采食和休息。如按占地面积计算,每头猪占地面积0.8～1.2 m² 为宜。

4.猪舍的温度、湿度环境

(1)猪舍温度环境　在商品猪生产过程中,适宜温度为15～23℃,过冷过热均对生长造成影响。当温度过高达30℃以上时,猪的呼吸频率加快,导致食欲降低,采食量减少,甚至中暑;在低温环境下,为了保持正常体温,采食量增多,满足机体热能需求。体小的猪对寒冷非常敏感。舍内高温和低温都对猪的生长发育产生很大影响,因此,舍内必须采取防寒保温措施,注意通风换气,减少空气中有害气体含量,营造或保持猪适宜生长的温度环境。

(2)猪舍湿度环境　在正常温度情况下,猪舍的适宜相对湿度为45%～70%,对猪的生长无影响;当舍内气温过高或过低时,空气的湿度对猪的健康、增重和饲料利用率有一定的影响,特别是低温湿度大的条件下,猪易患皮肤病和肺部疾病,应注意环境检测和采取相应增温、排湿措施。

三、育肥猪营养需要

饲料营养水平对商品肉猪影响非常大,各种营养物质不可缺少,特别是能量供给水平与增重和肉质水平密切相关,直接影响日增重和饲料利用率。因此,应按肉猪不同饲养阶段营养需求指标进行配给。

1.肉猪营养需要

肉猪在生长期为满足肌肉和骨骼的快速增长,要求能量、蛋白质、钙和磷的水平较高,饲粮含消化能12.97～13.97 MJ/kg,粗蛋白水平为16%～18%,钙0.50%～0.55%,磷0.41%～0.46%,赖氨酸0.56%～0.64%,蛋氨酸＋胱氨酸0.37%～0.42%。肥育期要控制能量,减少脂肪沉积,饲粮含消化能 12.30～12.97 MJ/kg,粗蛋白水平为 13％～15％,钙 0.46％,表 5-12 为磷 0.37％,赖氨酸 0.52％,蛋氨酸＋胱氨酸 0.28％。

表 5-12　瘦肉型生长肥育猪每千克饲粮养分含量

项目	体重/kg		
	20～35	35～60	60～90
平均体重/kg	27.5	47.5	75
日增重/(kg/d)	0.61	0.69	0.8
采食量/(kg/d)	1.43	1.9	2.5
饲料/增重	2.34	2.75	3.13
消化能/(MJ/kg)	13.39	13.39	13.39
代谢能/(MJ/kg)	12.86	12.86	12.86
粗蛋白/％	17.8	16.4	14.5
能量蛋白比/(kJ/kg)	752	817	923
赖氨酸能量比/(g/MJ)	0.68	0.61	0.53
钙/％	0.62	0.55	0.49
总磷/％	0.53	0.48	0.43

注:1.表中饲料干物质含量为88％;2.生长猪为自由采食。

2. 肉猪的饲料配制

根据肉猪的营养需要指标,结合本地区丰富的饲料原料进行配制,饲料配方见表 5-13。

表 5-13　生长育肥猪饲料配方　　　　　　　　　　　　％

配方组成	体重阶段/kg			
	20～60	60～90	20～60	60～90
玉米	59.4	65.4	49.1	49.4
豆粕	23.0	17.0	21.0	15.0
鱼粉(蛋白含量60％)	2		1	
麸皮	5.0	5.0	5.0	8.0
细麦麸			9.0	10.0
稻谷			12.0	15.0
高粱	8.0	10.0		
骨粉			1	0.4
贝壳粉			0.6	0.9
食盐	0.4	0.4	0.3	0.3
磷酸氢钙	1.2	1.2		
生物制剂	1.0	1.0	1.0	1.0
合计	100	100	100	100
消化能(Mcal/kg)	3.21	3.24	3.17	3.15
粗蛋白质	17.5	13.8	16.2	14.5
钙	0.5	0.49	0.59	0.50
磷	0.38	0.36	0.48	0.41
赖氨酸	0.78	0.65	0.77	0.65
蛋氨酸＋胱氨酸	0.59	0.55	0.61	0.56

注:表中饲料干物质含量为88％。

四、饲养方式

商品肉猪的增重、饲料利用率和胴体肥瘦质量与饲养方式有很大的关系。我国养猪的方式有直线育肥方式、前敞后限制方式和架子猪育肥饲养方式等多种,但多为直线育肥方式饲养。

1. 直线饲养方式

肉猪直线饲养方式也称为快速育肥法。这种饲养方式是根据猪的不同生长阶段特点和营养需要,配制出全营养价值的饲料,采取自由采食、不限量的喂饲,直至饲养出栏的方法。这种饲养方式优点是饲养周期短,增重快,减少饲养维持期,节约饲料;缺点是猪的胴体脂肪略高些。直线育肥方法,一般要求肉猪5～6月龄体重达到90～100 kg为饲养标准。具有一定规模的猪场,特别是现代化猪场均为直线饲养肉猪方式。

2. 前敞后限制方式

肉猪在60 kg以前,采用每千克消化能饲粮含消化能12.97～13.97 MJ,粗蛋白水平为16%～18%的高能量高蛋白质日粮,自由采食,促进猪体快速生长;肉猪体重达到60 kg以后的肥育期要控制能量和蛋白质水平,减少脂肪沉积,饲粮含消化能12.30～12.97 MJ/kg,粗蛋白水平为13%～15%,每天限制采食量为80%～90%为宜。

3. 架子猪育肥方式

架子猪是指断乳后不久至催肥前去势的猪,重量一般在15～45 kg,有的地区叫"壳郎猪"、"吊架子猪"。也有称为"阶段育肥法"或叫作"吊架子"育肥方法,是把生长猪的生长发育整体时段分为小猪、中猪、催肥猪三个阶段,按照不同阶段的发育特点,采用不同的饲养方法。

(1)小猪阶段　仔猪在体重30 kg以前采取充分饲喂,以精饲料为主,防止断奶后掉膘,在后期日粮中适当加入青饲料或品质较好的粗饲料,锻炼猪适应青粗饲料的能力,为日后食入大量青粗饲料打基础,这样做可保证猪骨骼和肌肉的正常发育,饲养时间2～3个月。

(2)中猪阶段　从体重30 kg喂到60 kg左右,为吊架子阶段或中猪阶段,饲养时间为4～5个月,此期精饲料限量饲喂,尽量限制精饲料的供给量,可大量供给一些青绿饲料及糠麸类,使猪充分生长、长高、拉大骨架,为催肥阶段快速沉积皮下脂肪打下宽广的身躯基础。

(3)催肥阶段　猪体重达60 kg以上时进入催肥阶段,这一阶段应增加精饲料的供给量,尤其是含碳水化合物较多的玉米、次粉、碎米或其他谷物精料,并限制其运动,加速猪体内脂肪沉积,这一阶段猪表现为肥胖丰满、皮红毛亮。一般喂2个月左右,体重达到90～100 kg即可出栏或屠宰上市。

五、饲料加工调制及喂饲方法

饲料调制的目的是缩小饲料单位容积,增强适口性,利于采食和消化,提高饲料利用率。由于饲料类型不同,加工调制的方法和要求也不尽相同。

1. 青绿、粗饲料的加工调制

猪饲用的青绿饲料很多,包括青草、青菜、苜蓿草、奇可利牧草、墨西哥玉米牧草、各种块茎和瓜类等饲料。青饲料可直接喂饲,为避免饲料浪费,最好粉碎、打浆或切碎后,按一定比例与精饲料混合喂饲;粗饲料中干地瓜藤、苜蓿草等经粉碎、过细筛后,按一定比例与精料配合应用喂猪;对于花生秧(壳)、青草、树叶等粗饲料,经粉碎、水调制发酵处理等方法调制后与精饲料混合配制喂猪。

2.精饲料加工调制

精饲料主要是由各种谷物饲料及其加工副产物构成的。其中包括玉米、高粱、大麦、小麦等饲料。为利于消化吸收,提高饲料利用率,将谷物饲料粉碎、过筛加工调制后喂猪。

(1)水拌料 也称为稀料。由于干饲料和水的比例多少不同,可分为稠料和稀料。稠料的料水比约1∶4;稀料的料水比约1∶8。稠料干物质和营养成分都比稀料高。由于水拌料的能量和营养成分均达不到育肥猪营养需要,所以不适于育肥猪。

(2)湿粉料 也称为生湿料。将干粉料按1∶1或1∶0.5的比例调制成半干粉料或生湿料,用食槽喂料,自由饮水。其优点是利于肉猪采食,缩短吃料时间,减少舍内饲料粉尘。

(3)干粉饲料 肉猪的全价饲料不掺水,直接将饲料放入食槽内喂猪,保证充足饮水,节省工时,喂饲效果良好。具有规模的养猪场,特别是现代养猪场均采取干料喂饲方法。

(4)颗粒饲料 将全营养价值的干粉料通过颗粒机制成颗粒状饲料喂猪,方便投料,利于采食,耗料少,不易发霉变质,提高饲料营养物质的消化率。喂饲颗粒料时,必须水源充足,让猪自由饮用。

3.喂饲方法

(1)自由采食 将全营养价值的饲料装入自由采食槽内,让猪自由采食,不加任何限制,保持食槽有料,供足饮水,自由饮用。自由采食的优点:充分发挥猪的生长潜力,采食多,日增重快;可减小劳动强度,增加饲养密度,猪群生长整齐,利于全进全出。缺点是背膘较软、稍厚。此外,饲料易落在地上,造成浪费;需要一定设备条件,仅限于颗粒料和粉料。

(2)限量喂饲 将肉猪的日粮按一定数量,定时、定量分次数喂饲。定时就是每天按固定的时间喂饲,肉猪体重在60 kg前,每天喂饲3～5次,体重60 kg以后每天喂饲2～3次;定量喂饲就是每头猪每天每次喂给一定的饲料量,喂量要稳定,不能忽多忽少,忽高忽低,应根据猪的增重情况逐渐加量。此方法优点:吃多少给多少,不浪费饲料,同时喂些粗饲料,减少脂肪沉积,提高胴体瘦肉率;缺点是在猪群饲养条件下,易发生以强欺弱、以大欺小现象,体小体弱的猪吃不饱,猪群不整齐,不易全进全出。

(3)前敞后限方法 前敞后限是一种自由采食与限量喂饲相结合的饲养方法。在保证充足供水的情况下,肉猪在育肥前期,自由采食,有利于发挥生长猪的潜力,生长速度快;猪达到育肥期,开始限量喂饲,限制生长过快,防止胴体脂肪过多沉积,有利于胴体瘦肉多、脂肪少生产指标,从而提高瘦肉型猪的质量水平,提升市场占有率和增加经济效益。这种饲养方法,得到大多数养猪场的广泛认同和应用。

六、肉猪选择适时出栏

肉猪出栏时间是由肉猪的胴体瘦肉率、日增重、料肉比、饲料成本指标和市场价格情况综合考虑而决定的,也就是对上述指标进行经济核算。肉猪体重过小出栏,屠宰率低,盈利小,甚至亏损;肉猪饲养时间长、体重过大,耗料多,投入产出比小,盈利不高,甚至持平。因此,肉猪体重过小或过大出栏,对投入产出比均有很大的影响。在一般情况下,瘦肉型猪出栏体重在100～110 kg为宜;如果市场价格正处于高峰期,肉猪体重处在90～100 kg时即刻出栏,从中获得高效益。

第七节　新型发酵床养猪技术

发酵床养猪是通过垫料和粪便协同发酵,快速转化生粪、尿等养殖废弃物,消除恶臭,抑制害虫、病菌,同时有益微生物菌群能将垫料、粪便合成可供猪拱食用的糖类、蛋白质、有机酸、维生素等营养物质,增强猪抗病能力,促进肉猪健康生长,从而达到生态环保的作用。

一、发酵床制作前准备工作

在制作发酵床前,将发酵床猪舍建好,并根据发酵床需求准备好各种垫料。

1.发酵床猪舍的建造

猪舍的选址必须严格遵循卫生防疫法、环保法和建猪场规范要求进行。发酵床猪舍可采用双列式、单列式或者大棚式等多种建造方式。但要求猪舍地势略高些,利于排水;一般要求圈舍呈东西走向,坐北朝南,利于采光,更利于发酵;通风良好,保持舍内干燥、无味、无蚊蝇。

（1）双脊双列式发酵床猪舍的建造

①猪舍的结构:建设有窗,为水泥、砖、钢架结构,前坡为了利于采光应用采光板和彩钢瓦混合铺设,后坡均铺设为彩钢瓦,舍的顶部安装有排风设施。详见图5-1。

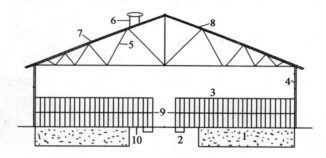

图 5-1　发酵床猪舍剖面图
1.发酵床　2.排水沟　3.护栏　4.窗　5.钢架梁　6.排风
7.阳光瓦　8.彩钢瓦　9.走廊　10.采食台

②猪舍面积:在一般情况下,发酵床饲养肉猪面积按每头猪 1.2～1.5 m² 建造,舍的跨度为 12～16 m,猪舍的长度应依据肉猪的饲养量而确定,一般情况下舍长应在 30～50 m。

③发酵床垫料池:垫料池为地面式,由砖砌沙混水泥口,池槽内外抹水泥沙灰,池的底部平整为泥土地面或沙土地面。池槽深度为 60～70 cm,垫料池底部与猪舍外地面持平或略高,垫料池底留一适当的渗液通气口;水泥饲喂台宽度为 1.2～1.3 m,台面倾斜。排水沟坡度为 2°～3°,保证猪饮水时所滴漏的水往栏舍外流入排水沟,以防饮水润湿垫料。地面式垫料池的窗户一般都正对垫料池正中,以方便垫料进出。发酵床贯通猪舍,中间无横硬隔段,仅有猪围栏相隔。

④供料供水:舍内食槽按照肉猪饲养头数需求准备;鸭嘴式饮水器安装在排水沟的上方,漏水时通过水沟排出,避免地面潮湿。

（2）日光温室式发酵床猪舍建造

日光温室式发酵床猪舍建造的选址，必须严格遵循卫生防疫法、环保法和建猪场规范要求进行。远离村庄、工厂、主要交通要道。水源充足，交通便利，电力方便，无污染，地势良好，适于养猪的地段为宜。日光温室发酵床猪舍如图5-2所示。

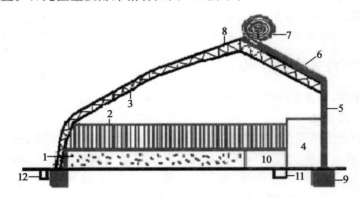

图5-2 日光温室发酵床猪舍剖面图

1.发酵床　2.围栏　3.钢架梁　4.门　5.后墙　6.后坡保温层　7.卷帘
8.薄膜　9.基础　10.喂食台　11.排水沟　12.防寒沟

①猪舍的结构：日光温室式发酵床猪舍设计为东西走向，坐北朝南，偏西5°～7°为宜，舍的跨度为8～10 m，延长为30～50 m，依据肉猪饲养量而确定，一般情况下，舍的长度不超过50 m。舍的结构为砖、水泥、钢架结构，前坡铺设塑料薄膜，利于采光取暖，冬季铺设保温被，夏季加设遮阳网；后坡内层铺设保温板，外层为彩钢瓦。舍的顶部自制塑料薄膜式排风孔装置，利于舍内空气环境。为冬季防寒保温在舍的基础前端加设防寒沟。

②猪舍面积：依据肉猪饲养量而定建设面积，在一般情况下，设计发酵床养猪面积均按每头猪占用面积为1.2～1.5 m² 计算。猪舍的面积应根据实际情况需要进行确定。舍内围栏大小，因猪多少而异，一般情况下，发酵床饲养肉猪每个围栏在30～40 m²，围栏高度为1～1.2 m。

③发酵床垫料池：垫料池可以设计地面式或半地下式，均可用砖砌、沙混水泥口，槽内外抹水泥沙灰，池的底部平整为泥土地面或沙土地面。池深度为60～70 cm，垫料池底部与猪舍外地面持平或略高，垫料池底留一适当的渗液通气口；水泥饲喂台与走廊为一体，喂台的宽度为1.2～1.3 m，台面倾斜，排水沟坡度为2°～3°，保证猪饮水时所滴漏的水流入排水沟，以防饮水润湿垫料。地面式垫料池的窗户一般都正对垫料池正中，以方便垫料进出。发酵床贯通猪舍，中间无横隔段，仅有围栏隔断。

④供料供水：依据肉猪饲养量安装食槽，供水充足，应用鸭嘴式饮水器，为避免地面潮湿，饮水器安装在排水沟的上方，漏水时进入排水沟。

2.发酵床垫料准备

发酵床养猪垫料多数应用锯末垫料，也有少数应用无锯末垫料制作发酵床。

（1）垫料质量要求

①采用的锯末、刨花和各种秸秆、秧（壳）、树叶等垫料，要求新鲜、无霉变。避免猪误食造成慢性中毒等疾病。

②垫料要求精挑细选,无杂物,特别是垫料中禁止夹有塑料薄膜、碎玻璃片、铁末、铁丝、碎布、绳索等杂物,以免猪在拱掘食物时造成伤害。

(2)全锯末和刨花垫料　完全应用锯末或应用部分刨花混合制作发酵床,优点是应用时间长;缺点是锯末和刨花制作成本高,特别是阔叶树锯末多数为食用菌原料,价格较高,费用大,不合算。

(3)部分锯末垫料　垫料中按一定的比例加入锯末、秸秆等各种原材料制作养猪发酵床。详见表 5-14。

(4)无锯末垫料　垫料中无锯末而用各种秸秆(切段)等原料替代,制作养猪发酵床。见表5-14,供参考。

表 5-14　垫料有无锯末原料配比　　　　　　　　　　　%

原料名称	有锯末		无锯末	
	配比 1	配比 2	配比 1	配比 2
锯末	50	25		
稻壳	15	20	20	10
酒糟	5	5	10	5
玉米(麦秸)秸秆	20	30	55	60
芸豆和豇豆秧				2
豆秸秆			5	
花生秧(壳)				3
树叶		5		5
杂草(切段)			5	5
树枝条粗粉		5		
稻草(切段)	10	10	5	
玉米芯				10
合计	100	100	100	100
发酵剂与玉米面 1:3	0.3	0.3	0.3	0.3

注:无锯末垫料中的物料可相互替代,因地制宜使用。

二、发酵床制作

养猪发酵床制作方法分湿料制作法和干料制作法两种。

1.湿料法

本法是将 30% 的垫料与发酵剂混合后不加水的干料铺平发酵床的底部,发酵处理的 50% 垫料铺平在中间,另外,将 20% 发酵处理的垫料,经过晾晒后保持 30%～35% 的水分后铺平在上面的制作方法。

(1)发酵方法　湿料法是在发酵池外将垫料的原材料与发酵剂混合后堆放在水泥地面上,喷洒水分达到 55%～60%,垫料堆上覆盖塑料薄膜将其发酵,室外气温在 15～25℃ 时,一般经过 3～5 天发酵,每间隔一天翻动一次,并将堆的边缘和表面的垫料翻入堆里,最后翻动一次彻底发酵 6～12 h 即可,备用。

(2)装料方法 将占 30% 未发酵处理的垫料放入池内底部,再将占 50% 发酵处理的垫料放入池内中间,将 20% 发酵处理的垫料,经过晾晒后保持 30%～35% 的水分铺平在上面。空床 6～12 h 后进猪。经过猪数日踩实后,利于猪正常在发酵床内活动。

(3)湿料法的优点 发酵池底部的干料,经过中间发酵物料的水分下渗后才能激活发酵菌,因此,应用持续时间延长;上面铺设的垫料水分虽少些,猪的排泄物可随时激活发酵菌而不影响消化分解。反而发酵床表面上水分少,减少了舍内空间的潮气。

2.干料法

干料法是将垫料原料与发酵剂混在一起,搅拌均匀,不添加水分,干料入池的一种制作方法。

(1)垫料制作 将发酵垫料粉碎或切段备好,发酵剂与玉米面或细稻糠以 1:3 的比例混合好,备用。

(2)发酵池 发酵池要求深度为 60 cm 为宜。

(3)装料方法 将干垫料铺平厚 20～30 cm,上面撒一薄层发酵剂混合物,再铺平一层厚 20～30 cm 的垫料,再撒一薄层发酵剂混合物,以此类推,直至装满池,表层再撒一薄层发酵剂混合物,最后在发酵床表面用喷壶喷洒一薄层水,空床 5～6 h 后进猪饲养。

三、发酵床饲养肉猪

发酵床制作好后,开始将猪放入,以发酵床饲养肉猪为例予以简要阐述,均按常规饲养。

1.猪入床前的准备工作

(1)猪饲养密度与围栏的准备 发酵床饲养肉猪,围栏按每头猪 1.2～1.5 m 的面积设计,一般每个围栏为 25～30 m²,围栏高为 1～1.2 m,每个围栏猪的数量不超过 20 头,如果猪少舍多,每栏猪头数适量减少,利于猪的活动和管理。

(2)猪入发酵床前 2 天做好猪的驱虫工作。

(3)猪入发酵床前,按猪的体重、体型将大小均衡,强壮一致,健康的猪分群,准备放入一个围栏内。

(4)将体小、体弱的猪单独放入一个围栏饲养。

(5)猪进入发酵床前,做好疫苗防疫工作。

2.肉猪饲养

(1)育肥前期按可常规饲养方式,自由采食,自由饮水。

(2)肉猪育肥期饲养采用定量、限时方式饲养,每天可以喂 8 成饱。也可以参照瘦肉型商品猪在不同生长时期的喂饲方法。

四、发酵床的管理

1.床面垫料管理

猪总在一处排泄时,可赶其他处或指导多处排泄,并将其成堆的粪便撒开或掩埋;有的猪拱掘垫料大坑时,适当将其摊平。总之,注意观察床面变化,随时处理,利于粪便消化分解。

2. 垫料水分控制

发酵床面过于干燥,猪活动时有粉尘,猪易患呼吸道疾病。此时,应采取喷洒水的方式,降低粉尘,保持表面干爽,其垫料深度10~20 cm保持一定的湿度,激活发酵剂菌体活性,消化和分解粪便,也利于猪拱食习性,保持垫料安全性。垫料如有过湿的地方,可将干湿倒换,利于垫料与粪便发酵和分解;垫料如普遍过于潮湿,发酵床中部和底部的垫料发酵菌被激活,产生热能,再次发酵,垫料应用持续时间短,而失去发酵床应用的意义。如果一旦出现此况,立即赶出猪群,翻倒垫料,排出热能混入新料,发酵床重新装料。因此,水分管控非常重要,必须关注。

3. 通风管理

在冬季发酵床猪舍除了保持舍内适宜温度外,适度排风除湿。夏季天气闷热时,窗全部打开,启动风机,强制通风,带走发酵床舍中的水分,进行防暑降温;夏季日光温室发酵床猪舍的温度高、湿度大,必须打开温室前半坡或全部塑料薄膜和棚上方的通风口进行通风,降低湿度,同时温室棚上方铺设遮阳网,进行遮阳降温。总之,达到生态、舒适的肉猪生长、生产环境。

第八节　节约经济型生猪饲养技术

节约经济型养猪主要是利用作物和食品加工副产物、废弃物和树叶等物质经过干燥、粉碎成粉,按一定比例混合,再经过微生物发酵处理成为饲料的原料,并按一定的比例替代粮食饲料,降低饲料成本,提高经济效益的饲养技术。

一、饲料原料与加工发酵方法

1. 饲料加工的原料

饲料原材料要根据本地区的实际情况进行选择,一般应用的原料有稻糠、高粱糠、谷糠、麦麸、花生壳、花生秧、葵花盘、大豆荚、芸豆秧(种皮)、豇豆秧(种皮)、地瓜秧、阔叶树叶、酒糟、啤酒糟、果酒糟、豆腐渣、鲜鸡粪、蒲公英、苣荬菜、鸭舌草等。

2. 原料主要营养成分

糠麸类中的细稻糠蛋白质含量为11%~13%,麦麸蛋白质含量为15%;酒糟中的啤酒糟蛋白质含量25%~27%,白酒糟蛋白质含量为13%~15%;蛋鸡鲜粪干蛋白质含量为23%~25%,肉鸡鲜粪干蛋白质含量为25%~32%。详见表5-15。

表5-15　原料干物质主要营养成分　　　　　　　%

名称	糠麸类	花生秧	大豆荚	地瓜秧	树叶	酒糟	鲜鸡粪
粗蛋白	11~15	7~10	8.9	8~11	12~24	13~25	23~30
粗脂肪	1.2~10	2	2.6		3~5	4~7	2.5
粗纤维	24~28	22.8	38	22	16~27	14~26	7
钙	0.08	2.8	0.87	1.5	0.5~2	0.7~4	5
磷	1.0~1.4	0.1	0.05	0.11	0.1~0.5	0.4~1	2.3

注:花生秧内含花生壳;酒糟内含啤酒糟;鸡粪为蛋鸡粪。

3.原料发酵方法

(1)饲料原材料配比　在饲料原料配制中,应根据本地区资源条件,因地制宜采取原料;除了酒糟和鸡粪干粉外,其他原材料均可相互替代。也可将蒲公英、鸭舌草等青饲料切碎适量加入一起发酵。

(2)加工发酵方法

①发酵工艺程序:将表5-16饲料原材料配比的各种物料放在水泥地面上,加入0.5%～1%发酵剂搅拌均匀,再用水将料调制含50%～55%水分后,覆盖塑料薄膜,为避免漏风用土将周边压实,每天翻倒一次,为提高发酵效果将料堆边缘的料向内翻,气温在20～25℃时节,一般发酵4～6天即可完成。在每天翻动时,要观察料的颜色、气味、手感等发酵动态,注意发酵不要过激,否则发酵失败。

表5-16　饲料原料粉状物质配比　　　　　　%

名称	配比1	配比2	配比3	配比4	配比5	配比6
糠麸类	20	10	30	10	20	30
花生秧、壳		20		30		15
大豆荚	3	5	5			
地瓜秧			10		10	
阔叶树叶	10	5	5	5	10	
白(啤)酒糟	10	15	10	15	20	20
鲜鸡粪干	57	45	40	40	40	35
合计	100	100	100	100	100	100
蛋白质含量	18.42	15.95	16.15	15.15	16.4	15.6

②发酵效果:发酵好的饲料呈黄色或黄褐色,手感松软,气味为清淡的酒香味或果香味,无其他异味,确定发酵效果成功。

二、饲料配制与喂饲方法

1.饲料配制方法

饲料配制方法分发酵饲料与全价饲料配制法和发酵饲料与能量饲料、蛋白饲料配制法两种。

(1)发酵饲料与全价饲料配制法　本方法见表5-17,仅供参考。

表5-17　发酵饲料与全价饲料配制法　　　　%

名称	配方1	配方2	配方3	配方4	配方5	配方6
发酵饲料	15	20	25	30	35	50
全价饲料	85	80	75	70	65	50
合计	100	100	100	100	100	100
蛋白质含量	14.17	14.23	14.29	14.35	14.4	14.58

注:发酵饲料替代全价饲料不同比例;全价饲料蛋白质按14%计算,发酵饲料按15.15%计算。

（2）发酵饲料与能量饲料、蛋白饲料配制法　本配制方法,应用不同量的发酵饲料与不同的能量饲料等进行配制,共配制出 5 个饲料配方,见表 5-18。

表 5-18　发酵饲料与能量饲料、蛋白饲料配制法　　　　　　　　%

名称	配方 1	配方 2	配方 3	配方 4	配方 5
发酵饲料	30	35	40	45	50
玉米	40	35	35	35	30
豆粕	15	13	12	8	5
细稻糠	8.2	9.3	6.5	5.5	2.5
麦麸	5	6	5	5	6
食盐	0.2	0.2	0.2	0.2	0.2
贝壳粉	0.8	0.7	0.6	0.6	0.6
磷酸钙	0.8	0.8	0.7	0.7	0.7
合计	100	100	100	100	100
蛋白质含量	16.17	16.36	16.19	15.11	13.51

2.喂饲方法

（1）空怀与妊娠前期母猪喂饲　空怀母猪和妊娠前期的母猪均可在两组配制饲料,共 11 个配方饲料中任选其一喂饲。喂饲过程中,注意观察母猪的体态,如母猪出现增肥状态,立即采取限制采食时间或采取限量喂饲方法,也可以另选用其他低能量配方饲料,避免母猪过肥而影响胎儿发育。

（2）肉猪的喂饲方法　肉猪生长到 30 kg 以上时,可喂饲表 5-17 和表 5-18 两组合配制的饲料,在 11 个饲料配方中任选择其一。喂饲采用先敞开后限制的喂饲方法,也可以采用全程自由采食、自由饮水的喂饲方法。

3.饲养管理

按常规饲养管理。

4.饲料应用特点

（1）节约饲料粮食　在饲料配比中,发酵饲料最高占饲料配方的 50%,替代人可食用的粮食玉米等 47%,降低饲养成本的同时,节约粮食,节省资金。

（2）节约全价饲料　在饲料配方中,发酵饲料占饲料的比例为 15%～35%,最高代替全价饲料 50%,换句话说,发酵饲料应用最低减少全价饲料成本 15%～35%,最高可减少全价饲料成本近 50%。

（3）其他优点　发酵饲料原料的利用,促进饲料品种的多样化,拓宽饲料应用范围,开辟饲料资源渠道,避免废弃物污染环境,提高饲料资源转换率。

（4）缺点　饲料原材料如发酵不彻底,鸡粪中的寄生虫及虫卵,以及病原微生物未被杀死,将给猪生长带来隐患,甚至疾病。因此,在应用鸡粪时必须彻底发酵,才能杀灭病原体。

第九节　阳光猪舍建造技术

阳光猪舍是以太阳辐射为光源和能源,以砖、钢筋、水泥、阳光板(瓦)或塑料薄膜和防寒被为基本框架结构,增设天窗、电地热、增效料槽、可调节自动饮水器、正压通风、喷淋等设备和设施,猪舍的温度、湿度适宜,环境优良,利于猪的生长与繁育的节能型猪舍,有良好的应用效果。

一、地址的选择与布局

1.场址选择

(1)地形、地势和位置　猪场要选择地形开阔、地势高燥、平坦、向阳的地方。远离村庄或居民区、学校、公共场所等 1 000 m 以上,远离工矿企业、化工厂、皮革加工厂、食品加工厂、屠宰场、医院、污水和垃圾处理厂 2 000 m 以上,禁止在废墟工厂、畜牧场、水源保护区域内建场。

(2)水源和水质　水对于养猪场非常重要,水源不足影响猪场正常生产,水质超标影响猪的生长与繁殖,甚至患病、死亡。因此,必须选择水源充足、水质符合人畜饮用标准,无污染的地方建场。

(3)电源　猪场用电较多,如照明、机械运行、地热等,必须保证稳定的供电。因此,在选择地点时,尽可能考虑电源近些,减少输变电费用,也避免远距离输变电电能的流失。

(4)交通方便　为了猪场的饲料和商品猪的出入方便,在选择地址时,应考虑交通相对方便的地方,但也要考虑距离主要交通干线要远些,有利于防疫。

(5)排污与环境　大型的猪场,粪尿及污水排量非常大,因此必须考虑这些排泄物问题。在选择地址时,应考虑周边有大面积农田或果园,以利于猪场排泄物的综合利用及猪场的经济效益。

2.猪场的布局

(1)总体布局　具有一定规模或大型养猪场要有很好的布局,有严格的生产区、生产辅助区和生活区布局;中小型的猪场,在布局上不必过细,应因地制宜。

(2)生产区　生产区是猪场的核心部分,包括阳光猪舍、消毒室(更衣室、洗澡间、紫外线消毒通道)、兽医室、消毒池、值班室、病猪隔离室、尸体处理室、粪尿污水处理系统、车辆消毒通道等设施。

(3)阳光猪舍　猪舍为东西走向,坐北朝南偏西 7°。猪舍间距一般为 7～9 m,猪舍排列顺序依次为配种猪舍、妊娠猪舍、分娩哺乳猪舍、保育猪舍和育肥猪舍。

(4)生产辅助区　主要为生产核心区服务,包括饲料加工厂、饲料库、办公室、后勤保障房、门卫、消毒池等设施。

(5)生活区　包括职工宿舍、食堂、文化活动室。中小型猪场不设生活区。生活区设在上风口。

二、猪舍类型

(1)单列式　棚舍为坐北朝南向位,东西走向,棚舍跨度为8～10 m,舍长30～50 m,脊高度为3.5～3.8 m,后墙高2.2 m,后坡长2～2.2 m,南面由塑料膜覆盖,北坡顶为彩钢板,防寒被,猪栏为单列排列,围栏或砖隔断,猪舍过道、排污沟在南侧(图5-3)。

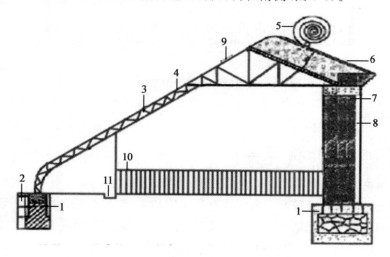

图5-3　单列式阳光猪舍剖面示意图
1.地基　2.防寒沟　3.钢架　4.薄膜　5.卷帘被　6.后坡彩钢
7.后墙　8.保温层　9.通风口　10.栅栏　11.排污沟

(2)双列拱式阳光猪舍　猪舍为坐北朝南向位,东西走向,跨度为12～16 m,长度为30～50 m,舍的高度为3.8～4.2 m,钢架结构,棚舍为拱圆形,均由塑料膜覆盖,夏季加设遮阳网,冬季加设防寒被。猪栏为双列排列,猪舍过道在中间(图5-4)。

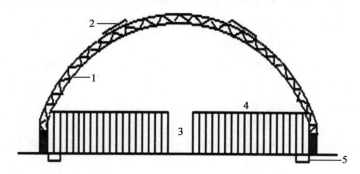

图5-4　双列式阳光猪舍剖面示意图
1.钢架　2.排风窗　3.过道　4.围栏　5.排污沟

(3)封闭式阳光猪舍　猪舍为坐北朝南向位,东西走向,跨度为12～16 m,长度为30～50 m,舍的高度为3.8～4.2 m,钢架结构,猪舍棚顶为双坡式,南坡顶为阳光瓦或阳光板,北坡顶为彩钢板,猪栏为双列排列,猪舍过道在中间(图5-5)。

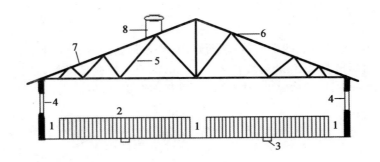

图 5-5　多列式有窗封闭阳光猪舍剖面

1.走廊　2.护栏　3.排污沟　4.窗　5.钢架　6.彩钢瓦　7.阳光瓦　8.排风

三、阳光猪舍主要设施、设备

1. 塑料膜、阳光瓦和阳光板

塑料膜、阳光瓦和阳光板等是阳光猪舍棚顶所用的采光材料,它的主要作用:一是充分利用太阳能,把太阳能作为阳光猪舍的光源和热能源;二是限制长波红外线辐射,保存舍内的热能,从而减少了舍内热能损失;三是利用紫外线消毒杀菌等。由于紫外线的光电效应,使细胞蛋白质变性、凝固,而抑制细菌的生长或杀灭细菌,紫外线还可调节钙磷代谢,保证动物骨骼的生长。而且紫外线还具有兴奋呼吸中枢的作用,可使呼吸变深、频率下降,有助于氧的吸入和二氧化碳、水汽的排出。

2. 电地热

电地热主要用于哺乳仔猪、保育猪和育肥猪,在猪栏休息区铺设宽约 1 m 的电地热,它是阳光猪舍的加温设施之一。

(1)提高猪舍温度,降低养猪成本　我国北方地区冬季气候寒冷,持续期长,对猪的生长发育,特别是哺乳仔猪和生长肥猪带来不利影响。阳光猪舍辅助电地热加温,不仅达到了猪生长发育所需要的适宜温度,而且降低成本。

(2)提高猪舍有效温度,降低猪的发病率　传统猪舍采用水泥地面,由于水泥地面导热快,有效温度要比实际舍内温度低 5° 左右,猪在水泥地面躺卧,很容易着凉,并诱发各种疾病。电地热有效提高温度,大大降低猪的发病率。

3. 天窗

在单面式阳光棚舍和封闭式阳光猪舍后坡顶部及拱圆形阳光棚舍顶部设立天窗,采用直径 0.4 m 的无动力风机,它是阳光猪舍通风设施之一。它的主要作用是通风换气,保持舍内清新空气。

4. 防寒被

卷帘被通过卷帘机架设到棚顶,它是阳光猪舍主要设备之一。

(1)防寒保温　阳光猪舍卷帘被在寒冷季节白天晴天时卷起,充分利用太阳能提高猪舍温度,在晚上或白天阴天时将卷帘被放下,减少温度散失,保持猪舍温度。

(2)遮阳防热　在炎热的季节,卷帘被可用来遮光降温,减少热应激对猪的影响。

5.正压通风机

正压通风机是阳光猪舍的辅助通风设备。它的主要作用是通过对进入阳光猪舍内的空气进行加热、冷却和过滤等，降低舍内有害气体的含量，保持舍内空气新鲜，并对舍内温、湿度进行有效调节。

6.增效料槽

增效料槽是阳光猪舍主要设备之一。它的主要作用是减少饲料浪费。目前，猪常用限量饲料槽和自动饲料槽，增效料槽在设计上采用圆形自动饲料槽，并在圆形料槽内径表面增加一圆形钢圈，可防止猪吃料时将饲料拱在料槽外边，减少饲料浪费。

7.可调节饮水器

可调节饮水器是阳光猪舍主要设备之一。它的主要作用是满足猪对饮水的需求。一般常用的饮水器，根据猪的大小固定饮水器的高度，是不可调节的，随着猪的生长，有可能使猪饮水不足，而影响猪的生长发育；可调节饮水器，可随时根据猪的高度来调整饮水器高度和角度，一般以高于猪背5～10 cm为宜。

8.喷淋设备

喷淋设备安装在靠近排污沟一侧的上方，由微滴灌管和淋浴喷头组成。它是阳光猪舍的辅助降温设备，主要作用是降温。在炎热的夏季，当自然通风效果不理想时，可启用喷淋设备降温，如果猪舍通风不畅，应慎用喷淋降温。

第十节　猪场环境智能化管理技术

猪场环境智能化管理是规模化养猪企业制度化、程序化、科技创新，提高工作效率和生产效率的重要手段之一。本节重点对猪舍的温度、湿度、空气环境的检测和智能控制系统，以及猪场全方位现场监控和远程监控系统予以简要阐述，仅供参考。

一、猪舍温湿环境智能化控制系统设计模拟

猪舍温度、湿度、空气环境自控化也称为智能化控制，一般由信号采集、智能传感系统、中心计算机、控制系统所组成。主要是对猪舍的温度、湿度、空气环境进行检测、智能控制，从而达到环境指标化和智能化管理的目的。

1.系统的工作原理

本系统是利用PLC把传感器采集的有关参数转化为数字信号，并把这些数据暂存起来，与给定值进行比较，经一定的控制算法后，给出相应的控制信号进行控制。系统还可以经过串行通信接口将数据传送至上位机，具有完成数据管理、智能决策、历史资料统计分析等更为强大的功能，可以对数据进行显示、编辑、存储及打印输出。传感器将温度、湿度、有害气体等转化为电压信号，经过运算放大器组成的信号处理电路换成压频转化器（V/F）需要的电压信号。系统工作时，PLC通过传感器来测量温室内的相应数据并与设定值比较，如果温室内的环境超过了设定的范围上下限值，PLC就输出指令，控制接通相应的设备。当舍内环境条件在设定范围内，PLC就输出指令，切断设备电源（图5-6）。

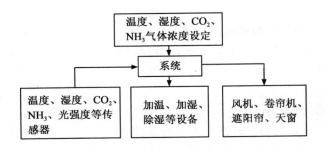

图 5-6   主机模块流程图

2.系统的组成

猪舍温湿环境智能控制系统主要由自动控制系统、通风系统、供热系统、自动喷雾(加湿、消毒)、遮阳系统(阳光猪舍)、视频监控和远程监控系统等部分组成,如图 5-7 所示。

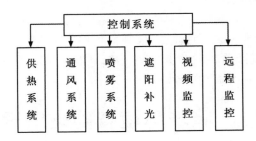

图 5-7   猪舍智能化管理控制系统

3.程序设计

按下启动按钮,温度传感器将温室温度测量值信号送到 PLC 中,PLC 再将信号值处理,再与设定值进行比较,最后将得到的结果输出,如果比较结果高于设定值,则控制打开通风窗或排风机,比较结果等于或低于设定值,则打开供热设备。假设排风机、供热设备、传感器出现故障的时候就发出声光报警。空气湿度传感器将检测的猪舍湿度值送到 PLC 中,PLC 将检测值与设定值进行比较,如果空气湿度高于设定值,则控制打开排风机进行去湿,如果测量值等于设定值,则关闭排风机;如果测量值低于设定值,则发出指令控制打开空气湿度电磁阀,对空气进行喷雾,如果电磁阀发生故障则会发出声光警报。如果阳光猪舍在夏季所测量值高于设定值时,则控制关闭补光设备,同时拉上遮阳帘;在这个过程中,如果遮阳帘电机、补光设备出现故障则会发出声光警报。猪舍温湿环境智能控制系统如图 5-8 所示。

(1)温度控制   当系统开始工作时,由温度传感器将舍内的温度测量参数传给 PLC,再由 PLC 将其检测结果与事先设定好的温度进行对比,如果测量值等于设定值则保持原来舍内温度;如果测量值与设定值不等,再判断大于还是小于,当测量值大于设定值,则打开通风机或喷雾系统,当测量值小于设定值时,则打开供热系统。当测量温度达到设定值时就会关闭供热系统或通风机。其工作流程如图 5-9 所示。

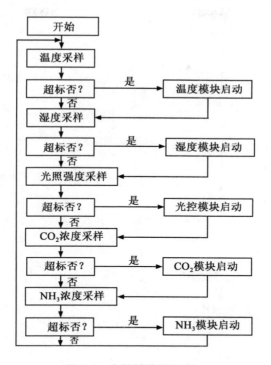

图 5-8 主控模块流程图

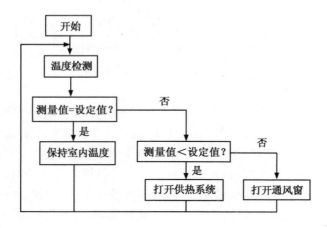

图 5-9 温控子模块流程图

（2）湿度控制 系统开始工作，湿度传感器开始对环境湿度进行检测。湿度传感器将测量结果送到 PLC 中心后，PLC 将测量值与设定值进行较，如果测量值等于或大于设定值，则关闭喷水电磁阀；当小于设定值时。则打开喷水电磁阀。其工作流程如图 5-10 所示。

（3）光照控制（阳光猪舍） 系统启动，光照传感器开始工作，将舍内的光照强度测量值参数传给 PLC，由 PLC 将测量值与设定值进行比较，判断测量值是否等于设定值，如果等于，则保持舍内光照强度；如果测量值与设定值不等，再判断大于还是小于，当测量值大于设定值，则关闭遮阳帘，当小于设定值时，则打开补光设备。其工作流程如图 5-11 所示。

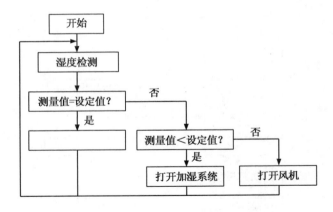

图 5-10　湿控子模块流程图

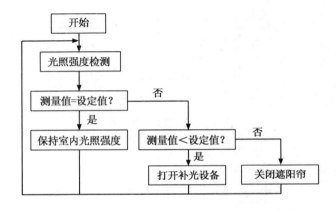

图 5-11　光照控制子模块流程图

（4）猪舍内有害气体控制系统　猪舍内有害气体主要有 NH_3、CO_2、CO、H_2S 四种。

①氨气：主要来自于粪便的分解氨，易溶于水，在猪舍中氨常被溶解或吸附在潮湿的地面、墙壁和猪黏膜上。氨能刺激黏膜，引起黏膜充血、喉头水肿、支气管炎，严重时引起肺水肿、肺出血；氨还能引起中枢神经系统麻痹、中毒性肝病等。在低浓度氨的长期作用下，猪体质变弱，对某些疾病敏感，采食量、日增重、生殖能力都下降，这种症状称为氨的慢性中毒。若氨浓度较高，对猪引起明显病理反应和症状，称为氨中毒。试验表明，猪的生产性能在空气中氨的体积浓度达到 0.005%（$50\ mL/m^3$）时开始受到影响，0.01% 时食欲降低和易起各种呼吸道疾病，0.03% 时引起呼吸变浅和痉挛。猪舍氨含量一般应控制在 0.003% 以内。

②二氧化碳：主要来源是舍内猪的呼吸。一头体重 $100\ kg$ 的肥猪，每小时可呼出二氧化碳 $43\ L$，因此猪舍内二氧化碳含量往往比大气中高出许多倍。二氧化碳本身无毒性，它的危害主要是造成缺氧，引起慢性毒害。猪长期处在缺氧的环境中会精神萎靡，食欲减退，体质下降，生产力降低，对疾病的抵抗力减弱，特别易于感染结核病等传染病。猪舍内二氧化碳体积浓度不应超过 0.15%。

③一氧化碳：为无色、无味的气体。猪舍中一般没有多少一氧化碳。当冬季在密闭的猪舍

内生火取暖时,若燃料燃烧不完全,会产生大量一氧化碳。一氧化碳对血液、神经系统具有毒害作用。当一氧化碳浓度在0.05%时,经短时间就可引起急性中毒。猪舍内一氧化碳浓度应低于0.0025%。

④硫化氢:是一种无色、易挥发的恶臭气体。在猪舍中主要由含硫物分解而来。硫化氢产生自猪舍地面,且密度较大,故愈接近地面,浓度愈大。硫化氢主要刺激黏膜,引起眼结膜炎、鼻炎、气管炎,以至肺水肿。当硫化氢浓度达到0.002%,会影响猪的食欲。猪舍内硫化氢浓度不应超过0.001%。

⑤猪舍内有害气体控制 其工作流程如图5-12所示。

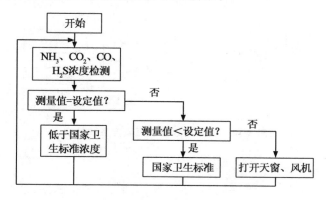

图5-12 舍内有害气体控制模块流程图

二、视频监控系统

1.现场视频监控

监控系统由摄像、传输、控制、显示、记录登记五大部分组成。摄像机通过电缆将视频图像传输到控制主机,控制主机再将视频信号分配到各监视器及录像设备,同时可将需要传输的语音信号同步录入到录像机内。通过控制主机,操作人员可发出指令,对云台的上、下、左、右的动作进行控制及对镜头进行调焦变倍的操作,并可通过控制主机实现在多方位摄像机及云台之间的切换。利用特殊的录像处理模式,可对图像进行录入、回放、处理等操作,使录像效果达到最佳(图5-13)。

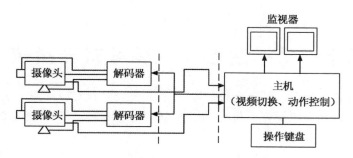

图5-13 视频控制系统组成示意图

2.远程监控

远程监控从字面上理解可以分为"监"和"控"两大部分。其中"监"也就是远程监视,可以分为两部分:一是对环境的监视,二是对计算机系统及网络设备的监视。远程监视通过网络获得信息。而"控"也就是指远程控制,是指通过网络对远程计算机进行操作的方法,它不仅仅包括对远程计算机进行重新启动、关机等操作,还包括对远程计算机进行日常设置的工作。通过硬件的配合还可以实现远程开机的功能。总之,要想完全控制远端的计算机,首先应该能够对其监视,也就是可以看到该计算机的屏幕显示,然后才谈得上"控制",远程控制必须做到"监""控"结合,因此我们通常说的远程监控一般泛指就是这种远程控制(图 5-14)。

图 5-14　嵌入式远程视频监控系统结构

(1)系统组成和功能

①前端设备:由摄像头、云台、解码器、防护罩、支架、报警探测器、拾音器等组成,负责视频信号、音频信号和报警信号的采集。

②系统中的图像处理和传输设备:为网络视频服务器,它负责把音、视频信号和报警信号通过局域网或广域网传输到远程客户端,同时可以接收客户端发送的云台控制信号和音频对讲信号。

③网络客户端:是指需要进行网络远程监控的用户终端。它由计算机(普通办公计算机或笔记本电脑)和客户端软件构成。客户端主要负责图像显示、录像、回放和云台控制等功能。客户端进行远程监控时,需要输入用户名和密码,进行身份验证,通过认证后即可实现远程监控。

(2)远程监控类型　远程监控有两种类型。一种是生产现场没有现场监控系统,而是将数据采集后直接送到远程计算机进行处理,这种远程监控与一般的现场监控没有多大的区别,只是数据传输距离比现场监控系统要远,其他部分则和现场监控系统相同;另一种是现场监控与远程监控并存,从而达到远程监控与智能化管理。

第十一节　生态良性循环式养猪技术

生态良性循环式养猪是以养猪业为主体,进行开发、利用猪粪,延伸产业链条,实施种养殖业结合、农牧结合,做到资源循环再利用、相互促进,低投入,高产出,少污染的良性循环的生态养猪系统工程。

本节重点以农场式生态良性循环养猪为例,介绍延伸产业链条,生态环保,低投入,效益良好的综合配套技术,供养猪相关人员参考。

一、农场的规划设计

养殖综合农场规划设计面积 15～20 hm²。在规划设计中,将污水转化为能源沼气,沼渣和沼液转化为蔬菜和饲料玉米的肥料;利用猪粪转化为牛饲料和鱼饲料;牛粪转化为蚯蚓的饲料和培养食用菌的原料,蚯粪和食用菌废料为饲料玉米的肥料,达到生态环保、良性循环、延伸产业、经济型生产模式。

1. 总规划设计

(1)地址的选择 农场是以养殖为主体,地理环境、地质条件、地形状况、气候变化、水文状况、现状建筑位置等必须符合养殖条件要求。距离村庄、工厂、学校及主要公路干线等 1 000 m 以上;电力和交通方便,水资源充足,水质符合国家饮水标准;地势较为平坦,排水便利,符合生态养殖建筑条件。

(2)规划设计布局 也是基本功能区的划分。根据规划设计理念,是以养猪为主体,利用猪粪和污水资源为原料,进行厌氧发酵生产沼气,以养牛、养蚯蚓、养鱼、食用菌生产、日光温室蔬菜生产,以及饲料玉米生产为辅,进行规划、布局和划分,完善各功能区。见图 5-15。

图 5-15 养殖农场区域规划方位布局示意图

2. 农场生产规划

(1)猪场区规划 猪饲养区规划占地面积 0.6 hm²,猪舍建筑面积 1 400 m²,其中辅助设施面积 200 m²;另外建有猪粪快速发酵车间 500 m²;生化污水池(有盖)和沼气池占地面积 0.15 hm²。养猪规模为经产母猪 60 头,年生产商品生猪 1 200 头左右,根据农场发展和市场实际情况,可适度增加养殖规模。

(2)养牛区规划 养牛饲养区占地面积约 1 hm²,规划牛舍占地面积 0.3 hm²,建筑面积为 500 m²;牛粪快速发酵车间占地 0.15 hm²,建筑面积 400 m²;秸秆青(黄)贮窖占地面积 500 m²;秸秆堆放占地面积 0.4 hm²。养牛规模为 50～100 头。

(3)蚯蚓养殖区 规划养殖蚯蚓用地 0.2 hm²,设计塑料大棚进行养殖蚯蚓。

(4)食用菌生产区 规划食用菌用地 0.2 hm²,设计每栋日光温室为 10 m×100 m,采取立体生产草菇食用菌,预计生产鲜草菇 6 500 kg 以上。

(5)日光温室蔬菜生产区 规划日光温室占地面积 0.65 hm²,设计每栋温室占地 0.16 hm²,共建造 4 栋标准化日光温室,预计生产果蔬类菜 5 000 kg,其他类高档蔬菜 3 000 kg。

(6)养鱼塘区 规划鱼塘占地面积 4 hm²,每个鱼塘占地 2 hm²,水面深度为 2 m,共设计 2 个鱼塘。预计生产鱼 1 万～1.5 万 kg。

(7)生活区　规划占地面积 0.8 hm²,建筑面积 1 000 m²,其中包括办公室、培训室、兽医室、职工宿舍、活动室、餐厅、浴池、消毒间、更衣室、门卫、消毒池、工具房等,此外,设有停车场、果园、绿化用地等。

(8)饲料玉米生产区　饲料玉米规划面积的大小,因地制宜,如果农场耕地有限,在肥料有余的情况下,可以将有机肥料出售给种植玉米户,并将其无公害玉米回收用做饲料。

二、区域生态良性循环养殖

本部分内容是在养猪的基础上实施养殖、种植生态良性循环。换言之,农作物养猪,猪粪养牛;牛粪养殖蚯蚓,蚯蚓用作中药(地龙),蚯蚓粪饲料玉米肥料;牛粪也可种植双孢菇食用菌,食用菌废料制作肥料,用于饲料玉米肥料;饲料玉米养猪、牛、鱼等,形成生态经济良性循环。见图 5-16。

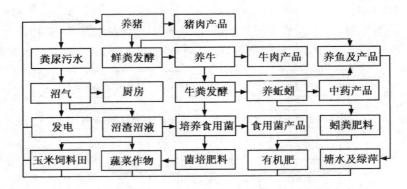

图 5-16　生态经济型养猪良性循环示意图

1.生猪自繁自养方式

(1)利用阳光猪舍养猪　应用阳光猪舍养猪,采用自繁自养方式。饲养规模设计为经产母猪 60 头,年生产与出售商品猪 1 200 头左右。年产鲜粪约 74 万 kg,污水约 332 万 kg。

(2)猪的饲养与管理及疾病防治　按常规。

(3)猪粪和污水生物无害化处理

①固体猪粪:猪舍内的鲜猪粪,用刮粪板将鲜粪刮入舍外的快速发酵池,池内按鲜粪的比例加入适量的发酵剂,将其搅拌均匀,快速发酵,或者将当天的猪粪进行机械干湿分离,固体粪便加入发酵剂进行发酵转化为再生的饲料资源。

②液体污水:将猪舍尿液及粪残渣与冲洗的污水进入污水沟,一部分污水供沼气池厌氧发酵生产沼气;而另一部分排放污水池快速发酵处理,转化为液体有机肥,并与沼液一并通过地下管道供日光温室蔬菜和饲料玉米田的肥料。见图 5-17。

2.利用猪粪发酵转化为牛的饲料

(1)猪粪的营养价值　猪对食物的消化能力非常强,粪便中残留的养分比较少,由于生长猪和母猪消化能力不同、饲料营养也不同,所以排除的粪便养分有很大的差异。猪粪在自然风干情况下,粗蛋白质含量为 9%～19%,粗脂肪含量 10%～17%,粗纤维含量 32%～38%,灰分 6%～7%。

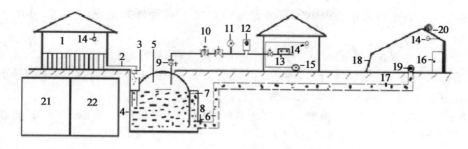

图 5-17　生态养猪循环经济示意图

1.猪舍　2.粪水管道　3.进料池　4.沼气池　5.沼气　6.出料口　7.溢流口　8.插门　9.安全阀　10.阀门　11.压力表　12.净化器　13.炉灶　14.照明灯　15.发电机　16.温室门　17.沼液管道　18.蔬菜温室　19.抽沼液机　20.保温被　21.有盖固体快速发酵池　22.有盖液体快速发酵池

（2）猪粪发酵料配比　将当日的鲜猪粪与花生秧粉、豆秸粉、酒糟粉和稻糠为原料,按一定的配比,再加入发酵剂进行发酵,制作牛的饲料原料见表5-19。

表 5-19　猪粪发酵料配比　　　　　　　　　　　　　　　　　　　　%

配方号	猪粪	花生秧	豆秸	细稻糠	酒糟	发酵剂
1	40	30	4.8	10	15	0.2
2	50	10	14.8	15	10	0.2
3	60	20	—	10	9.8	0.2

注:鲜猪粪干湿分离处理,含水分平均按70%,折合干物质计算。

（3）发酵方法　按表 5-19 原料配比进行调制。将鲜猪粪与花生秧、豆秸、稻糠和酒糟放在一起搅拌,边翻拌,边放水至配合料含水量达到 55%～60%,然后加入发酵剂,再次拌均匀,成堆后覆盖薄膜进行发酵,混合料发酵后再次将料堆边缘翻拌均匀,充分发酵,彻底杀灭病原微生物和寄生虫卵后,方可转为饲料,发酵混合料可用作牛的精料喂饲。

3.利用牛粪养蚯蚓

（1）牛粪的营养价值　新鲜牛粪中含干物质 22.56%,粗蛋白 3.1%,粗脂肪 0.37%,粗纤维 9.84%,无氮浸出物 5.18%,钙 0.32%,磷 0.08%,每千克含代谢能 0.567 2 MJ。风干样中含粗蛋白 13.74%,粗脂肪 1.65%,粗纤维 43.6%,无氮浸出物 22.94%,钙 1.40%,磷 0.36%,具有较高的经济价值。

（2）利用牛粪养蚯蚓方法

①养蚯蚓前期的准备工作　在夏季养殖蚯蚓前,根据养殖规模,准备足够量的牛粪和蚯蚓大平二号优良品种,保湿和遮阴用的草帘子、喷水壶和遮阳网,防雨水用的塑料薄膜;冬季养殖蚯蚓时,准备温度适宜蚯蚓生长繁殖的场所,推荐应用日光温室养殖蚯蚓。

②牛粪养殖蚯蚓方法　将牛粪堆成长 2.5 m、宽 1.2 m、厚度 35 cm 的粪堆。每天用铁耙疏松最上面的牛粪,将厚度 6～8 cm 的牛粪晒至五成干左右,即可放入蚯蚓种。每堆粪可放入产卵种蚯蚓 2 万～2.5 万条,每隔 10 天收取一次蚓粪,并将蚓茧放另一牛粪堆进行孵化,每隔 2～3 个月收一次成年蚯蚓,每 0.1 hm² 每次生产鲜蚯蚓 1 000～1 500 kg,将其除去内脏干燥

处理为中药——地龙产品出售。也可将其鲜蚯蚓直接干燥处理为蛋白质饲料,可用于养鱼或养猪的蛋白质饲料。

③加强管理 根据蚯蚓喜阴暗、喜潮湿、喜静、喜温暖、喜酸甜、喜独居和畏光、畏震、畏盐、畏辣、畏冷热的特点,加强饲养管理,冬季要注意保温;夏季要注意遮阳、保湿,保持粪堆面上潮湿,为蚯蚓创造良好的饲养环境,减少疾病,提高产量,增加效益。

④蚯蚓处理牛粪及生产有机肥 每亩地养殖蚯蚓可处理牛粪 6 万 kg,生产蚯蚓粪有机肥料 1.6 万 kg,可用于饲料玉米的有机肥料。

4.利用牛粪生产双孢菇

(1)培养料配方 按 100 m² 计,需要稻草 1 400 kg,风干牛粪 1 200 kg,豆饼粉 100 kg,尿素 17 kg,碳酸氢铵 10 kg,过磷酸钙 25 kg,石膏粉 30 kg,石灰粉 26 kg。

(2)原材料预处理

①稻草预处理 将稻草切短 15～30 cm 长,浸入水中 20 min,捞出堆放 1～2 天,每天喷水 2 次。将把前处理的稻草铺一层在地面上,宽约 1.8 m,厚度 30 cm,长度不限。然后在稻草表面撒一薄层石灰粉,用水喷淋 1 次,再撒一少量薄层碳酸氢铵,然后再铺一层 30 cm 厚的稻草,以此类推铺成高约 1.5 m 的草堆,堆期为 3 天。

②牛粪和豆饼粉预处理 将牛粪粉碎过筛后与豆饼粉混合,然后应用 1% 的石灰水调湿至含水约 55%,塑料薄膜覆盖备用。

(3)建堆发酵 建堆前将过磷酸钙、尿素、石膏粉等混合均匀,然后与预湿的牛粪饼肥充分混合,配成混合料。先在堆料场上铺一层宽约 1.8 m,厚度约 30 cm 的稻草,然后在料面上撒一层牛粪、饼肥及化肥的混合料,以此类推,反复堆放。每层略喷一点水,水不下流为宜,稻草覆盖。发酵前 1～2 天覆盖塑料薄膜,以后用草苫覆盖保持湿度,每天喷水 1～2 次。每间隔 3～4 天翻堆 1 次,最后用石灰水调节酸碱度为 pH 7.5～7.8,堆料水分在 55% 左右(用手抓握挤出 1～2 滴水为宜)后进行巴氏消毒,再次发酵 2 天,培养料无氨味时整床、播种。

(4)铺料播种 料发酵成后,即可铺料,料厚度为 18～20 cm,每平方米用双孢菇菌种 1.5～2 瓶,保持一定湿度,温度控制在 23～27℃,进行菌丝培养。

(5)覆土与管理 菌丝长满床后,将强阳光下曝晒 2～3 天消毒后的土,覆盖在菌床上,覆盖厚度在 2.5～3 cm 之间,每天或隔天喷水 1 次,保持菌床湿度。如发现杂菌感染,手工去除。

(6)采收双孢菇与废料处理 双孢菇菌盖生长 3～4 cm,菌盖膜未破时开始采收、出售。同时将菌坑填平喷水 1 次,保持菌床面湿度,经过几次采收后,菌床营养耗尽,将其废料清出床面,晒干、粉碎,用作饲料玉米肥料。

5.猪粪和牛粪养鱼

猪粪和牛粪经过发酵剂发酵处理,均可用作鱼的饲料,鱼塘肥水可灌溉饲料玉米田地,玉米秸秆经过青(黄)贮处理为牛的粗饲料,促进生态良性循环。

第六章 猪场粪污无害化处理及利用

我国是世界第一生猪养殖大国,年生猪饲养量均在 7 亿头左右。因此,养猪场的粪便及污水排量很大,如果粪污处理得不好,就会导致粪水横溢,臭味熏天,特别是夏季,蚊蝇肆虐,易造成疾病的传播,威胁养猪业生产安全,同时污染周边环境,也严重影响人的身体健康。近几年,现代化和规模化养猪企业及政府部门投入大量资金建造隐性化粪池(加盖)、沼气池、有机肥发酵车间等设备和设施,有的养猪企业将粪污通过管道排往大地,就地发酵和加工处理,转化为作物的有机肥料,解决很大环境污染问题。本章重点简介猪场粪污无害化处理及利用的方法,仅供参考。

第一节 猪场粪污无公害处理

猪场粪污无害化处理的方法有很多,本节简介不需要设施投资的简易型堆积自然发酵有机肥和投资少的发酵池生物发酵两种。

一、固体粪便发酵处理

1. 自然堆积发酵

采用封闭式专用拉粪车将猪粪运往离村庄或居民区 1 000 m 以上大地进行堆放,自然发酵无害化处理,在外界微生物的作用下转化为有机肥料。粪堆高与体积不能太矮太小,堆高 1~1.5 m,宽 4~5 m,长度 8~10 m,堆放大小因地而异。一般情况下,在粪堆积 24~48 h 后,温度升至 50~60℃,第三天可达 65℃以上,在此高温下要翻倒一次,发酵过程中会出现两次 65℃以上的高温,翻倒两次即可完成发酵,正常一周内可发酵完成,成为有机肥料。发酵良好的猪粪,呈褐色,无臭味,自然干燥、包装,作为有机肥料出售。

2. 发酵池快速发酵

(1)发酵池建造 发酵池为钢筋混凝土结构,大小可根据需要而定,因地制宜,一般情况下建造发酵池为 100 m³ 左右,池宽 5~6 m,池深 3~3.5 m,池长 6~8 m,为节省资金也可建造 3~5 个联体发酵池。此外,在发酵池上加设用钢筋和塑料薄膜制作的可移动拱式防臭味、防雨水或提高发酵温度的池罩。发酵池罩的大小与单体发酵池的大小相近,罩体高 1.5 m,四角安装可移动脚轮,见图 6-1。

(2)快速发酵方法 猪的粪便和污水在干稀分离网的作用下,将粪便直接进入发酵池内,并按一定的比例加入有益微生物菌群发酵剂,在有益生物菌群的作用下,猪粪很快进行生物消化分解等快速发酵,这一发酵过程比自然发酵时间缩短一倍以上。本方法的特点,发酵时间短,发酵池加罩,起到增温促发酵、防雨、防臭味的作用,从而达到猪粪无害化生产有机肥的目的。

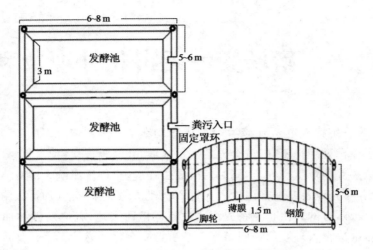

图 6-1　联体粪污发酵池与防雨增温池罩

二、污水无害化处理

污水是指粪污水和冲洗舍地面的污水。污水可在舍外建造化粪池或直接通过地下管道排往大地，建造露天化粪池或加罩化粪池进行无害化处理。

1.自然发酵处理污水

将污水通过地下管道或封闭式罐车运往距村庄 1 000 m 以外大地化粪池内，在自然环境下，污水内微生物不断生长繁殖直至发酵，达到液体有机肥的作用，就近作为有机物肥料使用。

2.生物发酵处理污水

猪场的污水通过地下管道或封闭罐车运往村外化粪池内，按一定的比例加入发酵剂进行发酵，在夏季污水经过 2～3 天即可发酵完毕，成为液体有机肥，施入田地，改善土壤，提高地力，增加作物产量。液体发酵池的建造结构与粪便发酵池相同。

第二节　厌氧沼气发酵治理粪污

猪场饲养量达到一定规模后，会产生大量粪便和污水，这些污染物不进行有效无害化处理，将影响养猪场正常生产，同时也严重污染周边环境，危害人的身体健康。本节重点介绍通过厌氧发酵沼气，达到无害化治理粪污的目的，也为猪的生长与繁育营造良好的环境，减少疾病，促进养猪高产高效。

一、沼气基本原理与发酵过程

沼气发酵，又称厌氧发酵或厌氧消化，是指有机物质在厌氧条件下，通过种类繁多、数量巨大、功能不同的各类微生物的分解代谢，最终产生沼气的过程。

1.沼气基本原理

沼气是指利用人畜粪便、秸秆、污泥、工业有机废水等各种有机物在密闭的沼气池内，在厌氧的条件下，被种类繁多的沼气发酵微生物分解转化，产生沼气的过程。沼气是一种高效、清洁燃料,是各种有机物质在适宜的温度、湿度下,经过微生物的发酵作用产生的一种可燃气体。其主要成分是甲烷和二氧化碳,通常情况下甲烷(CH_4)占所产生的各种气体的 $50\%\sim70\%$,二氧化碳(CO_2)占 $30\%\sim40\%$,此外还有少量氢(H_2)、氮气(N_2)、一氧化碳(CO)、硫化氢(H_2S)和氨(NH_3)等气体物质。

2. 沼气发酵的生物化学过程

沼气是有机物质在隔绝空气和保持一定水分、温度、酸碱度等条件下,经过多种微生物(统称沼气细菌)的分解而产生的。沼气细菌分解有机物质产生沼气的过程,叫沼气发酵。这是沼气产生的基本原理,即厌氧机理,其发酵的生物化学过程,大致可分为 3 个阶段。

第一阶段(液化阶段):发酵性细菌群利用它所分泌的胞外酶,把禽畜粪便、作物秸秆、豆制品加工后的废水等大分子有机物分解成能溶于水的单糖、氨基酸、甘油和脂肪酸等小分子化合物。

第二阶段(产酸阶段):这个阶段是发酵性细菌将小分子化合物分解为乙酸、丙酸、丁酸、氢和二氧化碳等,再由产氢产乙酸菌把其转化为产甲烷菌可利用的乙酸、氢和二氧化碳。

第三阶段(产甲烷阶段):产甲烷细菌群,利用以上不产甲烷的三种菌群所分解转化的甲酸、乙酸、氢和二氧化碳小分子化合物等生成甲烷。

沼气发酵的 3 个阶段是相互依赖和连续进行的,并保持动态平衡。在沼气发酵初期,以第一、二阶段的作用为主,也有第三阶段的作用。在沼气发酵后期,则是 3 个阶段的作用同时进行,一定时间后,保持一定的动态平衡持续正常的产气。

二、沼气需要的环境条件

人工制取沼气必须具备严格的厌氧环境、发酵原料和足够的沼气接种物,以及适宜的发酵浓度、温度和酸碱度等环境条件。

1. 适宜的温度

沼气池内的发酵温度是影响沼气产生和产气率高低的关键因素,在一定范围内,温度高,沼气微生物的生命活动活跃,发酵顺利进行,沼气产生得快,产气率也高;温度低,沼气微生物活动力差,原料的产气速率低,甚至长时间不产气。

根据发酵温度的高低可分为常温发酵、中温发酵、高温发酵三种。高温发酵,最适宜的温度是 $50\sim60℃$,每立方米池容,日产气 $2\ m^3$ 以上;中温发酵最适宜的温度是 $30\sim35℃$,每立方米池容,日产气 $0.4\sim0.9\ m^3$;常温发酵的温度是 $10\sim30℃$,每立方米池容,一般日产气量为 $0.1\sim0.25\ m^3$。温度虽然对沼气细菌的活动影响很大,但是多数沼气细菌是属于中温型的,一般最适合温度是在 $25\sim40℃$,在此温度范围内,温度越高,发酵越好。在东北地区的冬季,寒冷漫长,存在气温、地温低,原料分解率低,沼气的生产少等问题,因此,必须采取保温防寒措施,确保沼气产量。

2. 严格的厌氧环境

沼气微生物的核心菌群——产甲烷菌是一种厌氧性细菌,对氧特别敏感,它们在生长、发育、繁殖、代谢等生命活动中都不需要空气,空气中的氧气可导致这些厌氧菌生命活动受到抑制,甚至死亡。所以,在修建沼气池,要严格密闭,不漏水,不漏气,这不仅是收集沼气和贮存沼气发酵原料的需要,也是保证沼气微生物在厌氧生态环境条件下正常生长与繁殖的需要。

三、沼气池的建造

沼气池的建造有地下式、半地下式和地上式三种。在北方无论采取何种形式,必须考虑冬季保温问题;沼气池的建造结构类型也多种多样,但基本结构大体相近,池的大小也要根据养猪场的粪污量来确定。以下简介两种沼气池类型和基本结构。

1.沼气池类型

(1)固定拱盖水压式沼气池 固定拱盖水压式沼气池有圆筒形、球形和椭球形三种池型。这种沼气池的池体上部气室完全封闭,随着沼气的不断产生,沼气压力相应提高。这个不断增高的气压,迫使沼气池内的一部分料液进到与池体相通的水压间内,使得水压间内的液面升高,水压间液面与沼气池内的液面就产生了水位差,这个水位差就叫作"水压",也是 U 形管沼气压力表显示的数值。用气时,沼气开关打开,沼气在水压下排出;当沼气减少时,水压间的料液又返回池体内,使得水位差不断下降,导致沼气压力也随之相应降低。这种利用部分料液来回串动,引起水压反复变化来贮存和排放沼气的池型,称之为水压式沼气池,见图6-2。

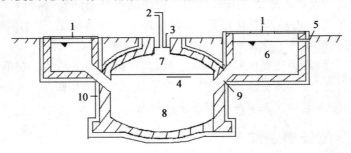

图 6-2 地下水压式沼气池剖面图
1.盖板 2.沼气管 3.天窗盖 4.隔板 5.溢流口 6.水压间
7.沼气储池 8.发酵室 9.出料管道 10.保温层

(2)无活动盖底层出料水压式沼气池 无活动盖底层出料水压式沼气池是一种变型的水压式沼气池。该池型将水压式沼气池活动盖取消,把沼气池拱盖封死,只留导气管,并且加大水压间容积,这样可避免因沼气池活动盖密封不严带来的问题,在我国北方农村均提倡采用这种池型,见图6-3。

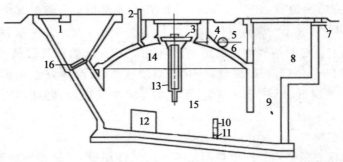

图 6-3 无活动盖底层出料水压式沼气池剖面图
1.进料口 2.导气管 3.天窗盖 4.池拱 5.破壳搅拌 6.中心固菌 7.溢流口 8.水压间
9.出料口 10.隔板 11.排砂孔 12.布料器 13.吊笼 14.气室 15.料液室 16.滤料盘

2.沼气池的材料结构

(1)砖和石材结构型 根据设计方案,这是一种地下式用砖或石料、水泥沙灰砌制的拱形结构沼气池。在垒砌沼气池墙的过程中,边砌边勾缝隙,池的内外套抹防渗漏水泥灰,以防漏气、渗水。这种砖或石材结构在农村较为普遍型,优点结构简单,取材容易;同时在建造或应用时注意安全。

(2)钢筋混凝土浇铸结构 这种池的结构较为复杂,要根据设计规格大小,首先要制作出模具,然后将钢筋定型,扣上模具,再用混凝土进行浇铸成型,池的内外应用防渗水和防漏气的水泥沙灰抹平、光滑。这种结构适用于规模化生产沼气池。

(3)玻璃钢结构 这种沼气池是由不饱和聚酯树脂、胶衣树脂、短切毡、优质玻璃纤维布等材料配合成型模具经多道工序复合制作而成的。由于池体内表面采用胶衣树脂,保证了优良可靠的密封性。池体是复合而成的新型玻璃钢材料使其具有强度高、重量轻、耐腐蚀、耐老化、防渗漏的特点。在建设过程中,占地面积小,埋设方便,施工快捷,在使用过程中池体应用较为持久。

(4)其他材料结构 沼气池的材料结构还有很多种,如太阳能沼气池、双层保温沼气池、循环型沼气池、塑胶型沼气池等。在此不依次列举。

四、猪场粪污与沼气生产量

1.猪场粪污排量

在一般情况下,规模化或大型养猪场,每头猪日均排泄粪尿达 6 kg 左右,年产粪尿约达 2 200 kg;每头猪污水日均排放量约为 30 kg,年排污水量为 10 950 kg 左右。按此推算,就可估算出本场饲养猪数量所排出的粪污总量。

2.沼气产量计算

(1)干物质量计算 按猪场基础母猪存栏量 500 头,猪场总存栏量为 5 354 头计,设计采用干清粪工艺,按《畜禽养殖业污染物排放标准》计算,夏季污水排放量为 1.8 m³/(百头·天),冬季污水排放量为 1.2 m³/(百头·天),则排放污水量为 64.2~96.4 m³/天。日产粪便量为 5 100 kg/天,猪粪含水率按 82% 设计,干物质(TS)量计算结果见表 6-1。本项目中,干物质量按照 920 kg/天进行设计。

表 6-1 猪粪干物质量计算结果

项 目	含水率/%	干物质量/(t/天)
猪粪产量 5 100 kg	78	1.12
猪粪产量 5 100 kg	80	1.02
猪粪产量 5 100 kg	82	0.92
猪粪产量 5 100 kg	84	0.82
猪粪产量 5 100 kg	86	0.72
猪粪产量 5 100 kg	88	0.61
干物质量(按含水率82%计算)		0.92
含固率10%粪污总量/t		92

（2）物料总量和补充水量计算　本设计中采用高浓度反应器设计，养殖场产生的5 100 kg鲜猪粪全部投放到高浓度反应器，并调配成10％干物质浓度，约需要4.1 m³污水，余下猪场排放的污水经过水力筛，将部分存留在污水中的猪粪渣筛除，投入到配料池，与鲜猪粪一同调配（该部分物料包含在5 100 kg鲜猪粪中），过筛后污水进入储肥池，进行厌氧处理储存。

（3）沼气产量计算　考虑2％的干物质损耗率，每天投入发酵罐猪粪干物质902 kg，产沼率为0.28～0.32 m³/kg，取值0.30 m³/kg，可产沼气271 m³（表6-2）。

表6-2　日沼气产量计算结果

干物质量/(kg/天)	920
干物质损耗率/％	2
干物质投产量/(kg/天)	902
产沼率/(m³/kg)	0.30
产沼量/(m³/天)	271
污水量/(m³/天)	4.1

（4）干物质减量化计算　全天输入干物质量为902 kg。厌氧阶段消耗量为586 kg，该部分干物质消耗是生物质能转化、沼气生产的主体。厌氧阶段干物质的输出量为316 kg，其中170 kg由厌氧反应器底部作为沼渣排出，进入沼渣储存池；其余与厌氧反应器上部出水一并排出。

3. 沼肥产量估算

一般情况下沼渣含水率为93％，沼液含水率为97％。沼渣干物质含量80 kg/天，按93％含水率计算，沼渣产量约为1 142 kg/天；沼液干物质含量为233 kg/天，按97％含水率计算，沼液产量约为7 790 kg/天。

五、沼气与沼渣、沼液的应用

1. 沼气的应用

（1）用作炊事燃气　将沼气通过沼气管道输入厨房，接通沼气灶具。沼气灶具一般由喷嘴、调风板、引射器和头部等4部分组成。喷嘴是控制沼气流量，并将沼气的压能转化为动能的关键部件。调风板一般安装在喷嘴和引射器的喇叭口位置上，用来调节一次空气进风量的多少。引射器由吸入口、直管、扩散管3部分构成。燃烧器是沼气灶具的主要部位，作用是将混合气体通过喷火孔均匀地送入炉膛燃烧，供炊事使用。

（2）沼气照明　将沼气通过管道送往猪舍、路灯或住宅需要照明处，通过照明灯照明猪舍或房间。

沼气需要沼气灯方可照明，沼气灯是把沼气的化学能转变为光能的一种装置，由喷嘴、引射器、泥头、纱罩、反光罩、玻璃灯罩等部件组成。分吊式和座式两种。沼气通过输气管，经喷嘴进入气体混合室，与从进气孔进入的一次空气混合。然后从泥头喷火孔喷出燃烧，在燃烧过程中得到二次空气补充。由于纱罩在高温下收缩呈白色球状——二氧化钍在高温下发出白光,供照明用。一盏沼气灯的照明度相当于 1 盏 40～60 W 的白炽电灯。

(3)沼气发电　沼气燃烧发电是随着大型沼气池建设和沼气综合利用的不断发展而出现的一项沼气利用技术,它将厌氧发酵处理产生的沼气用于发动机上,并装有综合发电装置,以产生电能和热能。沼气发电具有创效、节能、安全和环保等特点,是一种原材料来源广泛,价格低廉的分布式能源。

2.沼渣、沼液的应用

(1)沼渣　沼渣是沼气发酵后剩余的半固体物质,含有丰富的有机质、腐殖酸、氨基酸、氮、磷、钾和微量元素。其主要用途是作土壤改良剂、农作物基肥和追肥、配制花卉和蔬菜育苗营养土或玉米有机肥等。

(2)沼液　沼液是一种优质有机肥料,是猪粪污有机物,在沼气池中经生物发酵产生沼气后的残留液体。沼液含有水溶性的多种营养成分,是一种速效性优质有机肥料。可作为蔬菜、花卉、苗木、玉米等作物的液体肥料。

第七章　猪病的综合性预防措施

猪病的种类很多,包括传染病、寄生虫病、内科病、外科病及产科病,而危害最严重的是传染病,其次是寄生虫病、中毒性疾病和营养缺乏病(含代谢障碍病)。这些疾病往往大批发生,发病率和死亡率很高,甚至波及全群,严重影响养猪业的发展,给养殖户造成巨大的经济损失。为了预防和消灭猪的疫病,保护猪群正常生产,促进养猪业的发展,保证人民的健康,必须坚持预防为主的方针,使饲养管理规范化、科学化,防疫措施制度化、经常化,提高养猪防病的水平。

猪病预防的基本措施包括:制定合理的卫生防疫制度、严格执行消毒制度、按免疫程序进行预防接种、定期驱虫和有计划地进行药物预防。

第一节　制定卫生防疫消毒制度

一、猪场卫生防疫制度

为了搞好猪场的卫生防疫工作,确保养猪安全生产,必须遵守"以防为主,以治为辅,防治结合"的原则,杜绝一切疫病的发生。

1. 选好场地,合理布局

猪场应选在地势高燥、水源充足,远离公路、工厂、学校,交通方便处。生产区与管理区、生活区分开。生产区和猪舍入口处应设消毒池。粪便发酵池设在场外。

2. 猪场分生产区和非生产区

生产区包括养猪生产线、出猪台、解剖室、流水线走廊、污水处理区等。非生产区包括办公室、食堂、宿舍、活动中心等场所。

非生产区工作人员及车辆严禁进入生产区,确有需要者必须经场长或主管兽医批准并经严格消毒后,在场内人员陪同下方可进入,只可在指定范围内活动。

3. 生活区防疫制度

(1)生活区大门应设消毒门岗,全场员工及外来人员入场时,均应通过消毒门岗,消毒池每周更换两次消毒液。

(2)每月初对生活区及其环境进行一次大清洁、消毒、灭鼠、灭蚊蝇。

(3)任何人不得从场外购买猪、牛、羊肉及其加工制品入场,场内职工及其家属不得在场内饲养猫、狗、鸡、鸽子等畜禽。

(4)饲养员要在场内宿舍居住,不应随便外出;场内技术人员不应到场外出诊;不应去屠宰场、其他猪场或屠宰户、养猪户场(家)逗留。

(5)员工休假回场或新招员工要在生活区隔离二天后方可进入生产区工作。

(6)搞好场内卫生及环境绿化工作。

4. 车辆卫生防疫制度

(1)运输饲料进入生产区的车辆要彻底消毒。

(2)运猪车辆出入生产区、隔离舍、出猪台要彻底消毒。

(3)上述车辆司机不要离开驾驶室与场内人员接触,随车装卸工要同生产区人员一样更衣换鞋、消毒。

5.购销猪防疫制度

(1)从外地购入种猪,须经过检疫,并在场内隔离舍饲养观察 40 天,确认无病健康猪,经冲洗干净并彻底消毒后方可进入生产线。

(2)出售商品猪时,须经兽医临床检查无病的方可出场。出售的商品猪只能单向流动,如质量不合格退回时,要作淘汰处理,不得返回生产线。

(3)生产线工作人员出入隔离舍、售猪室、出猪台时要严格更衣、换鞋、消毒,不得与外人接触。

6.疫苗保存及使用制度

(1)各种疫苗要按要求进行保存,凡是过期、变质、失效的疫苗一律禁止使用。

(2)免疫接种必须严格按照公司制定的《免疫程序》进行。

(3)免疫注射时,尽量不打飞针,严格按操作规程要求进行。

(4)做好免疫计划、免疫记录。

7.员工管理

生产线员工必须经更衣室更衣、换鞋,脚踏消毒池、手浸消毒液(盆)后方可进入生产线。消毒池每周更换两次消毒液,更衣室紫外线灯保持全天候开着状态。

生产线内工作人员,不准留长指甲,男性员工不准留长发,不得带私人物品入内。

8.其他防疫管理

(1)生产线每栋猪舍门口,产房各单元门口设消毒池、盆,并定期更换消毒液,保持有效浓度。

(2)制定完善的猪舍、猪体消毒制度。

(3)杜绝使用发霉变质饲料。

(4)对常见病做好药物预防工作。

(5)做好员工的卫生防疫培训工作。

二、猪场消毒制度

(1)生活区消毒 办公室、食堂、宿舍及其周围环境每月大消毒一次。

(2)售猪周转区消毒 周转猪舍、出猪台、磅秤及周围环境每售一批猪后大消毒一次。

(3)生产区正门消毒池 每周至少更换池水、池药 2 次,保持有效浓度。

(4)车辆消毒 进入生产区的车辆必须彻底消毒,随车人员消毒方法同生产人员一样。

(5)更衣室、工作服消毒 更衣室每周末消毒一次,工作服清洗时消毒。

(6)生产区环境消毒 生产区道路及两侧 5 m 内范围、猪舍间空地每月至少消毒 2 次。

(7)各栋猪舍门口消毒池与消毒盆 每周更换池、盆水、药至少 2 次,保持有效浓度。

(8)猪舍、猪群消毒 配种妊娠舍每周至少消毒一次,分娩保育舍每周至少消毒 2 次。

(9)员工消毒 进入猪舍员工必须脚踏消毒池,手洗消毒盆消毒(规模化猪场设置紫外线消毒室进行消毒)。

(10)环境消毒 猪舍周围环境每 2～3 周用 2% 火碱等消毒药消毒 1 次。场周围及场内污水池、排粪沟、下水道出口,每月用漂白粉消毒 1 次。在大门口、猪舍入口设消毒池,消毒药物用 2% 火碱等消毒药,每周更换 1～2 次。

(11)外来人员消毒　严格控制外来人员,必须进入生产区时,更换场区工作服和工作鞋,并遵守场内防疫制度,按指定路线行走。

(12)猪舍消毒方法

①空舍消毒:每批猪调出后,按以下程序进行消毒。除粪—清扫—水洗—干燥—2%火碱等消毒液消毒—水洗—干燥—福尔马林熏蒸或火焰消毒—进猪。

②带猪消毒:定期进行带猪消毒,可用0.1%新洁尔灭、0.3%过氧乙酸、0.1%次氯酸钠等消毒药进行喷雾消毒,喷雾的雾滴要求$50\sim100~\mu m$。

③走廊过道消毒:定期用2%火碱等消毒药进行消毒。

(13)用具消毒　食槽、水槽等用具每天进行洗刷,定期消毒,可用0.1%新洁尔灭或$0.2\sim0.5\%$过氧乙酸等消毒药进行消毒。

第二节　预防免疫接种

免疫接种是激发动物机体产生特异性抵抗力,是易感动物转化为不易感动物的一种手段。有计划地进行免疫接种,是预防和控制传染病的重要措施之一。免疫接种是给猪接种各种疫苗或菌苗使猪本身对传染病的抵抗力大大提高,使猪减少发病或不发病。首先要制订比较合理的免疫计划,定期进行免疫接种。其次在免疫接种过程中,要确保免疫接种效果,要注意疫苗的生产日期、有效期、运输和保存及疫苗的接种方法等,确保疫苗使用安全有效。在给猪接种前后尽量避免投给大量的药物,以免影响接种免疫效果。另外,在必要时采取紧急接种,也是扑灭传染病的一种方法,根据实际情况要在兽医指导下进行,方可取得良好的免疫效果。以下免疫程序仅供参考。

一、免疫程序

1.种公猪免疫程序

(1)每年春秋两季各肌肉注射一次猪瘟猪肺疫两联苗。

(2)每年春秋两季各肌肉注射一次猪丹毒疫苗。

(3)每年肌肉注射一次猪细小病毒疫苗。

(4)每年在右侧胸腔注射一次猪喘气病疫苗。

(5)每年4~5月注射一次乙型脑炎弱毒疫苗。

(6)每年春秋两季各注射一次猪口蹄疫o型灭活疫苗。

2.种母猪免疫程序

(1)每年春秋两季各肌肉注射一次猪瘟猪肺疫两联苗。

(2)每年春秋两季各肌肉注射一次猪丹毒疫苗。

(3)每年肌肉注射一次猪细小病毒疫苗。

(4)每年在右侧胸腔注射一次猪喘气病疫苗。

(5)每年4~5月注射一次猪乙型脑炎弱毒疫苗。

(6)每年春秋两季各注射一次猪传染性萎缩性鼻炎疫苗。

(7)每年春秋两季各肌肉注射一次猪口蹄疫o型灭活疫苗。

(8)妊娠母猪于产前40~42天和产前15~20天各注射一次仔猪下痢菌苗以预防仔猪黄痢。

(9)妊娠母猪于产前 30 天和产前 15 天各注射一次红痢菌苗以预防仔猪红痢。

3.仔猪免疫程序

(1)20 日龄和 70 日龄各肌肉注射一次猪瘟猪肺疫两联苗或在初生未吃初乳前立即接种一次。

(2)断乳时(30～35 日龄)口服或肌肉注射一次仔猪副伤寒疫苗。

(3)断乳时(30～35 日龄)和 70 日龄各肌肉注射一次猪丹毒疫苗。

(4)7～15 日龄在右侧胸腔注射一次猪喘气病疫苗。

(5)60 日龄肌肉注射一次猪口蹄疫 o 型灭活疫苗。

(6)日龄肌肉注射一次猪传染性萎缩性鼻炎。

4.后备猪免疫程序

(1)配种前一个月肌肉注射一次猪瘟肺疫两联苗一次,选做种猪时再接种一次。

(2)配种前一个月肌肉注射一次猪细小病毒疫苗。

(3)后备母猪 4～5 月龄和配种前各肌肉注射一次猪乙型脑炎弱毒疫苗。

(4)60 日龄肌肉注射一次猪口蹄疫 o 型灭活疫苗,选做种猪时再肌肉注射一次。

二、免疫剂量与方法

(1)仔猪育肥　免疫剂量见表 7-1。

表 7-1　仔猪育肥免疫剂量与方法

日龄	类型	剂量	免疫接种方法
0	猪瘟、伪狂犬	各 1 头份	猪瘟肌肉注射,伪狂犬滴鼻
3	传染性胸膜肺炎＋蓝耳	各 1 头份	肌肉注射
15	水肿病＋败血型链球菌	各 1 头份	肌肉注射
21	猪瘟	2 头份	肌肉注射
35	副猪嗜血杆菌	1 头份	肌肉注射
42	猪丹毒猪肺疫二联苗	1 头份	肌肉注射
50	口蹄疫	1 头份	肌肉注射
60	猪瘟	4 头份	肌肉注射

(2)经产母猪　免疫剂量见表 7-2。

表 7-2　经产母猪免疫剂量与方法

日龄	类型	剂量	免疫接种方法
临产前 60 天	蓝耳病	1～2 头份	肌肉注射
临产前 52 天	传染性胸膜肺炎或副猪嗜血杆菌	1～2 头份	肌肉注射
临产前 45 天	细小病毒	2～4 头份	肌肉注射
临产前 38 天	萎缩性鼻炎	2～4 头份	肌肉注射
临产前 30 天	伪狂犬	2～4 头份	肌肉注射
临产前 18 天	冬春两季:K88、K99＋传染性胃肠炎	1～2 头份	肌肉注射

（3）后备母猪免疫　免疫剂量见表7-3。

表7-3　后备母猪免疫剂量与方法

日龄	类型	剂量	免疫接种方法
配种前30天	伪狂犬	2～4头份	肌肉注射
配种前18天	冬春两季：K88/K99＋传染性胃肠炎	1～2头份	肌肉注射

（4）哺乳期免疫　免疫剂量见表7-4。

表7-4　哺乳期免疫剂量与方法

日龄	类型	剂量	免疫接种方法
产后7天	猪瘟	5～8头份	肌肉注射
产后14天	口蹄疫	2～3头份	肌肉注射
产后21天	猪丹毒猪肺疫二联苗	2～4头份	肌肉注射

三、免疫时注意事项

（1）在免疫前后禁用大量抗生素或抗病毒药物，以免影响免疫效果。

（2）应根据本地区流行的疫病来选择免疫性疫苗，不可随意选择疫苗注射。

（3）在选择疫苗时注意观察疫苗生产日期、使用剂量、保存方法等，禁止使用过期疫苗。

（4）在注射疫苗时，两个单苗不可同时使用，更不可两个单苗混合使用，以免影响免疫效果。

（5）疫苗免疫后注意观察，如出现呕吐、不安、发抖、呼吸困难等过敏表现，及时使用肾上腺素、地塞米松等药物进行抢救。

（6）在为妊娠母猪进行接种免疫时，一定要注意注射方法，不可过度用力，以免应激反应导致流产。

（7）在免疫时，注射器、针头必须严格消毒，坚持一头猪一个针头；禁止打飞针。

第三节　定期驱虫

寄生虫在猪的体内或体表吸收猪的营养，创伤组织器官，严重扰乱和影响猪的正常生长和生产规律。寄生虫病极大危害养猪业的发展，必须实施定期进行驱虫工作。寄生虫病可分为体内寄生虫和体外寄生虫两大类。

一、猪的寄生虫病及危害

1.体内寄生虫

体内寄生虫主要有蛔虫、鞭虫、结节线虫、肾线虫、肺丝虫等，这几种体内寄生虫对猪机体的危害均较大，成虫与猪争夺营养成分，移行幼虫破坏猪的肠壁、肝脏和肺脏的组织结构和生理机能，造成猪日增重减少，抗病力下降，怀孕母猪胎儿发育不良，甚至造成隐性流产、新生仔猪体重小和窝产仔数减少等,对养猪业危害极大。

2.体外寄生虫

体外寄生虫主要有螨、虱、蜱、蚊、蝇等,其中以螨虫对猪的危害最大,除干扰猪的正常生活节律、降低饲料报酬和影响猪的生长速度以及猪的整齐度外,并是很多疾病如猪的乙型脑炎、细小病毒、猪的附红细胞体病等的重要传播者,给养猪业造成严重的经济损失。

二、寄生虫病引发原因

猪场管理粗放、环境卫生不良和饲料污染等易引发猪的寄生虫疾病。

由于猪场管理粗放,人员、车辆来往频繁,猫、狗、鸡、鸽子、老鼠及野生动物到处流窜,将一些寄生虫直接或间接传播给猪,如猪囊虫病、弓形体病等疾病。

猪舍的卫生条件较差,潮湿、通风不良,易诱发疥疮等皮肤寄生虫病;猪舍内外粪尿不及时清理、消毒,卫生极差,易滋生的虱子、蜱、蚊、蝇等对猪体的叮咬,传染某些细菌和病毒等病原微生物,而导致猪发生疾病。

饲料污染使猪抵抗力降低,易引发寄生虫病。

三、驱虫药物及其使用方法

1.驱虫药的选择

应选用价廉、广谱、高效、安全的驱虫药物。目前驱虫效果较好的药物有驱虫精、驱蛔灵、肠虫清、左旋咪唑、阿维菌素、伊维菌素、敌百虫等。应注意用药不能过量或者不足,以免影响效果。

2.驱虫方法

(1)体外驱虫　每半个月用1%～2%敌百虫喷洒猪体全身,10天后再喷1次,可防治外寄生虫,如疥螨感染等疾病;伊维菌素对猪血虱和猪疥螨也有良好控制作用。

(2)仔猪育肥驱虫　猪45～60日龄(体重30 kg左右)时进行,隔60～90天再驱虫一次;育成猪每半年进行一次,10天后再补驱一次,出售前1个月内不再驱虫。

(3)新引进的猪休息一周左右后驱虫一次,几天后再驱虫一次方能合群。

(4)初配母猪可在配种前25天左右驱虫一次,配种前15天左右再驱虫一次。

(5)怀孕母猪可以不驱虫,如果寄生虫病严重,可在其分娩前30天左右驱虫一次,药物选择片剂或粉剂,用量为正常量的2/3。

(6)生产母猪分娩后12天驱一次,断奶后配种前驱一次。

(7)种公猪每年春秋两季各驱一次。

3.及时清理粪便、卫生消毒

驱虫后及时清理粪便,将猪粪和虫体集中堆积发酵或焚烧等无害化处理,以防止排出的虫体被猪食入,导致再次感染。地面、墙壁、饲槽应用5%的石灰水消毒,以防寄生虫重新感染。

4.注意观察与护理

为猪驱虫投药后,应仔细观察猪对药物的反应情况,如出现呕吐、腹泻等症状,应立即将猪赶出栏舍,让其自由活动,缓解中毒症状。对严重的猪可饮服煮六成熟的绿豆汤。对腹泻的猪,取木炭或锅底灰50 g,拌入饲料中喂服,连服2～3天;也可用1%阿托品(3～5 mL/头,4 h 1次,连用3次)等药物进行解毒。

第八章　猪的常见疾病及防治技术

第一节　猪　　瘟

猪瘟病毒(Hogcholera virus，Swine fever virus)是猪瘟的病原，危害猪和野猪，其他动物不发病。猪瘟是一种急性、热性、高度接触性传染病，主要特征是高温、微血管变性而引起全身出血、坏死、梗塞。猪瘟对猪危害极为严重，会造成养猪业重大损失。

一、病原

猪瘟病毒归属为黄病毒科瘟病毒属。猪瘟病毒是具有囊膜的单股正链 RNA 病毒，病毒粒子呈圆形，大小为 38～44 nm，核衣壳是立体对称二十面体，氯化铯中浮密度 1.15～1.17 g/mL，有包膜。猪瘟病毒在细胞质内复制，不能凝集红细胞，与牛腹泻病毒有相关抗原。本病毒能被 2%氢氧化钠、1%福尔马林灭活。

二、诊断要点

1.流行特点

该病不同年龄、性别、品种的猪及野猪都易感，一年四季均可发生，呈流行性或地方流行性传播。主要通过接触，经消化道、呼吸道感染。此外，也可经眼结膜、伤口、输精感染，患病和弱毒株感染的母猪也可以经胎盘垂直感染胎儿，产生弱仔猪、死胎、木乃伊胎等。病猪、愈后带毒和潜伏期带毒猪是主要传染源，病猪排泄物和分泌物，病死猪的脏器和尸体，急宰病猪的血、肉、内脏、精液，废水、废水污染的饲料、饮水都可散播病毒。

2.临床症状

潜伏期一般为 5～7 天，根据临床症状可分为最急性型、急性型、慢性型和温和性型四种类型。

(1)最急性型　猪场有些病猪常无明显症状，突然死亡，一般出现在初发病地区和流行初期。

(2)急性型　猪场大部分猪都患有急性猪瘟，潜伏期一般为 24～72 h，病猪精神差，发热，体温在 40～42℃之间，呈现稽留热，精神沉郁、怕冷、嗜睡、喜卧、弓背、寒战及行走摇晃。食欲减退或废绝，喜欢饮水，有的发生呕吐。结膜发炎，流脓性分泌物，将上下眼睑粘住，不能张开，鼻流脓性鼻液。初期便秘，干硬的粪球表面附有大量白色的肠黏液，后期腹泻，粪便恶臭，带有黏液或血液。病猪的鼻端、耳后根、腹部及四肢内侧的皮肤及齿龈、齿内、肛门等处黏膜出现针尖状出血点，指压不褪色，腹股沟淋巴结肿大。小猪可出现神经症状，表现磨牙、后退、转圈、强直、侧卧及游泳状，甚至昏迷等。常继发细菌感染，以肺炎或坏死性肠炎多见。

（3）慢性型　多由急性型转变而来，体温时高时低，呈弛张热型，食欲不振，便秘与腹泻交替出现，以下痢为主，逐渐消瘦、贫血、衰弱，被毛粗乱，行走时两后肢摇晃无力，步态不稳。有些病猪的耳尖、尾端和四肢下部成蓝紫色或坏死、脱落，病程可达一个月以上，最后衰弱死亡，病死率低，但很难完全恢复。不死的猪为僵猪。

（4）温和性型　主要发生较多的是断奶后的仔猪及架子猪，表现症状轻微，不典型，病情缓和，病理变化不明显，病程较长，体温稽留在40℃左右，呈短暂发热，皮肤无出血小点，但有瘀血和坏死，食欲时好时坏，粪便时干时稀，病猪十分瘦弱，致死率较高，也有耐过的，但生长发育严重受阻。母猪感染后长期带毒，受胎率低，流产或产死胎、木乃伊胎或畸形胎；所生仔猪先天感染，死亡或成为僵猪。

3.病理变化

（1）最急性型　一般无明显病变，或仅见浆膜、黏膜和内脏器官有少量出血点。

（2）急性型　病死猪全身皮肤、浆膜、黏膜和内脏器官有不同程度的出血。全身淋巴结肿胀、多汁、充血、出血，肾外表呈现紫黑色，切面周围出血明显，整个切面呈红白相间的大理石纹理，肾脏色淡，皮质有针尖至小米状的出血点，又称"麻雀蛋"肾。脾脏不肿大或稍大，有梗塞，以边缘多见，呈色黑小紫块。喉头黏膜及扁桃体出血。膀胱黏膜以及心外膜、肺膜、胸膜等浆膜上有散在的出血点。胃、肠黏膜呈卡他性炎症，大肠的回盲瓣处及结肠黏膜处形成大小不一的圆形纽扣状溃疡。

（3）慢性型　主要表现为坏死性肠炎，全身性出血变化不明显，由于钙磷代谢的扰乱，断奶病猪可见肋骨末端和软骨组织交界处，因骨化障碍而形成的黄色骨化线，永不消失。

4.鉴别诊断

典型猪瘟依据流行病学、临床特征、病理变化和临床鉴别诊断即可确诊。非典型猪瘟则采集组织脏器（如扁桃体、淋巴结等）和血清送到有条件的实验室进行诊断和鉴别。

临床上出现以高热、皮肤出血等败血症为特点的急性猪瘟时，应注意与急性猪丹毒、最急性猪肺疫、败血性链球菌病、急性猪副伤寒和弓形虫病等疾病相区别。

（1）急性猪丹毒　夏季多发，呈地方流行性，病程短，在猪群中传染较慢，发病率和死亡率比猪瘟低。体温很高，但仍有一定食欲。皮肤上的红斑指压褪色，病程较长时皮肤上有紫红色疹块。眼睛清亮有神，步态僵硬，很少发生腹泻。死后剖检，胃和小肠有严重的出血性炎症，脾脏肿大，呈樱桃红色，淋巴结和肾瘀血肿大，淋巴结切面不呈大理石斑纹，大肠黏膜无显著变化。病原为猪丹毒杆菌，青霉素治疗有效。

（2）最急性猪肺疫　夏季或气候、饲养条件剧变时多发，呈流行性，发病率和病死率比猪瘟低，咽喉部急性肿胀，呼吸困难，口鼻流泡沫，有咳嗽，皮肤发红，或有少数出血点。剖检肉眼可见咽喉肿胀、出血，肺充血水肿，颌下淋巴结出血、切面呈红色，脾不肿大。病原为猪巴氏杆菌，抗菌药物治疗有效。

（3）败血性链球菌病　多见仔猪发病。常有多发性关节炎和脑膜炎症状，病程短。剖检肉眼可见各器官充血、出血明显，心包液增量，脾肿大。有神经症状的病例，脑和脑膜充血、出血，脑脊髓液增量、浑浊，脑实质有化脓性脑炎变化。病原为溶血性链球菌，抗菌药物治疗有效。

（4）急性猪副伤寒　多见2~4月龄猪发病，在阴雨连绵季节多发，一般呈散发。先便秘后下痢,有时粪便带血,有结膜炎,胸腹部皮肤呈蓝紫色。剖检肠系膜淋巴结显著肿大,肝可见黄色或灰色小点状坏死,大肠有溃疡,脾肿大。病原为猪沙门氏菌,氯霉素和磺胺类药物治疗有效。

(5)弓形虫病 主要发生于架子猪,流行于夏秋炎热季节。剖检脾肿大,肝有散在出血点和坏死点,淋巴结肿大,有出血点和坏死点,脑实质充血、水肿、坏死,可区别于猪瘟。病原为弓形虫,磺胺类药物治疗有效。

5.实验室诊断

猪瘟疫病的诊断,结合临床症状、病理变化和鉴别诊断可以做出初步的诊断。但要科学的诊断出猪瘟病毒,实验室诊断非常必要。

(1)病毒抗原的检测 猪瘟病毒抗原的快速检测对于猪瘟的诊断具有特别重要的意义。目前快速、敏感的检测方法是利用免疫组化技术检测扁桃体组织。扁桃体中猪瘟病毒抗原可早在感染后2天检测到,淋巴结、脾脏以及胰腺均可作为病毒早期检测的组织样品。利用一种检测猪瘟病毒抗原的免疫组化方法,即利用针对E2糖蛋白的单克隆抗体检测福尔马林固定、石蜡包埋的组织样品的免疫组化方法。该方法的优点是能检测长期保存的样品,缺点是较费时,而且福尔马林固定后的组织不能再进行病毒分离。链酶-生物素-过氧化物酶(ABc)的免疫组化方法也能用于猪瘟病毒组织切片上抗原的检测。据报道流式细胞仪也可进行血样中猪瘟病毒的检测,但其敏感性较低。以猪瘟强毒感染仔猪,利用抗原捕获ELISA方法检测其病毒血症,结果表明该方法可用于猪群中流行病学的调查。但其敏感性以及特异性均低于传统的实验室方法。

(2)感染性病毒的检测 病毒分离是目前体外检测感染性猪瘟病毒最特异的方法。已报道有几种方法可以从组织、全血中分离病毒,白细胞是分离病毒的最佳样品。然而一些研究人员发现,白细胞以及单核细胞在动物感染后较长时间才能感染病毒。因此,对于猪瘟的早期诊断,全血或血浆可能比白细胞更为敏感。最常用于猪瘟病毒分离的细胞为猪肾细胞(PK-15或SK6)或猪睾丸细胞(sT)。日本建立了一种猪肾由来的传代细胞系(FS-L3),FS-L3细胞在不感染病毒的情况下呈大圆球状,数倍至数十倍于普通细胞。但一旦感染了猪瘟病毒,FS-L3细胞的大圆球状即消失。这一特性已被用作猪瘟病毒的中和试验等各种生物学特性的测定。经研究发现,产生细胞病变的毒株是因为它的遗传基因发生了变化。从5'末端的第一个核苷酸到4 764个核苷酸均已缺失。其中包括5'末端的非编码区、自身蛋白分解酶、衣壳蛋白、糖蛋白(E0、E1、E2)、非结构蛋白NS-1和NS-2的基因均已缺失。

(3)猪瘟病毒基因组检测 据报道,利用RT-PCR方法检测猪瘟病毒RNA有数种程序。猪瘟病毒属特异的引物多选自基因组的5'端保守区。其最突出的优点是其产物能用来直接测序,直接进行病毒株的分型。一般来说套式RT-PCR方法是检测猪瘟病毒更敏感的方法,但其缺点是比较费时,不适用于大量样品的检测。McGoldrick等报道了一种检测猪瘟毒的单管荧光RT-PCR方法。此方法可检测出仔猪血样中感染了中等毒力或高等毒力的猪瘟病毒,其敏感性高于病毒分离方法,并且简化了试验程序,减少了污染的风险,还可进行大量样品的检测。

(4)抗体检测 最常用的检测猪瘟病毒抗体的方法多以病毒中和试验为基础。目前已建立数个特异的检测血清抗体的 ELISA 方法。包括检测针对粗蛋白、特异结构蛋白如 E2，以及非结构蛋白 NS-3 抗体的方法。目前使用最广泛的是 CSFV E2 ELISA，其敏感性与 VNT 相比为 90％～99％，特异性为 99％。Leforban 等建立了一种 ELISA 方法，能够区分 BVDV、BDV 以及 CSFV 抗体。这个方法对于 BVDV/BDV 高流行地区（如荷兰）csF 的检测非常有意义。ELISA 特异性与敏感性的提高是目前面临的最大的挑战。

三、防治措施

1.预防措施

（1）免疫接种　接种猪瘟免弱毒疫苗或与猪丹毒、猪肺疫制成的二联苗或三联苗。

（2）开展免疫检测　定期从免疫猪群中抽检免疫猪是否达到保护水平，采用酶联免疫吸附试验或正向间接血凝试验等方法开展免疫抗体检测。

（3）疫苗加大剂量　应用 4 倍量猪瘟兔化弱毒疫苗注射，结合检测淘汰隐性感染猪即可有效切断持续感染（亚临床感染）—胎盘感染—母猪繁殖障碍—仔猪持续感染的恶性循环。

（4）制定科学合理免疫程序，提高免疫密度。

（5）及时淘汰一些经免疫后抗体水平仍然低下或病原血清检测阳性猪，净化种猪群。

（6）坚持自繁自养，全进全出的饲养管理制度，建立种公猪及种母猪血清监督系统和有效的公猪认证及记录系统，并与动物防疫监督机构、兽医站建立有效的联系。

2.疫情措施

（1）发生猪瘟的地区或猪场，应根据《中华人民共和国动物防疫法》的规定采取紧急、强制性的控制和扑灭措施。

（2）立即向当地动物防疫监督机构报告，包括发病猪的数量、死亡的数量、发病地点及范围、临床症状和实验室检验结果，并逐级上报至畜牧兽医主管部门。

（3）做好健康与病猪隔离、控制与卫生消毒和杀虫工作，减少猪瘟病毒的侵入。

（4）由当地畜牧兽医行政主管部门划定疫区、疫点。

（5）由县级或县级以上人民政府发布封锁令，对疫区实行封锁。控制疫区内猪及其产品的流动。

（6）病死猪进行无害化处理。

（7）紧急预防接种。疫区里的假定健康猪和受威胁地区的生猪立即接种猪瘟兔弱毒疫苗。注射时每头猪要换一个针头，并可适当增加剂量至 2～5 头份。

（8）严格消毒被污染的场地、圈舍、用具、场区等，污水和污物要严格消毒和无害化处理，粪便堆积发酵、无害化处理。

（9）对疫情采取紧急措施后，详细进行流行病学调查，包括上、下游地区传染情况。对疫区以及周边地区进行监督。最后一头病猪死亡或扑杀后，经过一个潜伏期的观察，并经彻底消毒，可报请原发布封锁令的政府解除封锁。

3.治疗方案

该病虽然没有特效药，但可以进行对症治疗和预防继发感染。同时采用中西医结合的方法可收到良好的效果。

（1）进行猪瘟疫苗的主动免疫。确诊为猪瘟后，应该迅速进行全猪群的紧急猪瘟疫苗免疫,免疫的剂量在每头 6～10 头份。

（2）在猪瘟发生后,往往并发或极易继发细菌性疾病和原虫病等。因此,应用抗生素等进行对症治疗,如林可霉素、克林霉素等。出现高热现象的病猪,应该使用氨基比林、安乃近等注射液进行退热治疗。

（3）中草药治疗。应用银翘散相加减,方剂:金银花、黄芪、黄芩、大青叶、连翘、马齿苋、土大黄、桔梗、陈皮、茅根、甘草等中草药各 15 g,粉碎水煎、灌服,每日一剂,连用 3～7 天。

（4）维生素制剂进行辅助治疗,可以选用黄芪多糖、维生素 B_1、维生素 C、干扰素、电解质等配合治疗,效果则更好。

第二节 猪传染性胃肠炎

猪传染性胃肠炎(TGE)是由猪传染性胃肠炎病毒(TGEV)引起猪的一种高度接触性消化道传染病。以呕吐、水样腹泻和脱水为特征。世界动物卫生组织(OIE)将其列为 B 类动物疫病。

一、病原

病原是冠状病毒科的猪传染性胃肠炎病毒。猪传染性胃肠炎是一种常见的易发、多发高度接触性的急性肠道传染病,主要发生在气温低的冬季和春季;成年猪和仔猪都会感染、发病,尤以仔猪感染、发病严重。

二、诊断要点

1. 流行特点

只引起猪发病,各种年龄的猪均可感染。病猪和带毒猪是本病的主要传染源,它们通过粪便、呕吐物、乳汁、鼻分泌物以及呼出气体排泄病毒,污染饲料、饮水、空气等,通过消化道和呼吸道而传染,传播速度很快。50%左右康复猪带毒排毒达 2～8 周。10 日龄以内的仔猪死亡率较高,断奶、肥育猪和成年猪发病后都为良性经过。呈散发性或流行性,全年都可发生,但以寒冷季节(冬季、早春)和产仔季节发病最多。

2. 临床症状

潜伏期随着猪日龄的不同而有很大差异。本病的潜伏期很短,一般仔猪为 12～24 h,大猪 2～4 天,传播迅速。仔猪发生呕吐,继而发生频繁水样腹泻,粪便黄色、绿色或白色。病猪极度口渴,明显脱水,体重迅速减轻。日龄越小,病程越短,病死率越高。病程短的可在 48 h 内死亡。长的可延续 5～7 日。成年猪症状轻重不一,有的症状不明显,有的表现为食欲不振、呕吐、腹泻。

3. 病理变化

尸体脱水明显,胃底黏膜轻度充血,仔猪胃内充满凝乳块。肠壁变薄,内充黄绿色或灰白液体,含有气泡。小肠系膜淋巴管内缺乏乳糜。将空肠剪开,用生理盐水冲掉肠内容物,平铺在玻璃平皿内,加少量生理盐水,低倍显微镜观察,可见到空肠绒毛变短、萎缩及上皮细胞变性、坏死和脱落。

4.鉴别诊断

（1）猪流行性腹泻　猪传染性胃肠炎对新生仔猪具有高度致死率。猪传染性胃肠炎潜伏期很短，15～18 h，有的可延长至2～3天，传播快，两三天内可波及全群。10日龄以内的仔猪发病率和死亡率可达100%，5周龄以上的猪死亡率则很低；猪流行性腹泻潜伏期较长，为5～8天，经过2～3周后流行终止；猪流行性腹泻相对猪流行性胃肠炎而言死亡率较低。

（2）猪轮状病毒病　多发于8周龄以内的仔猪，虽有呕吐，但是没有猪传染性胃肠炎严重，病死率也相对较低，剖检不见胃底出血。

（3）仔猪白痢　常发生于10～20日龄以内的仔猪，病猪排乳白色稀粪，有特异腥臭味，一般不见呕吐。

（4）仔猪黄痢　多发于1周内仔猪，病猪排黄色稀粪，较少发生呕吐。

（5）仔猪红痢　多发于7日龄以内仔猪，腹泻为红褐色粪便，不见呕吐。剖检小肠出血、坏死，肠内容物呈红色，一般来不及治疗。

（6）猪痢疾　以1.5～4月龄的猪感染最为常见，无明显季节性，以黏液性和出血性下痢为特征，初期粪便稀软，后有半透明黏液使粪便呈胶冻样。

（7）仔猪副伤寒　常见2～4月龄仔猪发病，无明显季节性。出现败血性症状时，病猪耳根、胸前、腹下皮肤有紫红色斑点；亚急性症状时眼有脓性分泌物，粪淡黄或灰绿色、有恶臭；慢性型症状时粪便为灰白色。剖检肝实质可见糠麸状细小黄灰色坏死点，脾肿大呈暗蓝色，坚度如橡皮，被膜有点状出血。

5.实验室诊断

（1）病毒的电镜检测　通过电镜负染色法证实，在感染猪肠内容物和粪便中有TGEV。发病期间病毒存在于病猪的许多器官中，除脾脏外，其他器官均可检测到病毒，但是以空肠、十二指肠和肠系膜淋巴结中含毒量最高。通过电镜观察，病毒多分布在胞浆的空泡里和微绒毛间隙。在微绒毛间的病毒往往呈串球状排列。免疫电镜（IEM）比常规EM技术更好，对检测临床样品或细胞培养物中的TGEV更敏感，并可提供病毒血清学鉴定。此外，用IEM更易区分TGEV和常见的膜类碎片，而且同时可检测其他肠道病毒的存在。

（2）免疫荧光法（IF）　采集病死猪小肠，或者在腹泻早期将猪捕杀，取空肠和回肠的刮削物涂片或将空肠和回肠制备冷冻切片，进行直接或间接免疫荧光染色，然后用缓冲甘油封裱，在荧光显微镜下检查，见上皮细胞及沿着绒毛的胞浆性膜上呈现荧光者为阳性。此法快速，可在2～3 h内报告结果，但该方法必须在死后或扑杀后才能进行。通过直接免疫荧光法检测TGE病毒抗原的活体诊断方法，已被广泛用于疫病普查和口岸检疫。

三、防治措施

1.预防措施

（1）晚秋、冬季和早春一定要做好猪舍的防寒保温工作，加厚保温垫料并勤更换，必要时可给猪舍加温。

（2）从外地进猪时，一定要隔离观察10～15天，无疫情方可进栏饲养。

（3）严禁闲人及车辆进入猪舍；严格控制猫、狗、蛇等进入；消灭老鼠和蚊蝇。

（4）经常及时打扫、清理猪舍粪水等，无疫情时每周用3%～4%氢氧化钠溶液冲洗、消毒1～2次，后用清水冲洗1～2次，或喷50%百毒杀3 000倍液等消毒。

（5）发生疫情时，每天喷洒1次0.2%过氧乙酸溶液、1%～3%漂白粉溶液和3 000倍液博灭特等其中的任意一种。

（6）必要时进行猪体消毒，可喷洒1%百毒杀600倍液、强力消毒王1 000倍液和过氧乙酸2 000倍液等其中的任意一种。

（7）选用传染性胃肠炎和轮状病毒二联苗进行免疫接种，对妊娠期母猪生产前20～30天内注射，15天后，母猪产生抗体，通过母乳将抗体转入到哺乳仔猪体内，使仔猪产生抗体，降低传染性胃肠炎的发病率。此二联疫苗需要在妊娠母猪的后海穴注入，其他位置无法产生理想的效果。在剂量方面，根据母猪体重进行选择，母猪体重在25 kg以下的注射1 mL，体重在25～50 kg之间的注射2 mL，体重在50 kg以上的注射4 mL。

（8）初生仔猪每头后耳穴注射0.5～1 mL本病毒灭活苗，10～15 kg猪每头注射2 mL，50 kg以上的猪每头注射3 mL，能获主动免疫。

（9）每头新生仔猪每头口服10 mL康复猪的抗凝血或高免血液，连用3天，有很好的防治效果。

2.治疗方法

应采用以下中西药结合的方法进行治疗，可收到一定的效果。

（1）西药治疗 氯化钠3.5 g，氯化钾1.5 g，碳酸氢钠2.5 g，葡萄糖20 g，冷开水1 000 mL配成口服液，让仔猪自饮。同时按每千克体重肌肉注射庆大霉素液2～4 mg，每天2次，连续用药3～5天。

（2）中药治疗 金银花、黄芪、黄檗、大青叶、蒲公英、马齿苋、陈皮、葛根、炒山楂各14 g，水煎服，25 kg的猪每天1剂，一般服3～7天即可就可收到良好的效果。

（3）注射干扰素诱导剂 仔猪3～5 mL、中猪7～10 mL、大猪15～20 mL，效果良好。

（4）其他对症治疗 对呕吐的仔猪每头肌肉注射维生素B_1注射液2～5 mL，每日2次，连注2天；对耳、鼻、四肢下部青紫者，肌肉注射10%磺胺嘧啶钠注射液2～5 mL，每日2次，连注2天；对于重症不食病例，采用黄芪多糖注射液0.2 mL/kg体重＋头孢噻呋钠0.1 g/kg体重混合肌肉注射，1次/天，肌肉注射2～3天。

第三节 口 蹄 疫

口蹄疫是一种由病毒感染引起的急性人畜共患病，在全世界范围内都有分布，同猪的水疱病类似，都会引起病猪的蹄冠、趾间、蹄踵皮肤发生水疱和烂斑。

一、病原

口蹄疫病毒属于微核糖核酸病毒科中的口蹄疫病毒属。为无囊膜的RNA病毒，其核苷酸变异频率很高，导致病毒表层蛋白质具有高度变异的特性。目前口蹄疫病毒已有A，O，C，亚洲1型；南非1、2、3型等7个主型与100多种亚型，各主型病毒之间无免疫学交叉反应，同型的不同毒株之间，抗原性也有不同程度的差异。我国发生的主要是O、A与亚洲1型。

病毒在－70℃低温下十分稳定，可保存几年。直射阳光对病毒有杀灭作用，病毒对酸和碱十分敏感。本病一年四季均可发生，病多发于冬、春寒冷季节。

二、诊断要点

1. 流行特点

猪也是感染发病的动物之一。牛尤其是犊牛对口蹄疫病毒最易感，骆驼、绵羊、山羊次之。本病具有流行快、传播广、发病急、危害大等流行病学特点，疫区发病率可达 $50\%\sim100\%$，犊牛死亡率较高，其他则较低。病畜和潜伏期动物是最危险的传染源。病畜的水疱液、乳汁、尿液、口涎、泪液和粪便中均含有病毒，病毒入侵途径主要是消化道，也可经呼吸道传染。本病传播虽无明显的季节性，且春秋两季较多，尤其是春季。风和鸟类也是远距离传播的因素之一。

2. 临床症状

潜伏期 $1\sim2$ 天。发病急、流行快、传播广，发病率高，死亡率低。病猪发病初期会出现体温升高，精神不振，食欲减少或废绝，在蹄冠、蹄叉、蹄踵和吻端皮肤以及舌面、口腔黏膜等处局部红肿、微热、敏感，出现大小不等的水疱，水疱很快破裂，表面出血，形成糜烂，如果没有细菌继发感染，伤口一周左右便会结痂痊愈，如果有继发感染，严重时病猪蹄壳脱落。有时母猪的乳头、乳房等部位也会出现水疱。若恶性口蹄疫猪常因为发生心肌炎或继发性疾病而突然死亡。

3. 病理变化

病死猪尸体消瘦，鼻镜、唇内黏膜、齿龈舌面上发生大小不一的圆形水疱疹和糜烂病灶。剖检可见咽喉、气管、支气管和胃黏膜有烂斑或溃疡，肠黏膜有出血性炎症，仔猪死亡后可见心肌扩张、色淡与质变柔软，弹性下降，心包膜有点状出血，心肌切面有灰白色或淡黄色斑点或条纹，似虎皮斑纹，俗称"虎斑心"。继发死亡的病猪还表现心肌颗粒变性、脂肪变性、蜡样坏死和急性心肌炎等变化。

4. 鉴别诊断

本病在临诊上与猪水疱性口炎、猪水疱疹及猪水疱病极为相似，尤其是单纯口蹄疫还能引起牛、羊、骆驼等偶蹄动物发病；水疱性口炎除传染牛、羊、猪外，尚能传染马；水疱疹及水疱病只传染猪，不传染其他家畜。因此，该病的确诊，还必须进行实验室检查。

(1)口蹄疫与水疱病动物接种实验　将病料分别接种 $1\sim2$ 日龄小鼠和 $7\sim9$ 日龄小鼠，如果 2 组小鼠均发病死亡，可诊断为口蹄疫；如果 $1\sim2$ 日龄小鼠死亡，而 $7\sim9$ 日龄小鼠不死，则可诊断为猪水疱病。病料在 pH $3\sim5$ 缓冲液处理 30 min 后，接种 $1\sim2$ 日龄小鼠，小鼠死亡者为猪水疱病；相反为口蹄疫。

(2)猪水疱疹　用水疱液接种健康猪、牛、马、豚鼠和小鼠，用于区别口蹄疫。应用中和试验接种组织培养细胞分离病毒进行鉴定。

(3)猪水疱性口炎　把病猪的水疱液加 5 倍量的生理盐水，给牛肌肉注射不发病，舌面注射发病，出现水疱，诊断为水痘性口炎。

三、防治措施

1.预防措施

(1)搞好饲养管理,落实各项生物安全措施,坚持消毒制度,防止其他动物进入猪舍;生活区与生产区分开;实行隔离饲养,全进全出的管理制度;建议自繁自养,利于养猪生产安全。

(2)定期进行免疫检测和疫病监控,按国家颁发的《口蹄疫防治技术规范》法规文件的规定落实各项防控技术措施。

(3)做好免疫预防。注射猪o型口蹄疫疫苗。①仔猪:40～45日龄首免,每头每次肌肉注射1 mL;100日龄加强免疫1次,每头肌肉注射2 mL;②种猪:每3个月免疫1次,每头每次肌肉注射2 mL;妊娠母猪分娩前1个月免疫1次,每头肌肉注射2 mL;引入后备种猪或育肥猪时,应于引入后的1周内补注疫苗1次,每头肌肉注射2 mL。

(4)发生疫情及时上报,根据主管部门意见,立即对疫区进行封锁;及时将健康猪与患病猪进行隔离处理;对病死猪及粪便进行无公害处理。同时对猪场全方位消毒,不留死角,以免后患。

(5)经过周期性对疫区全面工作,未发现新的问题,主管部门下达解除封锁通知后,方可恢复正常生产经营。

2.治疗方法

口蹄疫主要引发心肌炎猝死,必须要清热解毒、营养心肌,提高机体免疫力,抗菌消炎预防继发感染。

(1)病毒性心肌炎注射一些抗病毒药物如板蓝根、金银花、连翘或利巴韦林等。

(2)维生素C+生脉注射液20～60 mL加入5%的葡萄糖或0.09%的生理盐水250 mL中,每日1次,连续5天一疗程。

(3)肌苷+三磷酸腺苷(ATP)200 mg、辅酶A50U、胰岛素4U加入10%葡萄糖250 mL中静脉滴注,每日1次。或使用能量合剂。

(4)注射口蹄疫多联血清,杀灭体内病毒,抑制病毒繁殖,从而减少心肌炎发生的概率。

(5)糜烂面0.1%高锰酸钾消毒、清洗,口腔消毒用冰硼散,或涂1%～2%碘酊甘油(碘7 g、碘化钾5 g、酒精100 mL)。

(6)体温超过40℃以上退热用柴胡或双黄连。尽量少用西药退热。

(7)心功能衰弱应用10%樟脑水,肌肉注射10 mL强心。

(8)应用痊愈的猪血或血清治疗效果较好。

(9)恢复食欲,添加电解多维、抗毒强体散,灌玉米粥。

第四节　猪伪狂犬病

猪伪狂犬病是由猪伪狂犬病病毒引起的猪的急性传染病。该病在猪呈暴发性流行。可引起妊娠母猪流产、死胎,公猪不育,新生仔猪大量死亡,育肥猪呼吸困难、生长停滞等,是危害全球养猪业的重大传染病之一。

一、病原

伪狂犬病毒属于疱疹病毒科猪疱疹病毒属,病毒粒子为圆形,直径 150～180 nm,核衣壳直径为 105～110 nm。病毒粒子的最外层是病毒囊膜,它是由宿主细胞衍生而来的脂质双层结构。

伪狂犬病毒是疱疹病毒科中抵抗力较强的一种。在 37℃ 下的半衰期为 7 h,8℃ 可存活 46 天,而在 4℃ 较 −15℃ 和 −20℃ 冻结保存更好。病毒在 pH 4～9 保持稳定,用 5% 石炭酸经 2 min 灭活,但 0.5% 石炭酸处理 32 天后仍具有感染性。0.5%～1% 氢氧化钠迅速使其灭活。对乙醚、氯仿等脂溶剂以及福尔马林和紫外线照射敏感。

猪是伪狂犬病毒的贮存宿主,病猪、带毒猪以及带毒鼠类为本病重要传染源。

二、诊断要点

1.临床症状

伪狂犬病毒的临诊表现取决于感染病毒的毒力和感染量,以及感染猪的年龄。其中,感染猪的年龄是最主要的。与其他动物的疱疹病毒一样,幼龄猪感染伪狂犬病毒后病情最重。

新生仔猪感染伪狂犬病毒会引起大量死亡,临诊上新生仔猪第 1 天表现正常,从第 2 天开始发病,3～5 天内是死亡高峰期,有的整窝死光。发病仔猪表现出明显的神经症状、昏睡、鸣叫、呕吐、拉稀,一旦发病,1～2 日内死亡。剖检主要是肾脏布满针尖样出血点,有时见到肺水肿,脑膜表面充血、出血。15 日龄以内的仔猪感染本病者,病情极严重,发病死亡率可达 100%。仔猪突然发病,体温上升达 41℃ 以上,精神极度委顿,发抖,运动不协调,痉挛,呕吐,腹泻,极少康复。断奶仔猪感染伪狂犬病毒,发病率在 20%～40%,死亡率在 10%～20%,主要表现为神经症状、腹泻、呕吐等。成年猪一般为隐性感染,若有症状也很轻微,易于恢复。主要表现为发热、精神沉郁,有些病猪呕吐、咳嗽,一般于 4～8 天内完全恢复。妊娠母猪可发生流产、产木乃伊胎或死胎,其中以死胎为主。无论是头胎母猪还是经产母猪都发病,而且没有严格的季节性,但以寒冷季节即冬末春初多发。

近几年,发现有的猪场春季暴发伪狂犬病,出现死胎或断奶仔猪患伪狂犬病后,紧接着下半年母猪配不上种,返情率高达 90%,有反复配种数次都屡配不孕。此外,公猪感染伪狂犬病毒后,表现出睾丸肿胀、萎缩,丧失种用能力。

2.病理变化

伪狂犬病毒感染一般无特征性病变。眼观主要见肾脏有针尖状出血点,其他肉眼病变不明显。可见不同程度的卡他性胃炎和肠炎,中枢神经系统症状明显时,脑膜明显充血,脑脊髓液量过多,肝、脾等实质脏器常可见灰白色坏死病灶,肺充血、水肿和有坏死点。子宫内感染后可发展为溶解坏死性胎盘炎。组织学病变主要是中枢神经系统的弥散性非化脓性脑膜脑炎及神经节炎,有明显的血管套及弥散性局部胶质细胞坏死。在脑神经细胞内、鼻咽黏膜、脾及淋巴结的淋巴细胞内可见核内嗜酸性包涵体和出血性炎症。有时可见肝脏小叶周边出现凝固性坏死。肺泡隔核小叶质增宽,淋巴细胞、单核细胞浸润。

3.诊断鉴别

根据疾病的临诊症状,结合流行病学,可做出初步诊断,确诊必须进行实验室检查。应注意与猪细小病毒、流行性乙型脑炎病毒、猪繁殖与呼吸综合征病毒、猪瘟病毒、弓形虫及布鲁氏菌等引起的母猪繁殖障碍相区别(鉴别诊断见猪呼吸繁殖障碍综合征)。

4.实验室诊断

(1)病毒分离和鉴定　采取脑组织、扁桃体,用 PBS 制成 10%悬液或鼻咽洗液接种猪、牛肾细胞或鸡胚成纤维细胞,于 18~96 h 出现病变,有病变的细胞用 HE 染色,镜检可看到嗜酸性核内包涵体。

(2)中和试验(NT)　NT 有较高灵敏度,是一种常用的诊断方法。将标准病毒株与连续倍比稀释的等量血清混匀后,37℃中和 1 h,接种在 96 孔微量培养板上的单层猪肾继代细胞(PK-15)或鸡胚成纤维细胞,置 37℃,5% CO_2 培养观察 CPE,以能完全中和试验病毒的血清最高稀释度的倒数为该血清的中和效价,中和效价大于或等于 1:2 的判为阳性。

三、防治措施

1.预防措施

疫苗免疫接种是预防和控制伪狂犬病的根本措施,以净化猪群为主要手段,应从种猪群净化,实行"小产房""小保育""低密度""分阶段饲养"的饲养模式。加强猪群的日常管理。以预防为主,以治疗为辅为原则。

(1)免疫接种　后备猪应在配种前实施至少 2 次伪狂犬疫苗的免疫接种,2 次均可使用基因缺失弱毒苗。

对于经产母猪,应根据本场感染程度在怀孕后期(产前 20~40 天或配种后 75~95 天)实行 1~2 次免疫。母猪免疫使用灭活苗或基因缺失弱毒苗均可,2 次免疫中至少有 1 次使用基因缺失弱毒苗,产前 20~40 天实行 2 次免疫的妊娠母猪,第一次使用基因缺失弱毒苗,第二次使用蜂胶灭活苗较为稳妥。

哺乳仔猪免疫　根据本场猪群感染情况而定。本场未发生过或周围也未发生过伪狂犬疫情的猪群,可在 30 天以后免疫 1 头份灭活苗;若本场或周围发生过疫情的猪群应在 19 日龄或 23~25 日龄接种基因缺失弱毒苗 1 头份;频繁发生的猪群应在仔猪 3 日龄用基因缺失弱毒苗滴鼻。

疫区或疫情严重的猪场,保育和育肥猪群应在首免 3 周后加强免疫 1 次。

(2)加强管理　要严格控制犬、猫、蛇、鸟类和其他禽类进入猪场;严格控制人员和车辆来往;消灭鼠类、蚊蝇,对预防本病有重要的作用。

做好消毒工作及血清学监测等,这样对本病的防制也可起到积极的推动作用。

2.治疗方法

本病无有特效药,应用中西结合的方法进行治疗,试用下列治疗方案。

(1)应用高免血清抗体进行治疗。

(2)硫酸头孢噻肟注射液按 3 mg/kg 体重的剂量,每日用药一次,连用 3~5 天。

(3)猪干扰素(IFN)每 40 kg 体重用量 1 mL 肌肉注射,每日 1 次,连用 3~5 天。

(4)对体温升高的病猪,可以使用 30%安乃近注射液 10~20 mL。

(5)对全群有饮欲的猪进行黄芪多糖、电解质加维生素 C 粉饮水。连用 5~7 天。

(6)中草药试用方剂:黄芩、黄芪、金银花、栀子、连翘、大青叶、甘草、紫花地丁、芦根、马齿苋、板蓝根、白头翁、陈皮、干姜等中草药各 10~14 g,粉末、水煎服,每日一剂,连用 3~5 天。

第五节　猪呼吸繁殖障碍综合征

俗称"蓝耳病",是近几年在我国迅速流行扩散的一种较新的猪传染病,已在全世界范围内流行。该病以母猪怀孕晚期流产,死胎和弱胎明显增加,母猪再发情推迟等繁殖障碍以及仔猪出生率降低,断奶仔猪死亡率高,仔猪的呼吸道症状为特征。本病另一个特点是,病毒主要侵害巨噬细胞,损害机体免疫机能,使病猪极易继发各种疾病。

一、病原

该病原属动脉炎病毒属,动脉炎病毒科,为 RNA 病毒。有两个血清型,即美洲型和欧洲型。我国猪群感染的主要是美洲型。该病毒对热和 pH 敏感,20℃6 天、37℃48 h、56℃20 min,病毒将失去活性。病毒在 pH 小于 5 或大于 7 的条件下,感染力下降 90%,在环境中存活时间不长,常用消毒药有效。

二、诊断要点

1.流行病学

猪是唯一的易感动物,不分大小性别的猪均易感,但以怀孕的母猪和 1 月龄内的仔猪最易感,并出现典型的临床症状。本病主要是通过直接接触和空气、精液传播而感染。本病无季节性,一年四季均可发生。饲养管理不善,防疫消毒制度不健全,饲养密度过大等是本病的诱因。

2.临床症状

(1)母猪　妊娠母猪表现发热,四肢末端、尾、乳头、阴户和耳尖发绀,厌食和流产,产木乃伊、死胎、弱仔等。部分新生仔猪表现呼吸困难、运动失调及轻瘫等症状,产后一周内死亡率明显增高,可达 40%～80%。

(2)仔猪　以一月龄内仔猪最易感并表现典型的临床症状。体温升高达 40℃以上,呼吸困难,有时呈腹式呼吸,食欲减退或废绝,腹泻,被毛粗乱,后腿及肌肉震颤,共济失调,渐进消瘦,眼睑水肿。死亡率可高达 60%～80%,耐过仔猪长期消瘦,生长缓慢。

(3)育肥猪　育肥育猪对本病易感性较差,临床表现轻度的类流感症状,呈现厌食及轻度呼吸困难。少数病例表现咳嗽及双耳背面、边缘及尾部皮肤出现深青紫色斑块。

(4)公猪　发病率较低,症状表现厌食,呼吸加快,咳嗽、消瘦,昏睡及精液质量明显下降,极少公猪出现双耳皮肤变色。

3.病理变化

肺脏呈红褐花斑状,不塌陷,感染部位与健部界线不明显,常出现在肺前腹侧。淋巴结中度到重度肿大,腹股沟淋巴结最明显。胸腔内有大量的清亮的液体。显微镜下可见肺呈间质性肺炎。这些变化中,新生仔猪最明显,其次是哺乳仔猪,然后是断奶后肥育猪。病猪常因免疫功能低下而继发支原体或传染性胸膜肺炎。

4.鉴别诊断

(1)细小病毒病　主要特征取决于在哪个阶段感染该病毒。感染后母猪可能再发情,或既不发情,也不产仔,或窝产仔只有几头,或产出木乃伊胎儿。一般症状是在怀孕中期或后期胎儿死亡,胎水被吸收,母猪腹围减小。而其他表现为不孕、流产、死产、新生仔猪死亡和产弱仔。

妊娠 70 天后感染可正常产仔,仔猪带毒。

(2)钩端旋转体病　该病能引起胎儿死亡、流产和降低仔猪存活率。该病的潜伏期是 1～2 周,在怀孕第一个月感染,胎儿一般不受影响。第二个月感染,引起胎儿死亡和重吸收、木乃伊或流产。第三个月感染引起流产、迟月、产弱仔。

(3)乙型脑炎　除青年母猪以外,其他猪感染后多为亚临床症状,经产母猪血液抗体高,其他无症状。青年母猪的死胎、木乃伊的发生率高达 40%,新生仔猪死亡率为 42%。

(4)非典型猪瘟　猪体免疫力下降,母猪感染猪瘟病毒常引起繁殖障碍。妊娠 10 天感染,胚胎死亡和吸收,母猪产仔头数少或返情。妊娠 10～50 天感染,死胎多。产前一周感染不影响仔猪存活,但影响发育。后备母猪在配种前两周或一个月免疫猪瘟疫苗,剂量 2 头份即可预防非典型猪瘟的发生。

(5)鹦鹉热衣原体病　为地方性流行。病猪或潜伏感染猪的排泄物和分泌物均可带毒传染,可危害各种年龄的猪,但对妊娠母猪最敏感,病原可通过胎盘屏障渗透到子宫内,导致胎儿死亡。初产青年母猪的发病率为 40%～90%,而基础母猪往往无恙。发病母猪呼吸困难、体温高、皮肤发紫、不吃或少食。据疫病监测结果分析,每年的感染率趋上升状态。该病可用四环素进行治疗。

(6)子宫感染　对母猪做输卵管及子宫检查发现有 40%～45%带菌,最常见的是大肠杆菌和白色葡萄球菌。子宫带菌是由公猪配种时带进(包皮液、精液本身)的,也可能来自阴道。子宫带菌对初配母猪的危害最大,能引起母猪体温升高时,都会引起胚胎死亡或流产。

(7)猪附红细胞体病　仔猪高烧、黄染、贫血、急性死亡。妊娠后期和产后母猪发生乳房炎、不食、高烧,部分母猪流产或产死胎。

(8)猪布氏杆菌病　主要是第一胎母猪发生流产,流产常发生在妊娠第 1～3 个月,最早 2～3 周,最晚接近分娩时流产。早期流产时母猪可将胎儿胎衣吃掉,不易发现。

5. 实验室诊断

(1)血清学诊断　采集病猪血清,以猪蓝耳病乳胶凝集诊断试剂盒进行血清学检测,1～3 min 后观察结果,如出现肉眼可见的凝集现象(白色小点),可判断为阳性,无凝集反应、浑浊判断为阴性。结果血清抗体阳性率为 80%。

(2)显微镜诊断　取病猪的肾脏、脾脏,以恒冷箱冰冻切片机进行冰冻切片,丙酮固定 5～10 min,然后进行猪瘟荧光抗体染色,荧光显微镜观察,可见特异性亮绿色荧光。

三、防治措施

1. 预防措施

(1)加强管理　建立与严格执行消毒制度,场地、猪舍、用具、食槽等物品进行彻底消毒;养殖区禁止闲人、车辆进入,严格控制猫狗、鼠、蛇进入,搞好环境卫生,做到无蚊蝇。严格控制疾病侵入。

(2)加强饲养　调整好猪的日粮,把矿物质(Fe、Ca、Zn、Se、Mn 等)提高 5%～10%,维生素含量提高 5%～10%,其中维生素 E 提高 100%,生物素提高 50%,平衡好赖氨酸、蛋氨酸、胱氨酸、色氨酸、苏氨酸等,都能有效提高猪群的抗病力。

(3)建立与严格执行免疫制度　一般情况下,种猪接种灭活苗,而育肥猪接种弱毒苗。因为母猪若在妊娠期后三分之一的时间接种活苗,疫苗病毒会通过胎盘感染胎儿;而公猪接种活苗后,可能通过精液传播疫苗病毒。弱毒苗的免疫期为 4 个月以上,后备母猪在配种前进行 2 次免疫,首免在配种前 2 个月,间隔 1 个月进行二免。仔猪在母源抗体消失前首免,母源抗体消失后进行二免。剂量按说明书。建议先做好药物保健和添加电解多维抗应激(尤其在季节气候转变的时候)5～7 天后,再免疫接种。

(4)严格检疫　因生产需要从外地引种时,应严格检疫,隔离饲养 15 日后未发现异常情况,进行正常饲养程序,避免引入带毒猪。

2.治疗方法

该病没有特效药物。根据临床症状采取中西医结合的方法对症用药。

(1)对体温升高的病猪,可以使用 30% 安乃近注射液 20～30 mL,地塞米松 25 mg,青霉素 320～480 万 U,链霉素 2 g,一次肌肉注射,每日 2 次;或者每千克体重用黄金 1 号 0.1 mL、安妥注射液 0.1 mL、安布注射液 0.1 mL,分点肌肉注射,每天 1 次,连用 3 天。

(2)对于食欲废绝但呼吸平稳的病猪,可以使用 5% 葡萄糖盐水 500 mL、病毒唑 20 mL、维生素 B 10 mL,加入头孢 5 号 25～35 mg/kg 体重,混合静脉注射,另外肌肉注射维生素 C 10 mL。

(3)猪干扰素(IFN)每 40 kg 体重用量 1mL 肌肉注射,每日 1 次,连用 3～5 天。

(4)对全群有饮欲的猪进行黄芪多糖、电解质加维生素 C 粉饮水。连续 5～7 天。

(5)中草药治疗　方 1:应用消温败毒散加减,黄芩、黄芪、金银花、大青叶、马齿苋、黄檗、芦根、连翘、薄荷、桔梗、栀子、土大黄(如有便秘用 20 g)各 15 g,粉末,水煎服,每天一剂,连续 3～7 天。方 2:连翘、大蒜、蒲公英、玉米须、石膏、淡竹叶、金银花、黄芩、黄芪、葛根、白芍和大青叶等组方,各 10～20 g,粉末,水煎服,连服 3～7 天。

3.疾病发生后措施

(1)疾病发生后,及时报告上级主管部门,并实施封锁,健康猪与患病猪进行隔离处理。

(2)对被污染的物品、交通工具、用具、猪舍、场地等进行彻底消毒;对所有猪进行猪蓝耳病灭活疫苗紧急强化免疫。

(3)严密封锁发病猪场,对死胎、木乃伊胎、胎衣、死猪等,应进行焚烧等无害化处理,及时扑杀、销毁患病猪,切断传播途径。

(4)经过严格消毒处理、控制疾病多日后,未发现新的情况,经主管部门意见解除封锁,方可恢复正常生产。

第六节　猪轮状病毒病

猪轮状病毒病是由轮状病毒感染引起仔猪暴发消化道功能紊乱的一种急性肠道传染病,大猪多隐性感染。多发生在晚秋、冬季和早春季节。

一、病原

轮状病毒主要存在于病猪的肠道内,随粪便排到外界环境,污染饲料、饮水、垫草和土壤,经消化道传染而感染其他猪。病原体在 18～20℃的粪便和乳汁中,能存活 7～9 个月。

二、诊断要点

1.流行特点

轮状病毒主要存在于病猪及带毒猪的消化道,随粪便排到外界环境后,污染饲料、饮水、垫草及土壤等,经消化道途径使易感猪感染。排毒时间可持续数天,可严重污染环境,加之病毒对外界环境有顽强的抵抗力,使轮状病毒在成猪、中猪之间反复循环感染,长期扎根猪场。另外,人和其他动物也可散播传染。本病多发生于晚秋、冬季和早春。各种年龄的猪都可感染,在流行地区由于大多数成年猪都已感染而获得免疫。因此,发病猪多是 8 周龄以下的仔猪,日龄越小的仔猪,发病率越高,发病率一般为 50%~80%,病死率一般为 10%以内。

2.临床症状

潜伏期一般为 12~24 h。常呈地方性流行。病初精神沉郁,食欲不振,不愿走动,有些吃奶后发生呕吐,继而腹泻,粪便呈黄色、灰色或黑色,为水样或糊状。症状的轻重决定于发病的日龄、免疫状态和环境条件,缺乏母源抗体保护的生后几天的仔猪症状最重,环境温度下降或继发大肠杆菌病时,常使症状加重,病死率增高。通常 10~21 日龄仔猪的症状较轻,腹泻数日即可康复,3~8 周龄仔猪症状更轻,成年猪为隐性感染。

3.病理变化

病变主要在消化道,胃内有凝乳块,肠管变薄,内容物为液状,呈灰黄色或灰黑色,小肠绒毛缩短,有时小肠出血,肠系淋巴结肿大。

4.鉴别诊断

本病应与猪传染性胃肠炎、猪流行性腹泻和大肠杆菌等病进行鉴别。

(1)猪传染性胃肠炎　由冠状病毒引起,各种年龄的猪均易感染,并出现程度不同的症状;10 日龄以内的乳猪感染后,发病重剧,呕吐、腹泻、脱水严重,死亡率高。剖检可见胃肠变化均较重,整个小肠的绒毛均呈不同程度的萎缩;而轮状病毒感染所致小肠损害的分布是可变的,经常发现肠壁的一侧绒毛萎缩而邻近的绒毛仍然是正常的。

(2)仔猪白痢　由大肠杆菌引起,多发于 10~30 日龄的乳猪,呈地方性流行,无明显的季节性;病猪无呕吐,排出白色糊状稀便,带有腥臭的气味;剖检可见小肠呈卡他性炎症变化,肠绒毛有脱落变化,多无萎缩性变化,用革兰氏染色时,常能在肠腺腔或绒毛检出大量大肠杆菌;而本病具有较好的治疗效果。

(3)仔猪副伤寒　由沙门氏菌引起,主要发生于断奶后的仔猪,1 个月以内的乳猪很少发病。病猪的体温多升高,呕吐较轻,病初便秘,后期下痢。剖检可见急性病例呈败血症变化;慢性病例有纤维素性坏死性肠炎变化,与本病有明显的区别。镜检可见沙门氏菌。

5.实验室诊断

采取病发后 25 h 内的粪便,装入青霉素空瓶,送实验室检查。世界卫生组织推荐的方法是夹心法酶联免疫吸附试验,也可做电镜或免疫电镜检查,均可迅速得出结论。还可采取小肠前、中、后各一段,冷冻,供荧光抗体检查。

三、防治措施

1.预防措施

(1)加强制度化管理　严格控制闲人和车辆进入猪舍;禁止猫、狗、家禽、蛇等进入场区;消灭老鼠和蚊蝇;保持圈舍内外清洁卫生,勤打扫、勤冲洗、勤消毒,确保养猪生产安全。

(2)严格执行免疫制度 用猪轮状病毒油佐剂灭活苗或猪轮状病毒弱毒双价苗对母猪或仔猪进行预防注射。油佐剂苗于怀孕母猪临产前 30 天肌内注射 2 mL;仔猪于 7 日龄和 21 日龄各注射 1 次,注射部位在后海穴(尾根和肛门之间凹窝处),每次每头注射 0.5 mL。弱毒苗于临产前 5 周和 2 周分别肌内注射 1 次,每次每头 1 mL。

(3)新生仔猪及时吃初乳 因初乳中含有一定量的保护性抗体,仔猪吃初乳后可获得一定的抵抗力。

(4)病猪管理 发现病猪立即隔离饲养,隔离到清洁、消毒、干燥和温暖的舍中,加强护理。

(5)环境处理 对病死猪、粪便等进行无害化处理,同时对环境进行彻底消毒。

2.治疗方法

(1)饮用葡萄糖甘氨酸溶液(葡萄糖 22.5 g、氯化钠 4.75 g、甘氨酸 3.44 g、枸橼酸 0.27 g、枸橼酸钾 0.04 g、无水磷酸钾 2.27 g,溶于 1 L 水中即成)。

(2)防脱水和酸中毒,可用 5%～10%葡萄糖盐水和 10%碳酸氢钠溶液静脉注射,每天一次,连用 3 天。

(3)硫酸庆大小诺霉素注射液 16 万～32 万 IU,地塞米松注射液 2～4 mg,一次肌内或后海穴注射,每日 1 次,连用 2～3 天。

(4)对全群有饮欲的猪进行黄芪多糖、电解质加维生素 C 粉饮水。连续 5～7 天。

(5)应用中草药治疗:方剂,金银花、大青叶、黄芪、黄芩、甘草、葛根、茅根、马齿苋、黄檗、小蓟、马蹄黄各 10～14 g,花椒 3～5 g,粉末,水煎服,每日一剂,连续 3～7 天。

第七节　猪细小病毒

猪细小病毒病是由猪细小病毒(PPV)引起的一种猪繁殖障碍病,该病主要表现为胚胎和胎儿的感染和死亡,特别是初产母猪发生死胎、畸形胎和木乃伊胎,但母猪本身无明显的症状。

一、病原

猪细小病毒为细小病毒科细小病毒属成员。病毒粒子无囊膜,直径约 20 nm,基因组为单股 DNA,约 5.2 kb。病毒对热具有较强抵抗力,56℃、48 h 或 70℃、2 h 病毒的感染性和血凝性均无明显改变,但 80℃、5 min 可使感染性和血凝活性均丧失。病毒在 40℃极为稳定,对酸碱有较强的抵抗力,在 pH 3.0～9.0 之间稳定,能抵抗乙醚、氯仿等脂溶剂,但 0.5%漂白粉、1%～1.5%氢氧化钠 5 min 能杀灭病毒,2%戊二醛需 20 min,甲醛蒸气和紫外线需要相当长的时间才能杀死该病毒。

二、诊断要点

1.流行病学

各种不同年龄、性别的家猪和野猪均易感。传染源主要来自感染细小病毒的母猪和带毒的公猪,后备母猪比经产母猪易感染,病毒能通过胎盘垂直传播,而带毒猪所产的活仔猪可能带毒排毒时间很长甚至终生。感染种公猪也是该病最危险的传染源,可在公猪的精液、精索、附睾、性腺中分离到病毒,种公猪通过配种传染给易感母猪,并使该病传播扩散。

2.临床症状

猪群暴发此病时常与木乃伊胎、窝仔数减少、母猪难产和重复配种等临床表现有关。在妊娠早期 30～50 天感染,胚胎死亡或被吸收,使母猪不孕和不规则地反复发情。

妊娠中期 50～60 天感染,胎儿死亡之后,形成木乃伊,妊娠后期 60～70 天以上的胎儿有自免疫能力,能够抵抗病毒感染,则大多数胎儿能存活下来,但可长期带毒。

3.病理变化

病变主要在胎儿,可见感染胎儿充血、水肿、出血、体腔积液、脱水(木乃伊化)及坏死等病变。

4.鉴别诊断

根据流行病学、临床症状和病理变化可做出初步诊断,确诊需进一步做实验室诊断。

5.实验室诊断

(1)病原分离　取流产胎儿、死产仔猪的肾等材料处理后接种细胞进行病毒分离。

(2)病原鉴定　免疫荧光试验、PCR 诊断试验、分子杂交试验进行病原鉴定。

(3)病毒抗原的检查

①PPV 荧光抗体直接染色法:在荧光显微镜下观察,若发现接种的细胞片中细胞核不着染,即可确诊。

②PPV 酶标抗体直接染色法:在普通生物显微镜下观察染色情况,若未接种 PPV 的正常对照细胞片中细胞核无棕色着染现象,而接种的 PPV 的细胞片中细胞核着染,即可确诊。

③PPV 血凝试验:若发现稀释后的样品有凝集红细胞的现象,而正常 PBS 红细胞对照无自凝现象,则可认为样品可疑还需用特异性的 PPV 标准阳性血清作血凝抑制试验,如能抑制样品的血凝现象,即可确诊为 PPV。

(4)血清学检查　血凝和血凝抑制试验(最为常用)。PPV 血清中和试验、酶联免疫吸附试验、免疫荧光试验。

(5)病料采集　取流产胎儿、死产仔猪的肾、睾丸、肺、肝、肠系膜淋巴结或母猪胎盘、阴道分泌物,制成无菌悬液,备用。

三、防治措施

1.预防措施

(1)采取综合性预防措施　细小病毒(PPV)对外界环境的抵抗力很强,要使一个无感染的猪场保持下去,必须采取严格的卫生措施,尽量坚持自繁自养,如需要引进种猪,必须从无细小病毒(PPV)感染的猪场引进。当 HI 滴度在 1∶256 以下或阴性时,方准许引进。引进后严格隔离 2 周以上,当再次检测 HI 阴性时,方可混群饲养。发病猪场,应特别防止小母猪在第一胎采食时被感染,可把其配种期拖延至 9 月龄时,此时母源抗体已消失(母源抗体可持续平均 21 周),通过人工主动免疫使其产生免疫力后再配种。

(2)疫苗预防　使用疫苗是预防猪细小病毒病、提高母猪抗病力和繁殖率的有效方法,已有 10 多个国家研制出了细小病毒(PPV)疫苗。疫苗包括活疫苗与灭活苗。活疫苗产生的抗体滴度高,而且维持时间较长,而灭活苗的免疫期比较短,一般只有半年。疫苗注射可选在配种前几周进行,以使怀孕母猪于易感期保持坚强的免疫力。为防止母源抗体的干扰可采用两次注射法或通过测定 HI 滴度以确定免疫时间,抗体滴度大于 1∶20 时,不宜注射,抗体效价高于 1：80 时,即可抵抗 PPV 的感染。在生产上为了给母猪提供坚强的免疫力,最好猪每次配种前都进行免疫,可以通过用灭活油乳剂苗两次注射,以避开体内已存在的被动免疫力的干扰。将猪在断奶时从污染群移到没有细小病毒(PPV)污染地方进行隔离饲养,也有助于本病的净化。

(3)无害化处理　要严格引种检疫,做好隔离饲养管理工作,对病死尸体及污物、场地,要严格消毒,做好无害化处理工作。

2. 治疗方法

(1)肌肉注射英国意康的多联特配合头孢注射液,每日 2 次,连用 3～5 天。

(2)对延时分娩的病猪及时注射前列腺烯醇注射液引产,防止胎儿腐败,滞留子宫引起子宫内膜炎及不孕。

(3)对心功能差的使用强心药,机体脱水的要进行静脉补液。

(4)应用中西药结合的方法进行治疗,可收到良好的效果。

(5)中草药治疗,可应用黄芪、金银花、连翘、蒲公英、茅根、甘草各 15g,粉末,水煎服,每日 1 剂,连服用 3～4 天。

第八节　猪副嗜血杆菌病

副嗜血杆菌病又称多发性纤维素性浆膜炎和关节炎,可以引起猪的格氏病(Glasser's disease),是临床上以体温升高、关节肿胀、呼吸困难、多发性浆膜炎、关节炎和高死亡率为特征的传染病,严重危害养猪业的发展。

一、病原

猪副嗜血杆菌属革兰氏阴性短小杆菌,形态多变,有 15 个以上血清型。一般条件下难以分离和培养,尤其是应用抗生素治疗过病猪的病料,因而给本病的诊断带来困难。

二、诊断要点

1. 流行病学

(1)传播　该病通过呼吸系统传播。当猪群中存在繁殖呼吸综合征、流感或地方性肺炎的情况下,该病更容易发生。在饲养环境不良时本病多发。断奶、转群、混群或运输也是常见的诱因。猪副嗜血杆菌病曾一度被认为是由应激所引起的。

(2)继发感染　这种细菌也会作为继发的病原伴随其他主要病原混合感染,尤其是地方性猪肺炎。在肺炎中,猪副嗜血杆菌被假定为一种随机入侵的次要病原,是一种典型的"机会主义"病原,只在与其他病毒或细菌协同时才引发疾病。近年来,从患肺炎的猪中分离出猪副嗜血杆菌的比率越来越高,这与支原体肺炎的日趋流行有关,也与病毒性肺炎的日趋流行有关。这些病毒主要有猪繁殖与呼吸综合征、圆环病毒、猪流感和猪呼吸道冠状病毒。副猪嗜血杆菌与支原体结合在一起,患 PRRS 猪肺的检出率为 51.2%。

(3)多发日龄　猪副嗜血杆菌只感染猪,可以影响从 2 周龄到 4 月龄的青年猪,主要在断奶前后和保育阶段发病,通常见于 5～8 周龄的猪,发病率一般在 10%～15%,严重时死亡率可达 50%。

2.临床症状

临床症状取决于炎症部位,包括发热、呼吸困难、关节肿胀、跛行、皮肤及黏膜发绀、站立困难甚至瘫痪、僵猪或死亡。母猪发病可流产,公猪有跛行;哺乳母猪的跛行可能导致母性的极端弱化,死亡时体表发紫。

(1)特急性型　表现为无症状突然死亡。

(2)急性型　往往首先发生于膘情良好的猪,病猪发热(40.5~42.0℃),精神沉郁,食欲下降,呼吸困难,腹式呼吸,皮肤发红或苍白,耳梢发紫,眼睑皮下水肿,行走缓慢或不愿站立,腕关节、跗关节肿大,共济失调,临死前侧卧或四肢呈划水样,有时会无明显症状突然死亡。

(3)亚急性型　多见于保育猪。许多病例呈非典型症状,食欲下降、咳嗽、发热、呼吸困难、四肢无力或跛行,耐过猪表现为全身苍白,生长不良,最后死亡或被淘汰。

(4)慢性病例　多见于保育猪,主要是食欲下降,咳嗽,呼吸困难,被毛粗乱,四肢无力或跛行,生长不良,直至衰竭而死亡;也有的猪呈隐性感染,不表现临床症状,但易传染健康猪。

3.病理变化

胸膜炎、心包炎和肺炎明显,关节炎次之,腹膜炎和脑膜炎相对少一些。以浆液性、纤维素性渗出为炎症(严重的呈豆腐渣样)特征。肺可有间质水肿、粘连,心包积液、粗糙、增厚,腹腔积液,肝脾肿大、与腹腔粘连,关节病变亦相似。

腹股沟淋巴结呈大理石状,颌下淋巴结出血严重,肠系膜淋巴变化不明显,肝脏边缘出血严重,脾脏有出血边缘隆起米粒大的血泡,肾乳头出血严重,猪脾边缘有梗死,肾可能有出血点,肺间质水肿,最明显是心包积液,心包膜增厚,心肌表面有大量纤维素渗出,喉管内有大量黏液,后肢关节切开有胶冻样物。

4.鉴别诊断

猪副嗜血杆菌病是密集饲养,特别是蓝耳病广泛流行后才变得日益严重的一种疾病。其纤维素性胸膜炎、心包炎病变被许多人误诊为传染性胸膜肺炎(病原为放线杆菌)。猪副嗜血杆菌病常致胸腔和腹腔多器官表面及胸、腹膜广泛性纤维素性炎,而传染性胸膜肺炎患猪仅表现为胸腔的纤维素性炎;另外,猪副嗜血杆菌病表现出的关节炎及神经症状与传染性胸膜肺炎病例也相去甚远。

5.实验室诊断

采取心脏内血液、肝、脾组织做涂片,革兰氏染色,显微镜检查可见细小的杆状、球杆状革兰阴性菌。

三、防治措施

1.预防措施

(1)加强管理。严格控制交通工具和闲散人员进入猪舍,禁止猫狗随意进入猪场。禁止猪舍内有老鼠、蛇和蚊蝇,以免发生疾病后患。

(2)严格消毒制度,搞好舍内外卫生。采取先清扫,清水冲洗,再消毒的工作程序;消毒时可采用化学和物理性消毒,用化学药物消毒时应酸碱交替应用,确保切断传染源。

(3)对全群猪用电解质加维生素C粉饮水5~7天,以增强机体抵抗力,减少应激反应。

(4)对于引进的种猪严格把关,隔离饲养15日后,未发现新问题,方可入场正常饲养;建议商品仔猪自繁自养,利于生猪健康正常生产。

(5)加强免疫工作。猪副嗜血杆菌多价灭活苗能取得较好效果。母猪接种疫苗后,可对4周龄以内的仔猪提供保护性免疫。可用相同血清型的灭活苗对仔猪进行免疫接种。

初产猪产前40天首免,产前20天二免,经产猪产前30天免疫一次即可;仔猪也要进行免疫,根据猪场发病日龄推断免疫时间,仔猪免疫一般安排在7日龄到30日龄内进行,每次1 mL,最好一免后过15天再重复免疫一次,二免距发病时间要有10天以上的间隔时间。

2.治疗方法

(1)抗菌素治疗。如氨苄青霉素、庆大霉素、卡那霉素、新霉素和磺胺二甲氧嘧啶、头孢类药物,该病原微生物对抗生素存在耐药性。目前应用头孢类药物效果较好(药品剂量按说明书)。大群猪口服土霉素纯原粉30 mg/kg,每日1次,连用5~7天。

(2)中草药配合治疗效果较好,方剂:黄芪、黄芩、板蓝根、金银花、桔梗、薄荷、葛根、茅根、连翘、白头翁各14 g,粉末水煎服,每天一剂,连服3~7天,即可痊愈。

第九节　猪水疱病

猪水疱病是由猪水疱病病毒引起猪的一种急性接触性传染病,以流行性强,发病率高,以及以蹄部、口部、鼻端和腹部、乳头周围皮肤和黏膜发生水疱为特征。

一、病原

猪水疱病毒(SVDV)属于小核糖核酸病毒科肠道病毒属,病毒粒子呈球形,在超薄切片中直径为22~23 nm。病毒无囊膜,不含脂质和碳水化合物,对pH 3~5表现稳定。

病毒对环境和消毒药有较强抵抗力,在50℃ 30 min仍不失感染力,60℃ 30 min和80℃ 1 min即可灭活,在低温中可长期保存。3% NaOH溶液在33℃,24 h能杀死水疱皮中病毒,1%过氧乙酸60 min可杀死病毒。病毒侵入猪体,对舌、鼻盘、唇、蹄的上皮、心肌、扁桃体的淋巴组织和脑干均有很强的亲和力。本病一年四季均可发生,呈地方流行性。

二、诊断要点

1.临床症状

潜伏期一般2~6天。临床症状可分为典型、温和型和隐性型。

(1)典型水疱病　主要表现为病猪的趾、跗趾的蹄冠以及鼻盘、舌、唇和母猪乳头发生水疱。早期症状为上皮苍白肿胀,36~48 h后,水疱明显凸出,里面充满水疱液,很快破裂,有时维持数天;水疱破裂后形成溃疡,真皮暴露,颜色鲜红,病重时蹄壳脱落。部分猪的病变部因继发细菌感染而形成化脓性溃疡,由于蹄部受到损害,蹄部有痛感出现跛行。病猪严重时用膝部爬行,体温升高至40~42℃,精神沉郁、食欲减退或停食。在一般情况下,没有并发和继发病不会引起死亡;初生仔猪可造成死亡。病猪康复较快,病愈后2周,创面可痊愈,如蹄壳脱落,则相当长时间后才能恢复。有极少数病猪水疱病发生后,猪发生中枢神经系统紊乱,表现向前冲、转圈运动,用鼻摩擦、咬啃猪舍用具,眼球转动,有时出现强直性痉挛。

(2)温和型水疱病　只见少数病猪出现水疱,传播缓慢,症状轻微,往往不容易被察觉。

(3)隐性型水疱病　猪感染后不表现症状,但猪可排出病毒,对猪具有很大的危险性。

2.病理变化

特征性病变在蹄部、鼻盘、唇、舌面,有时在乳房出现水疱。个别病例在心内膜有条状出血斑,其他脏器无可见的病理变化。组织学变化为非化脓性脑膜炎和脑脊髓炎病变,大脑中部病变较背部严重。脑膜含大量淋巴细胞,血管嵌边明显,多数为网状组织细胞,少数为淋巴细胞和嗜伊红细胞。脑灰质和白质发现软化病灶。

健猪与病猪同居24~45 h,虽未出现临床症状,但体内已含有病毒。发病后第3天,病猪的肌肉、内脏、水疱皮,第15天的内脏、水疱皮及第20天的水疱皮等均带毒,第5天和第11天的血液带毒,第18天采集的血液常不带毒。腌肉由于为高浓度的钠离子所包围,肉制品虽类似煮过但病毒仍残存,须经110 h后才能灭活。

3.鉴别诊断

本病在临诊上与口蹄疫、水疱性口炎及水疱疹极为相似,尤其是单纯口蹄疫还能引起牛、羊、骆驼等偶蹄动物发病;水疱性口炎除传染牛、羊、猪外,尚能传染马;水疱疹及水疱病只传染猪,不传染其他家畜。因此,该病的确诊,还必须进行实验室检查。

(1)动物接种　将病料分别接种1~2日龄小鼠和7~9日龄小鼠,如果2组小鼠均发病死亡,可诊断为口蹄疫;如果1~2日龄小鼠死亡,而7~9日龄小鼠不死,则可诊断为猪水疱病。病料在pH 3~5缓冲液处理30 min后,接种1~2日龄小鼠,小鼠死亡者为猪水疱病。反之则为口蹄疫。

(2)免疫双扩散试验　待检血清孔与抗原孔之间出现沉淀线且与阳性对照沉淀线的末端完全融合,则判为阳性。

(3)血清中和试验　测定每一份待检血清中的SVDV抗体,需设4排孔,每排孔的内容完全一样。如果病毒被血清中和,细胞不产生CPE,细胞呈蓝色,判为阳性。

(4)荧光抗体试验　用直接和间接免疫荧光抗体试验,可检出病猪淋巴结冰冻切片中的感染细胞,也可检出水疱皮和肌肉中的病毒。

三、防治措施

1.预防措施

(1)制定和执行各项防疫制度　场内实行封闭式生产,控制外来人员和外来车辆入场,定期进行灭鼠、灭蝇、灭虫工作,加强场内环境的消毒净化工作,防止外源病原侵入本场。

(2)制定科学合理的免疫程序　根据本场的实际情况,结合血清免疫学监测,确保猪群免疫的效果。母猪在怀孕初期和分娩前1个月各接种1次灭活苗(有单价灭活苗、口蹄疫灭活病毒与猪瘟弱毒的联苗等),仔猪在40日龄或80日龄注射1次,即可获得较强的免疫能力。

(3)加强检疫和免疫效果监测工作　不要从发病地区购买猪、牛羊等,购入猪只后,要按免疫程序接种疫苗,对抗病力低的猪群应加强免疫。

(4)加强对猪群健康状况的观察　发现可疑情况及时上报,确定诊断,鉴定病毒,划定疫区和疫点,做到及早发现、早处理,对疫点、疫区应立即采取紧急措施。

(5)加强猪群消毒工作　对猪群、猪体可用0.5%过氧乙酸等消毒药物消毒;10%石灰石、氯制剂(水)对养殖场地、周边环境、猪舍选用火碱、生石灰等消毒药物彻底消毒。每隔2~3天消毒1次。周边的易感动物应立即进行疫苗接种。当疫情扑灭后,疫区及周边地区的畜群应坚持注射疫苗2~3年,常规消毒防疫纳入生产的日常管理。

（6）猪群发病的处理　要遵守早、快、严、小的原则，采取综合性防制措施，要严加封锁。

（7）严格控制病原　病种猪严格处理、隔离治疗、饲养；病死猪、粪便、污水彻底地进行无害化处理，防止继发感染。

（8）恢复生产　疫情停止后，须经有关主管部门批准，并对猪舍及周围环境及所有工具进行严格彻底的消毒和空置后才可解除封锁，恢复生产。

2.药物治疗

（1）圆环蓝耳康＋阿莫西林/亿隆宝，1日1次，连续使用3～5天。

（2）患部可涂以20％的碘甘油、1％龙胆紫溶液、5％碘酊等清洗，并肌肉注射抗生素，然后用自制软膏（金霉素、紫草、阿莫西林、凡士林）涂抹，每天2次，连用3～7天，可缩短病程，减少死亡。

（3）对恶性水疱病，除局部治疗外，可用强心剂和滋补剂，如樟脑、葡萄糖盐水等。

（4）抗病毒1号，杆痢净，混合拌料，连用1周。

（5）可试用连翘、金银花、蒲公英、黄芩、大青叶、栀子、甘草、黄芪、荆芥等清热解毒中草药配合治疗，效果更佳。

第十节　猪链球菌病

猪链球菌病是由C、D、F及L群链球菌引起的猪的多种疾病的总称。急性型常为出血性败血症和脑炎，慢性型以关节炎、内膜炎、淋巴结化脓及组织化脓等为特征。链球菌病是由链球菌属中致病性链球菌所致的动物和人共患的一种多型性传染病，为重要的细菌性传染病之一。

一、病原

猪链球菌是一种革兰阳性兼厌氧的球菌，多呈双球、短链或长链状排列。一般由8～15个球菌排成链状，无鞭毛，不运动，不形成芽孢，但有荚膜。在无氧时溶血明显，培养最适温度为37℃。菌落细小，直径1～2 mm，透明、发亮、光滑、圆形、边缘整齐，在液体培养中呈链状。目前共有35个血清型（1～34和1/2型），最常见的致病血清型为2型。猪链球菌常污染环境，可在粪、灰尘及水中存活较长时间。如菌在60℃水中可存活10 min；苍蝇携带猪链球菌2型至少长达5天。溶菌酶释放蛋白及细胞外蛋白因子是猪链球菌2型的两种重要毒力因子。本菌抵抗力不强，对干燥、湿热均较敏感，常用消毒药都可将其杀死。

猪链球菌的自然感染部位是猪的上呼吸道（特别是扁桃体和鼻腔）、生殖道、消化道和通过开放性伤口传播。

二、诊断要点

1.临床症状

潜伏期一般为2～7天。临床上可分为败血症型、脑膜炎型、关节炎型和淋巴结脓肿型四种类型。

（1）败血症型　一般发生在流行初期，突然发病，通常未见明显症状已死于猪栏中，大多数死亡猪鼻孔流出带血的泡沫，体温升至41～42℃，在数小时至1天内死亡。急性病例，常见精神沉郁,体温 41～43℃左右,呈稽留热,减食或不食,心跳加快,眼结膜潮红,流泪,有浆液性鼻液,呼吸急促,全身皮肤发红,耳、颈、腹下、两大腿后侧及四肢下端等处皮肤常呈弥漫性紫红色斑块,指压不褪色。重者高度呼吸困难,鼻孔流带血泡沫,病程 1～3 天,或因窒息于短时间内死亡。

(2)脑膜炎型 多发于哺乳仔猪和保育仔猪,发病初期患猪体温升高,食欲废绝,继而共济失调或做圆周运动,或盲目行走,或后躯麻痹用前肢爬行,但很快倒地侧卧不能起立,四肢划动,磨牙,口吐白沫,角弓反张,直至昏迷死亡,病程 1～2 天。

(3)关节炎型 患猪体温升高,被毛粗乱,呈现关节炎病状,表现在四肢某一关节肿胀,触痛,高度跛行,甚至不能起立。病程 2～3 周。

(4)淋巴结脓肿型 病猪淋巴肿胀,坚硬,有热痛感,采食、咀嚼、吞咽和呼吸较为困难,多见于颌下淋巴结化脓性炎症,咽喉、耳下、颈部等淋巴结也可发生。一般不引起死亡,病程为 3～5 周。病猪经治疗后肿胀部分中央变软,皮肤坏死,破溃流脓,并逐渐痊愈。

2.病理变化

(1)败血症型呈现出血性败血症变化,与最急性猪瘟相似。剖检可见鼻黏膜紫红色、充血、出血,喉头、气管充血,常有大量泡沫。肺部充血肿胀。全身淋巴结有不同程度的肿大、充血和出血;脾肿大 1～3 倍,呈暗红色,边缘有黑红色出血性坏死点,胃和小肠黏膜有不同程度的充血和出血,肾肿大、充血和出血,脑膜充血和出血,有的脑切面可见针尖大的出血点。

(2)脑膜炎型剖检可见脑膜充血、出血、瘀血,脑组织切面有点状出血,个别脑膜下积液,脑脊髓液增量、浑浊,脑实质有化脓性脑炎变化。

(3)剖检可见心内膜炎、心包炎、瓣膜上有菜花样赘生物。

(4)淋巴结脓肿型剖检可见关节腔内有黄色胶冻样或纤维素性、脓性渗出物,淋巴结脓肿。

3.诊断鉴别

(1)急性猪丹毒 剖检可见胃和小肠有严重的出血性炎症,脾脏肿大,呈樱桃红色,淋巴结和肾瘀血肿大,淋巴结切面不呈大理石斑纹,大肠黏膜无显著变化。病原为猪丹毒杆菌,青霉素治疗有效。

(2)最急性猪肺疫 剖检肉眼可见咽喉肿胀、出血,肺充血水肿,颌下淋巴结出血、切面呈红色,脾不肿大。镜检病原为猪巴氏杆菌,抗菌药物治疗有效。

(3)急性猪副伤寒 剖检肠系膜淋巴结显著肿大,肝可见黄色或灰色小点状坏死,大肠有溃疡,脾肿大。镜检病原为猪沙门氏菌,氯霉素和磺胺类药物治疗有效。

(4)弓形虫病 主要发生于架子猪,流行于夏秋炎热季节。剖检脾肿大,肝有散在出血点和坏死点,淋巴结肿大,有出血点和坏死点,脑实质充血、水肿、坏死,可区别于猪瘟。镜检病原为弓形虫,磺胺类药物治疗有效。

根据流行病学史、临床症状表现和病原学鉴别本病并不困难。

4.实验室检查

猪链球菌病感染一般可根据临床症状和病理剖检变化进行初步诊断。确诊需要通过血清学检查、分离病原菌和病理组织学检查等实验室方法进行。

(1)显微镜观察 根据不同的病型采取相应的病料,如脓肿、化脓灶、肝、脾、肾、血液、关节囊液、脑脊髓液及脑组织等,制成涂片,用碱性美蓝染色液和革兰氏染色液染色。显微镜下检查,见到成双、成对、短链或呈长链排列的球菌,并且革兰氏染色呈紫色(阳性),可以确认为本病。

（2）细菌分离培养鉴定　病料接种于血液琼脂培养基，24～48 h 可见不同溶血的灰白色细小菌落。然后进行生化试验和生长特性鉴定。

（3）生理生化特性鉴定　血平皿 β 溶血，不发酵菊糖、棉籽糖；能发酵甘露醇、核糖、水杨苷、山梨醇、精氨酸。

（4）动物试验　10％病料悬液接种于小鼠皮下 0.1～0.2 mL 或家兔皮下或腹腔 0.5 mL，12～72 h 死亡。

三、防治措施

1. 预防措施

（1）防治猪的链球菌病应着眼于减少应激因素，不使猪过度拥挤，加强通风。

（2）保持猪舍和场地环境清洁卫生，坚持猪栏和环境的消毒制度。

（3）加强防疫。按常规的免疫程序，进行猪链球多价灭活苗的预防注射。一头猪发病经确诊后应对全群猪进行药物预防。坚持以预防为主，做到早发现、早报告、早诊断、早隔离、早治疗。

（4）流行季节的全群预防可用土霉素按每吨饲料中添加 600～800 g，连用 7 天。

（5）对病死猪、粪便进行无害化处理。

2. 治疗方法

（1）对淋巴结脓肿，待脓肿变软、成熟后，及时切开，排除脓汁用 3％双氧水或 0.1％高锰酸钾冲洗后涂以碘酊。

（2）对关节炎幼猪可按每千克体重青霉素 20 万 U 或头孢（用量按说明书），庆大霉素 1 万 U 加适量氨基比林稀释混合后肌肉注射，每日两次；或用林可霉素每千克体重 10 万 U 加地塞米松 2 mg 肌肉注射，每日两次。

（3）对高热的重症猪可用较大剂量阿莫西林的氨基比林稀释后一侧注射，另侧注射复方磺胺五甲氧嘧啶，按使用说明中规定的剂量首次加倍，每天两次，至症状消失。

（4）应用清热解毒，清疗散结中草药配方：连翘、板蓝根、金银花、野菊花、黄芪、大青叶、黄檗、蒲公英、马齿苋、威灵仙、柴胡、陈皮、花椒、栀子、甘草、芦根各 10～15 g，粉末、水煎服，每日 1 剂，连服 3～5 天，症状消失。

第十一节　仔猪黄痢

仔猪黄痢是由致病性大肠杆菌引起的初生仔猪的一种急性、高度致死的肠道传染病。临诊上以剧烈腹泻，排出黄色水样粪便及迅速死亡为特征，剖检常见有肠炎和败血症变化。

一、病原

本病的病原是致病性大肠杆菌，本菌多能产生毒素，如内毒素、肠毒素、致水肿毒素和神经毒素，引起仔猪发病。常用消毒药在数分钟内即可杀死本菌。各地分离的大肠杆菌菌株对抗菌药物的敏感性差异较大，且易产生耐药性。

二、诊断要点

1.流行特点

本病主要发生于 1 周以内的仔猪,以 1～3 日龄最常见。同窝仔猪的发病率和病死率都很高。头胎母猪所产仔猪发病最为严重,随着胎次的增加,仔猪发病逐渐减轻。带菌母猪是主要传染源,主要经消化道传染。带菌母猪由粪便排出病原菌,污染母猪的乳头和皮肤,仔猪吮乳或舐母猪皮肤时,食入感染。下痢仔猪由粪便排出大量细菌,污染外界环境,通过饲料、水和用具再传给其他母猪和仔猪。本病的发生没有季节性。

2.症状

潜伏期最短的为 8～10 h,一般在 24 h 左右。

仔猪出生时体况正常,数小时后,一窝仔猪中突然有一两头表现全身衰竭,很快死亡。以后其他仔猪相继发病,突然拉稀,粪便呈黄色水样,含有凝乳小片,夹杂气泡并带腥臭。捕捉时,在挣扎和鸣叫中,常由肛门冒出稀粪。病猪精神沉郁、停止吮乳,迅速消瘦、脱水,昏迷而死。

3.病理变化

病死仔猪常因严重脱水而显得干瘦,皮肤皱缩,肛门周围粘有黄色稀粪,最显著的病变是胃肠道黏膜的急性卡他性炎症,肠腔扩张,肠壁变薄,肠内有多量腥臭的黄色稀薄内容物和气体,以十二指肠最为严重。

4.鉴别诊断

应与猪传染性胃肠炎、猪流行性腹泻、仔猪红痢等相鉴别,参见猪传染性胃肠炎的鉴别诊断。

三、防治措施

1.预防措施

加强饲养管理,改善母猪的饲料和搭配,保持环境卫生和产房温度,注意消毒。接产时用 0.1%高锰酸钾擦拭乳头和乳房及胸腹部,并挤掉每个乳头中的头几滴乳汁,争取初生仔猪尽早哺喂初乳,增强抵抗力。另外,微生态制剂如促菌生、康大宝、益生素等在仔猪吃奶前投服,或用中草药进行防治,可收到较好的效果。

目前,我国已研制成功了大肠杆菌 K88-LTB 双价基因工程菌苗,K88、K99、K987P、F41 的单价或多价灭活菌苗。通过免疫母猪哺乳,可使新生仔猪获得保护。

2.隔离消毒

发病后,应迅速隔离发病仔猪,并将哺乳母猪与仔猪分开饲养。全面消毒产房、母猪体表皮肤,尤其母猪的乳头及其周围。及时用药物对未发病的仔猪进行预防治疗。

3.治疗方法

由于患病仔猪剧烈腹泻而迅速脱水,所以发病后治疗,往往疗效不佳。应在发现一头病猪后立即对全窝仔猪用药物预防治疗。由于大肠杆菌易产生抗药性,最好两种药物同时应用。有条件的可作细菌分离和药敏试验,选用敏感药物。

(1)常用抗生素药物:有氯霉素、土霉素、新霉素。

(2)中草药治疗(白头翁汤加减):黄连、黄檗、白头翁、秦皮、马齿苋各 10～15 g,水煎服,每日 1 剂,连服 3～5 天;配合电解质、葡萄糖和维生素 C 提高治疗效果。

第十二节　仔猪白痢

仔猪白痢是由致病性大肠杆菌引起的 10～30 日龄仔猪多发的一种急性肠道传染病。临诊上以排泄灰白色带有腥臭的浆状稀粪为特征，发病率高而致死率低。

一、病原

大肠埃希氏杆菌($E.coli$)是中等大小[(0.4～0.7) μm×(2～3) μm]、两端钝圆的杆菌，散在或成对，不产生芽孢，约 50% 的细菌具有周身鞭毛，能运动，部分菌株有荚膜，革兰氏染色阴性。大肠杆菌为需氧或兼性厌氧菌，最适生长温度为 37℃，最适 pH 为 7.2～7.4。在普通培养基上生长良好，长出隆起、光滑、湿润的乳白色圆形菌落；在麦康凯和远藤氏培养基上形成红色菌落；在伊红美蓝琼脂上形成带金属光泽的黑色菌落。在 SS 琼脂培养基上生长不良或不生长。致仔猪黄痢或水肿病菌株在绵羊血液琼脂培养基上呈 β 溶血。

大肠杆菌广泛存在于自然界，在潮湿、阴暗温暖环境中，能存活 1 个月；在寒冷干燥环境中存活时间更长；在水和土壤中可存活数月之久。60℃ 加热 15 min 可杀死，兽医实际中常用的消毒药液在常用浓度作用下，短时间可被杀死。

二、诊断要点

1.流行特点

本病发生于 10～30 日龄仔猪，以 2～3 周龄仔猪多发，一窝仔猪陆续或同时发病，有的仔猪窝发病多，有的仔猪窝发病少或不发病。

本病一年四季均可发生，但以严冬、炎热及阴雨连绵季节发生较多。天气突然变坏，如大雪、寒流等；母猪饲养管理和卫生条件不良，如饲料品质差，突然更换饲料，缺乏矿物质和维生素，母猪泌乳过多、过浓或不足，圈舍潮湿阴寒，粪便不及时清扫，温度不定等因素都可促进本病的发生和增加本病的严重性。

2.临床症状

病猪主要发生下痢，粪便为白色、灰白色或黄白色，粥样、糊状，有腥臭味。有时粪便中混有气泡。病猪体温一般不升高，精神尚好，到处跑动，有食欲，多数能自行康复。个别仔猪如不及时采取处治措施，下痢可逐渐加剧，肛门周围、尾及后肢常被稀粪沾污，仔猪精神委顿、食欲废绝、消瘦、走路不稳、寒战，喜钻卧垫料或挤压成堆。若治疗不及时或治疗不当，常经 5～7 天死亡。病程较长而恢复的仔猪生长发育缓慢，甚至成为僵猪。

3.病理变化

死猪胃黏膜潮红肿胀，以幽门部最明显，上附黏液，胃内充有凝乳块，少数严重病例胃黏膜有出血点。肠黏膜潮红，肠内容物呈黄白色，稀粥状，有酸臭味，有的肠管空虚或充满气体，肠壁菲薄而透明。严重病例黏膜有出血点及部分黏膜表面脱落。肠系膜淋巴结肿大。肝和胆囊稍肿大。心冠状沟脂肪胶样浸润，心肌柔软。肾脏呈苍白色。病程久者可见肺炎病变。

4.鉴别诊断

应与猪传染性胃肠炎、猪流行性腹泻、猪痢疾、仔猪红痢等相鉴别。见传染性胃肠炎鉴别诊断。

三、防治措施

1.预防措施

(1)加强对母猪的饲养管理,合理地调配饲料,饲料品种不要突然改变,保持母猪泌乳平衡。产房应保持清洁干燥,不蓄积污水和粪尿,注意通风和消毒。做好仔猪的防寒保暖或防暑工作,提早补料,及时补铁等,可减少发病。另外,服用微生态制剂也具有较好的预防和治疗作用。

(2)对发病的仔猪要及时进行隔离,并加强护理,尽量减少或排除各种不良的应激因素,给予预防性药物治疗。

2.治疗方法

(1)应早期及时治疗,以收敛、止泻、助消化为主药,如选用活性炭、鞣酸蛋白、调痢生、促菌生、胃蛋白酶等,补充硫酸亚铁或亚硒酸钠、维生素 E。必要时投服黄连素、氯霉素、磺胺脒等抗菌药物,配合服用炒焦大米或活性炭吸附毒素排出体外。

(2)中草药治疗:①白头翁汤:黄连、黄檗、白头翁、秦皮各 5～10 g,水煎服,每日 1 剂,连服 3～5 天;应用电解质、葡萄糖和维生素 C 配合使用效果较好;②白龙散:白头翁、龙胆草、黄连各 5～10 g,粉末米汤调制服用,或水煎服。每日 1 剂,连服 3～5 天。

(3)无论采用何种药物治疗,必须与改善饲养管理和消除致病因素相结合,以取得较好的疗效。

第十三节　猪 水 肿 病

猪水肿病是断奶仔猪常见的一种多发性疾病。本病是由一定的血清型的溶血性大肠杆菌产生的毒素引起的一种急性肠毒血症,俗称小猪摇摆症。多发于秋春季节断奶 1～2 周后的仔猪。病猪以全身或局部麻痹、共济失调和眼睑水肿为主要特征。

一、病因

猪水肿病又称大肠杆菌毒血症、浮肿病、胃水肿,是仔猪一种急性、致死性的疾病,其特征为胃壁和其他某些部位发生水肿。

二、诊断要点

1.流行病学

本病主要发生于断乳仔猪,小至数日龄,大至 4 月龄都有发生。生长快、体况健壮的仔猪最为常见,瘦小仔猪少发生。带菌母猪传播给仔猪,呈地方性流行,常限于某些猪场和某些窝的仔猪。饲料饲养方法改变,饲料单一,气候变化,被污染后的水、环境、用具等均可导致本病的发生概率增加和症状加重。本病一年四季均可发生,多见于春秋季。如初生患过黄痢的仔猪,一般不发生本病。

2.临床症状

病猪突然发病,精神沉郁,食欲减少,口流白沫,体温无明显变化,病前 1～2 天有轻度腹泻,后便秘。心跳疾速,呼吸初快而浅,后来慢而深。喜卧地、肌肉震颤,不时抽搐,四肢动作游泳状,呻吟,站立时拱腰,发抖。前肢如发生麻痹,则站立不稳,后肢麻痹,则不能站立。行走时四肢无力,共济失调,步态摇摆不稳,盲目前进或作圆圈运动。水肿是本病的特殊症状,常见于脸部、眼睑、结膜、齿龈、颈部、腹部的皮下。有的病猪没有水肿的变化。病程短的仅仅数小时,一般为1～2天,也有长达7天以上的。病死率约90％。

(1)急性型:患猪突然发病,步态不稳,走路蹒跚,倒地后肌肉震颤,严重的全身抽搐。眼睑苍白、水肿如鱼肉状,口吐白沫;通常是在敏感猪群中一头或几头见不到明显症状,几小时即死亡,被感染的猪只大多很健壮,吃得饱长得快。

(2)亚急性型:食欲废绝,精神沉郁,体温大多正常。眼睑、鼻、耳、下颌、颈部、胸腹部等水肿,其中耳朵水肿最为明显。皮肤发亮,指压有窝,重症猪水肿时上下眼睑仅剩一小缝隙。

但65日龄病猪水肿不明显。行走时四肢无力,共济失调,左右摇摆,站立不稳,形态如醉,盲目前进或作圆圈运动。倒地后四肢呈游泳状。有的病猪前肢跪地,两后肢直立,突然猛向前跑。很快出现后肢麻痹、瘫痪、卧地不起。有的病猪出现便秘或腹泻。触诊皮肤异常敏感,叫声嘶哑,皮肤发绀,体温降到常温以下,心跳加快,最后因间歇性痉挛和呼吸极度困难衰竭而死亡。

3.病理变化

特征性的病变是胃壁,结肠肠系膜,眼睑和脸部及颌下淋巴结水肿。胃内充满食物,黏膜潮红,有时出血,胃底区黏膜下有厚层的透明水肿,有带血的胶冻样水肿浸润,使黏膜与肌层分离,水肿严重的可达2～3 cm,严重的可波及贲门区和幽门区。大肠系膜、胆囊、喉头、直肠周围也常有水肿,淋巴结水肿、充血、出血、心包和胸腹腔有较多积液,暴露空气则凝成胶冻状。肾包膜水肿,膀胱黏膜轻度出血,出血性肠炎变化常见。

4.鉴别诊断

根据流行病学和特殊的临床症状、病理变化可初步确诊。确诊用肠内容物可分离到病原性大肠杆菌,鉴定其血清型后,可以得出诊断。

临床上应与硒、维生素 B_1 缺乏症等疾病相区别。

三、防治措施

1.预防措施

目前对本病尚无特异的有效疗法,预防本病关键在于改善饲养管理,饲料营养要全面,蛋白质不能过高。药物治疗早期效果好,后期一般无效。

(1)在没有本病的地区,不要由病区购进新猪,邻近猪场发生本病,应做好卫生防疫工作。在有本病的猪群内,对断乳仔猪,在饲料中添加适宜的抗菌药物。切忌突然断乳和突然更换饲料,断乳时防止突然改变饲养条件,断乳后的仔猪不要饲喂过饱。猪舍清洁、干燥、卫生,定期冲洗消毒。

(2)仔猪断奶前7～10天用猪水肿多价浓缩灭活菌苗肌肉注射1～2 mL,可预防本病发生。

(3)每批仔猪转入前和转出后,应把猪舍、门窗、墙壁、地面等用水冲干净,再用2.5％的氢氧化钠喷洒消毒,以喷湿为宜。母猪转入产仔舍前3天,用0.5％的高锰酸钾或者1∶600百毒杀喷洒消毒。母猪产仔后应每天清理一次粪尿,保持产仔舍的干燥与清洁,每隔2天用0.5％的高锰酸钾消毒一次,有利于杀灭圈舍及周围环境的致病菌。

（4）在母猪临产前 40 天和 15 天，分别肌肉注射仔猪大肠杆菌 K88、K99、987P 三价灭活苗，每头每次 2 mL，以增强母猪血清和初乳中大肠杆菌的抗体。怀孕母猪临产前第 7 天和第 2 天，分别肌肉注射猪水肿抗毒注射液 10 mL，可确保所产仔猪 85.71% 得到保护。加强哺乳母猪的饲养管理，并在饲料中添加 0.2% 的金霉素饲喂。仔猪断奶前后皮下注射 K88 和 K99 基因工程苗 1/3 头份，可明显降低腹泻及水肿发病率。

（5）仔猪生后哺乳之前，给仔猪口服 0.1% 的高锰酸钾 2～3 mL，以后每隔 5 天再喂饮一次。在仔猪 3～4 日龄肌肉注射富铁力 1 mL 或牲血素 1 mL，0.1% 亚硒酸钠 2 mL，能有效补充铁和硒的不足。3～5 日龄饮用淡盐水，7 日龄补食富含蛋白质和维生素的饲料，以促进器官发育，适量增加粗纤维饲料。

（6）仔猪 35～40 日龄断奶为宜。断奶前 1～5 天逐渐减少喂乳次数，严禁突然断乳。调整饲料配方，增加矿物质和维生素含量，3 周龄内蛋白质不高于 19%。饲料应多样化，保持饲料新鲜洁净。断奶初期补料要坚持少量多次的原则。断奶后限喂一周青饲料，逐渐增加精饲料。

（7）断奶后一个月内，每 100 kg 饮水或饲料中加 1～2 kg 食醋或柠檬酸，以提高胃内酸度。定期给予金霉素、土霉素、痢特灵、喹乙醇、磺胺类、亚硒酸钠、维生素 B 粉等药物，对防治仔猪腹泻和水肿病有明显效果。

（8）应用中草药预防或治疗效果较好。

2.治疗方法

（1）恩诺沙星 4～6 mL 肌肉注射，每日 2 次，连用 3 天；0.1% 亚硒酸钠 3～4 mL，肌肉注射，间隔 5～6 天重复注射一次。

（2）头孢止痢每千克体重 0.1～0.15 mg 口服或肌肉注射，不可超量，也不必与其他药配合应用。

（3）硫酸卡那霉素每千克体重 25 mg 肌肉注射，一日 2 次，连用 3 天。剂量准确，不可超量。5% 葡萄糖 200 mL 静脉注射。

（4）20% 磺胺嘧啶钠 10 mL 或六甲氧磺胺嘧啶 10 mL 肌肉注射，每日 2 次，连用 3～5 天；5% 氯化钙和 4% 乌洛托品各 5 mL 混合静脉注射。

（5）庆大霉素 5 mL，地塞米松 100～200 mg 分点注射，连用 2～3 次。

（6）口服利尿素每千克体重 1 mg 或用速尿 1～3 mL 肌肉注射。

（7）庆大霉素或小诺霉素及维生素 B_{12}，肌肉注射，12 h 一次。

（8）中草药治疗：白头翁汤加减，黄连、黄檗、白头翁、连翘、马齿苋、秦皮各 10～15 g，水煎服，每日 1 剂，连服 3～5 天；配合电解质、葡萄糖和维生素 C 使用效果较好。

第十四节　仔猪副伤寒

仔猪副伤寒也称猪沙门菌病，是由沙门氏菌引起的仔猪的一种传染病。急性者为败血症，慢性者为坏死性肠炎，常发生于 6 月龄以下仔猪，特别是 2～4 月龄仔猪多见，一年四季均可发生，给养猪业造成很大的经济损失。

一、病原

病原主要是猪霍乱沙门氏菌和猪伤寒沙门氏菌。鼠伤寒沙门氏菌、德尔俾沙门氏菌和肠炎沙门氏菌等也常引起本病。

沙门氏菌为革兰氏染色阴性、两端钝圆、卵圆形小杆菌,不形成芽孢,有鞭毛,能运动。

本菌对干燥、腐败、日光等环境因素有较强的抵抗力,在水中能存活 2～3 周,在粪便中能存活 1～2 个月,在冰冻的土壤中可存活过冬,在潮湿温暖处虽只能存活 4～6 周,但在干燥处则可保持 8～20 周的活力。该菌对热的抵抗力不强,60℃15 min 即可被杀灭。对各种化学消毒剂的抵抗力也不强,常规消毒药及其常用浓度均能达到消毒的效果。

二、诊断要点

1.流行病学

病猪和带菌猪是主要传染源,也可从粪、尿、乳汁以及流产的胎儿、胎衣和羊水排菌。本病主要经消化道感染;交配或人工授精也可感染;在子宫内也可能感染。另据报道,健康畜带菌(特别是鼠伤寒沙门氏菌)相当普遍,当受外界不良因素影响以及动物抵抗力下降时,常导致内源性感染。

本病主要侵害 6 月龄以下仔猪,尤以 1～4 月龄仔猪多发;6 月龄以上仔猪很少发病。本病一年四季均可发生,但阴雨潮湿季节多发。

2.临床症状

(1)急性(败血)型 多见于断奶前后(2～4 月龄)仔猪,体温升高 41～42℃,拒食,很快死亡,耳根、胸前、腹下等处皮肤出现瘀血紫斑,耳尖干性坏疽。后期见下痢、呼吸困难、咳嗽、跛行,经 1～4 天死亡。发病率低于 10%,病死率可达 20%～40%。

(2)亚急性型和慢性型 较多见,似肠型猪瘟,表现体温升高 40.5～41.5℃,畏寒,结膜炎,黏性、脓性分泌物,上下眼睑粘连,角膜可见浑浊、溃疡。呈顽固性下痢,粪便水样,可为黄绿色、暗绿色、暗棕色,粪便中常混有血液坏死组织或纤维素絮片,恶臭。症状时好时坏,反复发作,持续数周,伴以消瘦、脱水而死。部分病猪在病中后期出现皮肤弥漫性痂状湿疹。病程可持续数周,终致死亡或成僵猪。

3.病理变化

(1)急性型 主要表现败血症的病理变化。皮肤有紫斑,脾肿大,暗蓝色,似橡皮,肠系膜淋巴结索状肿大;肝也有肿大、充血、出血,有黄灰色小结节;全身黏膜、浆膜出血;卡他性出血性胃肠炎。

(2)亚急性型和慢性型 主要病变在盲肠、结肠和回肠。特征是纤维素性-坏死性肠炎,表现肠壁增厚,黏膜潮红;上覆盖一层弥漫性坏死和腐乳状坏死物质,剥离后见基底潮红,边缘留下不规则堤状溃疡面,肠鼓气、出血坏死。有的病例滤泡周围黏膜坏死,稍突出于表面,有纤维素样的渗出物积聚,形成隐约而见的轮状环。肝、脾、肠系膜淋巴结常可见针尖大小、灰白色或灰黄色坏死灶或结节。肠系膜淋巴结呈絮状肿大,有的有干酪样变。胆囊黏膜坏死。肺常有卡他性肺炎或灰蓝色干酪样结节,肾出血。

4.鉴别诊断

根据流行病学、临床症状和病理变化可以做出初步诊断,确诊应进行实验室检验。ELISA 和 PCR 技术也可以用于沙门菌的快速检测。应注意与猪传染性胃肠炎、猪流行性腹泻、仔猪黄痢鉴别,参见猪传染性胃肠炎鉴别诊断。

三、防治措施

1. 预防措施

(1)仔猪圈舍注意保暖,保持清洁干燥。食槽要干净,及时清粪。

(2)加强饲养管理。初生仔猪早吃初乳,提早引料补料,仔猪断奶分群时,不要换舍。

(3)仔猪断奶前后,可口服弱毒冻干苗预防。

(4)仔猪发病后,及时隔离治疗,猪舍彻底消毒;对尚未发病的仔猪可在每吨饲料中加入金霉素 100 g,加以预防。

(5)定期保健。按仔猪每吨饲料或每吨饮水中添加银翘散 1 kg 和金霉素 100 g,仔猪断奶当天开始使用,连续使用 7 天;此外在仔猪断奶前 7 天,可同时在母猪和仔猪的饮水中添加利呼宁,连续使用 3～5 天。

2. 治疗方法

(1)治疗仔猪副伤寒首选肠毒神针,肌肉注射或者静脉注射,本品每套可用于 100kg 体重,一天注射一次、一个疗程三天。病情严重的可酌情加量(针对病情严重的可先注射一针阿托品每头按 1～3 mL,同时口服次硝酸铋或鞣酸蛋白＋活性肽碳,连用三天)。

(2)中药治疗。

方剂一:败酱草 40 g,薏苡仁 30 g,金银花 20 g,丹参、苦参、土茯苓各 18 g,地丁 15 g,丹皮 10 g,广木香 6 g,煎水煎服,每日早晚各服一次,连续服 3～5 天。

方剂二:连翘、黄芪、马齿苋、穿心莲、三颗针、茅根、山楂、秦皮各 10～15 g,花椒 5 g,粉末,水煎服,每日 1～2 次,连服 3～5 天。配合黄芪多糖、维生素 C、电解质有增效作用。

第十五节　仔猪红痢

一、病原

仔猪梭菌性肠炎又叫仔猪红痢或仔猪传染性坏死性肠炎,是由 C 型或 A 型魏氏梭菌引起的初生仔猪的急性传染病。

二、诊断要点

1. 流行特点

本病发生于 1 周龄左右的仔猪,主要侵害 1～3 日龄新生仔猪。主要传染源是病猪和带菌猪,传播途径是消化道侵入。原菌在部分母猪肠道中,常常随母猪粪便排除出,污染哺乳母猪的乳头、垫料、饲料、饮水、用具和周围环境等,当初生仔猪吞入污染物或吮吸母乳后感染。

自然界中本菌广泛存在于人和动物的肠道内和土壤、下水道、尘埃等外环境,菌体对外界环境的抵抗力并不强,对一般消毒药物敏感,但在不良的条件下可形成芽孢,抵抗力极强。在同一个猪场有的窝仔猪发病严重,有的轻一些,病死率一般为 20%～70%,低至 9%,高的可达100%。

2. 临诊症状

(1)最急性型　仔猪出生当天就发病,突然发生出血性腹泻,后躯沾满带血稀便,病猪衰弱无力,迅速进入衰竭而死亡。

（2）急性型　病程 2 天左右,病猪排出带血的红褐色的水样粪便,迅速脱水、消瘦,最后衰竭而死亡。

（3）亚急性型　病猪呈现持续非出血性腹泻,粪便先黄软便,后为水样便,表现为食欲不振,继续脱水、消瘦,一般在出生后发病 5～7 天死亡。

（4）慢性型　一般病程在 1 周以上,呈现间歇性或持续性腹泻,粪便呈为灰黄色黏液状,病猪逐渐消瘦,生长停滞,最终死亡或形成僵猪。

3.病理变化

典型病变为小肠特别是空肠黏膜红肿,有出血性或坏死性炎症;肠内容物呈红褐色并混杂小气泡;肠壁黏膜下层、肌层及肠系膜有灰色成串的小气泡;肠系膜淋巴结肿大或出血。

4.鉴别诊断

根据流行病学、症状和病理,现场可做出初步诊断,确诊必须进行实验室检查。有细菌学检查(包括涂片镜检和分离培养鉴定)和肠内细菌毒素试验。诊断本病时应注意与猪流行性腹泻、猪传染性胃肠炎、仔猪黄白痢等其他腹泻性疾病鉴别。

三、防治措施

1.预防措施

（1）首先做好卫生消毒工作和加强饲养管理,搞好猪舍和环境的清洁卫生,经常对产仔房、仔猪舍、地面、用具等进行全面消毒,分娩母猪的腹部皮肤和乳房也应彻底消毒,用消毒药液擦洗乳房后再挤出少许乳汁才能让仔猪吃乳,以减少本病的发生和传播。

（2）做好免疫注射工作,怀孕母猪注射 C 型魏氏梭菌菌苗,初产或第二胎怀孕母猪分娩前一个月和半个月各一次,剂量为 5～10 mL。3 胎以上的经产母猪,于产仔前半个月可肌肉注射一次,剂量为 3～5 mL。这样能提高母猪的免疫力,初生仔猪通过哺乳获得抗体,使仔猪获得被动免疫。

（3）药物预防。仔猪初生后,在没吃初乳前口服青霉素、土霉素、痢特灵等抗菌药物,如每头仔猪口服青霉素钾和链霉素各 10 万 IU,每日 1 次,连服 2～3 天,也有一定的预防作用。

2.治疗方法

（1）使用新亚生物的肠毒痢克治疗仔猪红痢。肠毒痢克是猪同源精制免疫球蛋白和生物肽类冻干粉的结合,是针对病毒性腹泻的特效药物。

（2）一套肠毒痢克(一支液体,一支粉)可以治疗 200 kg 体重,每天一次,连用 2 天。对于腹泻严重的猪可以让猪口服鞣酸蛋白酵母粉,修复肠黏膜,治愈率 90％以上。

（3）注射抗血清可获得更好的保护作用,仔猪出生后尽早肌肉注射抗仔猪红痢血清,每头猪每千克体重 3 mL。

（4）在常发病猪场,应立即给整窝仔猪用强效红黄白注射液、丁胺卡那霉素、止血敏等混合给仔猪肌肉注射,1～2 mL/头,2 次/天,连用 3 天,并给仔猪口服人工补液盐或葡萄糖,防止机体脱水,增强抵抗力。

（5）中草药治疗:①白头翁汤,白头翁、黄檗、黄连、秦皮各 5～10 g,粉末或水煎服用,或配合郁金散同用,效果则更佳。每日 1 剂,连服 3～5 天。②郁金散,郁金、柯子、黄芩、大黄、黄连、黄檗、栀子、白芍各 5～10 g。煎制与应用方法同上。

第十六节　猪衣原体病

猪衣原体病是由鹦鹉热亲衣原体的某些菌株引起的一种慢性接触性传染病,世界各国均有该疾病发生。临床可分为:流产型、关节炎型、支气管肺炎型和肠炎型,表现为妊娠母猪流产、死产和产弱仔,新生仔猪肺炎、肠炎、胸膜炎、心包炎、关节炎,种公猪睾丸炎等。给养猪业造成一定的经济损失。

一、病原

衣原体(Chalmydiae)是一类具有滤过性、严格细胞内寄生,介于细菌和病毒之间,类似于立克次氏体的一类微生物,呈球状,大小为 $0.2\sim1.5\ \mu m$,革兰氏染色阴性。不能在人工培养基上生长,只能在活细胞胞浆内繁殖,依赖于宿主细胞的代谢,可在鸡胚、部分细胞单层及小鼠等实验动物中生长繁殖。较重要的衣原体有 4 种,即沙眼衣原体、鹦鹉热亲衣原体、肺炎亲衣原体和牛羊亲衣原体。其中,鹦鹉热亲衣原体在兽医上有较重要的意义,可致畜禽肺炎、流产、关节炎等多种疾病,是猪衣原体病的病原。

鹦鹉热亲衣原体在 100℃ 15 s、70℃ 5 s、56℃ 25 s、37℃ 7 天被杀死,室温下 10 天可以失活。紫外线、γ-射线对衣原体有很强的杀灭作用。2% 的来苏儿、0.1% 的福尔马林、2% 的苛性钠或苛性钾、1% 盐酸及 75% 的酒精溶液可用于衣原体消毒。对四环素族、泰乐菌素、强力霉素、红霉素、螺旋霉素敏感,对庆大霉素、卡那霉素、新霉素、链霉素、磺胺嘧啶钠均不敏感。

二、诊断要点

1. 流行病学

不同品种及年龄的猪群都可感染,但以妊娠母猪和幼龄仔猪最易感。病猪和隐性带菌猪是该病的主要传染源。几乎所有的鸟粪都可能携带衣原体。绵羊、牛和啮齿动物携带病原菌都可能成为猪感染衣原体的疫源。通过粪便、尿、乳汁、胎衣、羊水等污染水源和饲料,经消化道感染,也可由飞沫和污染的尘埃经呼吸道感染,交配也能传播本病;蝇、蜱可起到传播媒介的作用。

该病无明显的季节性,常呈地方流行性。猪场可因引入病猪后暴发该病,康复猪可长期带菌。该病的发生和流行与一些诱发因素有关。

2. 临床症状

该病的潜伏期长短不一,短则几天,长则可达数周乃至数月。依据临诊表现,可分为流产型、肺炎型、关节炎型和肠炎型等。

怀孕母猪感染后引起早产、死胎、流产、胎衣不下、不孕症及产下弱仔或木乃伊胎。初产母猪发病率高,一般可达 40%～90%,早产多发生在临产前几周的妊娠 100～104 天发生,妊娠中期(50～80 天)的母猪也可发生流产。母猪流产前一般无任何表现,体温正常,也有的表现出体温升高 39.5～41.5℃。产出仔猪部分或全部死亡,活仔多体弱、初生重小、拱奶无力,多数在出生后数小时至 1～2 天死亡,死亡率有时高达 70%。公猪生殖系统感染,可出现睾丸炎、附睾炎、尿道炎等生殖道疾病,有时伴有慢性肺炎。

仔猪还会表现出肠炎、多发性关节炎、结膜炎,断奶前后常患支气管炎、胸膜炎和心包炎。

表现为体温升高、食欲废绝、精神沉郁、咳嗽、喘气、腹泻、跛行、关节肿大,有的可出现神经症状。

3.病理变化

鹦鹉热亲衣原体引起猪的疾病种类较多,除单一感染外,常与其他疾病发生并发感染,因而病理变化也较为复杂。

(1)流产型　母猪子宫内膜出血、水肿,并伴有 $1\sim1.5$ cm 的坏死灶,流产胎儿和死亡的新生仔猪的头、胸及肩胛等部位皮下结缔组织水肿,心脏和肺脏常有浆膜下点状出血,肺常有卡他性炎症。患病公猪睾丸颜色和硬度发生变化,腹股沟淋巴结肿大 $1.5\sim2$ 倍,输精管有出血性炎症,尿道上皮脱落、坏死。

(2)关节炎型　关节肿大,关节周围充血和水肿,关节腔内充满纤维素性渗出液,用针刺时流出灰黄色浑浊液体,混杂有灰黄色絮片。

(3)支气管肺炎型　表现为肺水肿,表面有大量的小出血点和出血斑,肺门周围有分散的小黑红色斑,尖叶和心叶呈灰色,坚实僵硬,肺泡膨胀不全,并有大量渗出液。纵隔淋巴结水肿,细支气管有大量的出血点,有时可见坏死区。

(4)肠炎型　多见于流产胎儿和新生仔猪,胃肠道有急性局灶性卡他性炎症及回肠的出血性变化。肠黏膜发炎而潮红,小肠和结膜浆膜面有灰白色浆液性纤维素性覆盖物,肠系膜淋巴结肿胀。脾脏有出血点,轻度肿大。肝质脆,表面有灰白色斑点。

4.鉴别诊断

该病应与一些引起繁殖障碍的疫病如猪瘟、猪繁殖与呼吸综合征、流行性乙型脑炎、猪细小病毒感染、猪伪狂犬病、猪流感、布鲁氏菌病、钩端螺旋体病、弓形虫病、附红细胞体病以及其他病原和霉菌毒素所致的流产和繁殖障碍进行区别,还应注意与因饲养管理不良和营养缺乏引起的非传染性繁殖障碍进行鉴别。

发生关节炎时,应与猪丹毒丝菌、猪链球菌、副猪嗜血杆菌等感染进行区别。

5.鉴别诊断

根据该病的流行病学、临诊特点和病理变化等可做出初步诊断,但确诊需要进行实验室诊断。

(1)细菌学诊断　可采取病死猪的肝脏、脾脏、肺脏、排泄物、关节液、流产胎儿等病料。取病变组织涂片,采用姬姆萨染色或荧光抗体染色,能见到肝、脾、肺上有稀疏的衣原体。膀胱和胎盘涂片有时可见到大量衣原体及包涵体。病料经无菌处理后可接种鸡胚或小鼠,剖检可观察到特征性的病理变化。

(2)血清学试验　血清学试验有补体结合反应、血凝抑制试验(HI)、团集补体吸收试验、毛细血管凝集试验、琼脂凝胶沉淀试验、间接血凝试验、免疫荧光及免疫酶试验等。补体结合反应是国内最常用的经典方法。近年来,免疫酶联染色法、Dot-ELISA、衣原体单克隆抗体、核酸杂交与核酸探针技术等也日益受到重视。

三、防治措施

1.预防措施

(1)引进种猪时要严格检疫和监测,阳性种猪场应限制及禁止输出种猪。

(2)搞好猪场的环境卫生消毒工作。

（3）猪群发病时，应及时隔离病猪，分开饲养，清除流产死胎、胎盘及其他病料，进行深埋或火化。对猪舍和产房用石炭酸、福尔马林喷雾消毒消灭病原。

（4）避免健康猪与病猪、带菌猪及其他易感染的哺乳动物接触。

（5）用猪衣原体灭活疫苗对母猪进行免疫接种，初产母猪配种前免疫接种 2 次，间隔 1 个月。经产母猪配种前免疫接种 1 次。

2.治疗方法

四环素为首选药物，也可用金霉素、土霉素、红霉素、螺旋霉素、氧氟沙星等。

（1）对新生仔猪，可肌肉注射 1% 土霉素，每千克体重 1 mL，每日 1 次，连用 5 天。

（2）仔猪断奶或患病时，注射含 5% 葡萄糖的 5% 土霉素溶液，每千克体重 1 mL，连用 5 天。

（3）可在饲料中添加 15% 金霉素，每吨饲料 3 kg，有利于控制其他细菌性继发感染。此外，公母猪配种前 1~2 周及母猪产前 2~3 周按 0.02%~0.04% 的比例将四环素类抗生素混于饲料中，可提高受胎率，增加活仔数及降低新生仔猪的病死率。

（4）中草药配合治疗。消黄散（加减）：知母 7 g、黄药子 6 g、栀子 7 g、黄芩 8 g、甘草 7 g、连翘 8 g、黄连 5 g、郁金 5 g、马齿苋 10 g、芦根 5 g、蒲公英 7 g、桔梗 8 g、金银花 9 g，粉末，水煎服。每日 1 剂，连服 3~5 天。

第十七节　猪　丹　毒

猪丹毒是红斑丹毒丝菌，俗称猪丹毒杆菌引起的一种急性热性传染病，其主要特征为高热、急性型呈败血症经过；亚急性皮肤呈紫红色疹块；慢性型发生心内膜炎及皮肤坏死与多发性非化脓性关节炎。本病呈世界性分布，是威胁我国养猪业发展的主要传染病之一。

一、病原

猪丹毒杆菌是一种革兰氏阳性菌，具有明显的形成长丝的倾向。本菌为平直或微弯纤细小杆菌，大小为 $(0.2~0.4)$ μm×$(0.8~2.5)$ μm。在病料内的细菌，单在、成对或成丛排列，在白细胞内一般成丛存在，在陈旧的肉汤培养物内和慢性病猪的心内膜疣状物中，多呈长丝状，有时很细。本菌在盐腌、火熏、腐败、干燥和日光等自然环境下，抵抗力非常强。

病死猪的肝、脾在 4℃ 环境下 159 天，毒力仍然强大；在 2% 福尔马林、1% 漂白粉、1% 氢氧化钠或 5% 碳酸中很快死亡；对热的抵抗力较弱，肉汤培养物于 50℃ 经 12~20 min，70℃ 5 min 即可杀死。本菌的耐酸性较强，猪胃内的酸度不能杀死它，因此可经胃而进入肠道。

二、诊断要点

1.流行病学

（1）病猪和带菌猪是该病的主要传染源　细菌主要存在于带菌动物扁桃体、胆囊、回盲瓣和骨髓中，可随粪尿或口、鼻、眼的分泌物排菌，从而污染饲料、饮水、土壤、用具和圈舍等。该菌能够长期生存在富含腐殖质、沙质和石灰质的土壤中，因此土壤污染也是该病的传染源。

（2）传播途径　易感猪主要经消化道和皮肤创伤感染发病，吸血昆虫也能传播本病。猪主要是通过被污染的饲料、饮水等经消化道感染，还可通过拱食土壤感染。经皮肤创伤感染也是感染途径之一。家鼠是猪丹毒的一种传播媒介,经研究发现,蚊虫吮吸病猪的血液后,蚊虫体内也会带有猪丹毒杆菌。

(3)易感动物 各种年龄和品种的猪均易感,但主要见于育成猪或架子猪,随着年龄的增长,易感性逐渐降低。以3～6月龄猪最为多发,6月龄以上的猪发病率不高。

(4)流行特点 本病一年四季均有发生,以7～9月多发,但近年春、冬季节也发生办法流行的情况出现。环境条件改变和一些应激因素,如饲料突然改变、气温变化、疲劳等,都能诱发该病。我国是猪丹毒流行的主要国家之一,危害着养猪业的发展。

2.临床症状

本病潜伏期比较短,一般为1～7天。

(1)急性型 常见突然暴发、急性经过和高死亡为特征。病猪精神不振、高烧不退;不食、呕吐;结膜充血;粪便干硬,附有黏液。仔猪后期下痢。耳、颈、背皮肤潮红、发紫。临死前腋下、股内、腹内有不规则鲜红色斑块,指压褪色后而融合一起。常于3～4天内死亡。病死率80%左右,不死者转为疹块型或慢性型。

哺乳仔猪和刚断乳的仔猪发生猪丹毒时,一般突然发病,表现神经症状,抽搐,倒地而死,病程多不超过一天。

(2)亚急性型(疹块型) 在发病1～2天的病猪身体不同部位,尤其胸侧、背部、颈部至全身出现界限明显,圆形、四边形,有热感的疹块,俗称"打火印",指压褪色。疹块突出皮肤2～3 mm,大小几厘米不等,从几个到几十个不等,干枯后形成棕色痂皮。病猪口渴、便秘、呕吐、体温高。疹块发生后,体温开始下降,病势减轻,经数日以至旬余,病猪自行康复。也有不少病猪在发病过程中,症状恶化转变为败血型而死。病程一般1～2周。

(3)慢性型 由急性型或亚急性型转变而来,也有原发性,常见的有慢性关节炎、慢性心内膜炎和皮肤坏死等几种。

①慢性关节炎型:主要表现为四肢关节炎性肿胀,病腿僵硬、疼痛。以后急性症状消失,而以关节变形为主,呈现一肢或两肢跛行或卧地不起。病猪食欲正常,但生长缓慢,体质虚弱,消瘦。病程数周或数月,甚至心衰而死亡。

②慢性心内膜炎型:主要表现消瘦,贫血,全身衰弱,喜卧,厌走动,强使行走,则举止缓慢,全身摇晃。听诊心脏有杂音,心跳加速、亢进,心律不齐,呼吸急促。此种病猪不能治愈,通常由于心脏麻痹突然倒地死亡。

③慢性皮肤坏死型:猪丹毒有时形成皮肤坏死。常发生于背、肩、耳、蹄和尾等部。局部皮肤肿胀、隆起、坏死、色黑、干硬、似革。逐渐与其下层新生组织分离,犹如一层甲壳。坏死区有时范围很大,可以占整个背部皮肤;有时可在部分耳壳、尾巴、末梢、各蹄壳发生坏死。经2～3个月坏死皮肤脱落,遗留一片无毛、色淡的疤痕而愈。如有继发感染,则病情复杂,病程延长。

3.病理变化

(1)急性型 胃底及幽门部黏膜发生弥漫性出血,小点出血;整个肠道都有不同程度的卡他性或出血性炎症;脾肿大呈典型的败血脾;肾瘀血、肿大,有"大紫肾"之称;淋巴结充血、肿大,切面外翻,多汁;肺脏瘀血、水肿。

(2)亚急性型 充血斑中心可因水肿压迫呈苍白色。

(3)慢性型

①心内膜炎:在心脏可见到疣状心内膜炎的病变,二尖瓣和主动脉瓣出现菜花样增生物。

②关节炎:关节肿胀,有浆液性、纤维素性渗出物蓄积。

4.鉴别诊断

猪丹毒有其特有的症状,一般不难鉴别。应注意与猪瘟、猪肺疫、仔猪副伤寒、猪败血症型链球菌病的鉴别,参照猪瘟鉴别诊断。

三、防治措施

1.预防措施

(1)加强饲养管理,保持栏舍清洁卫生和通风干燥,避免高温高湿,加强定期消毒。

(2)加强饲养管理,做好屠宰厂、交通运输、农贸市场检疫工作,对购入新猪隔离观察21天,对圈、用具定期消毒。

(3)发生疫情隔离治疗、消毒。未发病猪用青霉素注射,每日二次,连用3~4天,加强免疫。

(4)预防免疫:种公、母猪每年春秋两次进行猪丹毒氢氧化铝甲醛苗免疫。育肥猪60日龄时进行一次猪丹毒氢氧化铝甲醛苗或猪三联苗免疫。

(5)预防性投药:疫病流行期间,全群用清开灵颗粒10 g/kg料、70%水溶性阿莫西林0.6 g/kg料,均匀拌料,连用5天。

2.治疗方法

(1)母猪、仔猪治疗 红斑丹毒丝菌对青霉素非常敏感。急性病例可用速效青霉素治疗,一天两次,连续三天。或者也可以采用长效青霉素(需注意该剂型的药效持续时间),一次性治疗。采用头孢类(头孢噻呋钠)也有很好的治疗效果。

(2)断奶猪、生长猪治疗 本病首选治疗药物为青霉素,药效快。如果患畜为急性发病,应采用短效青霉素每日注射两次,持续4天。如非急性发病,可采用长效青霉素。临床上用药24 h后病畜即可恢复正常。

(3)中草药治疗

①利用适量的生石膏、栀子、黄芩、黄檗、生姜、牡丹皮、厚朴、知母、青蒿各15~25 g,粉末,水煎服,日服一剂,连服3~5天。

②利用大青叶20~50 g,板蓝根20~40 g,生石膏10~15 g,贝母20 g,研磨成粉后冲水灌服,治疗猪丹毒疾病有效。

③大蒜、穿心莲、石菖蒲、蜂蜜以及生姜组方可以有效缓解猪丹毒病症。试用酒精与捣烂的青蒿进行混合,给病患猪擦洗,可有效治疗或缓解猪丹毒疾病。

第十八节　猪　肺　疫

猪肺疫是由多种杀伤性巴氏杆菌所引起的一种急性传染病(猪巴氏杆菌病),俗称"锁喉风""肿脖瘟"。急性或慢性经过,急性呈败血症变化,咽喉部肿胀,高度呼吸困难。

一、病原

多杀性巴氏杆菌属巴氏杆菌科巴氏杆菌属,为革兰氏阴性,两端钝圆,中央微凸的球杆菌或短杆菌。不形成芽孢,无鞭毛,不能运动,所分离的强毒菌株有荚膜,常单在。用病料组织或体液涂片,以瑞氏、姬姆萨或美蓝染色时,菌体多呈卵圆形,两极着色深,似两个并列的球菌。本菌为需氧及兼性厌氧菌。在血清琼脂上生长的菌落,呈蓝绿色带金光,边缘有窄的红黄光带,称为 Fg 型,菌落呈橘红色带金光,边缘或有乳白色带,称为 F0 型;不带荧光的菌落为 Nf 型。本菌对直射日光、干燥、热和常用消毒药的抵抗力均不强,但在腐败的尸体中可生存 1～3 个月。

在我国,猪肺疫多由 5∶A、6∶B 血清型引起,其次为 8∶A 和 2∶D 血清型。

多杀性巴氏杆菌是两端钝圆,中央微凸的短杆菌,革兰氏染色阴性,大小为 0.5～1 μm。病料组织或体液涂片用瑞氏或姬姆萨氏法或美蓝染色镜检,菌体多呈现卵圆形,明显两极浓染,不运动,有荚膜,不产芽孢。本菌为兼性厌氧菌,通常在高营养培养基中生长良好,在血琼脂培养基上生长良好,不溶血,不能在麦康凯培养基上生长。主要生化特性有氧化酶阳性、吲哚阳性、脲酶阳性。

二、诊断要点

1.流行病学

多杀性巴氏杆菌能感染多种动物,猪是其中一种,各种年龄的猪都可感染发病。一般认为本菌是一种条件性病原菌,当猪处在不良的外界环境中,如寒冷、闷热、气候剧变、潮湿、拥挤、通风不良、营养缺乏、疲劳、长途运输等,致使猪的抵抗力下降,这时病原菌大量增殖并引起发病。另外病猪经分泌物、排泄物等排菌,污染饮水、饲料、用具及外界环境,经消化道而传染给健康猪,也是重要的传染途径。也可由咳嗽、喷嚏排出病原,通过飞沫经呼吸道传染。此外,吸血昆虫叮咬皮肤及黏膜伤口都可传染。本病一般无明显的季节性,但以冷热交替、气候多变、高温季节多发,一般呈散发性或地方流行性。

2.临床症状

本病潜伏期一般为 1～5 天。根据病程长短和临床表现分为最急性、急性和慢性型。

(1)最急性型 未出现任何症状,突然发病,迅速死亡。病程稍长者表现体温升高到 41～42℃,食欲废绝,呼吸困难,心跳急速,可视黏膜发绀,皮肤出现紫红斑。咽喉部和颈部发热、红肿、坚硬,严重者延至耳根、胸前。病猪呼吸极度困难,常呈犬坐姿势,伸长头颈,有时可发出喘鸣声,口鼻流出白色泡沫,有时带有血色。一旦出现严重的呼吸困难,病情往往迅速恶化,很快死亡。死亡率常高达 100%,自然康复者少见。

(2)急性型 本型最常见。体温升高至 40～41℃,初期为痉挛性干咳,呼吸困难,口鼻流出白沫,有时混有血液,后变为湿咳。随病程发展,呼吸更加困难,常作犬坐姿势,胸部触诊有痛感。精神不振,食欲不振或废绝,皮肤出现红斑,后期衰弱无力,卧地不起,多因窒息死亡。病程 5～8 天,不死者转为慢性。

(3)慢性型 主要表现为肺炎和慢性胃肠炎。时有持续性咳嗽和呼吸困难,有少许胶冻性或脓性鼻液。关节肿胀,常有腹泻,食欲不振,营养不良,有痂样湿疹,发育停止,极度消瘦,病程 2 周以上,多数发生死亡。

3.病理变化

(1)最急性型 全身黏膜、浆膜和皮下组织有出血点,尤以喉头及其周围组织的出血性水肿为特征。切开颈部皮肤,有大量胶冻样淡黄或灰青色纤维素性浆液。全身淋巴结肿胀、出血。心外膜及心包膜上有出血点。肺急性水肿。脾有出血但不肿大。皮肤有出血斑。胃肠黏膜出血性炎症。

（2）急性型　除具有最急性型的病变外，其特征性的病变是纤维素性肺炎。主要表现为气管、支气管内有多量泡沫黏液。肺有不同程度肝变区，伴有气肿和水肿。病程长的肺肝变区内常有坏死灶，肺小叶间浆液性浸润，肺切面呈大理石样外观，胸膜有纤维素性附着物，胸膜与病肺粘连。胸腔及心包积液。

（3）慢性型　尸体极度消瘦、贫血。肺脏有肝变区，并有黄色或灰色坏死灶，外面有结缔组织，内含干酪样物质；有的形成空洞，与支气管相通。心包与胸腔积液，胸腔有纤维素性沉着，肋膜肥厚，常常与病肺粘连。有时在肋间肌、支气管周围淋巴结及纵隔淋巴结及扁桃体、关节和皮下组织见有坏死灶。

4.鉴别诊断

本病最急性型病例常突然死亡，而慢性病例的症状、病变都不典型，常出现与其他疾病混合感染，单靠流行病学、临床症状、病理变化诊断难以确诊。

在临床检查应注意与急性猪瘟、咽型猪炭疽、猪气喘病、传染性胸膜肺炎、猪丹毒、猪弓形虫等病进行鉴别诊断，可参照猪瘟鉴别诊断。

5.实验室诊断

(1)采取病猪生前静脉血、心血和各种渗出液，以及各实质脏器，制成涂片，用碱性美蓝液染色后镜检，在显微镜下见有两端浓染的长椭圆形小杆菌时，两端钝圆，明显两极浓染，不运动，有荚膜，无芽孢，中央微凸的短杆菌，大小为 $0.5\sim1\ \mu m$ 的多杀性巴氏杆菌即可确诊。若只在肺脏内见有极少数的巴氏杆菌，而其他脏器没有见到，而且肺脏又无明显病变时，可能是带菌猪，不能诊断为猪肺疫。

(2)猪肺疫可以单独发生，也可以与猪瘟或其他传染病混合感染，采取病料进行动物试验，培养分离病源再确诊。

三、防治措施

1.预防措施

(1)预防免疫　每年春秋两季定期用猪肺疫氢氧化铝甲醛菌苗或猪肺疫口服弱毒菌苗进行两次免疫接种。也可选用猪丹毒、猪肺疫氢氧化铝二联苗，猪瘟、猪丹毒、猪肺疫弱毒三联苗。接种疫苗前几天和后 7 天内，禁用抗菌药物。

(2)改善饲养管理　在条件允许的情况下，提倡早期断奶。采用全进全出制的生产程序；封闭式的猪群，减少从外面引猪；减少猪群的密度等措施可能对控制本病会有所帮助。加强饲养管理，消除可能降低抗病能力因素和致病诱因如圈舍拥挤、通风采光差、潮湿、受寒等。圈舍、环境定期消毒。新引进猪隔离观察一个月后健康方可合群。

(3)药物预防　对常发病猪场，要在饲料中添加土霉素等抗菌药或清热解毒类中草药进行预防。

(4)疫情处理　发生本病时，应将病猪隔离、封锁、严密消毒。同栏的猪，用血清或用疫苗紧急预防。对散发病猪应隔离治疗，消毒猪舍。

2.治疗方法

(1)抗猪巴氏杆菌免疫血清疗法　有单价或多价抗血清。一般使用剂量为每千克体重

0.4 mL,皮下(或肌肉)和静脉各注射一半。24 h 后再注射一次效果更好。对病情严重的患猪,用量可增至每千克体重 0.6 mL。

(2)抗生素或抗菌药物疗法　青霉素、链霉素、四环素、土霉素、庆大霉素、磺胺二甲嘧啶钠、喹诺酮类药物(恩诺沙星、氧氟沙星等)、头孢类等均有一定疗效。青霉素 G 按每千克体重 2 000～10 000 IU 注射,每日 2～3 次,连用 3～7 天;链霉素按每千克体重 10 000 IU 注射,每日 1～2 次,连用 3～7 天。抗生素与磺胺类药联合应用时,疗效更好。因多杀性巴氏杆菌容易产生耐药性,应依据分离菌的药敏试验来选择敏感药物进行治疗,同时应结合对症疗法。隔离病猪,及时治疗。同时做好消毒和护理工作。

(3)中草药治疗　处方:连翘 15～25 g,金银花 10～20 g,大青叶 10～25 g,黄芩、黄芪各 15～20 g,芦根、蒲公英、桔梗、陈皮、马齿苋、薄荷各 15～25 g,粉末、水煎服,每日 1 剂,连服 3～5 天。

第十九节　猪气喘病

气喘病又名猪地方流行性肺炎,是猪的一种慢性肺病。主要临床症状是咳嗽和气喘。本病分布很广,我国许多地区都有发生。

一、病原

病原体是猪肺炎霉形体,具有多形性的特点,常见的形态为球状、杆状、丝状及环状。猪肺炎霉形体的大小不一,对姬姆萨或瑞氏染色液着色不良,革兰氏阴性。猪肺炎霉形体对外界环境的抵抗力不强,在室温条件下 36 h 即失去致病力,在低温或冻干条件下可保存较长时间。一般消毒药都可迅速将其杀死。

二、诊断要点

1.临床症状

潜伏期 10～16 天。主要症状为咳嗽和气喘。病初为短声连咳,在早晨出圈后受到冷空气的刺激,或经驱赶运动和喂料的前后最容易听到,同时流少量清鼻液,病重时流灰白色黏性或脓性鼻液。在病的中期出现气喘症状,呼吸次数每分钟达 60～80 次,呈明显的腹式呼吸,此时咳嗽少而低沉。体温一般正常,食欲无明显变化。发病的后期,则气喘加重,甚至张口喘气,同时精神不振,猪体消瘦,不愿走动。这些症状可能随饲养管理和生活条件的好坏而减轻或加重,病程可拖延数月,病死率一般不高。

(1)急性型　主要见于新疫区和新感染的猪群,以乳猪、断奶前后仔猪、妊娠母猪多发。病猪呼吸困难,有明显腹式呼吸,时发痉挛性阵咳。患猪体温正常,若有继发感染则体温升高。病程 1～2 周,病死率高。

(2)慢性型　常见于老疫区的架子猪、育肥猪和后备母猪。病猪主要症状为咳嗽,以清晨喂食前后和剧烈运动时最为明显,重者发生连续的痉挛性咳嗽,症状随饲养条件、卫生条件和气候条件的变化而时轻时重。病程达 2～3 个月,甚至长达半年以上。此类猪最易发生继发感染,是夏季造成猪群死亡的主要诱因。

(3)隐性型　病猪没有明显症状,有时发生轻咳,全身状况良好,生长发育几乎正常,但 X

线检查或剖检时,可见到气喘病病灶。

2.病理变化

病变特征是肺的尖叶、心叶、中间叶和膈叶前缘呈"肉样"或"虾肉样"实变。

病变局限于肺和胸腔内的淋巴结。病变由肺的心叶开始,逐渐扩展到尖叶、中间叶及膈叶的前下部。病变部与健康组织的界限明显,两侧肺叶病变分布对称,呈灰红色或灰黄色、灰白色,硬度增加,外观似肉样或胰样,切面组织致密,可从小支气管挤出灰白色、浑浊、黏稠的液体,支气管淋巴结和纵隔淋巴结肿大,切面黄白色,淋巴组织呈弥漫性增生。急性病例,有明显的肺气病变。

3.鉴别诊断

应与猪流行性感冒、猪肺疫、猪传染性胸膜肺炎、猪肺丝虫病和蛔虫病相鉴别。

(1)猪流行性感冒　猪流行性感冒突然暴发,传播迅速,体温升高,病程较短(约1周),流行期短。而猪气喘病相反,体温不升高,病程较长,传播较缓慢,流行期很长。

(2)猪肺疫　急性病例呈败血症和纤维素性胸膜肺炎症状,全身症状较重,病较短,剖检时见败血症和纤维素性胸膜肺炎变化。慢性病例体温不定,咳嗽重而气喘轻,高度消瘦,剖检时在肝变区可见到大小不一的化脓灶或坏死灶。而气喘病的体温和食欲一般不变化,肺有肉样或胰样变区,无败血症和胸膜炎的变化。

(3)猪传染性胸膜肺炎　猪传染性胸膜肺炎病猪体温升高,全身症状较重,剖检时有胸膜炎病变。猪气喘病则不然,体温不高,全身症状较轻,肺有肉样或胰样变区,而无胸膜炎病变。

(4)猪肺丝虫病和蛔虫病　肺丝虫和蛔虫的幼虫可引起咳嗽,并偶见支气管肺炎病变,但仔细检查肺病变部,可发现虫体,且炎症变化多位于肺膈叶下垂部,粪便检查可发现虫卵。如果气喘与这两种寄生虫病同时存在时,可根据药物驱虫效果和特征性肺炎病变加以区别。

4.实验室检查

对早期的病猪和隐性病猪进行X线检查,可以达到早期诊断的目的,常用于分化病猪的健康猪,以培育健康猪群,但是此法需要一定的设备,比较费力。应用凝集试验和琼脂扩散试验可确诊。

三、防治措施

1.预防措施

(1)坚持自繁自养　猪场净化猪气喘病。

(2)接种免疫　可采用猪气喘病弱毒冻干苗接种,每年8~10月份给种猪和后备母猪注射猪气喘病弱毒菌苗1次,仔猪1~2周龄首免,8~11周龄二免。从外购进的猪虽然无临床症状,也必须注射疫苗预防。在暴发此病猪场的未发病棚舍,可以进行紧急预防,以降低发病率。免疫期可达9个月以上。

(3)疫情处理　对已发病猪场,加强日常隔离工作,做到对母猪实行单圈饲养,断奶仔猪按窝隔离集中饲养;育肥病猪、架子猪分舍隔离饲养;利用各种检疫方法清除病猪和疑似病猪,逐步扩大健康猪群;在暴发此病猪场的未发病棚舍接种猪气喘病弱毒冻干疫苗作紧急预防或药物预防。

(4)严格执行消毒制度　对猪场区、舍内、工具等进行定期消毒,其方法是酸碱交替使用,消毒效果好。

（5）加强对猪场的管理 特别是对门卫的管理,禁止闲人进入;禁止车辆、猫狗进入;彻底消灭蚊蝇、老鼠;严格控制鸟类、蛇进入猪场。

2.治疗方法

（1）可用土霉素盐酸盐,猪每千克体重 10～12 mg 肌肉注射,5～7 天为一疗程;或用 25% 土霉素碱油,颈背部作深部肌肉分点注射;也可用猪喘平(卡那霉素 B 液),猪每千克体重 2～4 万 U 注射;土霉素碱油、猪喘平交替使用,效果则更好。

（2）恩诺沙星对本病有特效,猪每千克体重 1 mL,肌肉注射,每天 2 次。

（3）中草药治疗

①金银花 10 g,连翘 10 g,栀子 6 g,荆芥 10 g,薄荷 10 g,牛蒡子 10 g,杏仁 10 g,桔梗 10 g,柴胡 10 g,瓜蒌 10 g,石膏 12 g,甘草 3 g,桑白皮 12 g。粉末、煎汤内服,供大猪 1 天 2 次服完,连服 3～5 剂。

②麻黄 30 g,白果 25 g,杏仁 25 g,苏叶 20 g,甘草 20 g,石膏 100 g,黄芩 20 g。粉末、水煎服,日服一剂,连服 3～5 天。

③葶苈子 25 g,瓜蒌 25 g,麻黄 15 g,金银花 50 g,桑叶 15 g,白芷 15 g,白芍 10 g,茯苓 10 g,甘草 25 g。粉末,水煎服或取汁服,1 次灌服,每天 1 剂,连用 3～5 剂。

第二十节　猪破伤风

猪破伤风是破伤风梭菌经由皮肤或黏膜伤口侵入机体,在缺氧环境下生长繁殖,产生毒素而引起肌痉挛的一种特异性感染。破伤风毒素主要侵袭神经系统中的运动神经元,因此本病以牙关紧闭、阵发性痉挛、强直性痉挛为临床特征,又名强直症、锁口风。该病分布于世界各地,我国各地呈零星散发。发病主要是猪阉割时消毒不严或不消毒引起的。病死率很高,造成一定的损失。

一、病原

破伤风梭菌革兰氏染色阳性,为两端钝圆、细长、正直或略弯曲的大杆菌,破伤风梭菌菌体细长,长 4～8 μm,宽 0.3～0.5 μm,周身鞭毛,芽孢呈圆形,位于菌体顶端,直径比菌体宽大,似鼓槌状或羽毛球拍状,是本菌形态上的特征。繁殖体为革兰氏阳性,带上芽孢的菌体易转为革兰氏阴性。破伤风梭菌为专性厌氧菌,最适生长温度为 37℃,pH 7.0～7.5,营养要求不高,在普通琼脂平板上培养 24～48 h 后,可形成直径 1 mm 以上不规则的菌落,中心紧密,周边疏松,似羽毛状,易在培养基表面迁徙扩散。有鞭毛,能运动。在厌氧肉肝汤中,呈轻度浑浊生长,有细颗粒沉淀。

破伤风梭菌繁殖体对一般理化因素的抵抗力不强,煮沸 5 min 死亡。兽医上常用的消毒药液,均能在短时间内将其杀死。但芽孢型破伤风梭菌的抵抗力很强,在土壤中能存活几十年,煮沸 1～3 h 才能死亡;5% 石炭酸经 15 min,0.1% 升汞经 30 min,10% 碘酊、10% 漂白粉和 30% 过氧化氢经 10 min,3% 福尔马林经 24 h 才能杀死芽孢。

二、诊断要点

1.流行病学

该菌广泛存在于自然界,人和动物的粪便中有该菌存在,施肥的土壤、尘土、腐烂淤泥等处也存有该菌。在自然情况下,感染途径主要是通过各种创伤感染,如猪的去势、手术、断尾、脐带伤口、口腔伤口、分娩创伤等,我国猪破伤风以去势创伤感染最为常见。

2.临床症状

潜伏期最短的 1 天,最长的可达数月,一般是 1～2 周。潜伏期长短与动物种类、创伤部位有关,如创伤距头部较近,组织创伤口深而小,创伤深部损伤严重,发生坏死或创口被粪土、痂皮覆盖等,潜伏期缩短,反之则长。一般来说,幼畜感染的潜伏期较短,如脐带感染。猪常发生该病,头部肌肉痉挛,牙关紧闭,口流液体,常有"吱吱"的尖细叫声,眼神发直,瞬膜外露,两耳直立,腹部向上蜷缩,尾不摇动,僵直,腰背弓起,触摸时坚实如木板,四肢强硬,行走僵直,难于行走和站立。轻微刺激(光、声响、触摸)可使病猪兴奋性增强,痉挛加重。重者发生全身肌肉痉挛和角弓反张。死亡率高。

3.病理变化

动物死后 1～18 h 内发生尸僵约持续 24 h 后消失完全,血液常呈黑红色,可能凝结不全,没有特殊的肉眼可见病变,间有肺充血和水肿,浆膜亦可能有出血点。

4.诊断鉴别

根据该病的特征性临诊症状,如体温正常,神志清楚,反射兴奋性增高,骨骼肌强直性痉挛,并有创伤史(如猪的去势)等即可确诊。没有特异的剖检变化可供诊断。

三、防治措施

1.预防措施

(1)防止和减少伤口感染是预防该病十分重要的办法。在猪只饲养过程中,要注意管理,消除可能引起创伤的因素。

(2)在去势、断脐带、断尾、接产及外科手术时,工作人员应遵守各项操作规程,注意术部和器械的消毒。对猪进行剖腹手术时,要注意无菌操作。

(3)在饲养过程中,如果发现猪只有伤口时,应及时进行药物处置。我国猪只发生破伤风,大多数是因民间的阉割方法常不进行消毒或消毒不严引起的,特别是在公猪去势时,忽视消毒工作而多发。

(4)对猪进行外科手术、接产或阉割时,可同时注射破伤风抗血清 3 000～5 000 IU 预防,将有很好的预防效果。

2.治疗方法

(1)及时发现伤口和处理伤口 这是特别重要的环节之一。彻底清除伤口处的痂盖、脓汁、异物和坏死组织,然后用 3%过氧化氢或 1%高锰酸钾或 5%～10%碘酊冲洗、消毒,必要时可进行扩创。冲洗消毒后,撒入碘仿硼酸合剂。也可用青霉素 20 万 IU,在伤口周围注射。全身治疗用青霉素或青霉素、链霉素肌肉注射,早晚各 1 次,连用 3 天。以消除破伤风梭菌继续繁殖和产生毒素。

(2)中和毒素 早期及时用破伤风抗血清治疗,常可收到较好疗效。根据猪只体重大小,用 10 万～20 万 IU,分 2～3 次,静脉、皮下或肌肉注射,每天 1 次。

(3)对症疗法　如果病猪强烈兴奋和痉挛时,可用有镇静解痉作用的氯丙嗪肌肉注射,用量 100～150 mg;或用 25％硫酸镁溶液 50～100 mL,肌肉或静脉注射;用 1％普鲁卡因溶液或加 0.1％肾上腺素注射于咬肌或腰背部肌肉,以缓解肌肉僵硬和痉挛。为维持病猪状况,可根据病猪具体病情注射葡萄糖盐水、维生素制剂、强心剂和防止酸中毒的 5％碳酸氢钠溶液等多种综合对症疗法。

(4)中草药治疗

①生南星 1 个,生半夏 20 g,捣烂,加少量水(1 份药加 2 份水),文火煎煮,取药汁一小调羹,慢慢淋灌入猪口腔内,让猪自行吞服。一般用药 1～3 次。

②僵蚕 60 g,红花 30 g,川芎 45 g,续断 25 g,防风 30 g,全蝎 35 g,钩丁 30 g,水煎,黄酒 250 mL 为引,分 4～6 次灌服。

③民间处方:白花蛇 50 g、朱砂 5 g、半夏 50 g、天麻 50 g,共为末,每次服 50 g,热黄酒 500 mL 灌之速愈。

第二十一节　猪钩端螺旋体病

钩端螺旋体病是由致病性钩端螺旋体引起的一种人兽共患和自然疫源性传染病。该病的临诊症状表现形式多样,猪钩端螺旋体病一般呈隐性感染,也时有暴发。急性病例以发热、血红蛋白尿、贫血、水肿、流产、黄疸、出血性素质、皮肤和黏膜坏死为特征。猪的带菌率和发病率较高。该病呈世界性分布,在热带、亚热带地区多发。我国许多省(自治区、直辖市)都有该病的发生和流行,长江流域和南方各地发病较多,给养猪业造成一定的经济损失。

一、病原

本病的病原属于细螺旋体属(*Leptospira*)的钩端细螺旋体。钩端细螺旋体对人、畜和野生动物都有致病性。钩端螺旋体有很多血清群和血清型,目前全世界已发现的致病性钩端螺旋体有 25 个血清群,至少有 190 个不同的血清型。引起猪钩端螺旋体病的血清群(型)有波摩那群、致热群、秋季热群、黄疸出血群,其中波摩那群最为常见。

钩端螺旋体形态呈纤细的圆柱形,身体的中央有一根轴丝,螺旋丝从一端盘旋到另一端(12～18 个螺旋),长 6～20 μm,宽为 0.1～0.2 μm,细密而整齐。暗视野显微镜下观察,呈细小的珠链状,革兰氏染色为阴性,但着色不易。常用的染色方法是姬姆萨氏染色和镀银染色。钩端螺旋体在宿主体内主要存在于肾脏、尿液和脊髓液里,在急性发热期,广泛存在于血液和各内脏器官。钩端螺旋体是严格需氧,最适培养温度 28～30℃,最适 pH 为 7.2～7.5。钩端螺旋体的生化特性不活泼,不能发酵糖类。

钩端螺旋体对外界环境有较强的抵抗力,可以在水田、池塘、沼泽和淤泥里至少生存数月。在低温下能存活较长时间。对酸、碱和热较敏感。一般的消毒剂和消毒方法都能将其杀死。常用漂白粉对污染水源进行消毒。

二、诊断要点

1. 流行病学

各种年龄的猪均可感染,但仔猪发病较多,特别是哺乳仔猪和断奶仔猪发病最严重,中、大猪一般病情较轻,母猪不发病。传染源主要是发病猪和带菌猪。钩端螺旋体可随带菌猪和发病猪的尿、乳和唾液等排于体外污染环境。猪的排菌量大,排菌期长,而且与人接触的机会最多,对人也会造成很大的威胁。

本病通过直接或间接传播方式,主要途径为皮肤,其次是消化道、呼吸道以及生殖道黏膜。吸血昆虫叮咬、人工授精以及交配等均可传播本病。本病的发生没有季节性,但在夏、秋多雨季节为流行高峰期。本病常呈散发或地方性流行。

2. 临床症状

在临床上,猪钩端螺旋体病可分为急性型、亚急性型和慢性型。

(1)急性型　多见于仔猪,特别是哺乳仔猪和保育猪,呈暴发或散发流行。潜伏期1~2周。临诊症状表现为突然发病,体温升高至40~41℃,稽留3~5天,病猪精神沉郁,厌食,腹泻,皮肤干燥,全身皮肤和黏膜黄疸,后肢出现神经性无力,震颤;有的病例出现血红蛋白尿,尿液色如浓茶;粪便呈绿色,有恶臭味,病程长可见血粪。死亡率可达50%以上。

(2)亚急性和慢性型　主要以损害生殖系统为特征。病初体温有不同程度升高,眼结膜潮红、浮肿,有的泛黄,有的下颌、头部、颈部和全身水肿。母猪一般无明显的临诊症状,有时可表现出发热、无乳。但妊娠不足4~5周的母猪,受到钩端螺旋体感染后4~7天可发生流产和死产,流产率可达20%~70%。怀孕后期的母猪感染后可产弱仔,仔猪不能站立,不会吸乳,1~2天死亡。

3. 病理变化

(1)急性型　此型以败血症、全身性黄疸和各器官、组织广泛性出血以及坏死为主要特征。皮肤、皮下组织、浆膜和可视黏膜、肝脏、肾脏以及膀胱等组织黄染和不同程度的出血。皮肤干燥和坏死。胸腔及心包内有浑浊的黄色积液。脾脏肿大、瘀血,有时可见出血性梗死。肝脏肿大,呈土黄色或棕色,质脆,胆囊充盈、瘀血,被膜下可见出血灶。肾脏肿大、瘀血、出血。肺瘀血、水肿,表面有出血点。膀胱积有红色或深黄色尿液。肠及肠系膜充血,肠系膜淋巴结、腹股沟淋巴结、颌下淋巴结肿大,呈灰白色。

(2)亚急性和慢性型　表现为身体各部位组织水肿,以头颈部、腹部、胸壁、四肢最明显。肾脏、肺脏、肝脏、心外膜出血明显。浆膜腔内常可见有过量的黄色液体与纤维蛋白。肝脏、脾脏、肾脏肿大。成年猪的慢性病例以肾脏病变最明显。

4. 鉴别诊断

猪的钩端螺旋体病应与猪附红细胞体病、新生仔猪溶血性贫血等相区别。

5. 实验室诊断

本病需在临诊症状和病理剖检的基础上,结合微生物学和免疫学诊断才能确诊。

(1)微生物学诊断　病畜死前可采集血液、尿液。死后检查要在1 h内进行,最迟不得超过3 h,否则组织中的菌体大部分会发生溶解。可以采集病死猪的肝、肾、脾和脑等组织,病料应立即处理,在暗视野显微镜下直接进行镜检或用免疫荧光抗体法检查。病理组织中的菌体可用姬姆萨氏染色或镀银染色后检查。病料可用作病原体的分离培养。

(2)血清学诊断　主要有凝集溶解试验、微量补体结合试验、酶联免疫吸附试验(ELISA)、炭凝集试验、间接血凝试验、间接荧光抗体法以及乳胶凝集试验。

(3)动物试验　可将病料(血液、尿液、组织悬液)经腹腔或皮下接种幼龄豚鼠,如果钩端螺旋体毒力强,接种后动物于3～5天可出现发热、黄疸、不吃、消瘦等典型症状,最后发生死亡。可在体温升高时取心血作培养检测病原体。

(4)分子生物学诊断技术　可用DNA探针技术、PCR技术检测病料中的病原体。

三、防治措施

1.预防措施

(1)做好猪舍的环境卫生消毒工作。

(2)及时发现、淘汰和处理带菌猪。

(3)搞好灭鼠工作,防止水源、饲料和环境受到污染;禁止养犬、鸡、鸭。

(4)存在有本病的猪场可用灭活菌苗对猪群进行免疫接种。

2.治疗方法

(1)发病猪群应及时隔离和治疗,对污染的环境、用具等应及时消毒。

(2)可使用10%氟甲砜霉素每千克体重0.2 mL,肌肉注射,每天1次,连用5天;磺胺-5-甲氧嘧啶,每千克体重0.07 g,肌肉注射,每天2次,连用5天;病情严重的猪可用维生素、葡萄糖进行输液治疗;必要时可用樟脑油进行强心;链霉素、土霉素等四环素类抗生素也有一定的疗效。

(3)感染猪群可用土霉素拌料(0.75～1.5 g/kg),连喂7天,可以预防和控制病情的蔓延。妊娠母猪产前1个月连续用土霉素拌料饲喂,可以防止发生流产。

(4)中草药治疗:金银花、蒲公英、甘草、黄芩、黄芪、马齿苋、连翘、小蓟、芦根各10～15 g,大枣10个,水煎服,每日1～2次,连服3～5天。

第二十二节　猪传染性萎缩性鼻炎

猪传染性萎缩性鼻炎是一种由支气管败血波氏杆菌(主要是D型)和产毒素多杀巴氏杆菌(C型)引起的猪呼吸道慢性传染病。

一、病原

支气管败血波氏杆菌(*Bordetella bronchiseptica*)Ⅰ相菌和多杀性巴氏杆菌毒素源性菌株联合感染。

为革兰氏染色阴性,球状杆菌(0.2～0.3)mm×(0.5～1.0)mm,散在或成对排列,偶见短链。不能产生芽孢,有周鞭毛,能运动,有两极着色的特点。为需氧菌,最适生长温度35～37℃,培养基中加入血液或血清有助于此菌生长。

根据毒力、生长特性和抗原性,支气管败血波氏杆菌有3个菌相,Ⅰ相菌病原性较强,具有红细胞凝集性。有荚膜和密集周生菌毛,很少见有鞭毛;球形或球杆状,染色均匀;有表面K抗原(由荚膜抗原和菌毛抗原组成)和细胞浆内存在的强皮肤坏死毒素(似内毒素),Ⅱ相菌和Ⅲ相菌无荚膜和菌毛,毒力较弱。Ⅰ相菌在人工培养过程中及不适宜条件下可成为低毒或无毒,向Ⅱ、Ⅲ相菌变异。Ⅱ相菌是Ⅰ相菌向Ⅲ相菌变异的过渡菌型,各种生物学活性介于Ⅰ相菌与Ⅲ相菌之间。Ⅰ相菌感染新生的猪后,在鼻腔中增殖,并可存留1年之久。

引起的猪传染性萎缩性鼻炎的多杀性巴氏杆菌,绝大多数属于D型,能产生一种耐热的外毒素,毒力较强;可致豚鼠皮肤坏死及小鼠死亡。用此毒素接种猪,可复制出典型的猪萎缩性鼻炎(AR)。少数属于A型,多为弱毒株,不同型毒株的毒素有抗原交叉性,其抗毒素也有交叉保护性。

本菌对外界环境的抵抗力不强,一般消毒药均可杀死病菌。在液体中,58℃ 15 min可将其杀死。

二、诊断要点

1.流行病学

本病在自然条件下只见猪发生,各种年龄的猪都可感染,最常见于2~5月龄的猪。在出生后几天至数周的仔猪感染时,发生鼻炎后多能引起鼻甲骨萎缩;年龄较大的猪感染时,可能不发生或只产生轻微的鼻甲骨萎缩,但是一般表现为鼻炎症状,症状消退后成为带菌猪。病猪和带菌猪是主要传染来源。病菌存在于上呼吸道,主要通过飞沫传播,经呼吸道感染。本病的发生多数是由有病的母猪或带菌猪传染给仔猪的。不同月龄猪只混群,再通过水平传播,扩大到全群。昆虫、污染物品及饲养管理人员,在传播上也起一定作用。所以,健康猪群,如果不从病猪群直接引进猪只,一般不会发生本病。

一般来说,被污染的环境和用具,只要停止使用数周,就不会传递本病。本病在猪群中传播速度较慢,多为散发或呈地方流行性。饲养管理条件不好,猪圈潮湿,寒冷,通风不良,猪只饲养密度大、拥挤、缺乏运动,饲料单纯及缺乏钙、磷等矿物质等,常易诱发本病,加重病的演变过程。

我国由于从国外引进种猪,多渠道造成本病广泛传播、流行。本病遍布世界养猪发达国家。

2.临床症状

受感染的仔猪出现鼻炎症状,打喷嚏,呈连续或断续性发生,呼吸有鼾声。猪只常因鼻部黏膜受刺激表现不安定,用前肢搔抓鼻部,或鼻端拱地,或在猪圈墙壁、食槽边缘摩擦鼻部,并可留下血迹;从鼻部流出分泌物,分泌物先是透明黏液样,继之为黏液或脓性物,甚至流出血样分泌物,或引起不同程度的鼻出血。

在出现鼻炎症状的同时,病猪的眼结膜常发炎,从眼角不断流泪。由于泪水与尘土沾积,常在眼眶下部的皮肤上,出现一个半月形的泪痕湿润区,呈褐色或黑色斑痕,故有"黑斑眼"之称,这是具有特征性的症状。

有的病猪鼻炎症状发生后几周,症状渐渐消失,并不出现鼻甲骨萎缩,多数病猪,进一步发展引起鼻甲骨萎缩。当鼻腔两侧的损害大致相等时,鼻腔的长度和直径减小,使鼻腔缩小,可见到病猪的鼻缩短,向上翘起,而且鼻背皮肤发生皱褶,下颌伸长,上下门齿错开,不能正常咬合。当一侧鼻腔病变较严重时,可造成鼻子歪向一侧,甚至呈45°歪斜。由于鼻甲骨萎缩,致使额窦不能以正常速度发育,以致两眼之间的宽度变小,头的外形发生改变。

病猪体温正常。生长发育迟滞,育肥时间延长。有些病猪由于某些继发细菌通过损伤的筛骨板侵入脑部而引起脑炎,发生鼻甲骨萎缩的猪群往往同时发生肺炎;并出现相应的症状。

3.病理变化

病变多局限于鼻腔和邻近组织。病的早期可见鼻黏膜及额窦有充血和水肿,有多量黏液性、脓性甚至干酪性渗出物蓄积。病进一步发展,最特征的病变是鼻腔的软骨和鼻甲骨的软化和萎缩,大多数病例,最常见的是下鼻甲骨的下卷曲受损害,鼻甲骨上下卷曲及鼻中隔失去原有的形状,弯曲或萎缩。鼻甲骨严重萎缩时,使腔隙增大,上下鼻道的界限消失,鼻甲骨结构完全消失,常形成空洞。

4.细菌学检查诊断

用棉签蘸取鼻腔深部的黏液,制成涂片,染色,镜检,见多量两端钝圆的短杆状的革兰氏阴性菌。

三、防治措施

1.预防措施

本病的感染途径主要由哺乳期病母猪,通过呼吸和飞沫传染给仔猪,使其仔猪受到传染。病仔猪串圈或混群时,又可传染给其他仔猪,传播范围逐渐扩大。若作为种猪,又通过引种传到另外猪场。因此,要想有效控制本病,必须执行一套综合性兽医卫生措施。

(1)加强我国进境猪的检验,防止从国外传入　事实表明,我国的猪传染性萎缩性鼻炎,就是某些地区猪场从国外引进种猪将此病传入而引起流行的,应采取坚决的淘汰和净化措施。

无本病的健康猪场其防制的主要原则是:坚决贯彻自繁自养,加强检疫工作及切实执行兽医卫生措施。必须引进种猪时,要到非疫区购买,并在购入后隔离观察 2~3 个月,确认无本病后再合群饲养。

(2)免疫接种　用疫苗进行免疫接种。猪萎缩性鼻炎类毒素疫苗适用于成年母猪和仔猪,预防仔猪早期感染有效。新母猪产前 4~6 周 2~4 mL;产前 2~4 周 2~4 mL;母猪产前 2~4 周一次,用量 2~4 mL;仔猪无母源抗体,首免 1 mL,7~10 日龄。二免 1 mL,断奶前 3~5 天;有母源抗体,断奶前 3~5 天免疫一次即可,免疫剂量 1 mL。

(3)改善饲养管理　断奶网上培育及肥育均应采取全进全出;降低饲养密度,防止拥挤;改善通风条件,减少空气中有害气体;保持猪舍清洁、干燥、防寒保暖;防止各种应激因素的发生;做好清洁卫生工作,严格执行消毒卫生防疫制度。这些都是防止和减少发病的基本办法,应予十分重视。

(4)淘汰病猪　更新猪群将有病状的猪全部淘汰育肥,以减少传染机会。但有的病猪外表病状不明显时,检出率很低,所以又不是彻底根除病猪的方法。比较彻底的措施,是将出现过病猪的猪群,全部育肥淘汰,不留后患。

(5)隔离饲养　凡曾与病猪或可疑病猪接触过的猪,隔离观察 3~6 个月;母猪所产仔猪,不与其他猪接触;仔猪断奶后仍隔离饲养 1~2 个月;再从仔猪群中挑选无病状的仔猪留作种用,以不断培育新的健康猪群,发现病猪立即淘汰。

2.治疗方法

(1)乳猪从 2 日龄开始,肌肉注射 1 次增效磺胺,按每千克体重注射磺胺嘧啶 12.5 mg+甲氧苄氨嘧啶 2.5 mg,每周用药一次,连续注射 3 周。

(2)链霉素为治疗该病的首选药物,其次是磺胺类。母猪(产前 1 个月)、断奶仔猪及架子猪可用磺胺二甲嘧啶 100 mg/kg、金霉素 100 mg/kg、青霉素 50 mg/kg 混合拌料,隔周用药,连续用药 4～5 周。此外还可用卡那霉素、环丙沙星和恩诺沙星治疗。

（3）对早期有鼻炎症状的病猪,定期向鼻腔内注入卢格氏液、1%～2%硼酸液、0.1%高锰酸钾液等消毒剂或收敛剂,均有一定作用。

（4）哺乳仔猪从 15 日龄能吃食时起,每天灌服土霉素 2 g,连续喂 3～7 天,有效果。

（5）中草药治疗,银花 13 g、连翘 15 g、荆芥 10 g、薄荷 10 g、牛蒡子 10 g、茅根 25 g、甘草 10 g、桔梗 10 g、栀子 10 g、黄芩 12 g、贝母 7 g、黄芪 10 g,水煎,候温灌服,每天一剂,连续 3～5 天。

第二十三节　猪传染性胸膜炎

猪传染性胸膜炎是由胸膜炎放线杆菌引起的猪的一种呼吸道传染病,以肺炎和胸膜炎为特征性病变。该病可引起猪的高度呼吸困难,发生急性败血症而突然死亡;感染后存活的育肥猪生长缓慢,平均日增重和饲料报酬下降,而耐过种猪因带菌往往成为潜在的传染源。

一、病原

病原体为胸膜肺炎放线杆菌,为球杆状、杆状、丝状细菌;表现为多形性,不运动,为革兰氏阳性兼性厌氧;最适生长温度为37℃,生长范围 25～43℃;抵抗力不强,常用消毒药可杀灭,对低温有一定抵抗力,5℃下可存活 7～10 天。病菌主要存在于病猪呼吸道。

二、诊断要点

1.流行特点

冬季和早春为多发季节,不同年龄、性别的猪都易感,以 6 周至 3 月龄仔猪最易感,而 4～5 月龄猪发病死亡较多。影响发病率及死亡率高低的因素很多,如气候突变,通风不良,饲养环境的突然改变,密集饲养和长途运输等。发病率与死亡率随饲养管理条件和环境条件的改善而不同程度地降低。

2.临床症状

本病潜伏期为 1～7 天。由于猪的免疫状态、所处的环境不同,临床症状也存在差异,可分为最急性型、急性型、亚急性型和慢性型。

（1）最急性型　突然发病,病猪体温升高至 41～42℃,心率增加,精神沉郁,废食,出现短期的腹泻和呕吐症状,早期病猪无明显的呼吸道症状。后期心衰,鼻、耳、眼及后躯皮肤发绀,晚期呼吸极度困难,常呆立或呈犬坐式,张口伸舌,咳喘,并有腹式呼吸。临死前体温下降,严重者从口鼻流出泡沫血性分泌物。病猪于出现临诊症状后 24～36 h 内死亡。有的病例见不到任何临诊症状而突然死亡。此型的病死率高达 80%～100%。

（2）急性型　病猪体温升高达 40.5～41℃,严重的呼吸困难,咳嗽,心衰。皮肤发红,精神沉郁。由于饲养管理及其他应激条件的差异,病程长短不定,所以在同一猪群中可能会出现病程不同的病猪,如亚急性型或慢性型。

（3）亚急性型和慢性型　多于急性期后期出现。病猪轻度发热或不发热,体温在 39.5～40℃之间,精神不振,食欲减退。不同程度的自发性或间歇性咳嗽,呼吸异常,生长迟缓。病程几天至 1 周不等,或治愈或当有应激条件出现时,症状加重,猪全身肌肉苍白,心跳加快而突然死亡。

3.病理变化

(1)最急性型 病死猪剖检可见气管和支气管内充满泡沫状带血的分泌物。肺充血、出血和血管内有纤维素性血栓形成。肺泡与间质水肿,肺的前下部出现炎症。

(2)急性型 急性期死亡的猪可见到明显的剖检病变。喉头充满血样液体,双侧性肺炎,常在心叶、尖叶和膈叶出现病灶,病灶区呈紫红色,坚实,轮廓清晰,肺间质积留血色胶样液体。随着病程的发展,纤维素性胸膜肺炎蔓延至整个肺脏。

(3)亚急性型 肺脏可能出现大的干酪样病灶或空洞,空洞内可见坏死碎屑。如继发细菌感染,则肺炎病灶转变为脓肿,致使肺脏与胸膜发生纤维素性粘连。

(4)慢性型 肺脏上可见大小不等的结节(结节常发生于膈叶),结节周围包裹有较厚的结缔组织,结节有的在肺内部,有的突出于肺表面,并在其上有纤维素附着而与胸壁或心包粘连,或与肺之间粘连。心包内可见到出血点。

在发病早期可见肺脏坏死、出血,中性粒细胞浸润,巨噬细胞和血小板激活,血管内有血栓形成等组织病理学变化。肺脏大面积水肿并有纤维素性渗出物。急性期后则主要以巨噬细胞浸润、坏死灶周围有大量纤维素性渗出物及纤维素性胸膜炎为特征。

4.鉴别诊断

根据流行病学、临诊症状和病理变化可以做出初步诊断,确诊需进行实验室诊断。在病的最急性期和急性期,应与猪瘟、猪丹毒、猪肺疫及猪链球菌病做鉴别诊断。慢性病例应与猪喘气病区别。见猪瘟鉴别诊断。

5.实验室诊断

本病采用镜检和血清学补体结合试验方法进行确诊。

(1)直接镜检 从鼻、支气管分泌物和肺脏病变部位采取病料涂片或触片,革兰氏染色,显微镜检查,如见到多形态的两极浓染的革兰氏阴性小球杆菌或纤细杆菌,可进一步鉴定。

(2)补体结合试验 猪传染性胸膜肺炎补体结合试验由于其灵敏度高准确性好,不需特殊设备,是该病的常规诊断方法之一。《中华人民共和国进出境动物检疫规程手册》中列出该试验的操作规程:

①预备试验:预备试验时对溶血素和补体效价进行滴定,血红素效价滴定时要将血红素用VBD(巴比妥缓冲液)分别稀释为:1∶1 000,1∶2 000,1∶2 500,1∶3 000,1∶4 000,1∶8 000,再用补体进行滴定,求出一个单位的溶血素的稀释度;补体效价滴定主要是为了确定5单位50%溶血补体量。

②正式试验:按照竞争补体原理来检测被检血清中的胸膜肺炎抗体。判定标准:血清1∶10 稀释30%≤溶血为阳性(+);血清1∶10 稀释>50%溶血为阴性(-),介于阴、阳之间为可疑,可疑应重检,仍为可疑判阳性。

三、防治措施

1.预防措施

(1)加强饲养管理 严格卫生消毒措施,注意通风换气,保持舍内空气清新。减少各种应激因素的影响,保持猪群足够均衡的营养水平。

(2)应加强猪场的生物安全措施 从无病猪场引进公猪或后备母猪,防止引进带菌猪;采用"全进全出"饲养方式,出猪后栏舍彻底清洁消毒,空栏1周再重新使用。新引进猪或公猪应该进行疫苗免疫接种并口服抗菌药物,到达目的地后隔离一段时间再逐渐混入猪群。

(3)猪场应定期进行血清学检查 清除血清学阳性带菌猪,并制订药物防治计划,逐步建立健康猪群。在混群、疫苗注射或长途运输前1~2天,应投喂敏感的抗菌药物,如在饲料中添加适量的磺胺类药物或泰妙菌素、泰乐菌素、新霉素、林肯霉素和壮观霉素等抗生素,进行药物预防,可控制猪群发病。

(4)疫苗免疫接种 目前国内外均已有商品化的灭活疫苗用于本病的免疫接种。一般在5~8周龄时首免,2~3周后二次免疫。母猪在产前4周进行免疫接种。

2.治疗方法

(1)复方磺胺加甲氧嘧啶钠注射液,肌肉注射:首次20 mL,2次10 mL,地塞米松10 mL,肌肉注射,连用3~5天,2次/天。

(2)用氟苯尼考10 mL,磺胺-6-甲氧嘧啶,肌肉注射:首次20 mL,2次10 mL,每日2次,连用3~5天。

(3)饲料添加土霉素600 g/1 000 kg,连用3~5天。

(4)饮水中加入葡萄糖、维生素C、电解质和多种维生素。

(5)中草药治疗。处方:银花15 g、连翘15 g、淡豆豉12 g、荆芥10 g、竹叶10 g、薄荷10 g、牛蒡子10 g、茅根25 g、甘草10 g、桔梗10 g、栀子10 g、黄芩12 g、石膏15 g、艾叶12 g、贝母10 g,水煎,候温灌服,每天一剂,连服3~5天。

第二十四节　猪支气管肺炎

猪支气管肺炎是发生于个别肺小叶或几个肺小叶及其相连接的细支气管的炎症,又称为小叶性肺炎或卡他性肺炎。一般多由支气管炎的蔓延所引起。临床上以出现弛张热型,呼吸次数增多,叩诊有散的局灶性浊音区和听诊有捻发音,肺泡内充满由上皮细胞、血浆与白细胞等组成的浆液性细胞性炎症渗出物为主要特征。本病以仔猪和老龄猪更常见,多发于冬、春季节。

一、病因

(1)原发病因主要是受寒冷刺激,猪舍卫生不良,饲养不良,应激因素,使机体抵抗力降低,内源性或外源性细菌大量繁殖以致发病。

(2)因饲养管理不当,机体抵抗力下降可引发此病,但多由支气管炎转变而来。

(3)异物及有害气体刺激,亦可致病。

(4)继发或并发于其他疾病,如仔猪的流行性感冒、猪肺疫、猪丹毒、猪副伤寒、肺丝虫病等。

二、诊断要点

1.临床症状

病猪表现精神沉郁,食欲减退或废绝,结膜潮红或蓝紫,体温升高至40℃以上,呈弛张热,有时为间歇热;脉搏随体温变化而改变,初期稍强,以后变弱,呼吸困难,并且随病程的发展逐渐加剧;咳嗽为固定症状,病初表现为干短带痛的咳嗽,继之变为湿长但疼痛减轻或消失,气喘,流鼻汁(初为白色浆液,后变为黏稠灰白色或黄白色)。胸部听诊,在病灶部分肺泡呼吸音减弱,可听到捻发音,以后由于渗出物堵塞了肺泡和细支气管,肺泡呼吸音消失,可能听到支气管呼吸音,而在其他健康部位,则肺泡音亢盛。胸部叩诊,病灶浅在的,可发现一个或数个局灶性的小浊音区,其部位一般在胸前下三角区内。X光检查,肺纹理增强,呈现大小不等的灶状阴影,似云雾状,有的融为一片。

2.病理变化

眼观支气管肺炎的多发部位是心叶、尖叶和膈叶的前下缘,病变为一侧性或两侧性,发炎部位的肺组织质地变实,呈灰红色,病灶的形状不规则,散布在肺的各处,呈岛屿状,病灶的中心常可见到一个小支气管。肺的切面上可见散在的病灶区,呈灰红色或灰白色,粗糙突出于切面,质地较硬,用手挤压见从小支气管中流出一些脓性渗出物。支气管黏膜充血、水肿,管腔中含有带黏液的渗出物。

3.鉴别诊断

本病的诊断要点是体温突然升高至 40℃ 以上,呼吸促迫,鼻流浆液性鼻液后转稠,常为脓性。咳嗽初干咳带痛,后变弱。剖检仅见肺炎病灶一个或一群肺小叶,新病区呈红色或灰红色,剪取病组织投入水中下沉。支气管充满渗出物,病灶周围有代偿性气肿。在类症鉴别上应注意与细支气管炎和大叶性肺炎相区别。采用 X 线检查即可做出诊断。

三、防治措施

1.预防措施

加强耐寒锻炼,防止感冒,保护猪只免受寒冷、风、雨和潮湿等的袭击。平时应注意饲养管理,喂给营养丰富、易于消化的饲料,圈舍要通风透光,保持空气新鲜清洁,以增强仔猪的抵抗力。此外,应加强对能继发本病的一些传染病和寄生虫病的预防和控制。

2.治疗方法

本病的治疗原则是抑菌消炎、祛痰止咳、制止渗出、对症治疗、改善营养、加强护理等。

(1)抑菌消炎 临床上主要应用抗生素和磺胺类药物,治疗前采取鼻液做细菌药敏试验,选择敏感药物。一般用 20% 磺胺嘧啶钠 10～20 mL,肌内注射,2 次/天,连用 3～7 天;或青霉素 80 万～160 万 U 和链霉素 100 万 U 肌内注射,2 次/天,连用 3～7 天。也可选用四环素、庆大霉素、卡那霉素、先锋霉素和喹诺酮类(如环丙沙星、恩诺沙星等)等药物。

(2)祛痰止咳 当病猪频繁出现咳嗽而鼻液黏稠时,可口服溶解性祛痰剂,常用氯化铵及碳酸氢钠各 1～2 g,溶于适量生理盐水中,1 次灌服,3 次/天。若频发痛咳而分泌物不多时,可用镇痛止咳剂,常用的有复方樟脑酊 5～10 mL 口服,2～3 次/天;或磷酸可待因 0.05～0.1 g 口服,1～2 次/天。也可用盐酸吗啡、咳必清等止咳剂。

(3)制止渗出 静脉注射 10% 氯化钙液 10～20 mL 或 10% 葡萄糖酸钙 10～20 mL,1 次/天,有利于制止渗出和促进渗出液吸收,具有较好的效果。溴苄环己铵能使痰液黏度下降,易于咳出,从而减轻咳嗽,缓解症状。

(4)其他治疗方法 对体质衰弱的猪,可静脉输液,补充 25% 葡萄糖注射液 200～300 mL;心脏衰弱时,可注射樟脑油 10 mL 强心。

(5)中草药治疗 处方:金银花 10 g、连翘 10 g、桔梗 10 g、荆芥 10 g、竹叶 10 g、薄荷

10 g、牛蒡子 10 g、黄芪 10 g、甘草 12 g、茅根 8 g,粉末,水煎服,一日一剂或分 2 次服用,连服 3～7 天。

第二十五节　猪布鲁氏菌病

猪布鲁氏菌病(Brucella Suis disease)是由布鲁氏菌引起的人兽共患的一种急性或慢性传染病。本病的特征是妊娠母畜发生流产、胎衣不下、生殖器官及胎膜发炎、睾丸炎、巨噬细胞增生和肉芽肿形成。本病已广泛分布于世界各地,严重影响人体健康,也严重危害畜牧业的发展。

一、病原

布鲁氏菌属(Brucella)有 6 个种和 20 个生物型组成,猪布鲁氏菌生物 1 型和 3 型易感宿主是猪,对人有强的致病性。本菌为球状短杆菌,(0.5～0.7) μm ×(0.6～1.5) μm ,用病料涂片、染色、镜检时,常单个排列或密集成堆。成对,不形成荚膜和芽孢,无鞭毛,不能运动。革兰氏染色阴性,姬姆萨染色呈紫色。由于本菌吸收染料过程较慢,较其他细菌难于着色,所以,常用科兹洛夫斯基染色法染色,布鲁氏菌呈红色,其他细菌呈绿色。染色的方法是:病料涂片干燥后,滴加 2%沙黄液,加热至蒸汽 1～2 min,水洗,再滴加 1%孔雀绿溶液复染(不加热)1～2 min,水洗、干燥后镜检。

本菌为需氧兼性厌氧菌。最适生长温度 37℃,最适 pH 为 6.6～7.4。对营养要求严格,初次分离,须在含有血液、血清、肝汤、马铃薯浸液或胰酶消化蛋白胨等培养基上生长。

布鲁氏菌对外界环境因素的抵抗力较强,如对干燥有较强抵抗力,在干燥土壤中存活 2 个月;干的胎膜内存活 4 个月;污染粪水中存活 4 个月以上;衣服、皮毛上可保存 5 个月。流产胎儿中存活 75 天,子宫渗出物中存活 200 天,乳、肉食品中存活 2 个月;对寒冷抵抗力也强,冷乳中存活 40 天以上,在冷暗处的胎儿体内可活 6 个月。但对热很敏感,60℃加热 30 min,70℃ 5～10 min 死亡,煮沸立即死亡。对消毒药的抵抗力不强,兽医常用的一般消毒药,如 3%石炭酸、来苏儿、5%漂白粉、2%甲醛液、5%石灰水、0.5%洗必泰、0.1%新洁尔灭、消毒净等均可在较短时间内将其杀灭。

二、诊断要点

1.流行病学

多种动物和禽类对布鲁氏菌均有不同程度的易感性。但自然病例中,仍以家养的牛、羊(绵羊、山羊)、猪最易感。此外,水牛、牦牛、野牛、羚羊、鹿、骆驼、野猪、马、犬、猫、狼、狐狸、猴、野兔、鸡、鸭及一些啮齿动物等以及人都可自然感染。猪布鲁氏菌除感染猪外,也可感染牛、马、鹿、羊和人;犬种布鲁氏菌最易感染犬,还可感染猴、兔和人。

病猪或带菌猪是主要传染来源。病菌主要存在于被感染母猪的胎儿、胎衣、乳房及淋巴结中。当病母猪流产时是最危险的时期,可从胎儿、胎衣、胎水、奶、尿、阴道分泌物中大量排出细菌,污染产房、猪圈及其他物品。流产母猪的乳汁也在一定时间内排菌。病公猪的精液中也可有病原体,随精液传播疾病,这对公猪传播本病来说更为重要。

本病的传染途径主要是消化道,即通过采食被污染的饲料和饮水感染。其次是皮肤、黏膜及生殖道。本菌有强的侵袭力和扩散力,不仅可从破损的皮肤侵入机体,而且可从无创伤的皮肤、黏膜侵入机体。交配传染,是猪的重要传染途径之一。若病公猪精液中有病原体,人工授精时,可使母猪被感染。野猪也可感染猪布鲁氏菌,野猪与家猪接触,就可能传播本病。母猪较公猪易感;幼龄猪只对本病有一定抵抗力,随着年龄增长易感性增高,性成熟后对本病很易感。5月龄以下的猪对本病有一定的抵抗力。

2.临床症状

(1)母猪主要症状是流产,大多发生在妊娠的第30~50天或80~110天,在妊娠的2~3周早期流产时,胎儿和胎衣多被母猪吃掉,常不被发现。流产前可见母猪精神沉郁,阴唇和乳房肿胀,有时可见从阴道流出分泌物,也有流产前见不到明显的症状。流产的胎儿大多为死胎,并可能发生胎衣不下及子宫炎,影响配种。有的病猪产出弱胎或木乃伊胎。流产后从阴道排出黏性红色分泌物,大多经8~10天可消失。流产后又可怀孕,重复流产的较少见。新受感染的猪场,流产数量较多。

(2)公猪主要症状是睾丸炎和附睾炎,一侧或两侧无痛性肿大,有的极为明显。有的病状较急,局部有热痛,并伴有全身症状。有的病猪睾丸发生萎缩、硬化,性欲减退,丧失配种能力。

无论公、母猪都可能发生关节炎,大多发生在后肢,偶见于脊柱关节,可使病猪后肢麻痹。局部关节肿大、疼痛,关节囊内液体增多,出现关节强硬,跛行。

3.病理变化

流产胎儿的状态不同,有的为木乃伊胎,有的为弱仔或健活,死亡胎儿可见浆膜上有絮状纤维素分泌物,胸、腹腔有少量微红色液体及混有纤维素。胃内容物有黄色或白色浑浊的黏液,并混有小的絮状物。有的黏膜上见有小出血点。流产的猪胎衣充血、出血和水肿,表面覆盖淡黄色渗出物,有的还见有坏死。

母猪子宫黏膜充血、出血和有炎性分泌物,约40%患病母猪的子宫黏膜上有许多如大头针帽至粟粒大的淡黄色小结节,质硬,切开可见少量化脓或干酪样物质;有的可见小结节互相融合成不规则的斑块,使子宫壁变厚和内腔狭窄,常称为粟粒性子宫布鲁氏菌病。

公猪的睾丸及附睾常见炎性坏死灶,鞘膜腔充满浆性渗出液;慢性者睾丸及附睾结缔组织增生、肥厚及粘连。精囊可能有出血及坏死灶。公猪睾丸及附睾肿大,切开见有豌豆大小的化脓和坏死灶、化脓灶,甚至有钙化灶。据统计,34%~95%病猪的睾丸发生化脓坏死性炎症。猪患布鲁氏菌病还常见有关节炎,主要侵害四肢较大的关节。滑液囊有浆液和纤维素,重时见有化脓性炎症和坏死,甚至还见脊柱骨、管骨的炎症或脓肿。淋巴结、肝、脾、肾、乳腺等也可能见到布鲁氏菌病性结节病变。

4.鉴别诊断

猪布鲁氏菌病要与猪细小病毒感染、猪繁殖和呼吸障碍综合征、猪伪狂犬病、猪乙型脑炎、猪衣原体病、猪瘟、猪钩端螺旋体病、猪弓形虫病等引起的流产相区别。

5.实验室诊断

(1)猪布鲁氏菌病的特征 临诊上母猪的流产、公猪睾丸和附睾的炎症、流产胎儿状态,以及胎儿、胎衣及子宫、公猪睾丸的病理变化等都可作为初步诊断的依据。

(2)细菌学检查

①病料抹片、染色、镜检:采集胎衣分泌物、流产胎儿的胃内容物、脾、肝、淋巴结、子宫坏死部分等组织做抹片,用革兰氏染色法染色见到革兰氏阴性菌,用柯兹洛夫斯基染色法染色,常

可见到被染成淡红色的小球杆状菌,其他细菌或组织呈绿色。

②分离培养:采取病料接种于10％马血清的马丁琼脂斜面。如病料有杂菌污染时,可用选择培养基培养。即是在100 mL马丁琼脂或肝汤琼脂中,加入2 500 IU杆菌肽、10 mg放线菌酮、600 IU多黏菌素 B,混合后倒入平皿中,供分离培养用。接种病料后,37℃培养,每3天观察一次。如有细菌生长,挑选可疑的菌落做细菌鉴定,如抹片、染色、镜检后确诊。

③血清学凝集反应:血清学诊断最具有实际意义。一般细菌侵入机体后,经7～15天血液中就出现凝集抗体,随后凝集滴度逐渐增高。病畜流产后10天以上,大多数血凝滴度升高,阳性反应可保持几个月甚至2～3年及以上。因此,流产后采血时间要在7～10天以后为好。

④其他方法:近年来,还用间接红细胞凝集试验、间接炭凝集试验、抗球蛋白试验、酶联免疫吸附试验、荧光抗体法、DNA探针、PCR等检验本病。

三、防治措施

1.预防措施

(1)自繁自养预防疾病　猪场要以预防疾病为主,坚持自繁自养为原则,防止从外部引入疾病。若需要外购种猪时,必须严格隔离,经过1个月隔离和实验室检测确认无病,方可入场。

(2)定期免疫　定期进行免疫注射,是预防控制本病的有效措施。

猪布鲁氏菌病应用猪种布鲁氏菌弱毒S2株制成的活疫苗进行预防。本疫苗毒力稳定、使用安全、免疫效果良好,适于口服免疫和肌肉注射。

①口服免疫:每头猪200亿菌,间隔1个月再口服一次。口服菌苗不受妊娠限制,可在配种前1～2个月进行,也可在妊娠期使用。如果猪群大,可按全群猪数计算所需菌苗量,将菌苗拌入水中或饲料中,让全群饮服。如果猪数少,可逐头灌服。在服菌苗前后3天,应停止使用抗生素添加剂饲料和发酵饲料。

②注射免疫:每头猪200亿菌,间隔1个月再注射一次。妊娠母猪不宜注射。所用菌应稀释后当天用完。无论猪是口服还是注射,免疫期为1年。用具需煮沸消毒,注意个人防护,以防感染。

(3)彻底消毒　对隔离猪场、用具等进行常规的消毒。对流产胎儿、胎衣、胎水及分泌物进行焚烧或深埋、消毒处理;粪便堆积发酵处理。

2.治疗方法

本病无治疗价值,一旦发现此病,予以淘汰处理。若是治疗时,可采取如下方法。

(1)西药治疗　可选用氨基苷类和广谱抗生素药物。可用链霉素,每千克体重1万 U,每天2次;也可用土霉素等药物治疗。

(2)中草药治疗　具有利湿化浊,还有清热解毒的功效的藿香、佩兰、蔻仁、滑石、菖蒲、黄芩、连翘、木通、茯苓、黄檗等各10～15 g,粉末,水煎服,每天1剂,连服5～7天。

第二十六节　猪李氏杆菌病

猪李氏杆菌病(Swine Listeriosis)主要是由产单核细胞李氏杆菌引起的人兽共患传染病,在猪为以脑膜炎、败血症和单核细胞增多症、妊娠母猪发生流产为特征的传染病。

李氏杆菌病是家畜、家禽、鼠类及人共患的传染病。猪发病后主要表现为败血症症状或中枢神经功能障碍症状。一般为散发,发病率很低,但病死率很高。其病原体是单核细胞增多症李氏杆菌,该菌为革兰氏阳性的小杆菌,现在已知的有 7 个血清型和 11 个亚型,对猪致病的以 Ⅰ 型较为多见。本菌对周围环境的抵抗力很强,在土壤、粪便、干草上能生存很长时间,能耐食盐和碱性,但一般的常用的消毒药可将其杀灭。

一、病原

为单核细胞增多性李氏杆菌(*Listeria monocytogenes*),大小为$(0.4\sim0.5)$ μm$\times(0.5\sim2)$ μm,呈规则的短杆状,两端钝圆。革兰氏染色阳性,无荚膜,不形成芽孢,在抹片中单个分散或两个菌排成 V 形或并列。在 $1\sim45℃$ 的温度范围内可以生长,但以 $30\sim37℃$ 生长最佳。在普通琼脂培养基中可生长,但在血液或全血琼脂培养基上生长良好,加入 $0.2\%\sim1\%$ 的葡萄糖及 $2\%\sim3\%$ 的甘油生长更佳。在 4℃ 可缓慢增殖,约需 7 天,故可用低温增菌法从病料中分离病菌。菌落可产生光滑型和粗糙型变异,光滑型菌落透明、蓝灰色,培养 $3\sim7$ 天直径可至 $3\sim5$ mm,在 45°斜射光照射镜检时,菌落呈特征性蓝绿光泽,在绵羊血琼脂上可形成窄的 β 溶血环,此特性可与棒状杆菌、猪丹毒杆菌鉴别。

本菌在 pH 5.0 以下缺乏耐受性,pH 5.0 以上才能繁殖,至 pH 9.6 仍能生长。本菌对食盐有较强的耐受性,在 10% 食盐的培养基中仍能生长,在 20% 的食盐溶液中经久不死。本菌对热的耐受性较强,常规巴氏消毒法不能杀灭它,65℃ 经 $30\sim40$ min 才能被杀灭。常用的消毒药都易使之灭活。本菌对青霉素有抵抗力,对链霉素敏感,但易形成抗药性;对四环素类和磺胺类药物敏感。

二、诊断要点

1.流行病学

李氏杆菌在自然界分布很广,从土壤、排污下水、奶酪和青贮饲料里常可发现。可以从 50 多种动物体内分离到,包括反刍动物、猪、马、犬等,而且多种野兽、野禽、啮齿动物特别是鼠类都易感染,且常为本菌的贮存宿主。患病和带菌动物是本病的传染源,其粪、尿、乳汁、精液以及眼、鼻孔和生殖道的分泌液都可分离到本菌。自然感染的传播途径包括消化道、呼吸道、眼结膜和损伤的皮肤。污染的土壤、饲料、水和垫料都可成为本菌的传播媒介。本病一般为散发,但发病后的致死率很高。幼龄和妊娠猪较易感,本病的发生无季节性。

2.临床症状

本病主要表现为败血症和脑膜脑炎症状。

(1)败血型和脑膜炎型混合型　多发生于哺乳仔猪,突然发病,体温升高至 $41\sim41.5℃$,不吮乳,呼吸困难,粪便干燥或腹泻,排尿少,皮肤发紫,后期体温下降,病程 $1\sim3$ 天。多数病猪表现为脑炎症状,病初意识障碍,兴奋、共济失调、肌肉震颤、无目的地走动或转圈,或不自主地后退,或以头抵地呆立;有的头颈后仰,呈观星姿势;严重的倒卧、抽搐、口吐白沫、四肢乱划动,遇刺激时则出现惊叫,病程 $3\sim7$ 天。较大的猪呈现共济失调,步态强拘,有的后肢麻痹,不能起立,或拖地行走,病程可达 15 天或更长。

(2)单纯脑膜脑炎型　大多发生于断奶后的仔猪或哺乳仔猪。病情稍缓和,体温与食欲无明显变化,脑炎症状与混合型相似,病程较长,终归死亡。病猪的血液检查时,其白细胞总数升高。单核细胞达 $8\%\sim12\%$。

母猪感染一般无明显的临诊症状,但妊娠母猪感染常发生流产,一般引起妊娠后期母猪流产。

3.病理变化

脑和脑膜充血或水肿,脑脊髓液增多、浑浊,脑干变软,有小化脓灶。脑髓质偶尔可见软化区。组织学检查在血管周围可见以单核细胞为主的细胞浸润,形成血管袖套现象。脑组织有局灶性坏死以及小神经胶质细胞和中性粒细胞浸润。由于中性粒细胞的液化作用形成小脓灶,多见于脑桥和髓质部。

发生败血症时,肝脏可见多处坏死灶,脾脏偶尔可见。发生流产的母猪可见子宫内膜充血并发生广泛坏死,胎盘子叶常见有出血和坏死。流产胎儿肝脏有大量小的坏死灶,胎儿可呈自体溶解现象。

4.鉴别诊断

(1)本病与猪瘟的鉴别诊断　1月龄内的仔猪发生猪瘟时,神经症状主要表现是转圈运动,持续高温,用退热药和抗菌药物治疗无效;而该病的神经症状主要表现意识障碍,无目标行走,有的后肢麻痹、不能站立,体温呈一过性高温,用抗菌药物治疗效果明显。猪瘟剖检可见全身淋巴结肿大,周边出血,切面呈大理石样;该病的淋巴结无明显病理变化。猪瘟打开颅腔可见脑膜出血,脑膜下有淡黄色渗出液,并且猪瘟的肾脏有针尖样出血点,回盲口处有扣状溃疡,脾脏出血、边缘梗死等病变都是该病所不具备的。

(2)本病与仔猪伪狂犬病的鉴别诊断　哺乳仔猪感染伪狂犬病时,神经症状主要表现为运动不协调,走路摇摆、站立不稳或不能站立;李氏杆菌病表现意识障碍,无目的行走,有的后肢麻痹、不能站立,甚至拖后腿行走。剖检时伪狂犬病猪的脑膜充血、出血,脑组织出血水肿,剪开脑膜可见脑回平展发亮,有大量血样渗出物流出;而李氏杆菌病具有肠系膜淋巴结肿大呈绳索状,充血、瘀血,小肠充血、瘀血,肠壁黏膜潮红等特征性病变。

(3)本病与仔猪水肿病的鉴别诊断　仔猪水肿病一般多发于春秋季,即每年的4~5月份和9~10月份,常发生于断奶后不久的仔猪,一窝中往往是健壮和生长快的最先发病;而李氏杆菌病则多发于冬季和早春,哺乳仔猪发病时死亡率高,断奶后仔猪大多可以耐过,死亡率低。仔猪水肿病的特征病变是头和眼睑水肿,皮下有大量淡黄色胶冻样渗出;李氏杆菌病尽管眼球外突但眼睑水肿不明显,皮下无胶冻样物。水肿病的胃壁增厚,胃大弯水肿,切开胃壁可见浆膜和肌层间夹有大量胶冻样物质,结肠袢有大量胶冻样渗出物病变为特征。

5.实验室诊断

依据该病的流行特点、临诊症状及剖检病变,可以怀疑本病。确诊需做病原菌分离与鉴定和血清学诊断。

(1)细菌学检查　根据临诊症状和病变的不同,可以采集脑脊液、血液、脑组织、脾脏和肝脏等进行镜检和分离培养。取肝、脾、脑组织等涂片、革兰氏染色、镜检,可以见到革兰氏阳性、呈V形排列的小杆菌;将病料接种于绵羊血琼脂或血液葡萄糖琼脂平板上,于10% CO_2环境中,35℃培养,可长出露滴状菌落,呈β溶血。

(2)动物接种试验　用病料或24 h纯培养菌1滴,滴入家兔或豚鼠眼内,另一侧眼作对照,1天后发生化脓性结膜炎,或不久发生败血症死亡。也可将0.5 mL纯培养物接种于幼兔耳静脉,观察其血液中单核细胞上升情况。或接种10~20 g重小鼠,取0.2 mL肉汤培养物腹腔注射,观察3~5日,将其扑杀,观察肝、脾脏器上坏死灶的形成。妊娠2周的动物接种后可发生流产。

（3）免疫血清学诊断 采用荧光抗体法可做快速诊断；此外也可用凝集试验和补体结合试验。

三、防治措施

1．预防措施

目前本病尚无有效疫苗和抗血清等生物制品。因此，必须加强饲养管理，搞好环境卫生，切断传染源。

（1）猪场严加管理 禁止闲人进入猪场，更不可带猫、狗等宠物进入；车辆进入必须严格消毒后，方可进场；禁止从疫区购买猪；猪场内环境卫生清洁，粪尿污水在区域外进行生物无害化处理；场区禁止有蚊蝇、老鼠等叮咬或污染猪体传播病原微生物，必须切断其传播途径。

（2）严格执行消毒制度 应用酸碱性消毒药物，对舍内外地面、墙壁、棚顶、用具等定期交叉消毒，达到病原微生物无生存环境。

（3）加强饲养管理 按照不同时期猪的营养标准进行饲养喂饲，保证生产营养需求，同时建立良好的生产环境条件，确保猪体健康和安全生产。

（4）疫情处理 猪场发现病情，立即将病猪隔离治疗；并对病猪舍的垃圾、杂物清除，无害化处理，舍内地面和周边、食槽、用具等进行彻底消毒；对病死猪焚烧无害化处理。

2．治疗方法

（1）对发病的猪静脉注射 20%甘露醇 500 mL，25%葡萄糖 500 mL，维生素 C、维生素 B 250 mL，ATP 15 mL，辅酶 A 1 g，每天 2 次。

（2）对发病猪用头孢噻肟钠肌肉注射，每千克体重 30 mg，每天 1 次，连用 3～5 天。

（3）对未发病的群猪，在饲料中添加氟苯尼考、维生素 C 粉剂，连续用药 3～5 天。

（4）应用其他药物：磺胺类药物，或与青霉素、四环素等并用，有良好的治疗效果。与氨苄青霉素和庆大霉素混合使用，效果更好。同时配合镇静药物，氯丙嗪注射液 2 mg/kg 体重肌肉注射。

（5）中药治疗：金银花藤叶、山栀子根、野菊花、茵陈、钩藤根、车前草各 5 g，粉末，水煎服连服 3～5 天。全群猪饲料内混四环素，浓度为 600 mg/kg，连用 5 天，病猪可恢复正常。

第二十七节 新生仔猪溶血症

新生仔猪溶血症是由新生仔猪吃初乳而引起红细胞溶解的一种急性溶血性疾病。以贫血、黄疸和血红蛋白尿为主要特征。一般发生在个别窝仔猪中，死亡率非常高，几乎达到全窝仔猪死亡。

一、病因

仔猪父母血型不合，仔猪继承其父畜的红细胞抗原，这种仔猪的红细胞抗原在妊娠期间进入母体血液循环，母猪便产生了抗仔猪红细胞的特异性同种血型抗体，这种抗体分子不能通过胎盘，可分泌于初乳中，仔猪吸吮了含有高浓度抗体的初乳，抗体经胃肠吸收后与红细胞表面特异性抗原结合，激活补体，引起急性血管内溶血。

二、诊断要点

1.临床症状

最急性病例表现为在新生仔猪吸吮初乳数小时后突然呈急性贫血而死亡。急性病例最常见,一般在吃初乳后 24～48 h 出现症状,表现为精神委顿,畏寒震颤,后躯摇晃,尖叫,皮肤苍白,结膜黄染,尿色透明呈棕红色。血液稀薄,不易凝固。血红素由 8～12 g 降至 3.6～5.5 g,红细胞数由 500 万降至 3 万～150 万,大小不均,多呈崩溃状态,呼吸、心跳加快,多数病猪于 2～3 天内死亡。亚临床病例不表现症状,查血时才发现溶血。

2.病理变化

病仔猪全身苍白或黄染,皮下组织、肠系膜、大(小)肠不同程度黄染,胃内积有大量乳糜,脾、肾肿大,肾包膜下有出血点,膀胱内积聚棕红色尿液。

3.诊断

根据本病临床症状与病变容易诊断。必要时采母猪血清或初乳与仔猪的红细胞做凝集试验、溶血试验或直接 coombs 试验。

三、防治措施

(1)本病无特效药物。

(2)将该母猪所生的仔猪由其他母猪代哺或人工哺乳,同时人工连续 3 天挤掉母乳,3 天后再让仔猪吸吮母乳。

(3)配种发生仔猪溶血病的公猪不再继续配种,可予淘汰。

第二十八节　猪 乳 房 炎

母猪的乳房炎是哺乳母猪常见的一种疾病,多发于一个或几个乳腺,临诊上以红、肿、热、痛及泌乳减少为特征。

一、病因

乳房炎的发病原因是多方面的,不同因素可引起发病:母猪腹部松垂,尤其是经产母猪的乳头几乎接近地面,常与地面摩擦受到损伤,或因仔猪吃奶咬伤乳头,或因母猪圈舍不清洁,由乳头管感染细菌(链球菌、葡萄球菌、大肠杆菌和绿脓杆菌)。母猪在分娩前后,喂饲大量发酵和多汁饲料,乳汁分泌旺盛,乳房乳汁积滞也常会引起乳房炎。当母猪患有子宫炎等疾病时,也常继发或并发乳房炎疾病。

二、诊断要点

1.临床症状

(1)急性乳房炎　患病乳房有不同程度的充血(发红)、肿胀(增大、变硬)、温热和疼痛,乳房上淋巴结肿大,乳汁排出不畅或困难,泌乳减少或停止;乳汁稀薄,含乳凝块或絮状物,有的混有血液或脓汁。严重时,除局部症状外,尚有食欲减退、精神不振、体温升高等全身症状。

(2)慢性乳房炎　乳腺患部组织弹性降低,硬结,泌乳量减少,挤出的乳汁变稠并带黄色,有时内含凝乳块。多无明显全身症状,少数病猪体温略高,食欲降低。有时由于结缔组织增生而变硬,致使泌乳能力丧失。

结核性乳房炎表现为乳汁稀薄似水,进而呈污秽黄色,放置后有厚层沉淀物;无乳链球菌性乳房炎表现为乳汁中有凝片和凝块;大肠杆菌性乳房炎表现为乳汁呈黄色;绿脓杆菌和酵母菌性乳房炎表现为乳腺患部肿大并坚实。

2.诊断鉴别

根据猪舍的卫生管理情况及临诊症状不难做出诊断。

三、防治措施

1.预防措施

要加强母猪猪舍的卫生管理,保持猪舍清洁,定期消毒。母猪分娩时,尽可能使其侧卧,助产时间要短,去掉仔猪獠牙,防止哺乳仔猪咬伤乳头。

2.治疗方法

(1)全身疗法　抗菌消炎,常用的有青霉素、链霉素、庆大霉素、恩诺沙星、环丙沙星及磺胺类药物,肌肉注射,连用 3～5 天。青霉素和链霉素,或青霉素与新霉素联合使用治疗效果为好。

(2)局部疗法　慢性乳房炎时,将乳房洗净擦干后,选用鱼石脂软膏(或鱼石脂鱼肝油)、樟脑软膏、5%～10%碘酊,将药涂擦于乳房患部皮肤,或用温毛巾热敷。另外,乳头内注入抗生素,效果很好,即将抗生素用少量灭菌蒸馏水稀释后,直接注入乳管。在用药期间,吃奶的仔猪应人工哺乳,减少母猪刺激,同时使仔猪免受奶汁感染。急性乳房炎时,青霉素 50 万～100 万 IU,溶于 0.25%普鲁卡因溶液 200～400 mL 中,做乳房基部环形封闭,每日 1～2 次。

(3)脓肿已成者,尽早切开,外科处理。

(4)中药治疗:蒲公英 15 g,金银花 12 g,连翘 10 g,丝瓜络 15 g,通草 10 g,穿山甲 9 g,芙蓉花 9 g,野菊花 10 g,粉末,水煎服,每日 1 剂,连服 3～5 天。

第二十九节　母猪不孕症

母猪不孕症是母猪生殖机能发生障碍,以致暂时或永久的不能繁殖后代的病理现象。

一、病因

母猪不孕症的原因较多:母猪先天性生殖器官发育不良。母猪过肥或过瘦,内分泌活动失调,长期不发情。由传染病引起的慢性子宫内膜炎,卵巢机能减退,卵泡囊肿,持久黄体,阴道炎,子宫蓄脓等。幼稚病引起脑下垂体机能不全,达到交配年龄时生殖器仍发育不全或无性周期。营养性不良,猪体消瘦,性机能减退,发情失常。由于维生素、矿物质不足引起分泌机能紊乱,致长期不孕。

二、诊断要点

1.临床症状

性欲减退或缺乏,长期不发情,排卵失常,屡配不孕。

2.诊断鉴别

由于生殖器官疾病的性质不同,所表现的症状也有差异。在卵巢机能减退时,发情不定期,发情微弱或延长,或发情而不排卵。卵巢囊肿时,由于分泌过多的卵泡素,母猪性欲亢进,经常爬跨其他母猪,但屡配而不孕。当发生持久黄体时,则母猪在较长时间内持续不发情。

三、防治措施

1.预防措施

根据不孕的原因和性质,改善饲养管理是治疗此类不孕症的根本措施。在此基础上,根据具体情况和条件,可选用下述方法催情。

(1)调整母猪营养 因过肥而不孕时,首先要减少精料,增加青绿多汁饲料的喂给量。相反,如营养不足,躯体消瘦,性机能减退,则应调节精料比例,加喂含蛋白质、无机盐和维生素较丰富的饲料来促进母猪发情。

(2)公猪催情 利用公猪来刺激母猪的生殖机能。通过试情公猪与母猪经常接触,以及公猪爬跨等刺激,作用于母猪神经系统,使脑下垂体产生促卵泡成熟素,从而促使发情和排卵。

(3)按摩乳房 此法不仅能刺激母猪乳腺和生殖器官的发育,而且能促使母猪发情和排卵。按摩方法可分表面按摩和深层按摩两种。

(4)隔离仔猪 母猪产仔后,如果需要在断乳前提早配种,可将仔猪隔离,隔离后3～5天,母猪即能发情。

2.治疗方法

(1)注射促卵泡素 它有促使卵泡发育、成熟的作用。对于母猪无卵泡发育、卵泡发育停滞、卵泡萎缩等,可肌肉注射50万～100万 IU 促卵泡素。

(2)注射前列腺素类似物 母猪1次可肌肉注射3～4 mg,一般可于注射后1～3天内出现发情。

(3)注射雌激素制剂 己烯雌酚,每次皮下注射3～10 mg;苯甲雌二醇,每次肌肉注射1～2 mL,间隔24～48 h 可重复注射1次。

(4)中草药治疗 应用六味地黄汤加味:淫羊藿、巴戟天各30 g,熟地黄50 g,山茱萸、泽泻、茯苓、丹皮、当归尾各40 g,怀山药50 g,粉末,水煎服、连用3～5剂。

第三十节 母猪胎衣不下病

胎衣不下,又称胎衣滞留,是指母猪分娩后,胎衣(胎膜)在1 h 内不排出。胎衣不下主要与产后子宫收缩无力和胎盘炎症有关。流产、早产、难产之后或子宫内膜炎、胎盘炎、管理不当、运动不足、母体瘦弱时,也可发生胎衣不下。

一、病因

由于子宫收缩无力引起。主要表现母猪分娩后24 h 仍未排出。

二、临床症状

胎衣不下有全部不下和部分不下两种,多为部分不下。全部胎衣不下时胎衣悬垂于阴门之外,呈红色、灰红色和灰褐色的绳索状,常被粪土污染;部分胎衣不下时残存的胎儿胎盘仍存留于子宫内,母猪常表现不安,不断努责,体温升高,食欲减退,泌乳减少,喜喝水,精神不振,卧地不起,阴门内流出暗红色带恶臭的液体,内含胎衣碎片,重者可引起败血症。

三、诊断要点

1. 防治措施

(1)加强饲养管理　猪舍卫生、干净,环境舒适;喂饲时间规律,适当运动;饲料营养要全面、均衡,特别是微量元素和多种维生素在配制时要足量、全面。

(2)加强生产护理　产前注意饲料卫生,环境卫生,猪体卫生,特别是加强消毒措施;生产期间注意科学仔猪接生和接生方法及注意事项。根据实际情况,必要时可采取助产,达到母猪与仔猪平安,胎衣顺下。

2. 治疗方法

治疗原则为加快胎膜排出,控制继发感染。

(1)药物治疗

①注射子宫收缩药:母猪产后4~5 h如胎衣不下,可肌肉或皮下注射脑垂体后叶激素注射液10~20 U,2 h后重复注射一次;催产素注射液10~50 U,一次皮下注射;10%氯化钙或氯化钠50~100 mL,一次静脉注射;樟脑强心剂5~10 mL,肌肉注射,可助其排出胎衣。

②预防子宫炎及防止胎衣腐败的药物:土霉素1 g,装入胶囊,送入母猪子宫;或链霉素100万 U,加蒸馏水50 mL,注入子宫内。

③中药治疗:处方1,当归15 g、红花6 g、川芎10 g、桃仁6 g、香附13 g、灵脂10 g、干草6 g,水煎一次内服,或研成细末,分两次喂服。处方2,红花10 g,木通10 g,黄芪15 g,粉末,水煎服。处方3,当归尾10 g、赤芍10 g、川芎10 g、蒲黄6 g、益母草12 g、五灵脂6 g,粉末,水煎服。处方4,益母草50~60 g,粉末,水煎灌服,每日1~2剂,连服2~3天。

(2)手术治疗　即剥离胎衣。剥离较困难,体型较大的母猪,可采用本法。术者手臂消毒后,涂上灭菌的液状石蜡,顺阴道摸入子宫,轻轻剥离胎衣,取出胎衣,然后用0.1%高锰酸钾溶液500~1 000 mL冲洗子宫,再送入金霉素或土霉素胶囊。当胎衣已腐败时,应用消毒液冲洗子宫。

第三十一节　母猪子宫内膜炎

母猪在配种、人工授精、分娩、助产、流产时,如果不注意卫生或消毒不严,会将细菌带入子宫,造成母猪的生殖感染,其中以大肠杆菌、棒状杆菌、链球菌、葡萄球菌、绿脓杆菌、变形杆菌等为多,导致发生子宫内膜炎。分娩时产道操作或部分胎衣残留在子宫中,也能引起子宫内膜炎。栏舍地面卫生不良,或母猪在有污水的运动场内活动时,细菌也可经阴门进入子宫引起炎症。

一、病因

本病大都由病原微生物通过子宫颈口及伤口或血源性感染所引起,常见的病原菌有化脓性链球菌、葡萄球菌、大肠杆菌、变性杆菌、化脓性棒状杆菌、败血性双球菌及坏死性梭菌等,病原性真菌,如念珠菌、放线菌、毛霉菌等。品种好的母猪产后子宫组织切片用显微镜检查,均可以发现组织不同程度的损害,严重者或是子宫内膜完全硬化,或是腺组织完全破坏,并明显的聚集有炎症细胞。发炎的子宫环境不利于精子存活,由于存在溶精子素、精子毒素、细菌毒素、溶菌素、吞噬能力强的吞噬细胞等,所以母猪难以受孕。形成炎症的主要原因如下:

1.母猪便秘,产程延长

大多品种好的母猪(尤其在夏天)临产前最容易发生便秘,致使内分泌失调,从而导致产程延长,子宫颈口开放时间延长,增加感染的机会。

2.粗暴地掏子宫

分娩因难产需要掏子宫时,手臂、器械等消毒不严格将病原菌直接带入子宫使其发生感染;手法不当引起伤口致使阴道内微生物迅速繁殖危及子宫。

3.配种、输精不卫生

存在于公猪机体、输精器械等地方的微生物,由于母猪机体组织的抵抗力降低而出现致病作用。

4.定位栏的使用

由于定位栏的使用,致使母猪活动面积减小,当阴部松弛个体卧倒时后躯外翻的黏膜与粪便接触时,也增加了感染细菌的机会。

5.遗传因素

个别猪只由母体垂直感染而带毒体,这样的猪一般不发情,治疗较困难。

二、诊断要点

临床症状如下:

(1)急性子宫内膜炎　母猪体温升高,食欲下降或废绝,鼻镜干燥、频尿、弓背、努责常并发MMA。阴道中流出带有腥臭味的灰白色或红褐色的黏液或脓性分泌物。

(2)慢性子宫内膜炎　母猪全身症状不明显,体温有时可能会略有升高,泌乳性能下降,慢性子宫内膜炎往往由于急性时治疗不及时转变而来,母猪躺卧时常排出脓性分泌物,阴门及尾根上常黏附黄色脓性分泌物。有些母猪断奶后常常不排出分泌物,采食、体温、行动等都正常,在发情、配种时(尤其是人工授精)或配种后,排出大量黄色或灰白色较黏稠的脓液。

三、防治措施

1.预防措施

(1)免疫措施　根据各场情况做好种公、母猪免疫,主要是乙脑、细小病毒病、猪瘟、伪狂犬、蓝耳病等繁殖障碍性疾病的免疫。

(2)母猪保健　母猪分娩及配种前后各一周可用支原净、金霉素、阿莫西林或利高44预混剂加上黄芪多糖粉剂或鱼腥草粉剂进行饲料加药,以预防子宫炎的发生。

在母猪产出第2头仔猪时可用5%葡萄糖氯化钠1 500 mL加适量抗生素,给予静脉滴注,在最后100 mL时加入40 IU缩宫素。

母猪产后8 h内可用长效土霉素等长效药物给予肌肉注射。

母猪饲料中应长期添加适量的霉菌毒素吸附剂,产前产后给予一定量的青绿饲料,或在饲料中加适量的多种维生素,以使母猪尽早恢复食欲与体能,提高机体的抵抗力。

加强配种舍、分娩舍的消毒工作，保持舍内干燥、清洁、卫生，提高人员操作的规范性，以减少母猪子宫内膜炎的发生。

降低夏季热应激对母猪的伤害，控制母猪便秘的发生。

夏季可选用氯前列烯醇、律胎素等药物进行母猪的同期分娩，并控制母猪的分娩时间段，尽量选择在下半夜或早上。

可在母猪产前产后用消毒水对母猪的阴部、乳房进行每天消毒。

对于已发生子宫内膜炎的患猪及早治疗，并及时淘汰老、弱、病、残的种公、母猪。

2.治疗方法

(1)急性子宫内膜炎 当发生全身症状患猪体温升高时，可用阿莫西林配合链霉素、安乃近、地塞米松、维生素C、碳酸氢钠、0.9%生理盐水静脉滴注，待症状好转时给予子宫清洗。

①子宫清洗：可选用5%聚维酮碘、3%双氧水或0.2%百菌消等500～1 000 mL用灌肠器或一次性输精器反复冲洗，以清除滞留在子宫内的炎性分泌物，每天冲洗一次，连续3天。

②子宫内投药：可选用青、链霉素、林可霉素、新霉素等药物溶解于90 mL的0.9%生理盐水＋10 mL的碳酸氢钠及40 IU的缩宫素混合液中，进行一次性子宫给药，每天一次，连用3～5天，不见好转者淘汰。

(2)慢性子宫内膜炎 参照急性子宫内膜炎的治疗。

(3)中草药治疗 金银花15 g，连翘15 g，鱼腥草10 g，当归尾10 g，赤芍10 g，川芎10 g，蒲黄6 g，益母草15 g，粉末，水煎服，连服3～5天。

第三十二节 猪附红细胞体病

猪附红细胞体属单细胞原虫的一种，是寄生虫，也有人认为是立克次氏体目乏浆体科附红细胞体属。其形态呈环状、哑铃状、S形、卵圆形、逗点形或杆状。大小介于0.1～2.6 μm之间。无细胞壁，无明显的细胞核、细胞器，无鞭毛，属原核生物。

一、病原

增殖方式有二分裂法、出芽和裂殖法。一般认为增殖发生在骨髓部位，但尚存在争议。常单独或呈链状附着于红细胞表面，也可游离于血浆中。附红细胞体发育过程中，形状和大小常发生变化，可能也与动物种类、动物抵抗力等因素有关。对干燥和化学药品的抵抗力很低，但耐低温，在5℃时可保存15天，在冻干保存可活765天。一般常用消毒剂均能杀死病原，如0.5%的石碳酸于37℃ 3 h就可将其杀死。

二、诊断要点

1.流行病学

近年，猪的附红细胞体病有趋于严重的态势，很多猪场因此损失惨重。附红细胞体对宿主的选择并不严格，人、牛、猪、羊等多种动物均可感染，且感染率比较高。

猪附红细胞体病可发生于各龄猪，以仔猪和长势好的架子猪死亡率较高，母猪的感染也比较严重。传播途径与患病猪及隐性感染猪或猪摄食血液或带血的食物有关，如舔食断尾的伤口、互相斗殴等可以直接传播；间接传播可通过活的媒介如疥螨、虱子、吸血昆虫(如刺蝇、蚊子、蜱等)传播。附红细胞体可经交配传播,也可经胎盘垂直传播。

附红细胞体病是由多种因素引发的疾病,仅仅通过感染一般不会使在正常管理条件下饲养的健康猪发生急性症状,应激是导致本病暴发的主要因素。通常情况下只发生于那些抵抗力下降的猪,分娩、过度拥挤、长途运输、恶劣的天气、饲养管理不良、更换圈舍或饲料及其他疾病感染时,猪群亦可能暴发此病。一般认为附红细胞体病多发生于温暖的夏季,尤其是高温高湿天气,冬季相对较少。

2.临床症状

由于病因和个体体况的不同,临床症状差别很大。

(1)哺乳仔猪 5日内发病症状明显,新生仔猪出现身体皮肤潮红,精神沉郁,哺乳减少或废绝,急性死亡,一般7~10日龄多发,体温升高,眼结膜和皮肤苍白或黄染、贫血,四肢抽搐、发抖、腹泻、粪便深黄色或黄色黏稠,有腥臭味,死亡率在20%~90%,部分很快死亡。大部仔猪临死前四肢抽搐或划地,有的角弓反张。部分治愈的仔猪会变成僵猪。

(2)育肥猪 根据病程长短不同可分为三种类型:

①急性型病例较少见,病程1~3天。

②亚急性型病猪体温升高,达39.5~42℃。病初精神委顿,食欲减退,颤抖转圈或不愿站立,离群卧地,出现便秘或拉稀,有时便秘和拉稀交替出现。病猪耳朵、颈下、胸前、腹下、四肢内侧等部位皮肤红紫,指压不褪色,成为"红皮猪"。有的病猪两后肢发生麻痹,不能站立,卧地不起。部分病猪可见耳廓、尾、四肢末端坏死。有的病猪流涎,心悸,呼吸加快,咳嗽,眼结膜发炎,病程3~7天,或死亡或转为慢性经过。

③慢性型患猪体温在39.5℃左右,主要表现贫血和黄疸。患猪尿呈黄色,大便干如栗状,表面带有黑褐色或鲜红色的血液。生长缓慢,出栏延迟。

(3)母猪 症状分为急性和慢性两种。

①急性感染的症状为持续高热(体温可高达42℃),厌食,偶有乳房和阴唇水肿,产仔后奶量少,缺乏母性。

②慢性感染猪呈现衰弱,黏膜苍白及黄疸,不发情或屡配不孕,如有其他疾病或营养不良,可使症状加重,甚至死亡。

3.病理变化

主要病理变化为贫血及黄疸。皮肤及黏膜苍白,血液稀薄、色淡、不易凝固,全身性黄疸,皮下组织水肿,多数有胸水和腹水。心包积水,心外膜有出血点,心肌松弛,色熟肉样,质地脆弱。肝脏肿大变性呈黄棕色,表面有黄色条纹状或灰白色坏死灶。胆囊膨胀,内部充满浓稠明胶样胆汁。脾脏肿大变软,呈暗黑色,有的脾脏有针头大至米粒大灰白或黄色坏死结节。肾脏肿大,有微细出血点或黄色斑点,有时淋巴结水肿。

4.鉴别诊断

(1)猪瘟鉴别 猪瘟流行无明显季节性,猪瘟弱毒苗预防注射完全控制流行;猪瘟无贫血和黄疸病症;猪瘟呈现以多发性出血为特征的败血症变化,在皮肤、浆膜、黏膜、淋巴结、肾、膀胱、喉、扁桃体、胆囊等组织器官都有出血,淋巴结周边出血是猪瘟的特征病变;在发生猪瘟时,有25%~85%的病猪脾脏边缘具有特征性的出血梗死病灶。慢性猪瘟在回肠末端,盲肠,特别是回盲口有许多轮层状溃疡。

(2)呼吸与繁殖障碍综合征的鉴别 猪呼吸与繁殖障碍综合征无贫血和黄疸症状;猪呼吸

与繁殖障碍综合征呼吸困难明显,剖检肺部有明显的病变;猪附红细胞体病用四环素类抗生素治疗效果好。

5.实验室诊断

(1)血液镜检　附红细胞体感染后 7～8 天,病猪主要表现为高热和溶血性贫血,这时血液内有大量附红细胞体,血液检查很容易发现。取高热期的病猪血一滴涂片,生理盐水 10 倍稀释,混匀,加盖玻片,放在 400～600 倍显微镜下观察,发现红细胞表面及血浆中有游动的各种形态的虫体,附着在红细胞表面的虫体大部分围成一个圆,呈链状排列。红细胞呈星形或不规则的多边形。

(2)血片染色　血涂片用姬姆萨染色,放在油镜暗视野下检查发现多数红细胞边缘整齐,变形,表面及血浆中有多种形态的染成粉红色或紫红色的折光度强的虫体。但要注意染料沉着而产生的假阳性。镜检应当与临床症状和病理变化相联系才能对该病进行正确诊断。

(3)生物学诊断　采用 PCR 方法等进一步进行诊断鉴定。

三、防治措施

1.预防措施

(1)加强饲养管理,定期消毒措施,保持猪舍环境、饲养用具卫生;禁止闲人和交通工具进入养殖区,减少不良应激等是防止本病发生的关键。

(2)夏秋季节要定期消毒和喷洒杀虫药物,防止昆虫叮咬猪群,切断传染源。

(3)在实施预防注射、断尾、打耳号、去势等饲养管理程序时,均应更换器械、严格消毒。

(4)购入猪只应进行血液检查,防止引入病猪或隐性感染猪。本病流行季节给予预防用药,可在饲料中添加土霉素或金霉素添加剂。

(5)养猪场应坚持自繁自养原则。如外购仔猪时,应严格检查仔猪健康情况,注意防范各种疾病的发生,坚持全进全出。

2.治疗方法

猪附红细胞体病的药物虽有多种,但真正有特效的不多,每种药物对病程较长和症状严重的猪效果不理想。由于猪附红细胞体病常伴有其他继发感染,因此对其治疗必须对症治疗才有较好的疗效。

(1)血虫净(或三氮脒、贝尼尔)每千克体重用 5～10 mg,用生理盐水稀释成 5% 溶液,分点肌肉注射,1 天 1 次,连用 3 天。

(2)咪唑苯脲每千克体重用 1～3 mg,1 天 1 次,连用 2～3 天。

(3)土霉素每千克体重 10 mg 或金霉素每千克体重 15 mg,口服或肌肉注射或静脉注射,连用 7～14 天。

(4)新砷凡纳明按每千克体重 10～15 mg 静脉注射,用药 3～5 天。

第三十三节　猪弓形虫病

猪弓形虫病,又称为弓浆虫病或弓形体病,是由弓形虫感染动物和人而引起人兽共患的原虫病。本病以高热、呼吸及神经系统症状、动物死亡和怀孕动物流产、死胎、胎儿畸形为主要特征。弓形体病是一种世界性分布的人兽共患的寄生性原虫病,在家畜和野生动物中广泛存在。

一、病原

本病是由龚地弓形虫引起的一种原虫病。其终末宿主是猫,中间宿主包括多种哺乳动物和 70 种鸟类和 5 种冷血动物。人也可感染弓形虫病,是一种严重的人兽共患病。当人弓形虫被终末宿主猫吃后,便在肠壁细胞内开始裂殖生殖,其中有一部分虫体经肠系膜淋巴结到达全身,并发育为滋养体和包囊体。另一部分虫体在小肠内进行大量繁殖,最后变为大配子体和小配子体,大配子体产生雌配子,小配子体产生雄配子,雌配子和雄配子结合为合子,合子再发育为卵囊。随猫的粪便排出的卵囊数量很大。当猪或其他动物吃进这些卵囊后,就可引起弓形虫病。本病在 5～10 月份的温暖季节发病较多,以 3～5 月龄的仔猪发病严重,给养猪业造成严重经济损失。

二、诊断要点

1. 流行特点

(1)感染源　主要是病人、病畜和带虫动物,其血液、肉、内脏等都可能有弓形虫。已从乳汁、唾液、痰、尿和鼻等分泌物中分离出弓形虫;在流产胎儿体内、胎盘和羊水中均有大量弓形虫的存在。如果外界条件有利于其存在,就可能成为感染源。据调查,含弓形虫速殖子或包囊的食用肉类(如猪、牛、羊等)加工不当,是人群感染的主要来源;被终宿主猫排出的卵囊污染的饲料、饮水或食具均可成为人、畜感染的重要来源。卵囊在外界环境中的生活力很强。非孢子化卵囊在 4℃ 条件下可存活 90 天,−5℃ 下为 14 天,−20℃ 下为 1 天。孢子化卵囊的抵抗力更强,−5℃ 下可存活 120 天,−20℃ 下为 60 天,−80℃ 下为 20 天。干燥和低温条件则不利于卵囊的生存和发育。

(2)易感动物　人、畜、禽和多种野生动物对弓形虫均具有易感性。其中包括多种哺乳动物,70 种鸟类,5 种冷血动物和一些节肢动物。在家畜中,对猪和羊的危害最大,尤其对猪,可引起暴发性流行和大批死亡。

(3)感染途径　以经口感染为主,动物之间相互捕食和吃未经煮熟的肉类为感染的主要途径。此外,也可经损伤的皮肤和黏膜感染。在妊娠期感染本病后,可能通过胎盘感染胎儿。

(4)流行特征　胎盘感染为先天性感染的主要原因,也可通过摄入羊水而被感染。

①人群感染情况　我国正常人群的弓形虫血清阳性率多在 10% 以下。全国标准化阳性率为 6.02%,国际标准化阳性率为 5.52%。

②动物感染情况　我国已从猪、牛、羊、马、鹿、猫、兔、豚鼠、鸡、黄毛鼠和褐家鼠等动物分离出弓形虫。

③感染季节　人群弓形虫的感染率一般是在温暖潮湿地区较寒冷干燥地区为高。对于人群发病季节性尚无资料记载。家畜弓形虫病一年四季均可发病,但一般以夏秋季居多。我国大部分地区猪的发病季节在每年的 5～10 月份。

2. 临床症状

我国猪弓形虫病分布十分广泛,全国各地均有报道。且各地猪的发病率和病死率均很高,发病率可高达 60% 以上,病死率可高达 64%。10～50 kg 的仔猪发病尤为严重。多呈急性经过。病猪突然废食,体温升高至 41℃ 以上,稽留 7～10 天。呼吸急促,呈腹式或犬坐式呼吸;流清鼻涕;眼内出现浆液性或脓性分泌物。常出现便秘,呈粒状粪便,外附黏液,有的患猪在发病后期拉稀,尿呈橘黄色。少数发生呕吐。患猪精神沉郁,显著衰弱。发病后数日出现神经症状,后肢麻痹。随着病情的发展,在耳翼、鼻端、下肢、股内侧、下腹等处出现紫红斑或间有小点出血。有的病猪在耳壳上形成痂皮,耳尖发生干性坏死。最后因呼吸极度困难和体温急剧下降而死亡。孕猪常发生流产或死胎。有的发生视网膜脉络膜炎,甚至失明。有的病猪耐过急性期而转为慢性,外观症状消失,仅食欲和精神稍差,最后变为僵猪。

3.病理变化

全身淋巴结肿大,有小点坏死灶。肺高度水肿,小叶间质增宽,其内充满半透明胶冻样渗出物;气管和支气管内有大量黏液和泡沫,有的并发肺炎;脾脏肿大,棕红色;肝脏呈灰红色,散在有小点坏死;肠系膜淋巴结肿大。

剖检病变的主要特征为:急性病例出现全身性病变,淋巴结、肝、肺和心脏等器官肿大,并有许多出血点和坏死灶。肠道重度充血,肠黏膜上常可见到扁豆大小的坏死灶。肠腔和腹腔内有多量渗出液。病理组织学变化为网状内皮细胞和血管结缔组织细胞坏死,有时有肿胀细胞的浸润;弓形虫的速殖子位于细胞内或细胞外。急性病变主要见于仔猪。慢性病例可见有各脏器的水肿,并有散在的坏死灶;病理组织学变化为明显的网状内皮细胞的增生,淋巴结、肾、肝和中枢神经系统等处更为显著,但不易见到虫体。慢性病变常见于年龄大的猪只。隐性感染的病理变化主要是在中枢神经系统(特别是脑组织)内见有包囊,有时可见有神经胶质增生性和肉芽肿性脑炎。

4.鉴别诊断

根据流行特点、病理变化可初步诊断,确诊需进行实验室检查。

(1)镜检　在剖检时取肝、脾、肺和淋巴结等做成抹片,用姬氏或瑞氏液染色,于油镜下可见月牙形或梭形的虫体,核为红色,细胞质为蓝色即为弓形虫。

(2)血清学诊断　国内常用有 IHA 法和 ELLSA 法。间隔 2～3 周采血,IgA 抗体滴度升高 4 倍以上表明感染活动期;IgG 抗体滴度高表明有包囊型虫体存在或过去有感染。也可采用色素试验(DT)进行诊断。

三、防治措施

1.预防措施

(1)管理措施　已知弓形虫病是由于摄入猫粪便中的卵囊而遭受感染的,因此,猪舍内应严禁养猫并防止猫进入圈舍;严防饮水及饲料被猫粪直接或间接污染。控制或消灭鼠类。大部分消毒药对卵囊无效,用蒸汽或加热等方法可杀灭卵囊。

(2)血清学检查　对种猪场进行血清学检测,将阴性的作为种猪,阳性的淘汰处理。

2.治疗方法

本病多用磺胺类药物防治:每千克体重磺胺嘧啶(SD)70 mg 和乙胺嘧啶 6 mg 联合应用,每日内服 2 次(首次加倍),连用 3～5 天;或用磺胺六甲氧嘧啶(SMM)60 mg,肌肉注射,每日一次,连用 3～5 天;或用增效磺胺五甲氧嘧啶(含 2％的三甲氧苄氨嘧啶)0.2 mL,每日肌肉注射 1 次,连用 3～5 天;磺胺甲基异恶唑(SMZ)100 mg,每日内服 1 次,连用 3～5 天。

第三十四节　猪肺线虫病

猪肺线虫病，又称猪后圆线虫病或寄生性支气管肺炎，主要是由长刺猪肺虫寄生于支气管而引起的；分布于全国各地，多见于华东、华南和东北各地，呈地方性流行。主要危害仔猪和肥育猪，引起支气管炎和支气管肺炎，严重时可引起大批死亡。

一、病原

本病的病原体主要为后圆科属的长刺猪肺线虫（长刺后圆线虫，*Metastrongylus elongatus*），其次为短阴后圆线虫（*M. pudendotectus*）和萨氏后圆线虫（*M. salmi*）。长刺猪肺线虫的虫体呈细丝状（又称肺丝虫），乳白色或灰白色，口囊很小，口缘很小，口缘有一对三叶侧唇。雄虫长 12～26 mm，交合刺 2 根，丝状，长达 3～5 mm，末端有小钩；雌虫长达 20～51 mm，阴道长 2 mm 以上，尾端稍弯向腹面，阴门前角皮膨大，呈半球形。猪肺线虫需要蚯蚓作为中间宿主。雌虫在支气管内产卵，卵随痰转移至口腔咽下（咳出的极少），随着粪便到外界。该虫卵的卵壳厚，表面有细小的乳突状隆起，稍带暗灰色，卵在润湿的土地中可吸水而膨胀破裂，孵化出第一期幼虫。虫卵被蚯蚓吞食后，在其体内孵化出第一期幼虫（有时虫卵在外界孵出幼虫，而被蚯蚓吞食），在蚯蚓体内，经 10～20 天蜕皮两次后发育成感染性幼虫。猪吞食了此种蚯蚓而被感染，也有的蚯蚓在损伤或死之后，在其体内的幼虫逸出，进入土壤，猪吞食了这种污染了幼虫的泥土也可被感染。感染性幼虫进入猪体后，侵入肠壁，钻到肠系膜淋巴结中发育，又经两次蜕皮后，循淋巴系统进入心脏、肺脏。在肺实质、小支气管及支气管内成熟。自感染后约经 24 天发育为成虫，排卵，成虫寄生寿命约为 1 年。虫卵对外界的抵抗力十分强大，在粪便中可生存 6～8 个月；在潮湿的灌木场地可生存 9～13 个月，并可冰结越冬（−8～−20℃可生存 108 天）。

二、诊断要点

1. 流行特点

本病主要感染仔猪和育肥猪，6～12 月龄的猪最易感。病猪和带虫猪是本病的主要传染源，而被猪肺虫卵污染并有蚯蚓的牧场、运动场、饲料种植场以及有感染性幼虫的水源等均可能为猪感染的重要场所。本病主要是经消化道传播，是猪吞噬了含有感染性幼虫的蚯蚓而引起的。因此，本病的发生与蚯蚓的滋生和猪采食蚯蚓的机会有密切的关系；主要发生在夏季和秋季，而冬季很少发生。这是因为蚯蚓在夏、秋季最为活跃之故。

2. 临床症状

轻度感染的猪症状不明显，但影响生长和发育。在 2～4 月龄猪感染虫体较多，而又有气喘病、病毒性肺炎等疾病合并感染时，则病情严重，具有较高死亡率。病猪的主要表现为食欲减少，消瘦，贫血，发育不良，被毛干燥无光，出血阵发性咳嗽，特别是早晚运动后或遇冷空气刺激时尤为剧烈，鼻孔流出脓性黏稠分泌物，严重病例呈现呼吸困难；有的病猪还发生呕吐和腹泻；有的猪在胸下四肢和眼睑部出现浮肿。

3. 病理变化

病理变化是确诊本病的主要依据，也是寄生虫性支气管肺炎的病变。病初，由于肺虫的幼虫穿过肺泡壁毛细血管,故可见肺呈现斑点状出血。随着幼虫成长,迁移到细支气管和支气管内栖息,以黏液和细胞屑为食,但可刺激黏膜分泌增多。切开支气管,见管腔黏膜充血、肿胀,含有大量黏液和虫体。大量黏液和虫体,造成局部管腔阻塞,相关的肺泡萎陷、实变,并伴发有气管、支气管和肺脏的出血和气肿变化。由于存留在肺泡内虫卵和发育的胚蚴如同外来异物刺激,易引起局部肺组织发生细菌的继发感染,所以常可见化脓性肺炎灶。此时,可见支气管扩张,其中充满黏液和卷曲的成虫。由于部分支气管呈半阻塞状态,使气体交换受阻,通常使进气大于出气,故在肺的尖叶和膈叶的后缘可见灰白色隆起的气肿小叶。

4.显微镜检查及确诊

(1)显微镜检查　本病特征性的病理组织变化是在扩张的支气管和肺泡中可检出大量猪肺线虫的端面,周围常见多量淋巴细胞和嗜酸性细胞浸润,并见结缔组织增生。

(2)确诊　根据临场症状,结合流行特点,病理剖检找出虫体而确诊。生前常用沉淀法或饱和硫酸镁溶液浮集法检查粪便中的虫卵。猪肺线虫卵呈椭圆形,长 40～60 μm,宽 30～40 μm,卵壳厚,表面粗糙不平,卵内含一卷曲的幼虫。另外,还可用变态反应诊断法进行检测。

三、防治措施

1.预防措施

(1)常规预防　蚯蚓主要生活在疏松多腐殖质得土壤中,在这种土壤中每平方米有时可多达 300～700 条;而土壤坚实,蚯蚓极少,坚实的沙土中几乎没有蚯蚓。因此,在猪场内创造无蚯蚓的条件,是杜绝本病的主要措施。建猪场要求建在高处;猪舍、运动场应铺水泥地面;墙边、墙角疏松泥土要砸紧夯实,防止蚯蚓进入,或换上沙土,构成不适于蚯蚓滋生的环境等。这些措施对于预防本病具有重要作用。

(2)定期消毒　定期用 1%烧碱水或 30%草木灰消毒,既能杀灭虫卵,又能促使蚯蚓爬出,以便消灭它们。

(3)疫情处理　发生本病时,应即时隔离病猪,在治疗病猪的同时,对猪群进行药物预防,并对环境彻底消毒。流行区的猪群,春秋可用左旋咪唑,剂量为每千克体重 8 mg,混入饲料或饮水中给药,各进行 1 次预防性驱虫,按时清除粪便,并进行堆肥发酵处理。

2.治疗方法

用于本病的治疗药物,均有程度不同的毒副作用,一般情况下,随着药量的增多而毒的副作用增大。因此,在用药时一定要注意用量。

(1)驱虫净(四咪唑)疗法　按每千克体重 20～25 mg,口服或拌入少量饲料中喂服;或按照每千克体重 10～15 mg 肌肉注射。本药对各期幼虫均有很好的疗效,但有些猪于服药后10～30 min 出现咳嗽、呕吐、哆嗦和兴奋不安等中毒反应;感染严重时中毒反应一般较大,通常多于 1～1.5 h 后自动消失。

(2)左旋咪唑疗法　本药对 15 日龄幼虫和成虫均有 100%疗效。用法:按每千克体重8 mg 置于饮水或饲料中服用;或按照每千克体重 15 mg 一次肌肉注射。

(3)氰乙酰肼疗法　按每千克体重 17.5 mg 口服或肌肉注射,但用药的总剂量每千克体重不得超过 1 g,连服 3 天。

第三十五节　猪蛔虫病

猪蛔虫病（Ascariosis）是由猪蛔虫寄生于猪小肠引起的一种线虫病，呈世界性流行，集约化养猪场和散养猪均广泛发生。我国猪群的感染率为17%～80%，平均感染强度为20～30条。感染本病的仔猪生长发育不良，增重率可下降30%。严重患病的仔猪生长发育停滞，形成僵猪，甚至造成死亡。因此，猪蛔虫病是造成养猪业损失最大的寄生虫病之一。

一、病原

猪蛔虫（*Ascaris suum*）是寄生于猪小肠中最大的一种线虫。新鲜虫体为淡红色或淡黄色。虫体呈中间稍粗、两端较细的圆柱形。头端有3个唇片，一片背唇较大，两片腹唇较小，排列呈品字形。体表具有厚的角质层。雄虫长15～25 cm，尾端向腹面弯曲，形似鱼钩。雌虫长20～40 cm，虫体较直，尾端稍钝。

随粪便排出的虫卵有受精卵和未受精卵之区分。受精卵为短椭圆形，大小为(50～75) μm×(40～80) μm，黄褐色，卵壳厚，由4层组成，最外一层为凹凸不平的蛋白膜，向内依次为卵黄膜、几丁质膜和脂膜，内含一个圆形卵细胞，卵细胞与卵壳间两端形成新月形空隙。未受精卵较狭长，平均大小为90 μm×40 μm，卵壳薄，多数无蛋白质膜，内容物为很多油滴状的卵黄颗粒和空泡。

寄生在猪小肠中的雌虫产卵，每条雌虫每天平均可产卵10万～20万个，产卵旺盛时期每天可排100万～200万个，每条雌虫一生可产3 000万个。虫卵随粪便排出，在适宜的外界环境下，经11～12天发育成含有感染性幼虫的卵，这种虫卵随同饲料或饮水被猪吞食后，在小肠中孵出幼虫，并进入肠壁的血管，随血流被带到肝脏，再继续沿腔静脉、右心室和肺动脉而移行至肺脏。幼虫由肺毛细血管进入肺泡，在这里度过一定的发育阶段，此后再沿支气管、气管上行，后随黏液进入会厌，经食道而至小肠。从感染时起到再次回到小肠发育为成虫，共需2～2.5个月。虫体以黏膜表层物质及肠内容物为食。在猪体内寄生7～10个月后，即随粪便排出。

二、诊断要点

1. 流行病学

猪蛔虫病的流行很广，一般在饲料管理较差的猪场，均有本病的发生；尤以3～5月龄的仔猪最易大量感染猪蛔虫，常严重影响仔猪的生长发育，甚至发生死亡。其主要原因是：第一，蛔虫生活史简单；第二，蛔虫繁殖力强，产卵数量多，每一条雌虫每天平均可产卵10万～20万个；第三，虫卵对各种外界环境的抵抗力强，虫卵具有4层卵膜，可保护胚胎不受外界各种化学物质的侵蚀，保持内部湿度和阻止紫外线的照射，加之虫卵的发育在卵壳内进行，使幼虫受到卵壳的保护。因此，虫卵在外界环境中长期存活，也增加了感染性幼虫在自然界的积累。

2. 临床症状

猪蛔虫幼虫和成虫阶段引起的症状和病变是各不相同的。

（1）幼虫移行至肝脏时，引起肝组织出血、变性和坏死，形成云雾状的蛔虫斑，直径约1 cm。移行至肺时，引起蛔虫性肺炎。临诊表现为咳嗽、呼吸增快、体温升高、食欲减退和精神沉郁。病猪伏卧在地,不愿走动。幼虫移行时还引起嗜酸性粒细胞增多,出现荨麻疹和某些神经症状类的反应。

(2)成虫寄生在小肠时机械性地刺激肠黏膜,引起腹痛。蛔虫数量多时常凝集成团,堵塞肠道,导致肠破裂。有时蛔虫可进入胆管,造成胆管堵塞,引起黄疸等症状。

(3)成虫能分泌毒素,作用于中枢神经和血管,引起一系列神经症状。成虫夺取宿主大量的营养,使仔猪发育不良,生长受阻,被毛粗乱,常是造成僵猪的一个重要原因,严重者可导致死亡。

3.病理变化

猪蛔虫幼虫和成虫阶段引起的症状和病变是各不相同的。

(1)幼虫移行至肝脏时,引起肝组织出血、变性和坏死,形成云雾状的蛔虫斑,直径约1 cm。移行至肺部时,肺组织的表面呈现许多暗红色斑点或者出血点,在其肺部能够看到许多幼虫。

(2)成虫寄生在小肠时机械性地刺激肠黏膜,引起腹痛,肠黏膜呈现炎症、溃疡或者出血。蛔虫数量多时常凝集成团,堵塞肠道,导致肠破裂。有时蛔虫可进入胆管,造成胆管堵塞,引起黄疸等炎性变化。

4.诊断方法

(1)初步诊断　依照尸体解剖、流行病学以及临床症状等综合性分析措施来初步确定为猪蛔虫病。

(2)蛔虫幼虫检查法　运用贝尔曼氏法,选取一段乳胶管,在其两头分别接上小试管与漏斗,之后将其放在漏斗架上面,将40℃的温水加入到漏斗的中部,在漏斗里面装上被检材料(撕裂的肺组织)的纱布或者粪筛。在放置2 h左右以后,大多数幼虫都会游走沉淀在试管的底部。这个时候将试管拿下来,将上面的清液吸弃,将沉淀物实施镜检,能够看见大量蛔虫幼虫的就可以确诊为猪蛔虫病。

三、防治措施

1.预防措施

(1)定期驱虫。在规模化猪场,首先要对全群猪驱虫;以后公猪每年驱虫2次;母猪产前1~2周驱虫1次;仔猪转入新圈时驱虫1次;新引进的猪需驱虫后再和其他猪并群。产房和猪舍在进猪前应彻底清洗和消毒。母猪转入产房前要用肥皂清洗全身。

在散养的育肥猪场,对断奶仔猪进行第一次驱虫,4~6周后再驱一次虫。在广大农村散养的猪群,建议在3月龄和5月龄各驱虫一次。驱虫时应首选阿维菌素类药物。

(2)保持猪舍、饲料和饮水的清洁卫生。

(3)猪粪和垫草应在固定地点堆集发酵,利用发酵的温度杀灭虫卵。

2.治疗方法

可使用下列药物驱虫,任选其一,均有很好的治疗效果。

(1)甲苯咪唑　每千克体重10~20 mg,混在饲料中喂服。

(2)氟苯咪唑　每千克体重30 mg,混在饲料中喂服。

(3)左旋咪唑　每千克体重10 mg,混在饲料中喂服。

(4)噻嘧啶　每千克体重20~30 mg,混在饲料中喂服。

（5）丙硫咪唑　每千克体重 10～20 mg，混在饲料中喂服。

（6）阿维菌素　每千克体重 0.3 mg，皮下注射或口服。

（7）伊维菌素　每千克体重 0.3 mg，皮下注射或口服。

（8）多拉菌素　每千克体重 0.3 mg，皮下或肌肉注射。

（9）中草药驱虫　槟榔 20 g，大黄 30 g，皂角 30 g，苦楝根皮 35 g，二丑 30 g，厚朴 15 g，水煎服。

第三十六节　猪囊尾蚴病

猪囊尾蚴病(Cysticercoids Cellulosae)俗称囊虫病，是猪带绦虫的幼虫即猪囊尾蚴(*Cysticercus cellulosae*)寄生人体各组织所致的疾病。因误食猪带绦虫卵而感染，也可因体内有猪带绦虫寄生而自身感染。根据囊尾蚴寄生部位的不同，临床上分为脑囊尾蚴病、眼囊尾蚴病、皮肌型囊尾蚴病等，其中以寄生在脑组织者最严重。

一、病原

猪囊尾蚴俗称囊虫，是猪带绦虫的幼虫，呈卵圆形白色半透明的囊，(8～10) mm ×5 mm。囊壁内面有一小米粒大的白点，是凹入囊内的头节，其结构与成虫头节相似，头节上有吸盘、顶突和小钩，典型的吸盘数为 4 个，有时可为 2～7 个，小钩数目与成虫相似，但常有很大变化。囊内充满液体。囊尾蚴的大小、形态因寄生部位和营养条件的不同和组织反应的差异而不同，在疏松组织与脑室中多呈圆形，5～8 mm；在肌肉中略长；在脑底部可大到 2.5 cm，并可分支或呈葡萄样，称葡萄状囊尾蚴。

二、诊断要点

1. 流行病学

猪带绦虫病及囊尾蚴病广泛分布于世界各地。在欧洲、中南美洲、非洲、澳洲及亚洲等地都有本病发生和流行。囊尾蚴病为我国北方主要的人兽共患寄生虫病，以东北、内蒙古、华北、河南、山东、广西等地多见。

2. 发病机制

人作为猪带绦虫的终宿主，成虫寄生人体，使人患绦虫病；当其幼虫寄生人体时，人便成为猪带绦虫的中间宿主，使人患囊尾蚴病。人感染囊尾蚴病的方式有：

（1）异体感染　也称外源性感染，是由于食入被虫卵污染的食物而感染。

（2）自体感染　是因体内有猪带绦虫寄生而发生的感染。若患者食入自己排出的粪便中的虫卵而造成的感染，称自身体外感染；若因患者恶心、呕吐引起肠管逆蠕动，使肠内容物中的孕节返入胃或十二指肠中，绦虫卵经消化孵出六钩蚴而造成的感染，称自身体内感染。自身体内感染往往最为严重。

据调查自体感染只占 30%～40%，因而异体感染为主要感染方式。所以从未吃过"豆猪肉"的人也可感染囊尾蚴病。人感染猪带绦虫卵后，卵在胃与小肠经消化液作用，六钩蚴脱囊而出，穿破肠壁血管，随血散布全身，经 9～10 周发育为囊尾蚴。

3.病理变化

囊尾蚴病所引起的病理变化主要是由于虫体的机械性刺激和毒素的作用。囊尾蚴在组织内占据一定体积，是一种占位性病变；同时破坏局部组织，感染严重者组织破坏也较严重；囊尾蚴对周围组织有压迫作用，若压迫管腔可引起梗阻性变化；囊尾蚴的毒素作用，可引起明显的局部组织反应和全身程度不等的血嗜酸性粒细胞增高及产生相应的特异性抗体等。猪囊尾蚴在机体内引起的病理变化过程有 3 个阶段：

(1)激惹组织产生细胞浸润，病灶附近有中性、嗜酸性粒细胞、淋巴细胞、浆细胞及巨细胞等浸润；

(2)发生组织结缔样变化，胞膜坏死及干酪性病变等；

(3)出现钙化现象。整个过程 3～5 年。囊尾蚴常被宿主组织所形成的包囊所包绕。囊壁的结构与周围组织的改变因囊尾蚴不同寄生部位、时间长短及囊尾蚴是否存活而不同。

猪囊尾蚴在人体组织内可存活 3～10 年之久，甚至 15～17 年。囊尾蚴引起的病理变化导致相应的临床症状，其严重程度因囊尾蚴寄生的部位、数目、死活及局部组织的反应程度而不同。

4.临床症状

由于囊尾蚴在猪体内寄生部位、感染程度、寄生时间、虫体是否存活等情况的不同以及宿主反应性的差异，临床症状也各异。

(1)临床表现　本病一般情况下为慢性消耗性症状，常表现为营养不良，生长发育受阻，被毛长而粗乱，贫血，可视黏膜苍白，且呈现轻度水肿。囊尾蚴感染猪体数量较少时，通常症状较轻，不会表现出明显的症状。

(2)根据囊尾蚴寄生部位而反应出的症状

①寄生在肌肉发达部位：前膀宽，胸部肌肉发达，而后躯相应的较狭窄，即呈现雄狮状，前后观察患猪表现明显的不对称。此外，咬肌和肩胛肌皮肤常表现有节奏性的颤动，患猪熟睡后常打呼噜，且以深夜或清晨表现得最为明显。

②外观猪的舌的边缘和舌的系带部有突出的白色囊泡，手摸猪的舌底和舌的系带部可感觉到游离性的米粒大小的硬结。

③寄生在猪的眼部：病猪眼球外凸、饱满，用手指挤压猪的眼眶窝皮肤可感觉到眼结膜深处有似米粒大小的游离的硬结；翻开猪的眼睑可见眼结膜充血，并有分布不均的米粒状白色透明的隆起物。

④寄生在脑部：病猪会出现神经症状，有时甚至会突然倒地直接死亡。

⑤寄生在咽部、颈部：病猪会发出嘶哑的叫声，呼吸急促，呼吸困难，并伴有短促咳嗽等症状。

5.实验室诊断

当在皮下触摸到弹性硬的黄豆粒大小的圆形或椭圆形可疑结节时应疑及囊尾蚴病。若有原因不明的癫痫发作，又有在此病流行区生食或半生食猪肉史，尤其有肠绦虫史或查体有皮下结节者，应疑及脑囊尾蚴病。常用的实验室诊断方法：

(1)病原学检查　可手术摘取可疑皮下结节或脑部病变组织做病理检查，可见黄豆粒大小，卵圆形白色半透明的囊，囊内可见一小米粒大的白点，囊内充满液体。

(2)免疫学检查　包括抗体检测、抗原检测及免疫复合物检测。抗体检测能反应受检者是否感染或感染过囊尾蚴,但不能证明是否是现症患者及感染的虫荷。

现用于抗体检测的抗原多为粗制抗原,如囊液抗原、头节抗原、囊壁抗原及全囊抗原,这些抗原常能与其他寄生虫感染产生交叉反应,特异性不强。免疫学检查方法,早期有补体结合试验、皮内试验、胶乳凝集试验等,其中有的方法虽简便快速但特异性差,假阳性率高。

ELISA 法和 IHA 法在目前临床上和流行病学调查中应用最广。但要强调的是,上述免疫学检查均可有假阳性或假阴性,故阴性结果也不能完全排除囊尾蚴病。

(3)影像学检查 头颅 CT 及 MRI 检查对脑囊虫病有重要的诊断意义。

(4)其他检查

①脑脊液:软脑膜型及弥漫性病变者脑压可增高。脑脊液改变为细胞数和蛋白质轻度增加,糖和氯化物常正常或略低。嗜酸粒细胞增高,多于总数的 5%,有一定诊断意义。

②血象:大多在正常范围,嗜酸粒细胞多无明显增多。

③眼底检查:有助于眼囊尾蚴病诊断。

6.鉴别诊断

(1)皮下结节需要与皮下脂肪瘤鉴别。

(2)颅内病变需要与结核、肿瘤等病变鉴别。

三、防治措施

1.预防措施

(1)预防措施同猪带绦虫病的预防。在囊尾蚴病流行区,采用包括免疫学诊断在内的综合检验方法对猪群进行普查,查出阳性的病猪及时治疗,在囊尾蚴病流行区对全部猪群进行普治。

(2)加强肉品检验,做到有宰必检。村或单位自宰自食猪肉都必须进行肉检,一经发现囊尾蚴,应立即处理。

(3)进行健康教育,提高群众自我防护能力,把好病从口入关。

(4)修建无害化厕所,管好人粪便;建好猪圈,实行圈养猪。

(5)在本病流行区,对人群进行猪带绦虫检查,阳性者给予及时驱虫,消灭传染源。

(6)该病的预后与病情的具体情况相关。早发现、早治疗一般预后良好。

2.治疗方法

(1)吡喹酮 每日 200 mg/kg 体重,分 3 次内服。或 50 kg 以下猪按 80 mg/kg 体重,50 kg 以上猪 70 mg/kg 体重,配成 10%溶液一次肌肉注射。

(2)丙硫咪唑 按 30 mg/kg 体重,每日投服 1 次,连用 3 天。或每 60 mg/kg 体重,一次肌肉注射。

(3)硫双二氯酚 内服,一次量,75～100 mg/kg 体重。

第三十七节 猪疥癣病

猪疥螨病俗称癞、疥癣,是一种接触传染的寄生虫病,是由猪疥螨虫寄生在皮肤内而引起的猪最常见的外寄生虫性皮肤病,对猪的危害极大。

猪疥螨病是一种由疥螨虫在猪皮肤上寄生,使皮肤发痒和发炎为特征的体表寄生虫病。

由于病猪体表摩擦,皮肤肥厚粗糙且脱毛,在脸、耳、肩、腹等处形成外伤、出血、血液凝固并成痂皮。该病为慢性传染病。

一、病原

疥螨(穿孔疥虫)寄生在猪皮肤深层由虫体挖凿的隧道内。虫体很小,肉眼不易看见,大小为 0.2～0.5 mm,呈淡黄色龟状,背面隆起,腹面扁平,腹面有 4 对短粗的圆锥形肢;虫体前端有一钝圆形口器。疥螨的口器为咀嚼型,在宿主表皮挖凿隧道,以皮肤组织和渗出的淋巴液为食,在隧道内发育和繁殖。疥螨全部发育过程都在宿主体内度过,包括卵、幼虫、若虫、成虫四个阶段,离开宿主体后,一般仅能存活 3 周左右。

二、诊断要点

1. 流行特点

各种年龄、品种的猪均可感染该病。主要是由于病猪与健康猪的直接接触,或通过被螨及其卵污染的圈舍、垫草和饲养管理用具间接接触等而引起感染。幼猪有挤压成堆躺卧的习惯,这是造成该病迅速传播的重要原因。此外,猪舍阴暗、潮湿、环境不卫生及营养不良等均可促进本病的发生和发展。秋冬季节,特别是阴雨天气,该病蔓延最快。

该病主要为直接接触传染,也有少数间接接触传染。直接接触传染,如患病母猪传染哺乳仔猪;病猪传染同圈健康猪;受污染的栏圈传染新转入的猪。猪舍阴暗潮湿,通风不良,卫生条件差,咬架殴斗及碰撞摩擦引起的皮肤损伤等都是诱发和传播该病的适宜条件。通过饲养人员的衣服和手,猫、狗等可间接接触传染。

2. 疾病症状

猪疥螨病的临床表现可分为两种类型:皮肤过敏反应型和皮肤角化过度型。

(1)皮肤过敏反应型　皮肤过敏反应型最为常见,又最容易被忽视,主要容易感染乳猪和保育猪。一年四季都可以发生,以春夏交季、秋冬交季较为增多。

①乳猪、保育猪多容易感染:作为疥螨感染的指征,瘙痒比发现螨虫更为准确,过度挠搔及擦痒使猪皮肤变红,组织液渗出,干涸后形成黑色痂皮;乳猪、保育猪感染疥螨初期,从头部、眼周、颊部和耳根开始,后蔓延到背部、后肢内侧。

②猪感染螨虫后,螨虫在猪皮肤内打隧道并产卵、吸吮淋巴液、分泌毒素;3 周后皮肤出现病变,常起自头部,特别是耳朵、眼、鼻周围出现小痂皮(黑色),随后蔓延至整个体表、尾部和四肢,出现红斑、丘疹、黑色痂皮,并引起迟发型和速发型过敏反应,造成强烈痒感。由于发痒,影响病猪的正常采食和休息,并使消化、吸收机能降低。

③病猪常在墙壁、猪栏、圈槽等处摩擦病变部位,造成局部脱毛。寒冷季节因脱毛裸露皮肤,体温大量散发,体内蓄积脂肪被大量消耗,导致消瘦,有时继发感染严重时,引起死亡。

④猪疥螨感染严重时,造成出血,结缔组织增生和皮肤增厚,造成猪皮肤的损坏,容易引起金色葡萄球菌综合感染,造成猪发生湿疹性渗出性皮炎,患部迅速向周围扩展到全身,并具有高度传染性,最终造成猪体质严重下降,衰竭而死亡。

(2)皮肤角化过度型　有时称为猪慢性疥螨病,主要常见于经产母猪、种公猪和成年猪。

①随着猪感染疥螨病程的发展和过敏反应的消退(一般是几个月后),出现皮肤过度角质化和结缔组织增生,可见猪皮肤变厚,形成大的皮肤皱褶、龟裂、脱毛,被毛粗糙多屑,常见于成

年猪耳廓内侧、颈部周围、四肢下部,尤其是踝关节处形成灰色、松动的厚痂,经常用蹄子搔痒或在墙壁、栏栅上摩擦皮肤,造成脱毛和皮肤损坏开裂、出血。

②经产母猪及种公猪皮肤过度角化的耳部,是猪场内螨虫的主要传染源,仔猪常常在吃奶时受到母猪感染。

总之,剧痒、脱毛、结痂,皮肤皱褶或龟裂和金色葡萄球菌混合感染后形成湿疹性渗出性皮炎、患部逐渐向周围扩展和具有高度传染性为本病特征。

3.鉴别诊断

(1)猪肤癣病 临床呈典型的圆形或不正圆形的皮损,常发于胸腹部、颈部、内股部等,偶见发于耳朵。无痒觉,精神食欲无明显改变。猪疥螨病的皮损不规则,首先由头部、眼和耳朵周围开始发病,渐次向背腹、四肢蔓延,甚至染遍全身。

(2)猪湿疹病 皮炎多发于耳根、下腹部、四肢内侧等处。初红肿发炎,后发生扁平丘疹,有的形成水疱或脓疱,形成麸糠样黑痂。奇痒,病猪精神、食欲、生长发育都受很大影响。

(3)病原体区别 取患猪受害的皮肤、被毛、痂、鳞屑病料镜检:猪肤癣病的病原体为皮肤真菌的大、小(型)分生孢子和菌丝体;猪疥螨的病原体为寄生于皮肤组织的疥螨虫;湿疹、皮炎的病原因素则较为复杂,如生理机能障碍、维生素缺乏、化学药品的刺激和某些中毒性因素都能引起湿疹与皮炎。

4.实验室诊断

在患部与健康部交界处采集病料,选择患病皮肤与健康皮肤交界处,用刀刃与皮肤表面垂直刮取皮屑、痂皮,直到稍微出血。将刮到的病料装入试管内,加入10%苛性钠(或苛性钾)溶液,煮沸,待毛、痂皮等固体物大部分被溶解后,静置20 min,由管底吸取沉渣,滴在载玻片上,用低倍显微镜检查,有时能发现疥螨的幼虫、若虫和虫卵。疥螨幼虫为3对肢,若虫为4对肢。疥螨卵呈椭圆形,黄色,较大(155 μm×84 μm),卵壳很薄,初产卵未完全发育、后期卵透过卵壳可见到已发育的幼虫,由于患猪常啃咬患部,有时在用水洗沉淀法做粪便检查时,可发现疥螨虫卵。

三、防治措施

1.预防措施

(1)定期驱虫 每年在春夏、秋冬交季过程中,对猪场全场进行至少2次以上的体内、体外的彻底驱虫工作,每次驱虫时间必须连续5~7天。

(2)加强防控与净化相结合,杀灭螨虫 螨病是一种具有高度接触传染性的外寄生虫病,患病公猪通过交配传给母猪,患病母猪又将其传给哺乳仔猪,转群后断奶仔猪之间又互相接触传染,如此形成恶性循环。使用驱虫药后7~10天内对环境的杀虫与净化,才能达到彻底杀灭螨虫的效果。

(3)加强对环境的杀虫 可用1:300的杀灭菊酯溶液或2%液体敌百虫稀释溶液,彻底消毒猪舍、地面、墙壁、屋面、周围环境、栏舍周围杂草和用具,以彻底消灭散落的虫体。同时注意对粪便和排泄物等采用堆积高温发酵杀灭虫体。杀灭环境中的螨虫,这也是预防猪疥螨最有效的、最重要的措施之一。

为防止猪圈、用具上的疥螨虫感染健康猪,在治疗病猪的同时,应彻底清除粪便,堆积发酵处理。对墙壁、地面、食槽、水槽等所有可能接触猪的地方全面定期消毒,应用喷灯对墙壁、食槽等猪擦痒处进行火烤消毒效果最佳,并保持猪圈干燥。

(4)加强猪场管理 禁止闲人进入;禁止车辆进入;禁止猫狗进入;消灭蚊蝇和老鼠,确保猪场环境洁净、优雅,净化疥螨虫病,营造适宜猪生产的环境。

2.治疗方法

(1)药浴或喷洒疗法 20%杀灭菊酯(速灭杀丁)乳油,300倍稀释,或2%敌百虫稀释液或双甲脒稀释液,全身药浴或喷雾治疗。务必全身都喷到;连续喷7~10天。并用该药液喷洒圈舍地面、猪栏及附近地面、墙壁,以消灭散落的虫体。药浴或喷雾治疗后,再在猪耳廓内侧涂擦自配软膏(杀灭菊酯与凡士林,1∶100比例配制)。虽然药物无杀灭虫卵作用,但根据疥螨的生活史,在第1次用药后7~10天,用相同的方法进行第2次治疗,以消灭孵化出的螨虫;也可以应用伊维菌素、双甲脒、螨净。

(2)饲料添加剂 饲料中添加金维伊(0.2%伊维菌素预混剂)或鼎丰(0.2%伊维菌素预混剂+5%芬苯达唑预混剂合剂)。连用7天。

(3)皮下注射杀螨制剂 可以选用1%伊维菌素注射液,或1%多拉菌素注射液,每10 kg体重0.3 mL皮下注射。驱螨虫在皮下注射杀螨剂应注意以下事项:

①妊娠母猪配种后30~90天,分娩前20~25天皮下注射1次,种公猪必须每年至少注射2次,或全场一年2次全面注射(种公、母猪春秋各1次)。

②后备母猪转入种猪舍或配种前10~15天注射1次。

③仔猪断奶后进入肥育舍前注射1次。

④生长肥育猪转栏前注射1次。

⑤外购的商品猪或种猪,当日注射1次。注射用药见效快、效果好,但操作有一定难度,有注射应激。

(4)对疥螨和金色葡萄球菌综合感染猪治疗 按照上述(1)+(2)的方法同时治疗外,还要同时配合用利巴韦林、青霉素类的药物粉剂,与2%的水剂敌百虫混合均匀后,进行全身外表患处的涂抹,每天涂抹1~2次,连续使用5~7天。

(5)中草药方剂

①处方1:硫黄15 g,川椒15 g,大麻油125 mL,用法:调匀涂擦患部至愈。

②处方2:硫黄30 g,大枫子9 g,蛇床子12 g,木鳖子9 g,花椒25 g,五倍子15 g,麻油200 mL(后加)用法:研末后加入麻油调匀涂患处至愈。

③处方3:狼毒100 g,牙皂100 g,巴豆15 g,雄黄、轻粉各10 g,共为极细粉末,过100目筛,以生油烧热调匀涂擦患处,隔日1次。

第三十八节 猪亚硝酸盐中毒

猪亚硝酸盐中毒是猪摄入富含硝酸盐、亚硝酸盐过多的饲料或饮水,引起高铁血红蛋白症,导致组织缺氧的一种急性、亚急性中毒性疾病。临诊体征为可视黏膜发绀、血液酱油色、呼吸困难及其他缺氧症状为特征。本病猪较为多见,常于猪吃饱后15 min到数小时发病,故俗称"饱潲病"或"饱食瘟"。

一、病因

由于白菜、油菜、甜菜、野菜、萝卜、马铃薯等青绿饲料或块根饲料富含硝酸盐。而在使用硝酸铵、硝酸钠、除草剂、植物生长剂的饲料和饲草,其硝酸盐的含量增高。硝酸盐还原菌广泛分布于自然界,在温度及湿度适宜时可大量繁殖。当饲料慢火焖煮、霉烂变质、枯萎时,硝酸盐可被硝酸盐还原菌还原为亚硝酸盐,以致中毒。

亚硝酸盐的毒性比硝酸盐强 15 倍。亚硝酸盐亦可在猪体内形成,在一般情况下,硝酸盐转化为亚硝酸盐的能力很弱,但当胃肠道机能紊乱时,如患肠道寄生虫病或胃酸浓度降低时,可使胃肠道内的硝酸盐还原菌大量繁殖,此时若动物大量采食含硝酸盐饲草饲料时,即可在胃肠道内大量产生亚硝酸盐并被吸收而引起中毒。

二、发病机理

亚硝酸盐是强氧化剂,当猪采食含亚硝酸盐的饲料而吸收进入血液后,使血液中的二价铁转化为三价铁,即使正常的氧合血红蛋白氧化为高铁血红蛋白,从而丧失血红蛋白的正常携氧功能,造成组织缺氧。

三、诊断要点

1. 临床症状

急性中毒的猪常在采食后 $10 \sim 15$ min 发病,稍显不安,站立不稳,倒地而死亡。一般多发生于体格健壮、食欲旺盛的猪。慢性中毒时可在数小时内发病,病猪呼吸严重困难,多尿,可视黏膜发绀,刺破耳尖、尾尖等,流出少量酱油色血液,体温正常或偏低,全身末梢部位发凉。因刺激胃肠道而出现胃肠炎症状,如流涎、呕吐、腹泻等。共济失调,痉挛,挣扎鸣叫,或盲目运动,心跳微弱。临死前角弓反张,抽搐,倒地而死。症状轻者,数小时后,症状逐渐减轻,可恢复健康。

2. 病理变化

中毒猪尸体腹部多膨满,口鼻青紫,可视黏膜发绀。口鼻流出白色泡沫或淡红色液体,血液呈酱油状,凝固不良。肺膨大,气管和支气管、心外膜和心肌有充血和出血,胃肠黏膜充血、出血及脱落,肠淋巴结肿胀,肝呈暗红色。

3. 诊断鉴别

依据发病急、群体性发病的病史、饲料储存状况、临诊见黏膜发绀及呼吸困难、剖检时血液呈酱油色等特征,可以做出诊断。可根据特效解毒药美蓝进行治疗性诊断,也可进行亚硝酸盐检验、变性血红蛋白检验。

(1)亚硝酸盐检验　取胃肠内容物或残余饲料的液汁 1 滴,滴在滤纸上,加 10% 联苯胺液 $1 \sim 2$ 滴,再加 10% 的醋酸 $1 \sim 2$ 滴,滤纸变为棕色,则为亚硝酸盐阳性反应。也可将胃肠内容物或残余饲料的液汁 1 滴,加 10% 高锰酸钾溶液 $1 \sim 2$ 滴,充分摇动,如有亚硝酸盐,则高锰酸钾变为无色,否则不褪色。

(2)变性血红蛋白检验　取血液少许于试管内振荡,振荡后血液不变色,即为变性血红蛋白。为进一步验证,可滴入 1% 氰化钾 $1 \sim 3$ 滴后,血色即转为鲜红。

四、防治措施

1. 预防措施

(1)改善饲养管理,青绿饲料宜生喂,堆积发热腐烂时不要饲喂。

(2)饲料需要蒸煮或烧煮时,可加入适量醋,以杀菌和分解亚硝酸盐。并揭开锅盖且不断搅拌,勿焖于锅里过夜。

(3)在接近收割的青绿饲料不应施用硝酸盐化肥,以免喂饲时导致中毒。

2. 治疗方法

(1)发现病情及时治疗 迅速使用特效解毒药如美蓝或甲苯胺蓝。静脉注射 1‰的美蓝,按每千克体重 1 mL,也可深部肌肉注射 1‰的美蓝;甲苯胺蓝每千克体重 5 mg,可内服或配成 5％的溶液静脉注射、肌肉注射或腹腔注射。使用特效解毒药时配合使用高渗葡萄糖 300～500 mL,以及每千克体重 10～20 mg 维生素 C。

(2)对症治疗 呼吸急促时,可用尼可刹米、山梗菜碱等兴奋呼吸的药物。对心脏衰弱者,注射 0.1％盐酸肾上腺素溶液 0.2～0.6 mL,或注射洋地黄毒苷予以强心救治。

第三十九节　猪有机磷农药中毒

有机磷农药中毒是由于接触、吸入或误食被某种有机磷农药污染的饲料所引起的一种中毒性疾病。有机磷能使体内胆碱酯酶活性下降,造成乙酰胆碱蓄积,临床上以表现胆碱能神经效应为主要特征。

有机磷农药是最常用的高效杀虫剂,现已有 100 多种,目前我国生产的已有数十种之多。剧毒类:包括对硫磷(1605)、甲拌磷(3911)、内吸磷(1059)、甲基对硫磷(甲基 1605)、甲基内吸磷(甲基 1059)等。低毒类:包括敌百虫、乐果、马拉硫磷(4049)等药物。

一、病因

猪有机磷农药中毒常因误食撒布过有机磷农药的蔬菜等植物,或用敌百虫驱虫用量过大,或用敌百虫治疗外寄生虫被猪舔食而引起。有时也见于人为投毒。

二、发病机理

在正常生理情况下,神经冲动的传递是靠神经末梢释放的乙酸胆碱来完成的,作用完毕后,乙酰胆碱在胆碱酯酶的作用下,被分解成乙酸和胆碱,然后再合成再传递,如此循环反复,从而保证了神经冲动在神经之间和神经与肌肉之间的顺利进行。当发生有机磷中毒时,有机磷化合物能与胆碱酯酶结合,形成比较稳定的磷酰化胆碱酯酶,使体内胆碱酯酶的活性显著下降,失去分解乙酸胆碱的能力,导致乙酰胆碱在胆碱能神经末梢和突触部大量蓄积,并持续不断地刺激胆碱能受体,造成胆碱能神经高度兴奋,继而麻痹胆碱能神经突触的冲动传递,出现一系列的中毒症状。有机磷化合物与胆碱酯酶的结合,初期是可逆的,以后就变为不可逆反应。当毒物进入量少,血浆胆碱酯酶活性降低到 70％～80％时,往往不表现临床症状。当进入量较多,酶活性降到 30％～40％时,就有较明显临床症状。当活性降到 30％以下时,呈现重剧中毒,并引起死亡。

有机磷中毒的共同机理和主要机理是胆碱酯酶活性降低。此外,不同有机磷农药还各有一定的独特性作用,如某些有机磷农药对中枢神经系统、神经节和效应器官可能有直接作用,而且对三磷酸腺苷酶、胰蛋白酶以及其他一些酯酶可能也呈抑制作用。

三、诊断要点

1.临床症状

有机磷中毒主要呈现毒蕈碱样、烟碱样以及中枢神经系统症状。轻度中毒以毒蕈碱样症状为主,虹膜括约肌收缩使瞳孔缩小,支气管平滑肌收缩和支气管腺体分泌增多,导致呼吸困难,甚至发生肺水肿。胃肠平滑肌兴奋,表现为腹痛不安,肠音强盛,不断腹泻。膀胱平滑肌收缩,造成尿失禁。汗腺和唾液腺分泌增加,引起大出汗和流涎。中度中毒者,除上述症状更严重外,主要呈现烟碱样作用症状,骨骼肌兴奋,发生肌肉痉挛,最后陷于麻痹。重度中毒者主要表现中枢神经系统中毒,病猪昏迷,抽搐,发热,大小便失禁,全身震颤,突然倒地,心跳加快,瞳孔极度缩小,对光反射消失。常因呼吸中枢麻痹,呼吸肌瘫痪,肺水肿或因循环衰竭而死亡。

2.病理变化

本病缺乏特征性病理变化。经消化道中毒在 10 h 以内死亡的急性病例,除胃肠黏膜充血和胃内容物可能有大蒜味外,无其他病变。

(1)急性型　胃肠内容物有蒜臭味和胃肠黏膜充血、出血、肿胀,并多半呈暗红色或暗紫色。气管内常有白色泡沫存在。肺充血、肿大。心内膜有不整形的白斑。肝、脾肿大,肾浑浊肿胀。

(2)亚急性型　胃肠黏膜发生坏死性、出血性炎症,肠系膜淋巴结肿胀、出血。胆囊肿大、出血、黏膜、黏膜下层和浆膜有出血斑,各实质器官发生浑浊肿胀。肺淋巴结肿胀、出血。镜检,肝和肾实质变性。胸腺及脾淋巴细胞减少。病久,肝组织、小肠淋巴滤泡有小坏死灶。

3.鉴别诊断

根据调查有接触有机磷农药的病史,比较特征性的胆碱能神经兴奋症状,如流涎、出汗、肌肉痉挛、瞳孔缩小、肠音强盛、呼吸困难等,再结合全血胆碱酯酶活力测定做出早期的诊断,必要时,进行有机磷农药等毒物的检验。紧急时可作阿托品治疗性诊断。

四、防治措施

1.预防措施

(1)喂给青饲料前 10 天,禁止喷洒农药,以防发生猪有机磷中毒。

(2)应用敌百虫驱虫时,严格按说明书使用,禁止超量用药。

(3)加强管理,严加防范,禁止闲人进入猪舍,以免人为投毒。

(4)农药严格管理,防止猪误食,保证饲料、饮水卫生安全,以防农药污染。

2.治疗方法

(1)尽快除去毒物　如经皮肤中毒,可用肥皂和水洗涤(敌百虫中毒忌用肥皂水洗),经消化道中毒而未完全吸收者,用 1%～2%苏打水或食盐水等洗胃,并催吐、灌肠等去除毒物。

(2)特效解毒剂　应用胆碱酯酶复活剂(解磷定、氯磷定、双解磷、双复磷)和乙酰胆碱对抗剂(硫酸阿托品)双管齐下,疗效确实。

①硫酸阿托品 2～4 mg 皮下注射,或解磷定 0.5～3 g(0.015～0.05 g/kg 体重)。或肌

肉、静脉注射氯磷定,10～20 mg/kg 体重,若注射后不见好转,2 h 后再注射一次。

②双复磷:每千克体重 40～60 mg,用盐水溶解后,皮下、肌肉或静脉注射。

(3)中草药方　滑石 30 g、甘草 30 g、绿豆 250 g,粉末,水煎内服。

(4)对症治疗　当病猪兴奋不安,痉挛抽搐时可用巴比妥;当病猪腹泻时,注射葡萄糖和复方氯化钠、维生素 C 和防止继发感染的消炎药;为了维护心脏功能,可用尼可刹米等药物。

第四十节　猪黄曲霉毒素中毒

黄曲霉毒素中毒主要引起猪肝细胞变性、坏死、出血。临诊上以全身出血、消化机能紊乱、腹水、神经症状等为特征。黄曲霉毒素主要是黄曲霉和寄生曲霉产生的有毒代谢产物。黄曲霉毒素并不是单一物质,而是一类结构极相似的化合物。(黄曲霉和寄生曲霉等广泛存在于自然界中,主要污染玉米、花生、豆类、麦类、秸秆等。)黄曲霉毒素主要分布在肝脏,可经肝脏微粒体混合功能氧化酶催化而发生羟化、脱甲基和环氧化反应。黄曲霉毒素影响 DNA、RNA 的合成和降解,蛋白质、脂肪的合成和代谢,线粒体代谢以及溶酶体的结构和功能。黄曲霉毒素还具有致癌、致突变和致畸形性,危害极大。

一、病原

黄曲霉和寄生曲霉毒素的基本结构中都含有二呋喃环和双香豆素,根据其细微结构的不同可分为 B_1、B_2、G_1、G_2、M_1、M_2 等多种类型,B_1、B_2 在紫外光照射下为蓝色,G_1、G_2 为绿色荧光,其中黄曲霉毒素 B_1 毒性最强。

黄曲霉和寄生曲霉等广泛存在于自然界中,主要污染玉米、花生、豆类、麦类、秸秆等。在其中产生毒素,从而使一般谷物及其副产品发霉变质。黄曲霉菌最适宜在温度 24～30℃的条件下繁殖,在谷物和粮油加工副产品中,若含水分达 20%～30%,繁殖最快。当玉米含水量为 16.2%～24.4%时作常温贮藏,黄曲霉菌是玉米中最主要的霉菌之一。本病一年四季均可发生。

二、诊断要点

1.临床症状

临床上可分为急性、亚急性和慢性三种类型,其中亚急性较常见。

(1)急性病例　中毒多于食入毒素污染饲料 1～2 周发病,可在运动中发生死亡,或发病后 2 天内死亡。

(2)亚急性病例　病猪体温正常,精神沉郁,不吃,后躯无力,走路摇摆,粪便干燥,直肠出血,有时站立一隅或头抵墙下。黏膜苍白或黄染,皮肤出血和充血。以后出现间歇性抽搐,表现过度兴奋,角弓反张,消瘦,可视黏膜黄染,皮肤发白或发黄。

(3)慢性病例　表现精神委顿,走路僵硬。出现异嗜癖者,喜吃稀食和青绿饲料,甚至啃食泥、瓦砾,常离群独处,头低垂,弓背,卷腹,粪便干燥。亦有呈现兴奋不安,冲跳,狂躁。体温正常,黏膜黄染,有的病猪眼、鼻周围皮肤发红,以后变蓝色。

2.病理变化

(1)急性病例　主要是充血和出血,胸腹腔大出血,常积有液体。全身多处肌肉出血,常见于大腿前和肩胛下区的皮下肌肉。胃肠黏膜可见出血斑点,肠内混血呈煤焦油状、肾脏有出血斑点。肝肿大,呈黄褐色,脆弱,表面有出血点。胆囊扩张。心内、外膜常有出血点。

(2)慢性病例   主要是肝硬变、黄色脂肪变性及胸腹腔积液,有时,结肠浆膜呈胶样浸润,肾脏苍白、肿胀,淋巴结充血、水肿。

3.鉴别诊断

(1)了解病史   发现可疑症状,必须调查了解病史,并对现场饲料样品进行检查,发现霉饲料,才能做出初步诊断,确诊必须参考病理组织学特征变化及黄曲霉菌毒素测定的结果,还可进行霉菌病原的分离培养。

(2)可疑饲料的黄曲霉毒素测定

①可疑饲料直观法:可作为黄曲霉毒素预测法。取有代表性的可疑饲料样品(如玉米、花生等)2~3 kg,分批盛于盘内,分摊成薄层,直接放在365 nm波长的紫外线灯下观察荧光;如果样品存在黄曲霉毒素G_1、G_2,可见到含G族毒素的饲料颗粒发出亮黄绿色荧光;如若是含黄曲霉B族毒素,则可见到蓝紫色荧光。若看不到荧光,可将颗粒捣碎后再观察。

②化学分析法:先把可疑饲料中黄曲霉毒素提取和净化,然后用薄层层析法与已知标准黄曲霉毒素相对照,以确证所测的黄曲霉毒素性质和数量(可参照中华人民共和国食品卫生法等有关资料)。

(3)血液检查   红细胞数显著减少,白细胞数增多,低蛋白血症,凝血时间延长。

①急性病例,谷草转氨酶、谷氨酸转移酶和凝血酶原性升高。

②亚急性和慢性病例,碱性磷酸酶和异柠檬酸脱氢酶活性升高,黄疸指数升高。

三、防治措施

1.预防措施

(1)饲料原料采购、储存和管理   玉米成熟后及时收获,彻底晾干、通风储存,粉碎后不宜久放,更易为黄曲霉提供养分,产生霉变,因此要根据需要确定粉碎玉米量。

禁止购置和使用发霉玉米等饲料原料。

轻微霉变时,应在少量多次添加于优良饲料中逐渐使用,同时添加脱霉剂。

在多雨、空气潮热、湿度较大的季节,玉米、糠麸、豆粕等饲料原料很容易黄曲霉超标,饲料中长期添加脱霉剂是预防猪场黄曲霉毒素中毒,减少经济损失的最有效途径,下面仅介绍脱霉剂优缺点。

①蒙脱石(又称火山灰)。优点:对有极性的黄曲霉毒素有强大的吸附作用;缺点:用量大,按国外资料要达到好的预防效果,每吨饲料要添加3 kg,同时对有极性的维生素、氨基酸也有吸附作用,吸附黄曲霉毒素的同时也把营养带出体外。

②酵母细胞壁。是啤酒发酵产物。优点:对有极性的黄曲霉毒素有很好的吸附作用,且不吸附营养;缺点:不能吸附对母猪危害最大的无极性玉米赤霉稀酮、镰刀霉素和呕吐霉素。

③酵母细胞提取物。优点:对有极性黄曲霉毒素和无极性的玉米赤霉稀酮、镰刀霉素和呕吐霉素都有很强的吸附作用,不吸附有极性的维生素和氨基酸;缺点:不能解决已经被肠黏膜吸收进入循环系统的各种毒素,不能从根本上解决猪场饲料霉毒。

(2)药物预防   用任何脱霉剂只能吸附饲料中的霉毒,都不能从根本上解决霉毒问题。药物中不仅有目前最先进的脱霉剂,对有极性黄曲霉毒素和无极性的玉米赤霉稀酮、镰刀霉素和呕吐霉素都有很强的吸附作用,不吸附无极性的维生素和氨基酸。若在饲料中加入保肝利胆、帮助消化的成分,预防的同时对已经吸收的霉菌起到治疗作用,防治结合,用量小的解霉毒散,是未来猪场解决饲料霉中毒的理想方案。

2.治疗方法

(1)饲料中添加排毒克霉净或解霉毒散,吸附采食进入消化系统的黄曲霉毒素,修复被黄曲霉毒素破坏的肠绒毛,对肠壁形成保护膜,减少刺激,对受损消化系统消炎,迅速恢复采食量。

(2)重毒强毒康注射液 ＋ 抵抗力注射液,分点肌肉注射,每日 1 次,连用 3 天。

(3)采取葡萄糖、维生素 C、电解质、黄芪多糖饮水,一日两次。

(4)中草药治疗。

①处方 1:茵陈 20 g,栀子 20 g,大黄 20 g,粉末,水煎服,待凉后加葡萄糖 30～60 g 混合,一次灌服,连服 3～7 天。

②处方 2:铁冬青 15 g,防风 15 g,甘草 30 g,绿豆 500 g,白糖 60 g,用法:前三味同煎取汁,加入白糖,混匀后一次灌服。

第四十一节　猪灭鼠药中毒

灭鼠药一般对人、畜都有较大的毒性。灭鼠药中毒主要是因灭鼠时,动物误食灭鼠毒饵或被毒鼠药污染的饲料和饮水,以及因吞食被灭鼠药毒死的老鼠或家禽尸体而发生的中毒性疾病。鼠类的危害很大,不仅损害饲料,而且还传播传染病,因此灭鼠也是规模化猪场的重点课题。灭鼠药种类繁多,大致分为抗凝血类(如敌鼠、华法林),无机磷类(如磷化锌、黄磷等),有机磷类(如毒鼠磷等),有机氟类(如氟乙酰胺、甘氟等),氰熔体类及其他(如安妥、溴甲烷等)等六类,常见的毒鼠药中毒有:安妥、磷化锌、氟乙酰胺及华法林等灭鼠药的中毒。

一、病原及发病机理

猪的灭鼠药中毒比较少见,主要是因误食灭鼠毒饵或被毒鼠药污染的饲料和饮水所致;另外,有时用有机磷制剂驱虫或用华法林抗凝血治疗时用量过大,疗程过长亦可引起中毒;个别还见于人为投毒破坏造成。

1.抗凝血类灭杀鼠药中毒

这类灭鼠药所共有的香豆素或茚满二酮基核是维生素 K 的拮抗剂,导致动物体凝血障碍,从而造成出血倾向,临床上以全身各部的自发性大块出血和创伤后流血不止及组织缺氧等为主要特征。

2.磷化锌中毒

磷化锌是久经使用的灭鼠药和熏蒸杀虫剂,它的残效期较长,直接刺激和腐蚀消化道黏膜,使胃和小肠发生炎症,引起溃疡和出血。其主要损害实质脏器和血管壁,造成心、肝、肾等脏器组织细胞变性、坏死;血液出现血栓和溶血,各组织充血、水肿和出血,最后因导致全身广泛性出血,组织缺氧而昏迷死亡。

3.安妥中毒

其毒性作用有三个方面:一是可刺激胃黏膜和中枢,出现呕吐、流涎等症状。二是被肠道吸收,作用于交感神经系统,阻断血管收缩神经,使肺部血管通透性增加,导致肺水肿和胸腔积液。三是安妥具有抗维生素 K 作用,抑制凝血酶原的生成,导致出血倾向。

4.有机氟农药中毒

它的毒性作用在于,氟乙酸在乙酰辅酶 A 活化和缩合酶作用下,与草酰乙酸缩合生成氟柠檬酸。氟柠檬酸是柠檬酸的对抗物,能阻断柠檬酸的代谢,使三羧酸循环中断,造成柠檬酸在组织和血液蓄积,ATP 生成不足,严重影响组织细胞的正常功能,心、脑等急需能量的组织细胞受害尤为严重,临床上以心血管系统或神经系统机能障碍为主。

二、诊断要点

1.临床症状及病理变化

(1)抗凝血类灭杀鼠药中毒(香豆素)

①急性中毒常无前驱症状即告死亡。

②亚急性中毒常见症状为黏膜苍白,吐血,便血,鼻出血,广泛的皮下血肿,肌间出血。关节肿胀,步态蹒跚,共济失调,虚弱,心律失常,呼吸困难,昏迷而急性死亡。

③病理变化为全身各部大量出血。常见出血部位为胸腔纵隔腔,关节和血管周围组织,皮下组织,脑膜下和脊髓管,胃肠及腹腔等。心肌松软,心内、外膜下出血。肝小叶中心坏死,病程长的病例,组织黄染。

(2)磷化锌中毒

①无特征性症状,病猪早期表现不吃和昏睡,不久发生呕吐,腹泻,呕吐物和粪便有蒜臭味,在暗处可发磷光。较重的呼吸急迫,气喘,黏膜发绀,心律不齐。

②病理变化为全身各组织充血、水肿和出血。肺、肝、肾明显充血,肺小叶有的水肿,胸膜有渗出,胸膜下出血,消化道黏膜充血、出血和脱落。剖开胃时,常散发一种带蒜臭味,在暗处可见磷光。

(3)安妥中毒

①病猪最初特征为呕吐和流涎。以后症状表现兴奋不安,呼吸困难,咳嗽,两鼻孔流出带血色的细泡沫。发病后期,运动失调,犬坐姿势,常发生强直痉挛,短时间内窒息死亡。体温低下,尸体发绀。

②病理变化为全身组织器官瘀血和出血,特征性病变为肺水肿,整个肺呈暗红色,极度肿大,散在或密布出血斑。气管内有带血的液体及泡沫。胸腔积有多量透明液体。

(4)有机氟农药中毒　主要表现中枢神经和循环系统的症状。

①临床中有两种类型,一种表现为突然发病,病猪多无明显的前驱症状,约经 9～18 h,病猪突然跌倒,剧烈抽搐,惊厥或角弓反张,迅速死亡;有的可暂时恢复,但心跳快,节律不齐,有轻微腹痛,摇尾不安,出汗,步态蹒跚。过敏,鸣叫,突然倒地,全身震颤,四肢划动和心力衰竭。很快又复发,最后死亡。另一种表现为病猪在中毒之次日,即表现沉郁,食欲废绝,呕吐,脉搏快而弱,心跳节律不齐。约经 3～5 天,常因外界刺激或无明显外因而突然发作惊恐,尖叫,狂奔、全身颤抖,呼吸迫促,持续 3～6 min,症状缓解,但又可重复发作。病猪终于在抽搐中因呼吸抑制和心力衰竭而死亡。

②病理变化为各种黏膜、组织发绀,心肌松软,心包及心肌充血,有出血斑点,脑软膜充血、出血,肝、肾瘀血、肿大,卡他性或出血性胃肠炎。组织学检查脑水肿和血管周围淋巴浸润。

2.鉴别诊断

灭鼠药中毒的诊断有一定的困难,主要依据是否接触灭鼠药如安妥、磷化锌、氟乙酰胺或华法林等病史,结合各类灭鼠药中毒后的临床特征和病理特征,参考特效解毒药的治疗效果进行综合分析,做出初诊。进一步确诊需要测定饲料、胃肠内容物、血液及脏器内灭鼠药的有毒成分进行分析。

三、防治措施

1.预防措施

禁止饲喂被氟乙酰胺污染的饲料;对毒死的老鼠尸体要深埋。

2.治疗方法

(1)安妥、磷化锌中毒因无特效解毒剂,只能采取一般的中毒急救措施。如尽快进行催吐、洗胃、缓泻,并配合补液、强心、利尿等疗法。安妥中毒还要采取消除肺水肿、排除胸腔积液和注射维生素 K 制剂等方法。

(2)对有机氟农药中毒者,首先应选用特效解毒药乙酰胺,亦可用乙醇乙酸酯(醋精)进行急救,同时配合中毒的一般急救措施,适当镇静和强心。

(3)抗凝血类灭杀鼠药中毒者,首先选用维生素 K_1 解除凝血障碍;出血严重者,应输血和输液,以补充血容量;还要适当的镇静、强心,缓解呼吸困难等综合治疗措施。

(4)可使用辅助解毒剂,如辅酶 A、三磷酸腺苷、维生素 C、维生素 B_2 等制剂,效果更好。

第四十二节　仔猪营养性贫血症

仔猪营养性贫血(Nutritional Anemia of Piglet)是指 5～28 天内哺乳仔猪由于营养不足及微量元素缺乏,特别是铁的缺乏而引起的贫血,临床上以可视黏膜色淡,轻度黄染或苍白;循环血液中红细胞数量下降,血红蛋白显著减少等为特征,又称为缺铁性贫血或者小细胞低色素性贫血。仔猪营养性贫血实质属于是一种营养代谢病。多发生于寒冷的冬末、春初季节的舍饲仔猪,特别是猪舍以木板或水泥为地面而不采取补铁措施的集约化养猪场。本病在一定地区具有群发性,发病率、死亡率较高,每年都可能发生,给养猪业造成严重的经济损失。

一、病因

1.生理性病因

主要是铁不足或缺乏,仔猪出生后头几周,生长发育迅速,全血容量增长快,每天需铁 7～15 mg,而母乳供给的铁每天仅为 1 mg,于是动用体内极其微薄的贮存铁约为 40～47 mg。而此期仔猪若生长在以水泥或木板为地面的猪舍内不能与土壤接触,失去了对铁的摄取来源,同时又没有采取人工补铁措施,而使仔猪缺铁严重;加上仔猪出生后 7 天内胃液缺乏盐酸,获得的铁就更少了,结果血红蛋白合成不足而出现生理性贫血。

2.条件性病因

仔猪补饲日粮中碳酸钙和锰的含量过多可以引起条件性缺铁和贫血,这主要是由于碳酸钙和锰都对铁的吸收具有拮抗作用。当日粮中蛋白质、铜、钴、锌、维生素 B_{12}、叶酸、烟酸、硫胺素、核黄素等缺乏时,可引起或促进仔猪营养性贫血的发生。磷酸、植酸、鞣酸、草酸等均能与铁结合,阻碍铁的吸收,日粮中这些物质的含量过高,也可促进本病的发生。

3.其他病因

猪舍空气不流通、粉尘多、阴湿、密养等环境因素均能加重贫血。如果仔猪摄入了有毒、含生物碱的饲料和多次或长期使用氯霉素等药物也会加速贫血的发生。

二、诊断要点

1.临床症状

病猪精神沉郁,离群伏卧,食欲减退,被毛逆立,缺乏光泽,生长缓慢或停止。体温不高,多伴腹泻。可视黏膜色淡,轻度黄染或苍白。光照耳壳呈灰白色,几乎见不到明显的血管,针刺也很少出血。呼吸增数,脉搏急速,可听到贫血性心内杂音;轻微运动则心搏动强盛,喘息不止。头和前躯可发生水肿,有时发生膈痉挛。有的仔猪外观很肥胖,生长发育也较快,可在奔跑中突然死亡。有的仔猪外观消瘦,便秘下痢交替出现,异嗜,衰竭;腹壁蜷缩,其体型呈橄榄状。

2.病理变化

肝脏脂肪变形且肿大,呈淡灰色,有时有出血点。血液稀薄呈水样、凝固性差;肌肉色泽变淡,特别是臀肌和心肌呈现出典型的贫血变化。脾脏肿大,被膜增厚,色浅,质地稍结实。肾脏实质变性,呈灰白色,被膜易剥离,切面皮质和髓质界限清楚。腹腔、胸腔、心包腔积液,心脏扩张,心外膜有小出血点。肺水肿,间质明显,切面有渗出液溢出。肠系膜淋巴结水肿、瘀血;胃和肠腔空虚,其黏膜有灶性病变。

3.实验室检查

(1)组织学检查 骨髓中红细胞生成加强,在肝脏、脾脏及淋巴结有髓外造血功能。

(2)血液检查 血液色淡而稀薄,不易凝固。红细胞减少至 $3 \times 10^{12}/L$ 以下,血红蛋白低于 40 g/L。红细胞着色浅,中央淡染区扩大,红细胞大小不均,而以小的居多,出现一定数量的梨形、半月形、镰刀形等异形红细胞。平均直径小于 5 μm,正常为 6 μm。

三、防治措施

根据仔猪的临床症状、病理变化,结合母猪日粮中蛋白质、铁和其他微量元素的供应情况以及仔猪的饲养管理,以及实验室检查基本确诊本病。

1.预防措施

(1)加强妊娠后期和哺乳母猪的饲养管理,增加哺乳仔猪外源性铁剂的供给。

(2)妊娠后期和哺乳母猪添加营养均衡保健产品"牲命1号",并适当增加青绿多汁饲料,保证充足高质的母乳供给。

(3)预防性补铁。在水泥、木板地面的猪舍内长期舍饲仔猪,应在3~5日龄时开始补加铁剂,可将铁铜合剂撒在颗粒料内,或涂于母猪乳头上,或逐头按量灌服;也可在仔猪3日龄时肌肉注射右旋糖酐铁 100~150 mg/头。

2.治疗

治疗原则为补充外源性铁剂,充实体内铁质储备。

(1)用硫酸亚铁 2.5 g、氯化钴 2.5 g、硫酸铜 1 g,冷开水加至 1 000 mL,混合后用纱布滤过,每千克体重用 0.25 mL,涂于母猪乳头上,或混于仔猪饲料及饮水中,每日 1 次,连服 7~

14 天;并在栏中投入红土或泥炭土,让仔猪自由采食。

（2）注射铁制剂,效果确实而迅速,供肌肉注射的铁制剂有右旋糖酐铁、葡聚糖铁钴等制剂。用右旋糖酐铁 2 mL 深部肌肉注射,7 天后再注射 1 mL;葡聚糖铁钴深部肌肉注射,每次 2 mL,重症贫血者隔 2 天同等剂量重复 1 次。

第四十三节　猪硒缺乏症

猪缺硒病是微量元素硒缺乏而引起猪的一种营养代谢障碍性疾病,俗称白肌病,发病死亡猪的骨骼肌、心肌、肝脏的发生变性和坏死以及渗出性素质。

一、病因

硒(Se)元素自从瑞典化学家 Berzelius 在 1817 年发现以来,多年来一致认为是有毒的元素。1957 年,Eggert 等报道,缺硒的猪突然死亡,呈现肝坏死,肌肉变性,心肌微血管病变,胃和食道溃疡,黄脂症等。同年,Schwarze 等证明,硒可治疗大鼠的肝坏死,从而确立了硒为动物营养中微量元素的地位,硒在动物疾病的应用研究上进展很快,以后维生素 E 和硒二者之间的关系也引起人们的注意。

猪日粮中含硒低于 0.02×10^{-6}(亦即 2 g/1 000 kg)或 0.06×10^{-6},而日粮中同时缺乏维生素 E 时,即可发生硒缺乏病。

硒-维生素 E 缺乏病,已是世界范围的一种动物病。瑞典、芬兰、挪威、丹麦、英联邦、美国、加拿大、墨西哥、新西兰、澳大利亚、苏联和日本等都有报道。中国黑龙江、吉林、辽宁、华北、内蒙古、西北、西南都有本病发生。

除猪外,牛、绵羊、山羊与骡、驴、鸡、鸭、火鸡、鹿、兔、水貂、犬、猫、鼠类等动物均可发生。人类缺硒可发生克山病、大骨节病等地方性疾病。

二、发病机理

硒与维生素 E 在维持细胞完整性的生物学作用已有许多研究,硒是谷胱甘肽过氧化物酶的重要组成部分。该酶能消除在生物氧化过程中所产生的脂质过氧化物,而维生素 E 作为抗氧化剂的作用是抑制或降低生物膜类脂产生过氧化物,保护暴露于高浓度脂质过氧化物的细胞膜的作用。当硒、维生素 E 缺乏时,谷胱甘肽过氧化物酶活性降低,以及脂质过氧化物增多,从而损害生物膜结构,尤其是线粒体、内质网等,富含不饱和脂肪酸的生物膜易受损害。过氧化物的 ROOH 游离基还能破坏溶酶体,释放水解酶来损害细胞。结果,细胞膜系统不稳定性可能增强,细胞控制过氧化作用的能力降低致使细胞膜结构和功能可遭破坏。因此,当动物营养中缺硒时,特别是幼畜生长发育快,代谢盛,细胞增殖快,则其氧化过程必然强烈,产生的过氧化物的抵抗力和耐受力均低,产生过多的过氧化物,必然损害细胞的膜结构,特别是亚细胞膜首先发生损害,当应激因素发生时,即可促使处于低硒临界水平的幼年动物发病。

根据骨骼肌的肌纤维分型,猪低硒时,选择性的侵害Ⅰ型,使Ⅰ型纤维首先发生变性和坏死。由此可以认为早期的硒缺乏症肌纤维的变性坏死,肉眼出现可见的灰白色条纹状的变性坏死灶,即是Ⅰ型肌纤维首先被选择性的损害的结果。随着病程的进展,Ⅰ型肌纤维大量破坏,尤其是溶酶体破坏时,释放大量水解酶而破坏相邻的肌纤维(Ⅰ或Ⅱ型),所以可以认为Ⅰ

型的病变是原发的,Ⅱ型是继发的,随着病变的扩大,Ⅰ与Ⅱ型肌纤维都发生变性和坏死,此时用 ATP 酶法,分不清Ⅰ与Ⅱ型,而是一片散性坏死病变。

三、诊断要点

1.流行病学

(1)地区性　在地表土壤中硒的含量不同,所以在贫硒地区,根据土壤含量可分重病区、轻病区、非病区,中国黑龙江、甘肃、云南等地重病区面积较大。

(2)季节性　每年发病均可出现明显的季节性,特别是北方寒冷地区,由于漫长的冬季饲养,又缺乏青绿饲料,易于造成某些营养的缺乏或失调。此外与各年的气候雨量等自然大环境有关,丰收年少发,灾年多发。所以在流行病学上表现出缺硒病为生物地理化学性流行病,缺硒地区常发生本病。

(3)群体选择性　具有明显的年龄特点,尽管成年与幼龄阶段的猪均有发病,但主要是仔猪发病多,据徐照极(1980)在曙光农场猪群 1963—1978 年间猪白肌病年龄性别统计结果:出生后 2 月龄间哺乳仔猪发病率 21.37%,2~4 月龄断奶仔猪为 10.7%,而育肥、成年猪仅为8.4%。

改良和杂种猪比本地种对缺硒敏感易于患病。同窝仔猪发育良好的个体多发,而且发病急,病情重(常突发,急死于心源性休克)。

应激因素可促进本病的暴发流行,本病多发区因含硒量不足,猪处于亚临床症状阶段,一旦因气候、饲料等突变,疫苗注射等因素的作用,可出现本病的暴发流行,养猪生产中应注意。

2.临床症状

发病经过可分急性、亚急性和慢性型,按发生的器官可分为白肌病(骨骼肌型)、心肌型(桑葚型)、肝坏死型。

病猪体温一般在正常范围之内,发病时精神沉郁,以后则卧地不起,继而呈昏睡,食欲一般减低,严重者废绝,眼结膜充血,偶见眼睑浮肿,皮肤病初白毛猪可见粉红色,随病程进展逐渐转为紫红或苍白,颈下、胸下、腹下及四肢内侧皮肤常出现发绀。骨骼肌型的病猪,初期行走时后躯摇晃或跛行,严重时则后肢瘫痪,前肢跪地行走,强行起立时则见肌肉战栗,常发出嘶哑的尖叫声。心肌型的病猪听诊时有出现心率加快、心律不齐等变化。渗出性素质的病猪,可见皮下浮肿,育肥猪因缺硒引起广泛肌肉变性坏死时,可出现肌红蛋白尿。

3.病理变化

主要表现为骨骼肌、心肌、肝脏的变性坏死,胰腺的变性、纤维化等病变。

(1)骨骼肌型　苍白色呈煮肉或鱼肉样外观,并有灰白或黄白条纹或斑块状变性、坏死区。一般以背腰、臀、腿肌变化最明显,且呈双侧对称性发生,病变肌肉水肿、脆弱。

(2)心肌型　心脏呈圆球状,因心肌和动脉及毛细血管受损,致沿心肌纤维走向的毛细血管多发性出血,心脏呈暗红色,故称桑葚心。

(3)肝脏坏死型(急性型)　红褐色健康小叶和出血性坏死小叶及淡黄色的缺血性坏死小叶相互混杂,构成彩色斑斓样的镶嵌式外观,通常称为槟榔肝或花肝。

4.鉴别诊断

本病在生产中诊断多以临床中基本症候群为基础结合病史及病理解剖学变化做出,在常发地区病猪出现姿势异常与运动功能障碍,剖检时骨骼肌出现对称性变性坏死灶,应用亚硒酸钠治疗有特效均可确诊。

为了进一步确认本病,可做病理组织学检查,采血液做硒定量和谷胱甘肽过氧化物酶活性测定。仔猪血硒临界值为 $(0.031\sim0.147)\times10^{-6}$;$0.03\times10^{-6}$ 以下认为缺乏。

四、防治措施

1. 预防措施

合理调配饲料。饲料原料中鱼粉、牡蛎、麦麸含硒和维生素 E 较高,应注意饲料配制。

采取在饲料中添加硒或补加含硒和维生素 E 的饲料添加剂,料中加亚硒酸钠 0.022 g/kg、维生素 E 2～2.5 g。对低硒地区的母猪,妊娠后期(分娩前 2～3 周)注射 1 次 0.1%亚硒酸钠注射液 10～15 mL、维生素 E 500～1 000 mg。

2. 治疗方法

(1)肌肉注射。本病应用 0.1%亚硒酸钠液进行治疗,仔猪 0.5～2 mg/次,在首次注射后,经 3～7 天再注射 1 次效果更佳;育成猪、肥猪、母猪一般注射 10～15 mL。

(2)亚硒酸钠维生素 E 注射液,每毫升含维生素 E 50 U,含硒 1 mg,肌肉注射仔猪 1～2 mL/次。

第四十四节 猪钙磷缺乏症

钙磷缺乏症是由饲料中钙和磷缺乏或者二者比例失调引起的,幼龄猪表现为佝偻病,成年猪则形成骨软病。临床上以消化紊乱、异嗜癖、跛行、骨骼弯曲变形为特征。

一、病因

日粮钙磷缺乏或比例失调是该病的重要特征之一。若单一饲喂缺乏钙磷的饲料及长期饲喂高磷低钙饲料或高钙低磷饲料都可引起发病。饲料或动物体内维生素 D 缺乏也可能导致本病发生。胃肠道疾病、寄生虫病、先天性发育不良等因素及肝肾疾病也可影响钙、磷及维生素 D 的吸收利用。

二、诊断要点

1. 临床症状

先天性佝偻病常表现为生后仔猪颜面骨肿大,硬性腭突出,四肢肿大,而不能屈曲,患猪衰弱无力。后天性佝偻病发病缓慢,早期呈现食欲减退,消化不良,精神不振,不愿站立和运动,出现异嗜癖;随着病情的发展,关节部位肿胀肥厚,触诊疼痛敏感,跛行,骨骼变形;仔猪常以腕关节站立或以腕关节爬行,后肢则以跗关节着地;疾病后期,骨骼变形加重,出现凹背、"X"形腿、颜面骨膨隆,采食咀嚼困难,肋骨与肋软骨结合处肿大,压之有痛感。成年猪的骨软症多见于母猪,病初表现为以异嗜为主的消化机能紊乱。随后出现运动障碍、腰腿僵硬、弓背站立、运步强拘、跛行,经常卧地不动或匍匐姿势。后期则出现系关节、腕关节、跗关节肿大变粗,尾椎骨移位变软,肋骨与肋软骨结合部呈串珠状;头部肿大,骨端变粗,易发生骨折和肌腱附着部撕脱。

2.鉴别诊断

(1)佝偻病发病于幼龄猪,骨软病发生于成年猪。饲料钙磷比例失调或不足、维生素 D 缺乏、胃肠道疾病以及缺少光照和户外活动等可引发本病。一般情况下,可根据临床症状和饲料单一或应用葡萄糖酸钙药物诊断等方法初步诊断。

(2)有必要时结合血清学检查、X 光检查以及饲料分析以帮助确诊。

(3)鉴别诊断应注意与仔猪支原体性关节炎相区别;骨软症应注意与慢性氟中毒、生产瘫痪、冠尾线虫病、外伤性截瘫相区别。

三、防治措施

1.预防措施

(1)加强妊娠母猪、哺乳母猪和仔猪的饲养管理　饲料中补充钙磷和维生素 D 源充足的饲料,如青绿饲料、骨粉、蛋壳粉、蚌壳粉等,合理调整日粮中钙磷的含量及比例,同时适当运动和照射日光。

(2)加强疾病防治工作　消化系统疾病影响钙的吸收或导致钙离子流失,如仔猪白痢、黄痢、红痢、肠炎或酸中毒等疾病,以及其他传染性疫病等均导致消化系统功能紊乱,均可影响钙的吸收。

2.治疗方法

(1)对于发病仔猪,可用维丁胶性钙注射液,按 0.2 mg/kg 体重,隔日 1 次肌肉注射;同时可用维生素 A、维生素 D 注射液 2～3 mL 肌肉注射,隔日 1 次。

(2)成年猪可以 10%葡萄糖酸钙 50～100 mL 静脉注射,每日 1 次,连用 3 天。

(3)应用 20%磷酸二氢钠注射液 30～50 mL 耳静脉注射 1 次;也可用磷酸钙 2～5 g,每日 2 次拌料喂给。

第四十五节　猪维生素 A 缺乏症

维生素 A 缺乏症是体内维生素 A 或胡萝卜素长期摄入不足或吸收障碍所引起的一种慢性营养缺乏症,以夜盲、眼干燥症病、角膜角化、生长缓慢、繁殖机能障碍及脑和脊髓受压为特征,仔猪及育肥猪易发,成猪少发。饲料中胡萝卜素或维生素 A 受日光暴晒、酸败、氧化等,饲料单一或配合日粮中维生素 A 的添加量不足均会引起本病的发生。母乳中维生素 A 含量低下,过早断奶可引起仔猪维生素 A 缺乏。机体维生素 A 或胡萝卜素的吸收、转化、储存、利用发生障碍是内源性病因。妊娠、哺乳期母猪及生长发育快速的仔猪对维生素 A 需要量增加,或长期腹泻、患热性疾病,维生素 A 排出和消耗增多,均可引起维生素 A 缺乏。此外,饲养管理不良、缺乏运动等因素亦可促进发病。

一、病因

由于维生素 A 原、维生素 A 含量不足,如胡萝卜、南瓜、黄玉米等富含维生素 A 原的青饲料供应不足,长期喂含维生素 A 原极少的饲料(如棉籽饼、亚麻籽饼、甜菜渣、萝卜)。机体在泌乳、妊娠、生长高峰期以及热性病和传染病期间,对维生素 A 的需要量相应增加。动物患有慢性病时。

二、诊断要点

1.临床症状

患病猪典型的症状是皮肤粗糙,皮屑增多,呼吸器官和消化道黏膜不同程度的炎症。病猪出现咳嗽、下痢、生长发育缓慢等症状;重症病例面部麻痹,头颈向一侧歪斜,步样蹒跚,共济失调,不久即倒地并发出尖叫声。有时病猪目光凝滞、瞬膜外露,继之发生抽搐,角弓反张,四肢间歇性作游泳状;有的表现皮脂溢出,周身表皮分泌褐色渗出物;还可见有夜盲症,视神经萎缩。成年猪后躯麻痹,步态不稳,后期不能站立,针刺反应减退或丧失,神经机能紊乱,听觉迟钝,视力减弱,干眼、甚至角膜软化,严重者穿孔。妊娠猪发病时常出现流产和死胎,或产出弱胎、畸形胎,公猪则表现睾丸退化缩小,精液品质差。

2.病理变化

该病剖检时可见皮肤角化增厚、皮脂溢出或皮炎,被毛脱落,骨骼发育不良,特别是颜面骨最为明显;生殖系统和泌尿系统的变化表现为黏膜上皮变为复层鳞状;眼结膜干燥,角膜软化甚至穿孔,神经变性、坏死,如视乳头水肿、视网膜变性。怀孕母猪胎盘变性。公猪则表现睾丸退化缩小,精液品质不良。

3.诊断鉴别

(1)根据饲养管理状况、病史、临诊症状、维生素 A 治疗效果,可做出初步诊断。确诊需进行血液、肝脏、维生素 A 和胡萝卜素含量测定及脱落细胞计数、眼底检查。

(2)临诊病理学检查血浆、肝脏、饲料维生素 A 降低,其正常值:血浆 $0.8\ \mu g/L(25\ \mu g/dL)$,临界值为 $0.25\sim0.28\mu g/L$,低于 $0.18\ \mu g/L$ 可出现临诊症状。肝脏维生素 A 和 β-胡萝卜素分别为 $60\ \mu g/g$ 和 $4\ \mu g/g$ 以上,临界值分别为 $2\ \mu g/g$ 和 $0.5\ \mu g/g$,低于临界值即可发病。

三、防治措施

1.预防措施

(1)保证饲料中含有充足的维生素 A 或胡萝卜素,消除影响维生素 A 吸收利用的不利因素。在饲养上应做到:多喂青绿饲料、胡萝卜等富含维生素 A 原的饲料。

(2)在饲料中添加复合维生素及多维钙片。

(3)做好饲料的收割、加工、调制和保管工作,如谷物饲料贮藏时间不宜过长,配合饲料要及时饲喂。

2.治疗方法

(1)病猪应用维生素 A 注射液 $2.5\sim5$ IU,肌肉注射,每日 1 次,连用 $5\sim10$ 天;或精制鱼肝油 $5\sim10$ mL,分点皮下注射;或维生素 A、维生素 D 注射液,母猪 $2\sim5$ mL,仔猪 $0.5\sim1$ mL,肌肉注射;也可用普通鱼肝油,母猪 $10\sim20$ mL,一次内服,仔猪 $2\sim3$ mL 滴入口腔内,每日 1 次,连用数日。

(2)对眼部、呼吸道和消化道的炎症可进行对症治疗。

第四十六节　猪锌缺乏症

猪锌缺乏症是猪的一种营养代谢病,原发性和继发性缺锌均可引起本疾病,病猪会表现食欲不振、生长迟缓、脱毛、皮肤痂皮增生、皲裂等特征。注射锌元素进行治疗非常必要。

一、病因

猪的锌缺乏症也称角化不全症,是由于日粮中锌绝对或相对缺乏而引起的一种营养代谢病,以食欲不振、生长迟缓、脱毛、皮肤痂皮增生、皲裂为特征。本病在养猪业中危害甚大。

1. 原发性缺锌

原发性缺锌主要原因是饲料中缺锌,中国约 30％的地区属缺锌区,土壤、水中缺锌,造成植物饲料中锌的含量不足,或者是有效态锌含量少于正常。

2. 继发性缺锌

继发性缺锌是因为饲料存在干扰锌吸收利用的因素,已发现如钙、碘、铜、铁、锰、钼等,均可干扰饲料锌的吸收和利用。高钙日粮,尤其是钙,通过吸收竞争而干扰锌的利用,诱发缺锌症。饲料中植酸、氨基酸、纤维素、糖的复合物、维生素 D 过多,不饱和脂肪酸缺乏,以及猪患有慢性消耗性疾病时,均可影响锌的吸收而造成锌的缺乏。

二、诊断要点

1. 流行特点

猪场的种公猪、种母猪、生产和后备母猪、仔猪等均可患病。种公猪、母猪发病率高,而仔猪发病率低,由此证明,该病随年龄增大发病率增高。经了解,农民散养猪和猪舍结构简单的猪只不发病,生活在水泥地砖圈舍的猪只发病。该病无季节性。

2. 临床症状

猪只生长发育缓慢乃至停滞,生产性能减退,繁殖机能异常,骨骼发育障碍,皮肤角化不全;被毛异常,创伤愈合缓慢,免疫功能缺陷以及胚胎畸形。病初便秘,以后呕吐腹泻,排出黄色水样液体,但无异常臭味,猪只腹下、背部、股内侧和四肢关节等部位的皮肤发生对称性红斑,继而发展为直径 3～5 mm 的丘疹,很快表皮变厚,有较深的裂隙,增厚的表皮上覆盖以容易剥离的鳞屑。临床上动物没有痒感,但常继发皮下脓肿。病猪生长缓慢,被毛粗糙无光泽,全身脱毛,个别变成无毛猪。脱毛区皮肤上常覆盖一层灰白色物,严重缺锌病例,母猪出现假发情,屡配不孕,产仔数减少,新生仔猪成活率降低,弱胎和死胎增加。公猪睾丸发育及第二性征的形成缓慢,精子缺乏。遭受外伤的猪只,伤口愈合缓慢,而补锌则可迅速愈合。

3. 鉴别诊断

依据日粮低锌或高钙的生活史,生长缓慢,皮肤角化不全,繁殖机能障碍和骨骼发育异常等临床表现,以及补锌的疗效迅速而又确实的特点,可建立初步诊断;测定血清和组织中锌的含量有助于确定诊断。土壤、饮水、饲料中锌及相关元素的分析,可提供病因诊断的依据。但是应注意与疥螨性皮肤病、渗出性皮炎、烟酸缺乏症、维生素 A 缺乏症及必需脂肪酸缺乏症等疾病相区别。

三、防治措施

1.预防措施

(1)饲料中加入 0.02％的硫酸锌、碳酸锌、氧化锌对本病兼有治疗和预防作用。一定注意其含量不得超过 0.1％,否则会引起锌中毒。

(2)按饲养标准补锌量每 1 000 kg 饲料中加硫酸锌或碳酸锌 180 g。

(3)饲喂葡萄糖酸锌,也具有预防效果。

2.治疗方法

(1)肌肉注射碳酸锌 2～4 mg/kg 体重,每日一次,连续使用 10 天,一个疗程即可见效。

(2)内服硫酸锌 0.2～0.5 g/头,对皮肤角化不全和因锌缺乏引起的皮肤损伤,数日后即可见效。

第四十七节　猪铜缺乏症

铜缺乏症是指日粮中铜含量不足或缺乏,引起仔猪贫血、生长发育缓慢的疾病。由于饲料中含铜量不足或缺乏,或饲料中存在影响猪吸收铜的不利因素从而诱发铜缺乏症,如金属元素钼、锌、铅、镉、锰及维生素 C 和硫酸盐、植酸盐等含量过多,均可影响铜的吸收利用。该病的实质就是由于猪机体缺乏铜而引起的一种营养代谢病。应用硫酸铜溶液进行口服或注射均可治愈。

一、病因

该病可分原发性铜缺乏和继发性铜缺乏两种。

(1)原发性铜缺乏　主要由于饲料中铜含量不足引起,一般认为饲料含铜量低于 3 mg/kg,便可引起发病,8～11 mg/kg 为正常值,3～5 mg/kg 为临界值。这种情况在缺乏铜地区较为常见。

(2)继发性铜缺乏　主要由于饲料中钼含量过高引起,另外,硫、锌、镉、银、锰、硼和抗坏血酸等都是铜的拮抗因素,均不利于铜的吸收,而引起铜缺乏症。当猪患各种胃肠疾病时,影响铜的吸收,也可继发铜缺乏症。

二、诊断要点

1.临床症状

猪缺乏铜时,生长发育缓慢,消化不良,食欲不振,腹泻,贫血,被毛粗糙,无光泽,弹性差,且大量脱落,毛色由深变淡,关节过度屈曲,呈犬坐姿势,有的出现共济失调,即行走时左右摇摆,急转弯时,常向一侧摔倒。骨骼弯曲,关节肿大,表现僵硬,触之敏感,跛行、站立困难,不愿行走。重症病例,后躯瘫痪,出现异嗜,吃泥土,啃木桩,舔墙壁,嚼异物。此外,个别母猪出现发情异常,不孕、流产,尸体解剖特征性病变是消瘦和贫血,肝、脾、肾呈广泛性含血铁黄素沉着。

2.病理变化

剖检见消瘦和贫血,肝、脾、肾呈广泛性血铁黄素沉着。实验室检查血铜、肝铜含量低于正常值;成年猪肝铜正常值为 19 μg/mL,新仔猪肝铜正常值为 233 μg/mL,血铜正常值为 0.1 μg/mL。但应注意临床症状可能早在肝铜和血铜有明显变化之前即表现出来。

3.鉴别诊断

根据病史和临诊症状进行诊断,必要时可做实验室检查,检测饲料和血铜、肝铜的含量。测定血浆铜蓝蛋白活性可为铜缺乏症的早期诊断提供依据。

三、防治措施

1.预防措施

(1)每千克饲料中铜的需要量:母猪 12～15 mg,哺乳仔猪 11～20 mg,育成猪 3～4 mg,按此量添加可预防铜缺乏症。

(2)食盐中加入 1％～5％硫酸铜制成铜盐,混入饲料中喂猪;硫酸铁 2.5 g,硫酸铜 1 g,开水 1 000 mL,溶解过滤,涂母猪乳头上让仔猪吃奶时吸入。

(3)氯化铜 1 g,硫酸铁 1 g,开水 100 mL,溶解后供 1 窝 10 头仔猪内服;畜用复方微量元素 0.2 g/kg 体重,分 3 次内服,也可混入饲料中喂给,连用 25 日,间隔 5 日,再连服 25 日。

(4)补铜时,不宜超量,饲喂时间不宜过长,否则可发生铜中毒,即食欲减退,全身黄疸,贫血,便血等症状。

(5)应积极治愈各种影响铜吸收的胃肠疾病,合理调配日粮,保持微量元素之间的适当比例,消除妨碍铜吸收的不良因素。

2.治疗方法

(1)静脉注射 0.1～0.3 g 硫酸铜溶液或口服硫酸铜 1.5 g 补铜。在饲料中添加硫酸铜,剂量为每千克饲料添加 250 mg,或每升饮水中添加 0.2 g 硫酸铜。

(2)对症治疗如出现影响铜吸收的胃肠疾病,合理调配日粮,保持微量元素的正常含量。

附　　录

附表 1　猪常用饲料营养成分(一)

饲料名称	干物质/%	消化能/MJ	粗蛋白质/%	粗纤维/%	钙/%	磷/%	植酸磷/%
玉米	85	14.31	8.8	1.8	0.02	0.26	0.16
高粱	86	13.18	8.9	1.38	0.12	0.34	0.18
小麦	88	14.19	13.8	2.0	0.17	0.4	0.18
大麦	86	13.55	13.1	1.8	0.05	0.38	0.19
稻谷	85	12.1	7.7	8.1	0.03	0.35	0.17
糙米	87	14.4	8.9	0.73	0.04	0.36	0.21
碎米	88	15.1	10.5	1.2	0.07	0.34	0.21
大豆	85	16.94	35.0	4.3	0.26	0.47	0.19
甘薯干	85	11.9	4.2	2.7	2.9	0.18	0.01
次粉	87	14.79	14.4	3.6	0.04	0.33	—
小麦麸	88	10.1	15.4	9.0	0.12	1.0	0.65
高粱糠	87	11.25	5.1	7.5	0.1	0.2	—
谷糠	88	5.8	4.3	26.2	0.09	0.21	—
米糠饼	87	12.5	14.8	8.0	0.15	1.8	1.4
玉米皮粉	89	13.6	13.1	2.2	0.21	0.61	1.01
玉米糠	88	14.02	11.1	2.1	0.12	0.21	
大豆粕	86	13.6	41.1	4.8	0.31	0.5	0.24
大豆饼	87	13.19	43.2	5.2	0.31	0.58	0.3
棉籽粕	87	10.3	41.1	10.0	0.2	0.84	0.56
棉籽饼	88	9.95	43.5	10.2	0.23	1.1	0.66
菜籽粕	87	12.3	35.6	12.1	0.64	1.2	0.58
菜籽饼	88	11.0	37.5	11.5	0.66	1.1	0.63
花生粕	87	13.0	45.1	6.0	0.23	0.56	0.21
花生饼	87	12.5	46.8	6.1	0.27	0.54	0.21
葵花仁粕	86	10.18	34.1	15.2	0.25	1.1	0.9
葵花仁饼	86	10.1	34.7	14.7	0.22	0.98	0.85
胡麻饼	90	10.3	34.6	9.1	0.39	0.80	—
芝麻饼	86	14.31	43.8	4.2	2.1	1.14	—
玉米蛋白粉	91	14.9	53.2	1.1	0.06	0.42	—
麦芽根	88	9.2	25.6	13.0	0.23	0.74	—
国产鱼粉	88	13.1	52.5	0.4	5.8	3.13	—
进口鱼粉	88	12.5	63	1.0	3.88	2.8	—
血粉	88	11.42	83.3	—	0.3	0.32	—

续附表1

饲料名称	干物质/%	消化能/MJ	粗蛋白质/%	粗纤维/%	钙/%	磷/%	植酸磷/%
羽毛粉	88	11.6	80.0	0.7	0.2	0.68	—
皮革粉	88	11.5	77.6	1.7	4.4	0.15	—
蚕蛹粉	92	20.8	59.1	—	0.11	0.58	—
虾糠	82	9.41	45.5	—	6.48	2.52	—
虾头粉	88	11.21	50.1	—	6.53	1.51	—
贻贝粉	89	16.65	64.6	—	0.26	2.08	—
链霉素发酵滤渣	97	18.9	48.2	—	5.23	0.74	—
青霉素发酵滤渣	93.4	15.7	35.4	0.7	1.03	1.21	—
四环素菌丝体	97.3	12.7	50	14.4	3.64	0.44	—
土霉素菌丝体	92.3	12.12	53	15.1	4.04	0.65	—
啤酒糟	95	10.1	24.5	16.7	2.1	0.51	—
白酒糟	95.5	9.04	14.6	22.67	0.1	0.17	—
鲜干蛋鸡粪	92.4	13.9	24.0	7.4	4.75	1.38	—
鲜干肉鸡粪	91.3	14.52	30.5	7.6	2.07	2.78	—
橡子	94	11	5.5	12.2	0.25	0.1	—
紫穗槐籽	92	15	29.2	4.2	0.28	0.37	—
紫穗槐叶	91.3	11.88	19.8	11.3	2.25	0.21	—
刺槐叶	89	11.55	23.2	9.9	1.8	0.21	—
山杏叶	93.6	11.92	9.5	7.8	2.02	0.18	—
桑树叶	92	11.51	36.6	9.4	2.2	0.63	—
松针叶粉	96.9	4.39	12.7	31.0	0.53	0.12	—
榆树叶	91.1	11.05	19.1	8.8	2.73	0.24	—
柳树叶	98.9	11.92	18.2	11.2	2.88	0.21	—
苹果叶	91.3	10.50	5.7	7.7	1.82	0.14	—
柞树叶	93	9.08	13.5	17	0.89	0.2	—
甘薯叶粉	87	4.99	16.7	12.5	1.4	0.27	—
草木犀	88	10.0	17.6	13.0	4.05	0.17	—
苜蓿草	86	11.1	23.5	35.1	2.0	0.27	—
籽粒苋	86	10.8	14.4	18.7	1.03	0.45	—
苕帚菜	94	12.1	25.6	28	1.7	0.43	—
花生秧	92	5.2	8.1	28.8	0.92	0.12	—
花生壳	90.5	—	6.0	61.0	0.2	0.05	—
骨粉					31.0	14.0	
石粉					35		
蛎粉					33.4	0.14	
蛋壳粉					37	0.15	
磷酸氢钙					23.2	18	
磷酸钙					38.7	20	

附表 2　猪常用饲料营养成分(二)

饲料名称	赖氨酸/%	蛋氨酸/%	胱氨酸/%	铁/(mg/kg)	铜/(mg/kg)	锌/(mg/kg)	锰/(mg/kg)	硒/(mg/kg)
玉米	0.27	0.13	0.18	35	3.4	4.1	10.4	0.04
高粱	0.22	0.08	0.12	95	8.0	20.0	60.0	0.01
小麦	0.33	0.14	0.30	87	8.0	35	19	0.05
大麦	0.19	0.18	0.45	88	5.7	24.0	18	0.06
稻谷	0.29	0.2	0.18	40	3.5	8.0	20.0	0.04
糙米	0.33	0.20	0.15	78	3.3	10.0	21.0	0.07
碎米	0.42	0.22	0.17	62	8.8	36.4	47.5	0.06
大豆	2.47	0.49	0.55	112	18.0	41.0	21.5	0.06
甘薯干	0.16	0.06	0.08	107	6.1	9.0	10.0	0.07
次粉	0.42	0.15	0.30	140	13.8	96.5	104.3	0.07
小麦麸	0.33	0.14	0.30	170	13.8	95.6	104	0.07
米糠	0.74	0.25	0.19	304	7.1	50.3	176	0.09
麦芽根	1.30	0.37	0.26	198	5.3	42.4	67.8	<0.01
米糠饼	0.63	0.23	0.22	400	8.7	56.4	211.6	0.09
米糠粕	0.72	0.28	0.32	432	9.4	61.0	228	0.10
玉米胚芽粕	0.69	0.23	0.34	330	4.4	100	3.7	<0.01
大豆粕	2.3	0.40	0.55	88	18.0	30.0	19.0	0.02
机榨大豆饼	2.45	0.48	0.60	200	20.6	63.0	49	0.10
棉籽粕	1.59	0.45	0.82	263	14.0	55.5	18.7	0.15
棉籽饼	1.56	0.46	0.78	266	11.6	44.9	17.8	0.11
菜籽粕	1.30	0.63	0.87	653	7.1	67.5	82.2	0.16
菜籽饼	1.28	0.58	0.79	687	7.2	59.2	78.1	0.29
花生粕	1.40	0.41	0.40	368	25.1	55.7	38.9	0.06
花生饼	1.32	0.39	0.38	347	23.7	52.5	36.7	0.06
葵花仁粕	1.13	0.69	0.50	310	35.0	80.0	35.0	0.08
葵花仁饼	0.96	0.59	0.43	614	45.6	62.1	41.5	0.09
亚麻仁粕	1.16	0.55	0.55	219	25.5	38.7	43.3	0.18
亚麻仁饼	0.73	0.46	0.48	204	27.0	36.0	40.3	0.18
亚麻籽饼	1.20	0.50	0.50	300	24.1	134	37.0	—
胡麻子饼	1.16	0.54	0.61	319	26.0	88.0	38.0	0.01
芝麻饼	0.93	0.81	0.60	319	1 100	28.5	88.0	—
玉米胚芽饼	0.69	0.23	0.34	330	4.4	100	3.7	—
玉米蛋白粉	1.54	1.30	0.73	434	10.0	49.0	78.0	—

续附表 2

饲料名称	赖氨酸/%	蛋氨酸/%	胱氨酸/%	铁/(mg/kg)	铜/(mg/kg)	锌/(mg/kg)	锰/(mg/kg)	硒/(mg/kg)
国产鱼粉	3.41	0.62	0.38	670	17.9	123.0	27	1.77
进口鱼粉	4.90	1.84	0.58	219	8.9	96.7	9.0	1.93
血粉	7.07	0.68	1.69	2 800	8.0	14.0	2.3	0.70
皮革粉	2.27	0.80	0.16	131	11.1	89.8	25.2	—
羽毛粉	0.89	0.59	2.93	700	9.5	137.0	14.0	—
蚕蛹粉	3.66	2.21	0.53	621	19.1	190.0	8.0	—
脱脂奶粉	2.60	1.40	—	100	1.6	54.0	1.0	—
虾糠	2.87	1.20	0.71	1 862	39.5	128.1	123.8	0.16
虾头粉	2.09	0.67	0.45	746	50.7	132.7	155.4	0.90
土霉素菌丝体	1.19	0.56	0.03	5 102	19.1	4 611.3	31.6	—
青霉素酵母渣	0.58	0.41	0.01	577	11.1	27.9	20.5	—
啤酒酵母粉	2.84	0.62	0.14	902	61.0	86.7	22.3	—
饲料酵母粉	2.32	1.73	0.78	100	33.0	38.7	5.7	—
白酒糟	0.06	0.07	—	1 610	12.7	33.5	84.4	—
啤酒糟	0.5	0.1	0.12	289	16.5	36.1	15.0	—
鲜干肉鸡粪	0.78	0.34	—	3 744	24.5	1 418.8	238.4	—
鲜干蛋鸡粪	1.00	0.28	1.17	180	20.0	330.0	110.0	—
橡子	0.23	0.17	—	28	6.4	9.5	84.8	<0.05
紫树槐籽	0.95	0.31	0.05	245	14.0	38.7	38	1.18
紫穗槐叶	1.02	0.18	0.43	540	3.0	1 100	38	0.05
刺槐叶粉	0.84	0.22	0.14	290	15.0	21.0	75.0	0.05
山杏叶	0.51	0.16	0.07	199	4.2	11.8	22.7	—
苹果叶	0.53	0.14	0.26	1 300	200	35.0	106.2	0.03
松针叶粉	0.43	0.11	0.07	273	4.0	30.4	17.8	0.22
榆树叶	0.09	0.15	—	230	6.4	34.9	29.5	—
甘薯叶粉	0.61	0.17	0.29	35	9.8	26.8	89.6	0.20
甘薯藤粉	0.25	0.07	0.23	310	15.0	23.0	10.0	—
草木犀	0.61	0.09	0.38	650	31.0	54.0	34.0	0.72
苜蓿草粉	0.83	0.14	0.16	361	9.7	21.0	30.7	0.46
花生秧	1.03	0.19	0.35	140	120.0	28.0	74.0	0.05

附表3　部分青绿多汁饲料养分含量

%

名称	干物质	粗蛋白	粗脂肪	粗纤维	无氮浸出物	粗灰分	钙	磷
白菜	12.9	1.5	0.10	0.8	3.2	0.8	0.05	0.03
萝卜	11.5	1.2	0.1	0.7	9.4	0.6	0.02	0.03
青萝卜缨	16.5	3.1	0.1	2.9	7.6	2	1.1	0.27
甜菜叶	37.5	4.6	2.4	7.4	14.6	8.5	0.39	0.10
甜菜	15.0	2.0	0.4	1.7	9.1	1.8	0.06	0.04
胡萝卜	12.0	1.1	0.3	1.2	8.4	1.0	0.15	0.09
胡萝卜叶	13.7	3.1	1.3	5.7	4.8	4.8	0.35	0.03
芜菁甘蓝	10.0	1.0	0.2	1.3	6.7	0.8	0.06	0.02
甘薯	25.0	1.0	0.3	0.9	18.0	0.8	0.13	0.05
甘薯藤	13.0	2.1	0.5	2.5	6.2	1.7	0.20	0.05
南瓜	15.6	0.7	0.1	0.6	5.3	1.1	0.16	0.02
籽粒苋	90.3	14.3	0.76	18.6	33.7	2	3.1	0.55
蒲公英	82.5	37.8	3.7	15.7	15.4	1.6	0.7	0.03
苕帚菜	90.6	18.3	2.4	14.9	44.1	10.2	1.12	0.26
鸭跖草	12.5	2.8	0.3	1.3	4.5	0.7	0.12	0.02
奇可利	83.5	30.1	8.2	14.4	30.3	9.8	2.06	0.48
紫花苜蓿	87.3	23.3	1.5	37.1	15.0	11.7	2	0.27
墨西哥玉米	86.0	13.6	2.0	30.0	47.5	8.7	0.44	0.32
鲁梅克斯	85.2	24.1	3.8	15.8	38.8	21.0	1.5	0.42
沙打旺	14.9	3.5	0.5	2.3	6.6	2.0	0.20	0.05
灰菜	14.9	3.5	0.8	1.17	6	2.1	0.21	0.07
苣荬菜	12.7	2.0	0.7	1.7	4.4	3.0	0.2	0.05
刺菜	13.0	4.5	0.4	4	1.8	2.5	0.25	0.04
马齿苋	8	2.3	0.5	0.7	3.2	2.0	0.09	0.06
水葫芦	8.3	0.72	0.12	1.3	3.08	1.3	0.04	0.02
浮萍	8.1	3.3	0.5	1.0	2.0	1.9	0.16	0.09

附表4 饲料原样折合绝干物及风干物查对表

原样中水分含量/%	每千克绝干物实需原样量/kg	每千克风干物实需原样量/kg	原样中水分含量/%	每千克绝干物实需原样量/kg	每千克风干物实需原样量/kg
99	100.0	90.0	74	3.8	3.5
98	50.0	45.0	73	3.7	3.3
97	33.0	30.0	72	3.6	3.2
96	25.0	22.5	71	3.3	3.1
95	20.0	18.0	70	3.3	3.0
94	16.6	15.0	69	3.2	2.9
93	14.3	12.0	68	3.1	2.8
92	12.5	11.2	67	3.0	2.7
91	11.1	10.0	66	2.9	2.6
90	10.0	9.0	65	2.9	2.6
89	9.1	8.2	64	2.8	2.5
88	8.3	7.5	63	2.7	2.5
87	7.7	6.9	62	2.6	2.4
86	7.1	6.4	61	2.6	2.3
85	6.7	6.0	60	2.5	2.2
84	6.3	5.6	50	2.0	1.8
83	5.9	5.3	40	1.7	1.5
82	5.6	5.0	30	1.4	1.3
81	5.3	4.7	20	1.3	1.1
80	5.0	4.5	15	1.2	1.1
79	4.8	4.3	14	1.2	1.0
78	4.5	4.1	13	1.1	1.0
77	4.3	3.9	12	1.1	1.0
76	4.2	3.8	11	1.1	1.0
75	4.0	3.6	10	1.1	1.0

注:1.风干物以含水量为10%的状态为准。

2.例如某饲料原样含水量为85%时,那么查表所得,1 kg绝对干物质需用6.7 kg原样;1 kg风干物质需用6.0 kg原样。

参 考 文 献

[1] 山西农业大学,江苏农学院.养猪学[M].北京:农业出版社,1994.

[2] 国家研究委员会(美).猪营养需要[M](修订版).印遇龙,等译.北京:科学出版社,2014.

[3] 王安,许振英.不同锌的化构对肉仔鸡锰铜铁利用影响[J].黑龙江畜牧兽医,1993(9):7-9.

[4] 李美同,等.饲料添加剂[M].北京:北京大学出版社,1991.

[5] 蔡振棠.辽宁省配合饲料资源调查资料汇编[M].沈阳:辽宁科学技术出版社,1992.

[6] 阎玉华.实用养猪新技术[M].沈阳:沈阳出版社,1999.

[7] 赵春法.鸡粪用作猪饲料的处理方法[J].河南畜牧兽医,2005,26(18).

[8] 翟新利.猪饲料的选择与配制方法[J].现代畜牧科技,2017(5):51.

[9] 李素蓉.空怀母猪饲养管理.四川畜牧兽医[J].2014(11):45-46.

[10] 朱集岳,等.妊娠母猪的饲养管理及营养需要[J].养猪与饲料,2009(5):65-66.

[11] 胡占云,等.妊娠母猪的营养调控与饲养管理[J].猪业科学,2010,27(2):96-99.

[12] 徐姐,李娜,等.哺乳母猪的饲养管理[J].中国畜牧兽医文摘,2013,3(8):59-60.

[13] 俞宁,龚婷婷.保育仔猪的饲养管理[J].四川畜牧兽医,2010,37(2):40-41.

[14] 张青,等.规模化猪场中生长育肥猪的饲养管理[J].猪业科学,2010(5):25.

[15] 卢立华.育肥猪的饲养管理要点[J].吉林畜牧兽医,2015,36(9):20-21.

[16] 刘永贤.浅谈阳光猪舍建造技术[J].现代畜牧科技,2018,3.

[17] 郭庆宝,高佩民,等.猪用发酵床不同原料配比效果观察[J].畜牧与兽医,2013,6.

[18] 王铁东,高佩民,等.生态经济型养猪发酵床垫料效果分析[J].畜牧与兽医,2013,11.

[19] 郭庆宝,高佩民,等.发酵床养猪垫料喂饲育肥牛试验效果观察[J].黑龙江畜牧兽医,
    2013,10.

[20] 陆蓓蓓.猪场智能化管理系统的设计思路[J].中国畜牧业,2017,(11):57-58.

[21] 刘永贤.浅谈生态良性循环养猪综合配套技术[J].现代畜牧科技,2018,2.

[22] 张建中,高佩民.沈阳地区生态循环农业发展现状与策略探讨[J].宁夏农林科技,2011,3.

[23] 高等农林院校教材编写组.中兽医学[M].太原印刷厂,1975.

[24] 高作信.兽医学[M].北京:中国农业出版社,1989.

[25] 李家实,贾敏如,等.中药鉴定学[M].上海:上海科学技术出版社,1998.

[26] 王发杨,张艳霞.中草药治疗高致病性猪蓝耳病[J].中国畜牧兽医文摘,2016,32(7):
    189.

[27] 王自然,等.中草药防治猪腹泻病的效果[J].中国兽医科学,2003,33(4):73-74.

[28] 王尚荣.中西结合治疗水肿病效果好[J].中兽医医药杂志,2003,22(2):24-25.

[29] 蔺祥清,等.猪病诊治关键技术一点通[M].石家庄:河北科学技术出版社,2004.

[30] 葛宝伟,于连智,等.新编畜禽用药手册[M].沈阳:辽宁科学技术出版社,2000.

[31] 张乔.饲料添加剂大全[M].北京:北京工业大学出版社,1994.

后 记

  《现代生态经济型养猪实用新技术》编写人员大多数是畜牧与兽医深入基层第一线的专业本科以上学历的中、高级技术工作人员，其中在职硕士、博士和高级职称人员占 65.2%。同时上述人员均参加了由沈阳瑞祥农牧科技有限公司与辽宁省畜牧技术推广站联合共同承担研发与推广的辽宁省级"生猪健康养殖模式综合配套技术"重点课题，并将其技术在全省范围内进行推广应用，公司也获得多项发明专利，项目技术受到养殖户（企业）的认可。

  辽宁扬翔农牧有限公司是具有管理科学化、机械化、制度化、智能化、环境净化、产业化生产的大型养猪企业典型代表；新民市烁阳养殖专业合作社和新民市盛达家庭农场是中小型养猪企业的代表，同时上述企业也是"生猪健康养殖模式综合配套技术"项目在新民市完成工作的先进典型代表。此外，新民市畜牧技术推广站主持的"阳光猪舍综合配套技术推广"项目，全市畜牧技术工作人员均参加了技术推广工作。因此，《现代生态经济型养猪实用新技术》编写人员现场工作经验丰富，本书具有理论性和实用性，诚挚地推荐给大家阅读。

编者

2018 年 1 月